用使命托举生命

——矿山(隧道)事故应急救援典型案例

国家安全生产应急救援中心
应急管理部矿山救援中心　编

应急管理出版社
·北　京·

图书在版编目（CIP）数据

用使命托举生命：矿山（隧道）事故应急救援典型案例/国家安全生产应急救援中心，应急管理部矿山救援中心编．--北京：应急管理出版社，2024

ISBN 978-7-5237-0353-3

Ⅰ．①用…　Ⅱ．①国…　②应…　Ⅲ．①矿山救护—案例　Ⅳ．①TD77

中国国家版本馆CIP数据核字（2024）第012996号

用使命托举生命

——矿山（隧道）事故应急救援典型案例

编　　者　国家安全生产应急救援中心　应急管理部矿山救援中心
责任编辑　唐小磊　孟　楠
编　　辑　梁晓平　王　晨　李安旭
责任校对　孔青青
封面设计　罗针盘

出版发行　应急管理出版社（北京市朝阳区芍药居35号　100029）
电　　话　010-84657898（总编室）　010-84657880（读者服务部）
网　　址　www.cciph.com.cn
印　　刷　北京盛通印刷股份有限公司
经　　销　全国新华书店

开　　本　787mm×1092mm 1/16　**印张**　24 3/4　**字数**　444千字
版　　次　2024年4月第1版　2024年4月第1次印刷
社内编号　20230598　**定价**　98.00元

编 委 会

编写说明

矿山和隧道安全是安全生产的重要内容，应急救援是保障矿山、隧道安全生产的最后一道防线。党中央、国务院历来高度重视安全生产应急救援工作。党的十八大以来，习近平总书记多次对安全生产和应急救援作出重要指示批示，为新形势下加强应急救援工作指明了发展方向，提供了根本遵循。地方各级党委政府及有关部门、广大矿山和隧道专业应急救援队伍和相关企业干部职工始终践行“人民至上、生命至上”的崇高理念，在矿山、隧道事故应急救援工作中齐心协力、全力以赴，做到科学、安全、高效救援，创造了一个个救援奇迹，打赢了一场场大仗硬仗，也在救援实践中积累了丰富的宝贵经验。

事故灾害应急救援工作的经验教训，是指导今后应急救援工作改进提升的宝贵财富。总结分析事故救援经验教训，是我们一项极为重要的经常性工作。2018 年，我们遴选了 37 起矿山事故应急救援典型案例，编辑出版了《矿山事故应急救援典型案例及处置要点》，受到各级矿山救援管理人员、应急救援队伍救援人员、矿山企业安全生产管理人员和有关院校师生的欢迎和好评。2023 年，我们接续汇编，并拓展了救援领域，组织全国长期参与矿山、隧道应急救援工作的专家、学者和基层一线矿山、隧道应急救援人员，以更加注重专业救援的视角，遴选了 2018 年以来 35 起矿山事故应急救援典型案例和 2014 年以来 19 起隧道事故应急救援典型案例，结集成书《用使命托举生命——矿山（隧道）事故应急救援典型案例》。本书总结分析了矿山、隧道事故应急救援经验教训，对每一起事故救援典型案例都进行了详细阐述，并附专家点评，旨在加强应急救援技战术研究与交流，改进装备配备与运用，提升事故处置和救援能力，为救援人员决策指挥、应急处置、技术运用提供参考。

本书包括两部分，共 7 章。第一部分，围绕矿山事故应急救援，编写了顶板、透水、煤与瓦斯突出、火灾爆炸 4 类事故的救援案例；第二部分，围绕隧道事故应急救援，编写了坍塌、突水突泥、爆炸 3 类事故的救援案例。案例选取坚持广泛性、针对性、借鉴性、实用性原则，以近年来我国矿山、隧道事故救援典型案例为切入点，聚焦矿山、隧道应急救援的特点、重点、难点、卡点、堵点，对今后指导矿山、隧道应急救援具有很强的参考借鉴意义。

本书可作为矿山、隧道应急救援队伍救援人员业务培训辅助教材，应急管理和监管监察部门有关人员、矿山和隧道企业安全管理和工程技术人员交流参考材料，以及有关院校安全、应急等专业师生的学习研究参阅资料。

本书编写得到了国家矿山安全监察局山西局、贵州局、黑龙江局、山东局、宁夏局、安徽局、陕西局、辽宁局救援指挥中心，国家矿山应急救援大同队、淮南队、鹤岗队、汾西队、六枝队、黔西南队、国能宁煤队、青海队、黑龙江排水队，国家隧道应急救援中铁二局昆明队、中国交建重庆队、中铁五局贵阳队、中铁十七局太原队，郑煤集团矿山救援中心，阜新矿业集团、兖矿贵州能化公司、皖北煤电集团等企业矿山救护大队，陕煤韩城矿业公司、澄合矿业公司矿山救护大队，山东能源龙矿集团、肥矿集团救护大队，吕梁市应急综合救援支队等单位的大力支持，在此一并表示衷心感谢！书中如有不足之处，恳请读者批评指正并提出宝贵意见。

国家安全生产应急救援中心
应急管理部矿山救援中心
2024年1月

序言

安全生产事关人民群众生命财产安全和社会稳定，应急救援是保障安全生产的最后一道防线。党中央、国务院历来高度重视安全生产应急救援工作。习近平总书记始终把人民放在心中最高位置，坚持人民至上、生命至上，强调“切实把保障人民生命财产安全放到第一位”“建设一支专常兼备、反应灵敏、作风过硬、本领高强的应急救援队伍”“强化应急救援队伍战斗力建设，抓紧补短板、强弱项，提高各类灾害事故救援能力”；党的二十大报告中指出，“坚持安全第一、预防为主，建立大安全大应急框架”“推进国家安全体系和能力现代化，坚决维护国家安全和社会稳定”。习近平总书记的重要论述、党的二十大决策部署和“两个至上”价值理念，是新时代加强安全生产应急救援工作的根本遵循和行动指南。

国家安全生产应急救援中心和应急管理部矿山救援中心，始终把习近平总书记关于安全生产重要论述作为应急救援事业发展和队伍建设的魂和纲，认真落实应急管理部党委部署要求，忠实践行“两个至上”，以“责任重于山”“使命大于天”的使命感，全力扛起防范化解重大安全风险的重要职责；把“应急准备好了没有”作为检验标尺，以“时时放心不下”的责任感，甘当人民的“守夜人”；按照“统一指挥、统一形象、统一战斗力”和“政治建队、改革建队、科技建队、人才建队、依规建队”工作要求，着力打造应急救援尖刀和拳头力量；通过“前方尽力、后方给力、专家助力”和“全周期、一体化”机制，指导安全生产应急救援队伍进行科学救援、安全救援、高效救援，推进抢险救援取得新的历史性成就；弘扬“爱党报国、敬业奉献、团结奋斗、向上向善”职业精神，加强应急救援文化建设，应急救援工作凝聚力、向心力、组织力不断提升。

广大矿山和隧道救援队伍作为安全生产应急救援专业队伍，是国家常备应急骨干力量，是矿山和隧道事故灾害应急救援的主力军，在各类矿山和隧道事故灾害面前勇于担当、冲锋在前、不畏艰险、拼搏奉献，在抢险救援中发挥了骨干作用。党的十八大以来，安全生产应急救援队伍处理各类事故7.5万余起，直接抢救生还6679人，创造了一个个生命救援的奇迹和壮举。从快速安全营救辽宁省阜新万达矿业有限公司“10·18”透水事故被困的83名矿工，到创造山东省栖霞市笏山金矿“1·10”爆炸事故11人被困14天后获救的教科书式救援奇迹；从攻坚克难处置贵州黔西南州三河顺勋煤矿“2·25”顶板事故，到科学高效处置陕西省316国道酒奠梁隧道“8·30”、云南省临双高速天生桥隧道“4·11”坍塌事故共17人全部获救生还等，应急救援队伍与时间赛跑、同死神抗争、为生命接力，用守护生命、保民平安的实际行动，全力托举人民群众的“生命方舟”。

总结分析多起事故应急救援典型案例表明，所有成功救援之所以能够取得如此好的救援效果，以习近平同志为核心的党中央坚强领导是根本保证，牢固树立“两个至上”是强大精神动力，强化应急救援法制、体制、机制和预案体系建设是基本前提，健全完善应急救援队伍体系和加强应急救援技术装备建设是基础保障，各级党委和政府及有关部门精心组织指挥、专业应急救援队伍和全体救援人员联动配合、共同努力是关键所在。从案例分析中也清醒看到，部分应急救援队伍规范化管理水平不高，有的指挥员指挥经验和能力不足，先进技术装备和信息化建设存在短板，一些救援措施还不够科学精准，事故灾害的综合救援能力还有待进一步提高。

征程万里，初心如磐。作为新时代的应急人、新征程的奋斗者，我们要以习近平新时代中国特色社会主义思想为指导，始终坚持“两个至上”，围绕中国式现代化建设对安全生产应急救援的要求，全面锻造党和人民信得过、靠得住、能放心的过硬救援队伍，大力提升矿山和隧道应急救援水平，持续强化应急救援保障能力，不断增强人民群众的获得感、幸福感、安全感，推动新时代安全生产应急救援事业高质量发展，全力谱写安全生产应急救援事业新篇章。

目录

第一部分　矿山事故应急救援典型案例

第一部分

矿山事故应急救援典型案例

第一章

矿山顶板事故救援案例

案例一　枣庄矿业集团新安煤业有限公司“5·26”较大顶板事故

2021年5月26日23时6分，枣庄矿业集团新安煤业有限公司（简称新安煤矿）$3_{上}$104运输巷外段掘进工作面发生较大顶板事故，造成6人被困。经12昼夜全力抢救，6名被困人员全部救出，其中3名生还，3名遇难。

一、矿井基本情况

（一）矿井概况

新安煤矿隶属于枣庄矿业（集团）有限责任公司，为省属国有煤矿，位于济宁市微山县留庄镇境内，井田面积52.4 km^2。

该矿于1998年8月开工建设，2020年8月，核定产能调整为350×10^4 t/a。其主要可采煤层有3（$3_{上}$、$3_{下}$）、$12_{下}$、16煤层，现开采的3（$3_{上}$）煤层厚度为1.56~10.20 m，平均煤层厚度6.08 m，煤层顶板以粉砂岩或泥岩为主，砂质泥岩或中粒砂岩次之，偶见泥岩伪顶，底板为砂质泥岩或泥岩；$3_{下}$煤层厚度为0.70~3.72 m，平均为2.03 m，煤层顶板以细粒砂岩为主，砂质泥岩和中粒砂岩次之，底板以泥岩为主，砂质泥岩次之。回采工艺为综放、综采，掘进工艺为综掘、炮掘。矿井立井分区开拓，上、下山开采，为低瓦斯矿井，煤层自燃倾向性为Ⅱ类自燃，水文地质条件类型属中等，无冲击地压危险；采用分区式通风方式，抽出式通风。

（二）事故区域基本情况

$3_{上}$104工作面（正掘进准备）位于31采区的北翼，工作面北部为未开采区，东部为$3_{上}$102工作面采空区及3煤风氧化带，南部为31采区下山保护煤柱，西部为$3_{上}$104煤柱工作面、$3_{上}$106工作面采空区。

$3_{上}$ 104 运输巷分为里段和外段两部分，事故地点为现施工的外段巷道。外段设计长度为 906.3 m，其中，修复段巷道（2006 年掘进）长度为 591.5 m，新掘段巷道长度为 314.8 m。巷道沿 $3_{上}$ 煤层底板掘进，煤层厚度为 3.9 ~4.2 m，平均 4.0 m。该掘进工作面 2021 年 2 月 14 日开始施工。3 月 11 日，修复至 200 m 时，因巷道变形严重修复困难，改为在修复段巷道右侧新掘巷道。5 月 12 日，施工至 625 m 处在左帮揭露断层，分析为 F2 支断层、落差 7 m 左右。5 月 22 日，施工至 670 m 处，通过钻探探查和顶板岩性分析，确定为 F2 断层，落差 22 m。5 月 23 日晚中班，为了避开 F2 断层，决定自迎头退后 54.4 m，按照夹角 10°（方位角 22°）向右调巷施工；调巷后至事故发生前已施工 27 m。

$3_{上}$ 104 运输巷采用锚网索支护，巷道净宽 4.6 m，净高 3.3 m，净断面 15.18 m^2，顶板选用 ϕ20 mm×2400 mm 全螺纹高强锚杆，配合 2 根长度 2350 mm、3250 mm 的翼型钢带搭接使用，每排布置 6 棵锚杆，间排距 900 mm×1000 mm；帮部锚杆支护参数不变，排距改为 1000 mm。调巷开门点向前 30 m 范围内，在巷道左侧顶板补打纵向锚索梁加强支护，锚索梁间距 1.5 m。右侧扩帮时在巷道顶板施工横向锚索梁加强支护，锚索梁排距 3 m。锚索梁均为长 3 m 的 12 号矿用工字钢，眼距 2.6 m。调巷施工 40 m 后顶板每隔 3 排施工 1 棵单锚索，锚索布置在巷道中心线上，排距 3300 mm。锚索长度 5 m，采用 1×19 S－21.8 预应力钢绞线，每棵锚索使用 2 支 MSCK2380 型锚固剂，锚固长度 1500 mm。

二、事故发生经过

5 月 26 日晚中班，当班入井 111 人。其中，掘进二区 9 人在 $3_{上}$ 104 运输巷作业，3 人在 $3_{上}$ 104 运输巷后路处理掘进机的转载，6 人在迎头支护掘进工作面。23 时 6 分，矿调度室接安监员汇报 $3_{上}$ 104 运输巷迎头顶板大面积冒落（长度有 20 m），冒落的煤矸将在迎头施工顶部锚杆的 2 人堵在右肩窝的狭小空间内，1 人被挤在冒落锚网、锚索梁与巷道右帮形成的三角空间内，2 人压埋在综掘机上，1 人被埋压在综掘机右侧。事故发生后 26 人参与救援，79 人升井。

三、事故直接原因

事故地点位于区域性断层和伴生断层叠加区，巷道顶板受断层切割形成不完整岩石块体，调巷开门施工交岔点跨度不断扩大，断面跨度由 4.8 m 扩大到 9.2 m，支护强度不够，顶部岩石块体失稳滑落，引发顶板大面积冒落，造成人员被困和伤亡。

四、应急处置与抢险救援

（一）企业先期处置

发生事故后，新安煤矿立即启动应急救援预案，并按规定向有关部门报告事故情况，同时开展抢险救援。枣矿集团接报后经核实情况和人员信息，及时上报事故信息，立即启动应急救援预案，全力开展抢救。枣矿集团董事长任总指挥，副总经理任副总指挥，总工程师任技术组组长，制定救援技术方案（施工救生导硐），现场组织 26 人参与救援。

（二）各级应急响应及救援力量调集

接事故报告后，山东省委、省政府要求做好抢险救援工作，山东省副省长，山东煤矿安全监察局，山东省应急管理厅、能源局，济宁市委、市政府主要领导及相关负责同志，以及鲁南监察分局，济宁市应急管理局、能源局等部门主要负责同志立即赶赴事故现场，组织、指挥、指导救援工作。国家矿山安全监察局和国家安全生产应急救援中心派人员组成工作组赶赴现场指导抢险救援。事故发生后，救援指挥部调集矿山救护队伍、专业施工力量、公安、消防、医疗、安保、后勤等 21700 余人次参加抢险救援。其中：调集 3 支矿山救护大队（枣矿、兖煤、新矿集团）16 个小队、194 名救援人员，下井参加救援 732 人次；新安煤矿投入救援人员 10200 余人次，采掘及辅助区队骨干力量下井抢险救援 3598 人次，调集蒋庄煤矿采掘专业施工队伍 235 人次；消防队 75 人次（携搜救犬 2 条、下井搜寻 3 次）；邀请顶板支护专家 15 名。

（三）制定救援方案

济宁市委、市政府主要领导到达现场后，与山东能源集团、枣矿集团先期成立的现场救援指挥部共同组建联合救援指挥部（简称指挥部）。指挥部由济宁市委书记、市政府主要领导和山东能源集团总经理任总指挥，济宁市委副书记、副市长、山东能源集团副总经理任副总指挥，始终坐镇指挥部指挥救援，指挥部成员分班次下井靠前指挥。同时，成立了 7 个救援工作组（综合组、现场救援组、医疗救护组、舆情工作组、保卫工作组、后勤保障组、家属接待维稳组）开展抢险救援工作。

指挥部根据技术专家组对事故现场进行分析和研究，同时综合考虑井上下各方面因素，组织专家组在全面了解、深入分析、充分论证和综合研判的基础上，制定了以下总体救援方案：

第一方案：沿巷道右侧施工导硐，绕到冒落区里侧和迎头，搜寻被困人员，建立第 1 条救援通道。

第二方案：从冒落区正面，由外向里处理冒落的煤矸，逐步恢复支护、充填冒顶区，建立第 2 条救援通道。

第三方案：结合救援方案调整，在前两个方案难以打通救援通道的情况下，从地面施工大孔径钻孔，建立第 3 条救援通道。

（四）抢险救援过程

1. 现场紧急救援

接到事故召请后，枣矿救护大队驻新安中队立即出动两个小队，共计 16 人下井实施救援，并将事故区域冒落情况向指挥部进行报告。指挥部根据现场条件，紧急采取了以下措施：

（1）后路维护。对冒顶区后路进行维护，在冒顶区后方施工 2 个木垛，并支设单体支柱维护，防止冒顶区扩大和次生灾害发生。

（2）导硐营救。在退后冒顶区 5 m 处沿右帮向里施工 0. 7 m × 1. 2 m（宽 × 高）的营救通道，采取人工风镐掘进、支设单体支柱支护。

（3）紧急联络。采取敲击管路等方式，与被困人员进行联络。

2. 第一救援通道实施

指挥部综合考虑岩体冒落范围、现场地质条件、涉险人员和救援人员安全，优先救援可能生还人员，决定首先实施第一套救援方案，采取“优先供风、加固后路、快掘导硐”的救援措施；确定退后冒顶区 5 m 平行原巷道右侧施工导硐，断面扩大至 1 m × 1. 2 m（宽 × 高），采用风镐掘进、支设单体支柱支护。

（1）保证被困人员供风。检查冒顶区域通风、气体以及顶板情况，在救援过程中，通过救援导硐新敷设一条通风胶管到被困人员区域，保障通风安全。

（2）导硐施工过程中，发现底板向外流水突然加大，现场分析判断为冒顶区域供水管路被砸断跑水，及时切断供水管路，避免被困人员被淹。

（3）现场救援中，科学安排劳动组织，调集精干力量，按照“小班次、多轮换、打接力”的方式，加快导硐施工。

5 月 27 日 11 时 58 分，导硐施工至 12. 5 m，通过敲击管路方式与被困人员取得联系；14 时 2 分，进入导硐将 1 号被困人员成功救出。根据 1 号被困人员描述，在冒顶区右前方有 1 名被困人员存活，决定继续向前导硐营救。5 月 28 日 2 时 50 分，在营救 2 号被困人员过程中，外部冒顶边缘处发现 3 号被困人员（从老巷自救至木垛处），救援人员立即架好临时单体支柱将导硐口上方的木垛拆除，剪断巷道上方的锚网、锚杆，清理冒落的煤矸，打通巷道上部与冒落空顶区通道；3时46分将3号被困人员成功救出；15时30分，导硐施工至24.4 m处2号被困人员位置；16时58分将2号被困人员成功救出；18时26分，指挥部召开会议，根据获救人员描述，决定从导硐迎头后退3.8 m施工1号导硐，施工过程中在左帮发现安全帽，1号导硐向左侧延伸，23时22分，将4号被困人员救出，已无生命迹象。5月30日2时，指挥部召开专家组会议，考虑剩下2人在综掘机处施工，需要沿1号导硐向左侧调巷，由于施工难度大、架棚无法连锁，决定在硐口用木垛封闭，退后2 m施工2号导硐，至3.2 m处，见综掘机铲板与急停按钮，用钎子向左右两帮探查，并用生命探测仪、人体搜寻仪探测，搜救犬搜寻，均未发现被困人员，指挥部综合考虑现场救援人员安全，决定停止导硐施工，转为实施第二方案。

3. 第二救援通道实施

（1）综合考虑剩下2名被困人员在综掘机右侧的被困可能性较大，决定从冒落区正面，由外向里沿调巷右帮修复巷道，处理冒落的煤矸，充填冒顶区，建立救援通道1。6月4日21时48分，施工至2号导硐，利用蛇眼探测仪对综掘机机身上方、截割部铲板右侧可能存在被困人员的区域进行搜寻，均未发现被困人员。

（2）通过对救援现场顶板冒落情况进一步观察和分析，结合现场实际，进一步优化了救援方案：停止原救援巷道迎头施工，撤出该巷道施工人员，在该巷道左侧预留800～1000 mm通道，对其他区域采用密集木垛全面加固支护后，自冒落区左侧起始位置，沿原巷道左帮由外向里继续施工新救援通道2，搜寻被困人员。6月7日20时16分，施工至综掘机左侧，在操作台处发现5号、6号两名被困人员；21时4分，5号被困人员被救出；21时34分，6号被困人员被救出，2人均遇难。

4. 第三条救援通道准备（未施工）

救援过程中同时调集山东省煤田地质局第一勘探队、中兴建安地勘分公司等钻探力量，查看和测量地面定向钻孔施工地点，分析施工可行性；制定井下钻孔施工方案，编制钻探设计、图纸及安全技术措施，随时做好地面、井下钻孔的施工准备。

5. 救援通道总工程量

打通救援通道70.8 m，架设抬棚116架，施工撞楔1000余个，加固巷道433 m，施工木垛15个，支设单体支柱646棵；清理冒落煤矸476 m^3，注罗克休4.7 t、马丽散5 t。

新安煤矿“5·26”较大顶板事故救援现场如图1－1所示。

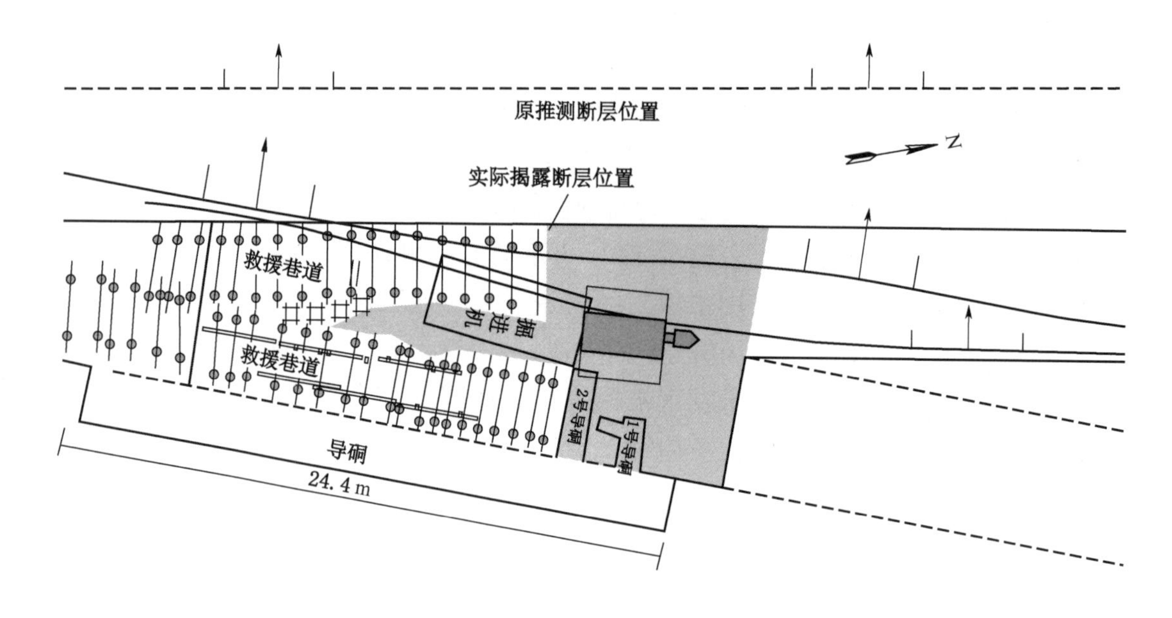

图 1-1　新安煤矿“5·26”较大顶板事故救援现场示意图

五、总结分析

（一）救援经验

（1）各级领导高度重视，组织得力，靠前指挥，为成功救援起到重要保障作用。事故发生后，应急管理部，山东省委、省政府高度重视，主要领导立即作出批示；山东省副省长在第一时间赶到现场，坐镇指挥；应急管理部和山东省市有关部门的同志现场指导，企业各级相关领导昼夜在井下救援现场靠前指挥，组织制定科学严谨的救援方案和安全可靠的技术措施，指挥部、现场救援组、专家组等高效协同，矿山救护队伍、专业施工力量、公安、消防、医疗、安保、后勤等救援力量实现统一思想、统一指挥、统一调度，建立了高效协同的救援体系。

（2）快速反应、精准施救，第一时间救出被困人员。企业各级主要负责人接到报告后，第一时间启动应急救援预案，迅速赶赴事故现场，科学制定救援方案，果断采取沿冒落区右帮快速施工导硐、营救被困人员的紧急救援措施，为救援赢得了黄金时间，先期救出4名被困人员，其中3人生还。

（3）装备物资保障到位，为事故救援提供了有力支撑。先后调集了12家矿井及相关公司的支护、通风、充填材料，液压、挖掘、破拆工具、注浆等工器具20余类1000台（件）；各类设备、材料5000余件（套）；调动矿山救护车 16 辆、救援指挥车 5 辆、救援装备车 3 辆；调集人体搜寻仪、生命探测仪、热成像仪、快速支护支架以及救护装备 300 余台（套）。

（4）安全措施保障到位，对成功救援起到决定性作用。在救援过程中，通过救援导硐新敷设一条通风胶管到被困人员区域，保障通风安全。导硐施工过程中，发现底板向外流水突然加大，现场分析判断为冒顶区域供水管路被砸断而导致跑水，及时切断供水管路，避免被困人员被淹。为保障救援通道安全，及时采取支设木垛、抬棚、打点柱等安全措施，对 433 m 巷道进行加固。

（二）存在问题

（1）冒顶区条件复杂，巷道破坏严重，人工开掘导硐方式进度缓慢。冒顶区顶板岩性复杂，断层构造节理发育，冒落区巷道跨度大，冒顶长度 20 m，冒落高度最大 6.5 m，宽度最大 8.8 m，面积达 122 m^2。现场施工救援导硐空间受限；处理冒落体支护困难，岩石破拆难度大；采用撞楔、充填、架棚构筑人工顶板处理冒落区矸石，工序复杂，工程量大。

（2）井下人员搜寻技术不成熟，不能满足救援需要。救援过程尽管多次使用生命探测仪、人体搜寻仪等设备和搜救犬，仍然没有探测到被困人员准确位置。

（3）人员精准定位系统有很大局限性，导致遇险人员定位精确率较低，救援期间无法收到被困人员定位卡信息。经核查，矿井虽安装人员精确定位系统，但定位基站信号受巷道锚杆、钢带、金属网等干扰，信号衰减严重，有效接收距离约 50 ~ 100 m，与系统说明书载明的 400 m 差距很大，造成被困人员定位盲区。

（4）顶板事故救援快速掘进技术装备存在短板。顶板事故冒落煤岩破碎，支护难度大；缺乏快速掘进打通救援通道的装备，只能使用人工开掘的方式，边支护边搜寻遇险人员；救援人员安全风险大、效率低、施工进度慢。

专家点评

◆企业的快速响应为抢救人员争取了黄金时间，发生事故后第一时间组织人员采取正确的措施救援很关键。

◆矿山救援队伍要加强顶板事故救援技术能力研究，针对性开展技战术研究和装备操作训练，提升短板弱项。

◆加强顶板事故救援装备的研发。一是研发掘支一体快速成巷设备，能够快速施工大直径救生钻孔，并利用套筒等固化孔壁，形成救生通道，解救遇险人员。二是研发冒落煤矸轻便快速支护装备或材料，能够快速实现对冒落顶板支护和固化工作。三是研究大块矸石柔性爆破技术，确保安全的情况下快速清理冒落大块煤矸。四是强化生命探测和搜救装备的研发，提高探测装备的可靠性和稳定性。

案例二　山西楼俊集团泰业煤业有限公司“6·16”顶板事故

2021年6月16日0时2分，山西楼俊集团泰业煤业有限公司（简称泰业煤业）井下集中运输大巷发生顶板事故，造成当班施工水仓的7名作业人员被困，经过53小时全力抢救，被困人员全部获救。

一、矿井基本情况

（一）矿井概况

泰业煤业位于山西省吕梁市临县三交镇田家山村境内，隶属于山西楼俊矿业集团有限公司，为乡镇煤矿。该矿采矿许可证有效期至2042年11月2日、安全生产许可证有效期至2023年12月7日。矿井核定生产能力为120×10^4 t/a，低瓦斯、水文地质类型为中等，煤层自燃倾向性为容易自燃，煤尘有爆炸性，无冲击地压危险性，矿井状况为停产整顿矿井，开拓方式为斜井开拓，采煤方式为综采，掘进方式为综掘，通风方式为中央分列抽出式，采掘布置有8101回收工作面、8102安装工作面、二采区回风大巷、二采区运输大巷、二采区轨道大巷。3月31日，该矿发生一起一人死亡运输事故，正在停产整顿。

（二）事故发生区域情况

1. 集中运输大巷布置情况

集中运输大巷靠近井田北部边界，沿9号煤层顶（底）板掘进，东西向布置，总长度为1268 m。事故地点位于集中运输大巷1108 m至1129 m段。该段巷道沿9号煤层顶板掘进，冒落段巷道于建设期间的2020年10月至11月形成。南部为集中轨道大巷和集中回风大巷，三条巷道水平间距均为25 m。集中运输大巷一采区段918 m已喷浆，二采区段350 m均未喷浆，冒落段位于二采区未喷浆段。

2. 集中运输大巷支护情况

集中运输大巷事故段巷道为矩形断面，宽×高为5440 mm×2720 mm，设计采用锚杆（索）+钢筋梯子梁+钢筋网+喷浆支护。顶板采用屈服强度335 MPa的螺纹钢锚杆，直径为20 mm，长度为2200 mm，间排距为900 mm×900 mm，采用1卷CK2340型和1卷Z2360型树脂锚固剂；煤帮采用屈服强度为335 MPa的螺纹钢锚杆，直径为18 mm，长度为2200 mm，间排距为700 mm×900 mm；

采用1卷CK2340型和1卷Z2360型树脂锚固剂。锚杆配套使用蝶形钢板托盘，规格为120 mm×120 mm×10 mm。锚索直径为17.8 mm、长度为7500 mm，采用3－2－3布置，排距为2700 mm，间距为2000 mm（2根排）、1700 mm（3根排）。锚固剂采用1卷CK2340型和2卷Z2360型树脂锚固剂，锚索托盘采用穹形可调心托盘，托盘规格为300 mm×300 mm×14 mm。钢筋网片由圆钢焊制，钢筋梯子梁由直径14 mm圆钢焊制。顶板使用长5200 mm的梯子梁，两帮使用长2500 mm的梯子梁。

泰业煤业"6·16"顶板事故地点如图1－2所示。

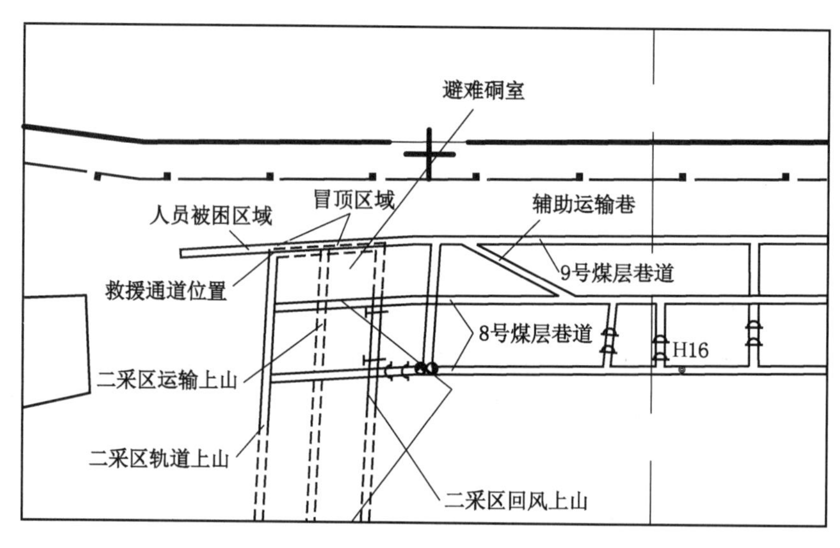

图1－2　泰业煤业"6·16"顶板事故地点示意图

二、事故发生经过

6月15日23时50分，泰业煤业江苏矿业泰业项目部开拓二队7人到达井下二采区集中运输大巷水仓施工处附近的带式输送机机头处，跟班队长安排皮带司机从带式输送机机头向水仓作业地点清理散煤，剩余6人进入工作面，开始查看和处理上班遗留问题。6月16日0时2分，皮带司机在清理散煤时发现顶板有掉矸现象，并听到"咣咣"的巨大声响，第一反应是要冒顶了，皮带司机迅速跑向水仓作业地点，边跑边晃矿灯并大喊道"快跑，要冒顶了"，随后顶板发生冒落，同时水仓施工处局部通风机停风。

三、事故直接原因

施工单位江苏矿业泰业项目部未严格按照设计施工，截短锚索，部分锚杆

（索）锚固段长度不足，钻孔孔径、锚固剂直径、杆体直径不匹配，加之巷道局部段顶板岩层结构劣化，导致支护失效、顶板失稳冒落。

四、应急处置与救援

（一）企业先期处置

事故发生后，矿方未及时向上级主体企业及相关部门报告，自行组织人员自救。被困人员在跟班队长的组织下，打开压风管供风，由里向外查看顶板情况，到达冒顶区域附近后，用皮带架钢管顶到锚杆托盘上，由外向里对顶板进行临时支护。矿方于16日3时10分开始从位于8号煤层的集中轨道巷避难硐室通道向9号煤层被困人员位置施工生命钻孔（用于食物输送），钻孔孔径为89 mm，倾角为 -31°，斜长为21 m（8号煤底板至9号煤顶板间距为9.3 m）。

（二）各级应急响应

6月16日上午9时，吕梁市人民政府接到事故报告后，市委、市政府主要领导于10时50分赶到现场，成立事故抢险救援指挥部。11时50分，山西省副省长带领山西煤矿安全监察局主要负责人及有关部门负责人到达事故现场指导救援。17日8时，应急管理部副部长视频连线救援现场，对救援工作提出具体要求。按照应急管理部相关领导的安排，在忻州市代县铁矿透水事故现场工作的国家矿山安全监察局和国家安全生产应急救援中心相关同志组成工作组，赶赴泰业煤业事故现场指导救援。

（三）制定救援方案

（1）用探水钻机打通89 mm生命通道，向被困人员输送食物和饮料。

（2）打通救援通道，营救被困人员，形成2套救援方案：一是采用巷道台式钻机从位于8号煤层的避难硐室通道向位于9号煤层的集中运输巷打斜立井（设计长度为9.3 m），营救被困人员。二是采用大口径水平钻机沿9号煤层二采区集中运输大巷煤层顶部顶管穿冒落区，将被困人员从管道中救出。

（3）对9号煤层冒落区巷道进行维护支护。

（四）抢险救援过程

6月16日11时45分，从8号煤层的避难硐室通道向位于9号煤层的集中运输巷施工的直径89 mm救生孔打通，13时16分，食物和通信工具输送到被困人员。

17日，国家安全生产应急救援中心工作组下井查看8号煤层的避难硐室通道施工及9号煤层运输大巷冒落情况后，提出如下要求：一是在避难硐室通道打钻现场安排专人监测顶板和瓦斯情况；二是加快集中运输大巷临时支护工作进度；三是继续做好第二套方案的装备入井路线、皮带拆除、轨道铺设等各项准备工作；四是关注井下被困人员情绪，安排熟悉被困人员的矿工定期进行心理疏导，将救援方案和救援进展向被困人员通报。

6 月 17 日 11 时 46 分，按照既定的第一套方案，反井钻机安装到位后开始施工救生钻孔；16 时 38 分，直径 216 mm 钻孔施工到位；20 时 20 分，直径 350 mm 扩孔完成。6 月 18 日 2 时，直径 540 mm 扩孔完成，在钻孔上方安装定滑轮，开始营救现场被困人员；3 时 59 分，救护队员进入被困区域，为被困人员逐个穿好安全防护带，7 名被困人员逐个通过钻孔脱离被困区域；5 时 13 分，在被困 53 小时后全部安全升井。

6 月 17 日 4 时，大口径水平钻机从太原调用到该矿，上午 12 时安装到位。如方案一实施遇阻，方案二水平钻机开机施工。吕梁市应急综合救援支队和临县矿山救护中队所有救援人员分组跟班全程监护作业，主要负责检查井下各地点的有毒有害气体浓度、加固冒落点附近巷道范围内顶板，并随时观察顶板情况，确保救援人员的安全和防止次生灾害的发生。

泰业煤业“6・16”顶板事故救援现场示意图如图 1－3 所示。

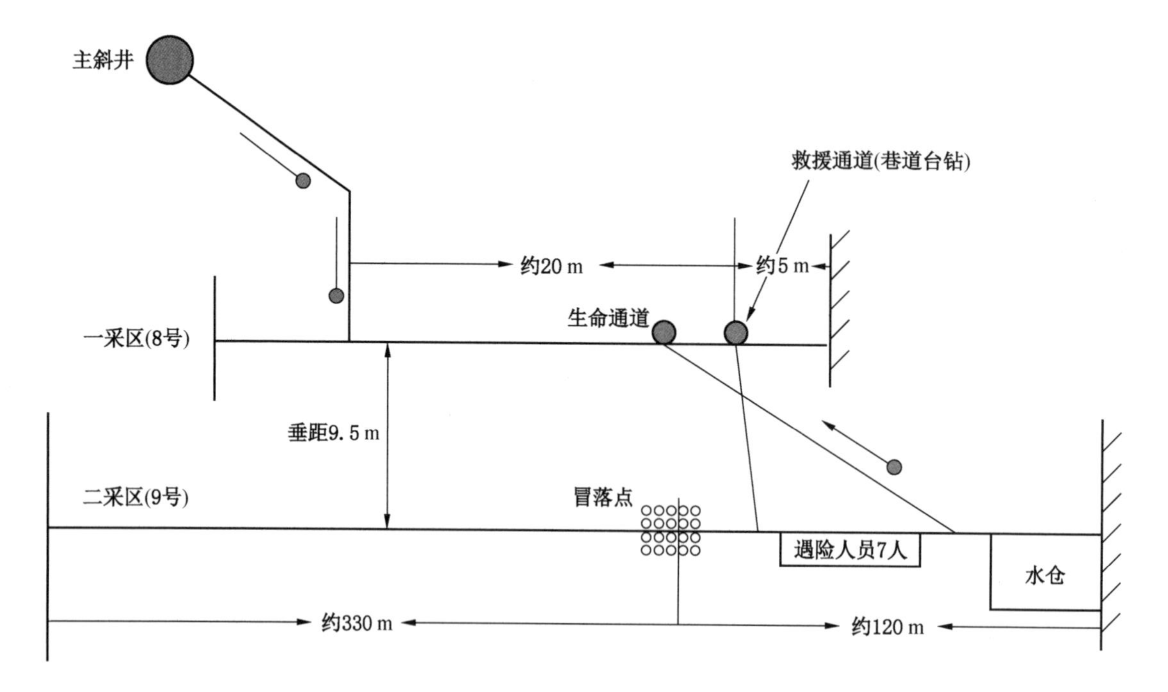

图 1－3　泰业煤业“6・16”顶板事故救援现场示意图

五、总结分析

（一）救援经验

（1）领导重视，响应及时。事故发生后应急管理部相关领导第一时间与现场指挥部视频连线指导救援工作，派出工作组现场指导救援。山西省委、省政府主要领导快速作出重要批示，副省长带领应急、能源、煤监等部门13人赶赴现场指导抢险救援工作。吕梁市委书记迅速组织市应急、能源、煤监、公安、卫生健康委等部门和吕梁市消防救援大队、吕梁市综合应急救援支队、吕安危化救援大队等专业队伍赴矿参加救援，并成立了事故抢险救援指挥部，科学指导救援工作。

（2）救援行动迅速，方案科学合理。事故发生后，企业先期处置方案及时正确，立即打开压风管路对现场被困人员进行辅助通风，组织人员进行巷道临时支护。6月16日11时45分，打通89 mm救生通道，保证了被困人员食物供给、改善了通风环境，稳定了被困人员的情绪，保障了被困人员的生命需求。指挥部根据实际情况，制定了“一主一备”2套救援方案，“两条腿”走路，更加科学合理。一是采用反井钻机从位于8号煤层的避难硐室通道向位于9号煤层的集中运输巷打斜立井，营救被困人员，最终成功救出7名被困人员。二是备用方案采用大口径水平钻机沿9号煤层顶管穿冒落区营救被困人员，虽然没有成功实施，但也提前做好了各项准备，为救援工作加上了“双保险”。

（3）密切配合，全力营救。各支抢险队伍、各工作组之间的密切配合，各环节的无缝对接，有力地保障了抢险救援工作的顺利、高效。救援过程中，指挥部积极与生产厂家和使用单位联系，提前掌握了设备运行条件和参数，从设备的运输、入井、安装到巷道维护各个方面提前积极准备，为救援快速、顺利推进提供保障。钻机开钻后，应急管理部工作组和山西省委、省政府主要领导在矿调度中心，通过视频关注着施工进展，研究解决施工过程中出现的卡钻、钻机不稳等问题，两次与被困人员通话，询问情况、稳定情绪。各级领导的率先垂范为被困人员提振了信心，增强了抢险救援工作的动力。

（二）存在问题

（1）初期救援力量不足。事故发生后，矿方迟报、谎报事故，初期救援力量不够，耽误了事故救援的时间。

（2）大口径水平钻机由于井下作业地点空间受限因素影响，适用性还有待提高。

专家点评

◆要牢固树立“人民至上、生命至上”的理念。事故救援的关键是与时间赛跑，要抓住救援的黄金期。企业发生事故后，一定要第一时间报告事故信息，第一时间寻求救援力量的支援，最大限度抢救被困人员。

◆准确掌握事故现场信息，及时果断采取有力措施。此次救援过程中，被困人员及时汇报了事故信息，积极进行了自救，矿方果断采取了打生命钻孔的措施，为被困人员创造了生存条件。

◆科学制定救援方案，全力以赴做好方案的实施。指挥部制定两套救援方案，且同步推进，“两条腿”走路，更加科学合理，具有借鉴意义。

◆加强大口径水平钻机在煤矿井下巷道的应用研究，推动事故救援手段多样化、科学化发展。

◆此案例中成功使用反井钻机打通了540 mm大孔径救援通道，值得在其他类似事故中推广使用。

案例三　青海省西海煤炭开发有限责任公司柴达尔煤矿“8·14”重大溃砂溃泥事故

2021 年 8 月 14 日 12 时 10 分，青海省西海煤炭开发有限责任公司（简称西海煤炭公司）柴达尔煤矿发生重大溃砂溃泥事故，造成 20 人死亡，历经 30 个昼夜全力抢救，于 9 月 12 日 19 时 47 分救出全部被困遇难人员。

一、矿井基本情况

（一）矿井概况

西海煤炭公司隶属于青海省西海煤炭开发有限责任公司，位于青海省海北州刚察县热水镇。1956 年建矿，1970 年以前为热水煤矿三号井（井工），2003 年 9 月在原生产能力为 30×10^4 t/a 的基础上进行改扩建，2010 年 5 月投产，核定生产能力为 90×10^4 t/a。现该矿主采煤层 M1，煤层倾角为 60°～70°，平均厚度为 53.4 m，属急倾斜特厚煤层。矿井为低瓦斯矿井，煤尘具有爆炸性，属不易自燃煤层。矿井水文地质类型中等，正常涌水量为 57.15 m^3/h，最大涌水量为 78.74 m^3/h。事故发生时，矿井处于停产整顿状态。

（二）事故区域基本情况

事故发生在 +3690 综放工作面，位于 +3570 m 水平 301 采区，为该采区东翼第一分层采煤工作面。工作面东部为 301 采区边界，西部工作面尚未布置，上部为相邻的 201 采区东翼 +3710 采空区，2009 年已回采完毕，下部为 301 采区东翼 +3675 掘进工作面，正在掘进。通过井上下对照图、地面塌陷位置定点观测等技术分析，地面露天采坑塌陷区域为 +3690 综放工作面顶部（地面标高为 +3780，垂直高度为 90 m）。+3690 综放工作面采用水平分层综合机械化放顶煤采煤工艺，煤层分层厚度为 18 m，工作面设计采高为 2.5 m，放煤高度为 15.5 m，采放比为 1∶6.2，循环进尺为 0.6 m，日循环进度为 1.8 m。2021 年 2 月 20 日该工作面开始回采，发生事故时工作面已推进 147.2 m，剩余走向长 378 m。该工作面采用 ZF3200/18/28 型放顶煤综采支架支护顶板 33 副，过渡架采用 ZFG3800/19/30 型加强支护 3 副，工作面两端头采用 Π 型钢梁和单体液压支柱支护。运输巷超前支护采用单体液压支柱配合铰接顶梁支护，一梁一柱；回风巷超前支护采用单体液压支柱配合 Π 型钢梁支护，一梁三柱，长度均为 24 m。

二、事故发生经过

事故发生前+3690综放工作面多次出现片帮冒顶、顶面冒落、煤泥涌入现象。6月29日，+3690综放工作面受煤壁片帮冒顶、顶煤冒落等因素影响，支架无法正常推进。7月4日至7日，该矿在工作面两端架顶（进风侧1~6号、回风侧19~36号）间歇采取注浆措施对顶煤进行固结。7月11日17时40分左右，工作面9~13号架前煤泥及回填渣石涌入，导致该区域工作面全部掩埋，采煤机、前后刮板输送机等设备无法运转，工作面风流断路。8月13日4时，+3690综放工作面13~18号支架间（+3690综放工作面下出口以里19.5~27 m处）再次发生冒顶，前部刮板运输机被压不能运转，通风再次中断，该矿在两巷至工作面再次采用局部通风机进行压入式通风，继续清理冒落的煤泥。8月14日早班，该矿安排在+3690综放工作面清挖淤泥、提架，现场有21人作业。12时10分许，工作面突然抽冒，涌出大量煤泥（煤、煤渣、回填物及水的混合物），将1号至18号综采支架及工作面运输巷向外近60 m巷道掩埋，造成1人死亡、19人被困，另外1人脱险安全升井。

三、事故直接原因

+3690综放工作面顶部疏防水不彻底，工作面出现异常淋水、多次发生局部片帮冒顶，甚至被液压支架“压死”、工作面被封堵，但未采取有效措施进行治理，违章冒险继续进行清淤，强行挑顶提架作业导致顶煤抽冒，大量顶煤、渣石及水的混合物呈泥石流状迅速溃入工作面及运输巷，造成事故发生。

四、应急处置与救援

（一）企业先期处置

事故发生后，该矿启动了应急救援预案，及时报告了事故信息。

（二）各级应急响应

事故发生后，党中央、国务院高度重视，中央领导同志作出重要批示。应急管理部主要领导多次视频调度指导救援处置工作，应急管理部、国家矿山安全监察局派遣工作组赶赴事故现场指导救援工作。青海省委、省政府主要领导立即作出批示，省政府主要领导赶赴事故现场指导救援工作；省委常委、常务副省长等省领导率省政府办公厅、省应急管理厅、省工业和信息化厅（省国资委）、省卫生健康委、省消防救援总队、青海煤矿安全监察局等有关部门负责同志和专家及时赶赴事故现场，组织开展救援处置工作。

接事故报告后，青海省委、省政府立即启动生产安全事故Ⅱ级应急响应，成立了由省委常委、常务副省长和省委常委、副省长任双组长的现场抢险救援指挥部，下设 12 个小组，全力以赴开展抢险救援工作。

（三）制定救援方案

鉴于 8 月 14 日下午井下清淤时又发生两次淤泥涌出情况，指挥部紧急叫停井下清淤工作。为确保科学、有序、安全、快速抢险救援，在现场指挥部的统一协调领导下，根据专家组提出的技术方案，指挥部果断下达了地面和井下协同作战的抢险救援方案，后优化为“三线”救援方案。

一是及时疏导地面积水。综合实施防、堵、排、疏等措施，挖通地表水渠和汇集引渠，在作业场地铺设雨水防渗膜、水沟防渗塑料布，有效防止地表水汇集下渗。

二是科学布设钻孔灌浆。分两个阶段在露天矿坑区布设钻孔。

三是稳妥推进清淤搜救。按照“先地上固结、后地下救援”工作原则，审慎制定井下支护、加固、清理方案，科学有序开展井下清淤救援。救援期间，实时监测研判风险隐患，严防次生事故发生，确保救援安全。

（四）抢险救援过程

根据救援工作需要，工作组先后调动国家矿山应急救援青海队、靖远队、勘测队共 78 人，携带 3 台排沙泵、排水软管和边坡雷达等装备赶赴现场救援，调动国家矿山应急救援大地特勘队 2 名专家、中煤科工集团西安研究院 3 名专家赶赴现场参与救援工作，为事故应急救援提供了队伍、专家、技术、装备等全方位支持和保障。

（1）及时消除隐患，积极进行露天坑抽水导水作业。露天坑较周围地势低，常年积水、渗水，增强了回填沙土的流动性，是事故发生的催化剂，也是事故救援的严重隐患。工作组会同现场指挥部积极组织对露天坑进行了抽水导水作业。一是截流，在露天坑周边坡地边缘挖截水沟，不断修复、疏通截排水沟和排水管路，避免露天坑周边泉水、沟谷流水进入救援区域。二是防渗，在露天坑地面铺设 $9\times10^4\ m^2$ 防渗布，防止降水继续渗入。三是抽水，实施钻孔抽水作业。8 月 23 日，在已有 1 号抽水孔的基础上，完成 4 号抽水孔钻进和水泵安设，截至救援结束，累计排水 13778 m^3。9 月 1 日，完成 5 号抽水孔钻进，实时观测水量变化，有效监护井下清淤工作。

（2）倾力创造清淤条件，全力实施地面打钻注浆固化作业。防止矿井露天坑内地下水裹挟煤泥、松散回填物溃入工作面是开展井下清淤搜救的必要前提，为此，专家组研究制定地面打钻注浆固化方案，并全程指导现场指挥部实施作业。根据救援进展情况，分两个阶段在露天坑布设钻孔 29 个，其中打钻注浆孔 23 个、加密检测加固孔 6 个，累计钻进 2228.43 m，灌浆使用水泥 3548.10 t。9 月 8 日，因回填物性质复杂，枯石、空洞较多，打钻注浆难度较大，现场指挥部审议通过专家组安全评估报告，地面打钻注浆到达加固目标，救援工作全面转入井下清淤搜救阶段。

同时，加大矿井灾害安全监测。国家矿山应急救援勘测队架设边坡雷达，累计对露天坑斜坡体和钻孔作业平台施工区域进行全天候变形监测 647 h，为打钻注浆作业提供了实时监测和科学依据。

（3）坚持安全稳妥救援，科学开展井下清淤搜救工作。井下清淤搜救工作是事故救援的中心工作，现场作业难度大、不确定因素多、危险系数高，为此，工作组按照应急管理部主要领导和有关领导的工作要求，树立“居危思安”的意识，以“分秒必争”的干劲，指导现场指挥部科学、稳妥、安全地开展井下清淤工作。

一是实施井下打钻和注入高分子材料工作。组织专家组制定并指导实施井下打钻固结方案，在回风巷和运输巷开设钻场向工作面抽冒部位及运输巷与工作面三岔口处打钻，留设钻杆作为悬臂梁支撑，并视情况注入高分子材料（包括使用加固型马丽散、充填型罗克休等新材料），以加固顶板、充填冒落空间、创造再生顶板，共完成 9 个钻场 42 个钻孔作业，加注高分子材料 41.38 t，为井下清淤创造了有利的安全条件。+3690 回风巷钻孔布置如图 1－4 所示。

二是实时监测井下情况。现场指挥部在回风巷和运输巷设置观察哨，实时监测井下涌水、涌泥变化情况。25 日晚上，回风巷有灌浆液溢出，蔓延至 74 m 处，溢出量约 455 m^3。工作组连夜组织专家组研究，紧急要求现场指挥部暂停地面所有水钻钻进作业及注浆工作，指导在井下回风巷砌设第三道挡水墙并开展清淤工作。

三是稳妥推进清淤搜救。共设立安全挡墙 24 处、单体支柱 423 个，组织 119 班次、2008 人次开展井下作业，累计清理巷道 105.5 m，清淤 949 m^3。8 月 14 日 12 时 15 分至 9 月 12 日 22 时 13 分陆续发现 20 名遇难人员。至此，事故造成的 20 名遇难人员遗体全部找到，抢险救援工作结束。

+3690 综放工作面清淤安全挡墙施工如图 1－5 所示。

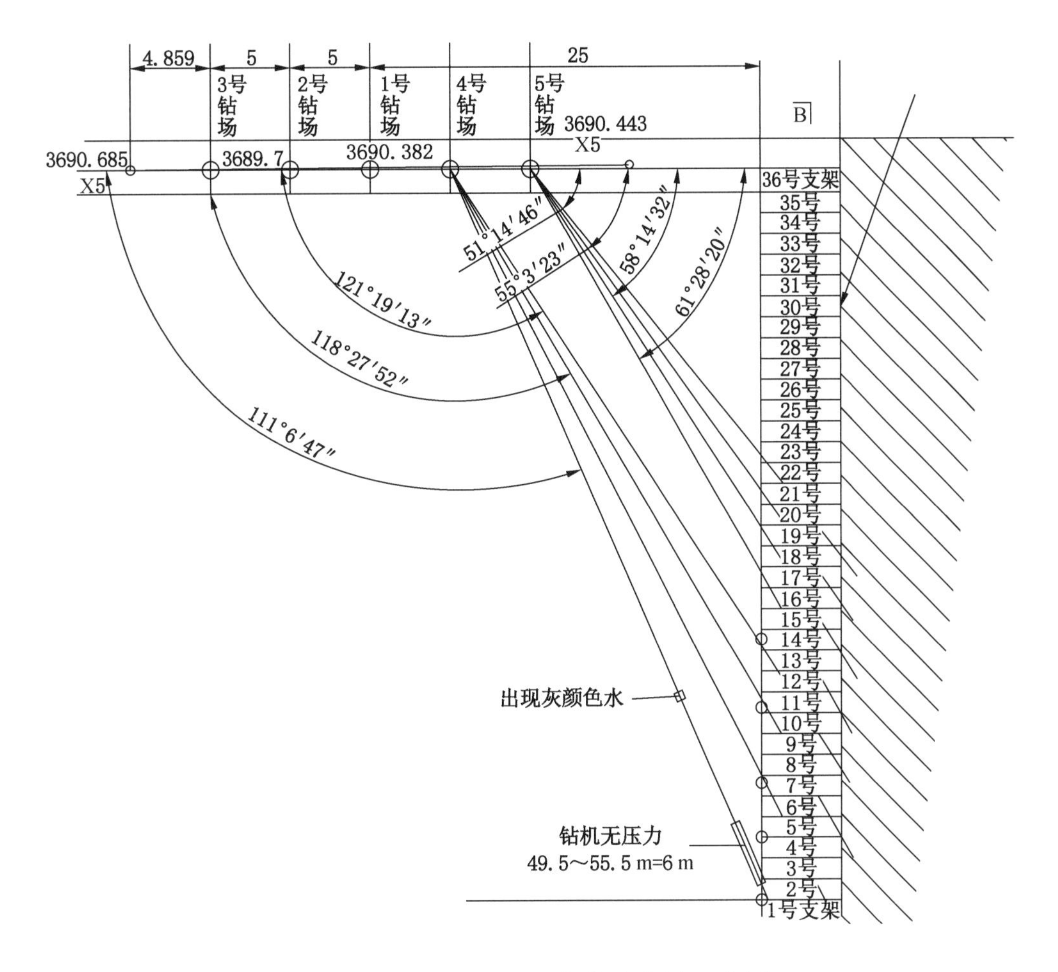

图 1－4　+3690 回风巷钻孔布置示意图

五、总结分析

（一）救援经验

（1）各级领导高度重视，抢险救援指挥有力。事故发生后，党中央、国务院高度重视，国务院领导立即做出重要批示，应急管理部高度重视，派出工作组赶赴现场指导抢险救援。青海省委、省政府接到报告后，立即启动了青海省生产安全事故Ⅱ级应急响应，成立了由省委常委、常务副省长和省委常委、副省长任双组长的事故抢险现场救援指挥部，下设 12 个小组，全力以赴开展抢险救援工作。

（2）全力以赴、争分夺秒、科学有序、高效地开展抢险救援工作。抢险救援过程中，各级部门和全体救援人员，精诚协作，团结一致，服从指挥，努

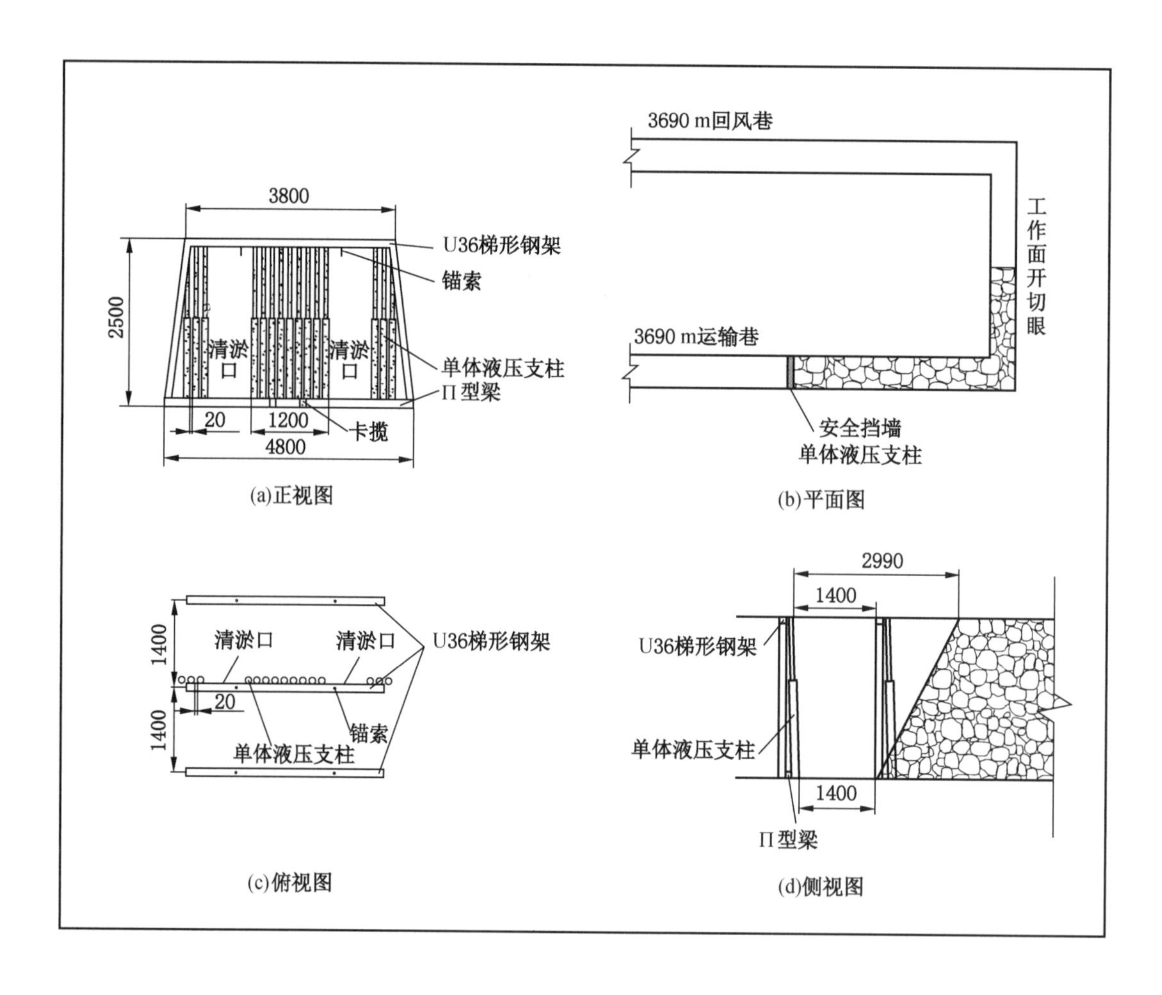

图 1－5　+3690 综放工作面清淤安全挡墙施工示意图

力克服 3800 m 高海拔带来的缺氧寒冷及天气多变、备用物资和设备运输时间长、施工难度大、劳动强度高、体能消耗大、钻头卡钻等诸多困难，全力以赴、争分夺秒、科学有序、高效地开展抢险救援工作。

（3）制定了针对性的科学救援方案。指挥部会同现场技术专家，反复研究、科学论证，制定了地面和井下协同作战的“三线”救援方案。尤其是初期紧急叫停井下冒进清淤工作，有效避免了次生事故，确保了安全救援、科学救援。

（二）存在问题

（1）现场救援组织能力有待加强。事故救援初期，现场指挥部对打钻注浆的难度认识不清晰，调用高性能钻机不够坚决，钻机的配品配件准备和调用情况不佳，导致初期救援进度较为缓慢。

（2）打钻注浆效率有待加强。矿井露天坑回填物复杂，设备配件调用耗费时间长，导致打钻效率不高。此次救援大部分时间和精力耗费在地面打钻注浆工作，如何提高地面复杂条件下打钻注浆效率还需进一步加强。

（3）专业救援能力有待提高。此次救援缺乏冒顶事故所需的清淤专用装备，井下清淤危险系数高、效率低。

专家点评

◆救援环境极为复杂，救援人员克服了“两高两长”，创造了高海拔地区应急救援的典范。“两高”即高难度，矿井露天坑回填体积大、冒顶范围大、危险系数大、回填物复杂；高海拔，事故矿井海拔 3800 m，风、雨、冰雹、雪交加，救援条件极其恶劣。“两长”即救援周期长，历经 30 个昼夜的连续奋战；救援链条长，前线从地面打钻注浆到井下清淤搜救立体化救援，后方从救援物资到装备配品的全方位保障。

◆救援风险高，给救援工作带来极大挑战。该矿对地面露天采坑安全隐患治理不彻底，出现塌陷区后，只是对塌陷坑进行回填，回填的渣石层具有储积水能力。事发前该地区多日连续降雨渗入，渣石层及顶煤经水长时间浸泡形成泥（砂）水混合物，给井下救援带来了极大的风险。救援初期，该矿未进行风险研判，井下冒进清淤。

◆科学稳妥推进，有效防范涌水、渣石、淤泥、顶板等各种风险。工作组坚持了“先地上固结、后地下救援”的工作原则，审慎制定井下支护、加固、清理方案，完成了大量的工作，灌浆使用水泥 3548.10 t，清理巷道 105.5 m、清淤 949 m^3，加注高分子材料 41.38 t。

◆高分子材料填充、加固顶板起到了良好的效果。此次救援在顶板抽冒部注入高分子材料（包括使用加固型马丽散、充填型罗克休等新材料），以加固顶板、充填冒落空间、创造再生顶板，对其他类似救援场景具有借鉴意义。

案例四　贵州黔越矿业有限公司贞丰县龙场镇三河顺勋煤矿“2·25”重大顶板事故

2022 年 2 月 25 日 7 时 37 分，贵州黔越矿业有限公司贞丰县龙场镇三河顺勋煤矿（简称三河顺勋煤矿）发生重大顶板事故，造成 14 人死亡，经过全力抢救，于 3 月 5 日 13 时 28 分救出全部被困遇难人员。

一、矿井基本情况

（一）矿井概况

三河顺勋煤矿位于贵州省黔西南州贞丰县龙场镇龙山村，2014 年 12 月整合为 30×10^4 t/a 矿井，2021 年 12 月进入联合试运转。矿井井田范围内自上而下共有 K2、K3 两层可采煤层，均为自燃煤层，煤尘均有爆炸性。K2 煤层平均厚度 0.86 m，K3 煤层平均厚度 1.6 m，煤层倾角 18°～25°，煤层倾角平均 22°，煤层间距 60 m。矿井瓦斯等级为低瓦斯，水文地质类型为中等，平硐自流排水。矿井采用平硐－斜井联合开拓，布置有主平硐、副平硐、进风斜井和回风斜井 4 个井筒。矿井采用分列式通风方式，抽出式通风方法。矿井设计划分为一个水平（水平标高为＋1289 m）二个采区，＋1289 m 标高以上为一采区，＋1289 m 标高以下为二采区，采区接续顺序：一采区→二采区。煤层开采顺序为上行式开采：K3→K2。事故发生时，矿井处于 30×10^4 t/a 技改建设状态。井下合法区域布置有 11301 采煤工作面、11302 回风巷掘进工作面，非法区域布置有 11302 隐蔽采煤工作面（简称隐蔽采面）。

（二）事故区域基本情况

事故地点位于 11302 隐蔽采面。该采面布置在矿井一采区东翼矿区边界，部分巷道超过矿界且无设计，未编制作业规程和安全技术措施。

隐蔽采面工作面长度 150 m，走向长度 110 m，煤层厚度平均 1.6 m（中部含约 0.6 m 泥岩），煤层倾角平均 22°。直接顶为粉砂岩，平均厚度 1.4 m。直接顶上有一层发育较稳定的不可采煤层，厚度 0.6 m。基本顶为粉砂岩及细砂岩。煤层底板多为粉砂质泥岩、泥质粉砂岩。基本底为石英质砂岩、局部地段为粗砂岩。

隐蔽采面采用炮采工艺，全部垮落法管理采空区。矿井采用 DW18－30/100 型单体液压支柱配合 HJDA－1200 型铰接顶梁“二·三”排管理顶板，先回后支，柱距 0.7～1.8 m 不等，多为单梁单柱，顶梁未铰接，单体液压支柱未采取防倒措施，下出口采用“四组八梁”支护，未设特殊支护和超前支护，单体液压支柱入井前未进行压力试验，采面无备用支护材料。2022 年 2 月 4 日，隐蔽采面下出口处采空区侧顶板垮塌，砸倒下出口“四组八梁”中靠采空区侧的 8 棵单体液压支柱，现场用 5 棵单体液压支柱支护基本顶，2 棵单体液压支柱斜支撑直接顶。2 月 23 日中班和 24 日中班爆破落煤后，现场多棵单体液压支柱被爆破崩倒或歪斜，并未处理。24 日中班，隐蔽采面顶板沿煤壁出现切顶现象后，未采取加强支护措施。

三河顺勋煤矿“2·25”事故地点如图 1－6 所示。

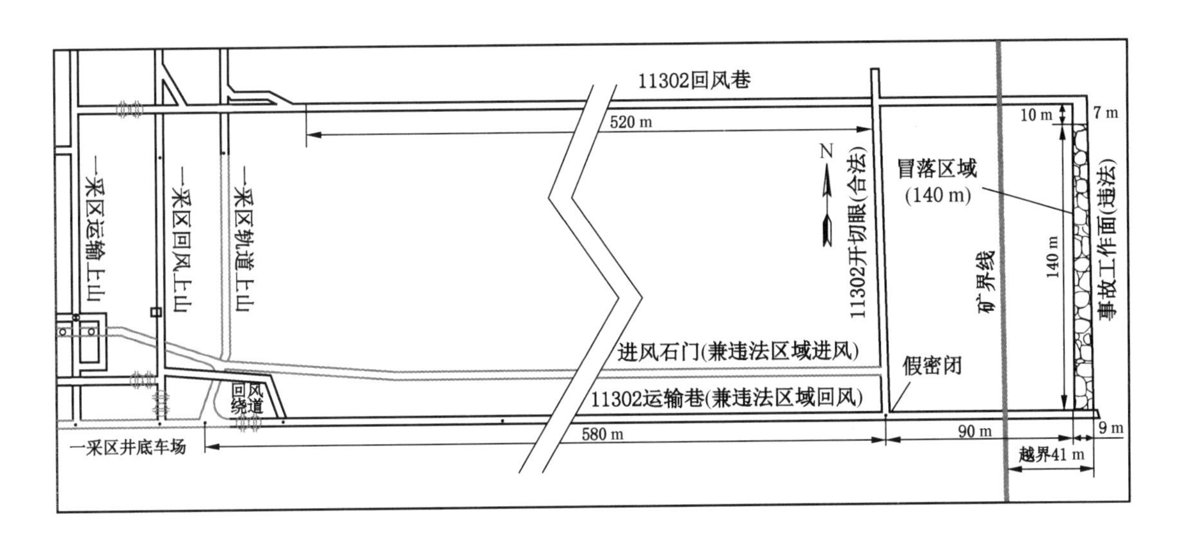

图 1－6　三河顺勋煤矿“2·25”事故地点示意图

二、事故发生经过

2 月 24 日 21 时 30 分，采煤队 15 人、运输队 4 人共 21 人从主平硐入井；22 时许，人员到达隐蔽采面，从采面机尾自上而下出煤。2 月 25 日 6 时 10 分，夜班带班领导等 2 人到隐蔽采面巡查，在下出口往上约 40 m 处发现顶板掉落一块矸石，长约 1.5 m、宽约 1.2 m、厚约 0.8 m，现场安排采取放明炮的方式对掉落矸石进行了处理，随后 2 人离开采面；7 时 37 分，采面垮塌，李某经隐蔽采面下顺槽、23301 开切眼、隐蔽采面上顺槽到隐蔽采面上出口查看情况，发现采面除上出口往下 10 m 段外，全部垮塌，确认采面 14 名作业人员被困。

三、事故直接原因

超出矿界范围布置的隐蔽采面支护强度不足，导致复合顶板（复合顶板也称离层型顶板，是一种岩性和岩石力学性质等方面特殊组合的直接顶。一般具有以下特征：一是煤层顶板由下“软”上“硬”不同岩性的岩石组成；二是“软”“硬”岩层间有夹有煤线或薄层软弱岩层；三是下部软岩层的厚度一般小于0.5 m，不大于3 m）离层、断裂，支柱稳定性不够造成顶板推垮（顶板推垮是指因水平推力的作用使工作面支架大量倾斜而造成的冒顶），酿成事故。

四、应急处置与救援

（一）企业先期处置

事故发生后，该矿自行组织入井，抢险救援无果后升井。

（二）各级应急响应

接到事故报告后，党中央、国务院高度重视，国务院有关领导作出重要批示，应急管理部领导第一时间与现场视频连线并作出指示要求，国家矿山安全监察局和国家安全生产应急救援中心派遣工作组于2月25日21时许抵达现场指导救援。事故发生后，贵州省委书记对事故救援作出批示，省长、副省长先后到现场指挥救援，并组织贵州省、黔西南州、贞丰县各有关部门成立事故现场救援指挥部，组织救援工作。

（三）制定救援方案

（1）清理巷道矸石。一是从事故采煤工作面冒落区域下出口沿煤帮向上清理，估计整个采面顶板全部垮塌，冒落面积较广、矸石较大，开掘2.2 m^2左右的快速救援通道。二是省政府协调盘江煤电集团公司，组织熟练工人进入冒落点进行支护和清理冒落煤矸。

（2）加固巷道支护。采用单体液压支柱铰接顶梁对冒落区前段巷道由下向上进行支护，架设木垛加强采空侧的顶板的支护和监测顶板压力，同时使用矿压监测系统对顶板压力进行监测。

（3）实时安全监护。矿山救护队轮班待命对作业点的气体进行定时监测，密切观察顶板情况，保障救援人员的安全；携带生命探测仪，清理进度每进1 m进行1次探测。

（4）搬运被困人员。发现受伤人员和遇难人员后交由矿山救护队进行处置。

（四）抢险救援过程

国家安全生产应急救援中心先后协调、调动国家矿山应急救援六枝队、黔西南队和国家隧道应急救援中铁二局昆明队，3 支国家专业队共 77 名救援人员，携带生命探测、破拆支护等 144 台（套）装备赶赴现场救援。同时，工作组提出了安全保障措施：一是不断加强支护。在救援初期每隔 10 m 一个木垛的基础上，加密至每 5 m 一个木垛，并适情增加一排木垛，防范二次冒顶。二是科学监测顶板。工作组调派专业技术团队到现场监测顶板稳定情况，通过安装矿压在线监测系统和矿山微震监测系统，24 小时监测立柱受力及变化情况、覆岩断裂信息。三是做好安全监护。根据救援方案，六枝队和黔西南队在现场指挥部的统一组织下，在工作组统筹指导下，下井 272 人次执行安全监护和气体检测等任务，全面保障了救援工作安全开展。

2 月 25 日 9 时 17 分，贞丰县工科局向国家矿山应急救援六枝队驻贞丰县矿山救护中队发出事故救援召请。9 时 40 分，驻贞丰县矿山救护中队 13 名救援人员到达三河顺勋煤矿。11 时 15 分，黔西南州矿山救护大队兴义中队、兴仁中队共 30 名救援人员到达三河顺勋煤矿。15 时 30 分，国家矿山应急救援六枝队二中队三小队共 11 名救援人员到达三河顺勋煤矿。

2 月 26 日 17 时 35 分，国家隧道应急救援中铁二局昆明队 10 名救援人员到达三河顺勋煤矿。同日，按照省政府安排部署，盘江精煤（股份）有限公司组织专业人员参与抢险救援，公司总经理带领 76 名现场经验丰富的救援人员奔赴三河顺勋煤矿，下井带班，靠前指挥，救援工作稳步推进。

2 月 26 日 8 时 30 分，国家矿山应急救援六枝队携带生命探测仪到事故地点进行搜寻，未发现被困人员。

2 月 27 日 0 时至 24 时，在国家矿山应急救援六枝队、黔西南州救护队现场监护下，盘江精煤公司火铺矿工人对冒落采面进行清理，保障救援人员进出通畅，并用单体液压支柱、铰接顶梁对巷道进行加固，从外向里逐步清理搜救遇险人员。

2 月 28 日，按照指挥部指示，为了保证井下救援通道的风量满足作业要求及相关工作的正常推展，经研究需调整三河顺勋煤矿井下通风系统，救护队 3 人入井进行全矿井风量测定。

3 月 1 日，根据前期风量测定结果，指挥部研究制定、调整了通风系统方案。国家矿山应急救援六枝队按照方案于 7 时入井建造 4 道木板密闭，于 9 时 30 分建造完成。救援通道迎头气体情况：CH_4 浓度 0.02%、CO_2 浓度 0.04%、CO 无、O_2 浓度 20.3%、温度 15 ℃；回风流气体：CH_4 浓度 0.03%、CO_2 浓度0.04%、CO无、O_2浓度20.3%、温度14℃；进风量：600 m^3/min；回风量：380 m^3/min。通过通风系统的调整，救援通道的风量能够满足作业需求及相关工作的正常开展。

3月3日6时5分至3月5日10时45分，在距隐蔽采面下出口62.8 m至86.6 m处依次发现14名遇难人员；5日13时28分，最后一名遇难人员运送出井，抢险救援结束。

五、总结分析

（一）救援经验

（1）攻坚克难，全力以赴解救被困人员。此次救援难度较大，整个工作面直接顶及上部煤层全部冒落，是国内近年来罕见事故。救援队伍出色完成灾区侦察、安全监护、井下测风、气体检测、调整通风系统、协助安装顶板矿压监测系统、清理矸石、井下消杀和转运遇难矿工等任务，发挥了重要作用。

（2）领导带头示范，救援行动有序推进。国家安全生产应急救援中心工作组两次在井下召开现场办公会，每天安排一名司局级领导24小时盯守指导。现场指挥部派出矿山专业处级干部全时轮班在井下协调解决问题。盘江集团和黔西南州有序协同、合力作业，高效完成了救援工作。

（3）先进技术装备发挥作用。从国家隧道应急救援中铁二局昆明队调用的3台岩石劈裂机在构建救生通道切割大块岩石方面发挥了一定作用，加快了救援进度。

（二）存在的问题

（1）救援初期作业组织不够高效。事故救援初期，未设立井下现场指挥部，井下作业效率不高，前后方衔接不紧密，曾出现停工情况。同时，通道支柱多、杂物多，“后路”通行较为困难，工作面冒落岩块为粉砂岩，细密、硬度大、难破碎，且破碎后需通过刮板运输机和皮带运输出井，清理进度慢。

（2）救护队员缺乏实战经验，配合不够默契。矿山救护队之间的配合默契还有待加强，除了分工分班在井下值守外，在一起研究工作任务较少，特别是发现遇难人员后没有进行合理的搬运分工。个别队员没有参加过事故救援的实战，心理素质不过硬。

专家点评

◆此次事故工作面直接顶及上部煤层全部冒落，是国内近年来罕见事故。冒落区长约 140 m、上宽约 7 m、下宽约 10 m、高约 3 m，体积约 3600 m^3。

◆由于事故工作面高位岩层出现大面积悬顶，救援通道倾角为 23°，巷道需要打木垛和重新安装单体液压支柱，所以救援通道开辟过程中极易引发顶板再次冒落，救援风险较大。

◆煤矿布置隐蔽非法采煤点，通过不上图、打设假密闭、资料作假、不安设安全监控、入井人员不带人员定位识别卡、不进行入井检身登记等手段，蓄意逃避安全监管，为救援工作增加了难度。

◆需加强矿压监测、灾害预警技术的研发与应用。在事故救援时调派专业人员和矿压监测等先进技术装备，实时监测现场顶板、边坡等稳定情况，科学保障救援工作的安全开展。

案例五　云南省曲靖市富源县墨红富盛煤矿有限责任公司富盛煤矿“10·15”较大顶板事故

2022年10月15日7时10分，云南省曲靖市富源县墨红富盛煤矿有限责任公司富盛煤矿（简称富盛煤矿）112301采煤工作面发生较大顶板事故，造成7人被困，历经105小时全力救援，成功抢救出1名生还人员和6名遇难人员。

一、矿井基本情况

（一）矿井概况

富盛煤矿隶属于富源县墨红富盛煤矿有限责任公司，位于云南省曲靖市富源县墨红镇补木村委会滴水村，属私营企业，证照齐全有效，核定生产能力30×10^4 t/a，瓦斯等级为高瓦斯，水文地质类型中等，矿区面积3.4 km^2，有可采煤层6层，现开采M11、M23煤层，井下布置1个采煤工作面和2个掘进工作面。2022年5月9日煤矿停产，6月3日经墨红镇能源分局批准入井整改，2022年10月6日经验收合格后恢复生产。112301工作面煤层厚度1.5～1.8 m，采用炮采工艺，工作面倾斜长度81 m，巷道宽度3.6 m、高度2.2 m，倾角21°。

（二）事故区域基本情况

事故发生在112301采煤工作面，开采M23煤层，煤层平均厚度2.2 m、倾角20°，顶板为薄层状粉砂质泥岩－煤线－粉砂岩互层的复合顶板，于2021年10月投产，走向长320 m、倾斜长60 m，采用走向长壁采煤方法，一次性采全高，风镐落煤工艺，利用DW25－250/100型单体液压支柱配Π型钢梁（长度2.6 m）成对布置、迈步支护顶板，排距0.8 m，柱距0.6 m，见四回一保三控顶方式，最大控顶距3.4 m，全部垮落法管理顶板，至事故发生时已回采240 m。回采过程中因受f_4走向正断层和一条未命名走向逆断层的影响，从112301运输巷开始往上约17 m长的工作面煤层消失，工作面在批准维护性推进的过程中，采取摆尾的方式与前方探煤巷贯通。批准复产后，该矿将原机头段的岩石留作岩柱，将工作面机头段搬至探煤巷内，工作面倾斜长增至83.9 m。10月13日，开始拆除原探煤巷工字钢支架立柱，刷直探煤巷与采面贯通处的尖角，14日中班，从工作面机头向机尾方向回采倾斜长度22 m，夜班接着中班的位置沿倾斜方向在工作面机头往上22～55 m之间回采。

富盛煤矿“10·15”较大顶板事故如图1-7所示。

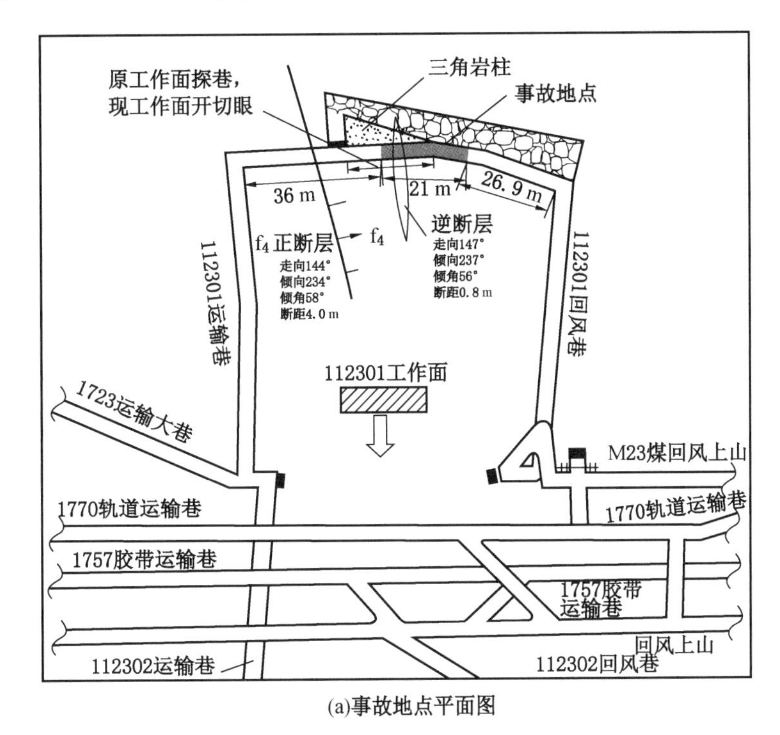

(a)事故地点平面图

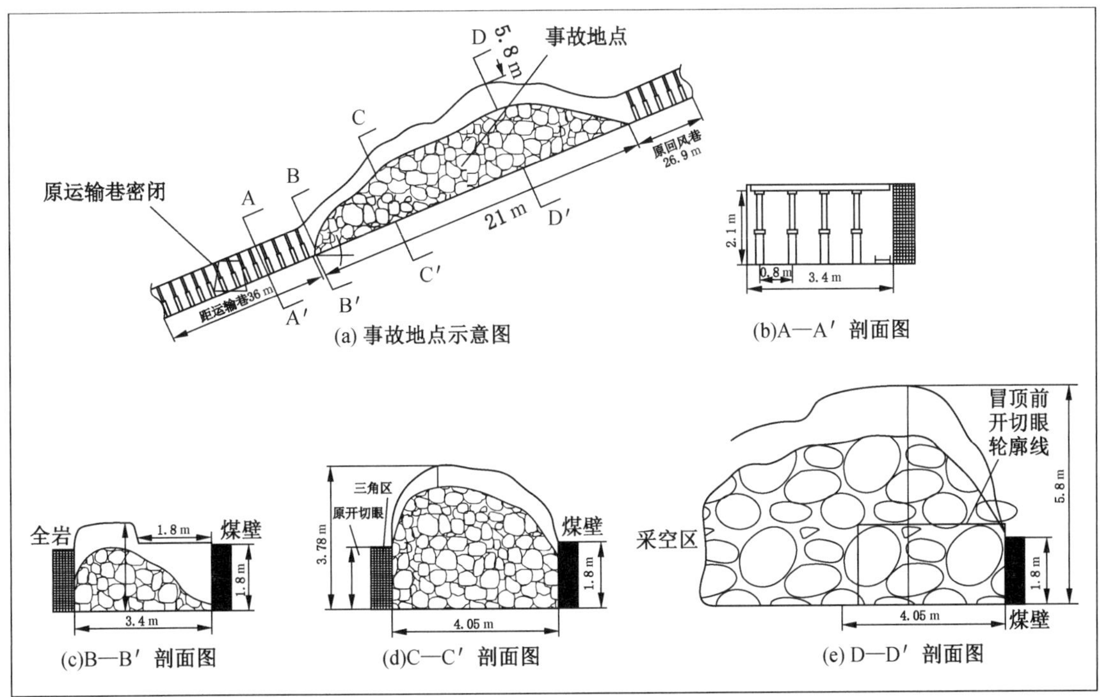

(b)事故地点剖面图

图1-7　富盛煤矿“10·15”较大顶板事故示意图

二、事故发生经过

10 月 15 日约 7 时 10 分，在 112301 采煤工作面中部沿倾斜方向回采15 m，开始打贴帮柱、移溜和清理浮煤，因当班运料工还未将单体液压支柱运至工作面，作业人员便从控顶范围内摘取部分支设的单体液压支柱到煤壁侧打贴帮柱，此时，顶板突然大面积垮塌并阻断了工作面，工作面距下出口 30 ~ 48 m 段顶板冒落。当班下井 72 人，事故发生后 65 人安全升井，在 112301 工作面作业的 7 人失联。

三、事故直接原因

作业人员未按作业规程要求加强支护，违章在控顶区域内提前摘柱，导致顶板冒落造成事故。

四、应急处置与救援

（一）企业先期处置

富盛煤矿矿长、总工程师接到事故报告后，立即入井查看情况，与夜班在场人员核实情况的同时，组织早班人员到事故地点开展搜救工作。

（二）各级应急响应

（1）应急管理部高度重视，有力指导事故救援。接到事故报告后，应急管理部主要领导作出重要批示，相关领导第一时间与现场视频连线指导救援工作。国家矿山安全监察局委派正在贵州督导帮扶的非煤监察司副司长就近赶赴现场指导抢险救援。国家安全生产应急救援中心派出工作组赶赴现场指导救援工作，调派国家矿山应急救援东源队携带破拆、支护、生命探测和气体监测等装备迅速赶赴现场参加救援。

（2）地方各级党委政府快速响应，有序组织应急处置。云南省委书记召开全省煤矿安全生产紧急视频会议，省长、常务副省长、省委常委、曲靖市委书记均作出批示，副省长率应急管理厅、能源局、国家矿山安全监察局云南局主要领导赴现场指挥救援。曲靖市委、市政府，富源县委、县政府领导到现场组织救援工作，成立事故救援现场指挥部，下设 8 个工作组负责综合协调、抢险救援、医疗救护、现场秩序维护、舆论引导、善后处置等各项应急处置工作；调集国家矿山应急救援东源队 3 支小队、富源县矿山救护大队 2 支小队、华能滇东能源白龙山煤矿救护队和云南湾田集团救护队各 1 支小队共 84 名专业矿山救援人员，组织周边煤矿企业骨干力量总计 415 人开展抢险救援。

（三）制定救援方案

现场指挥部制定了在112301工作面上、下出口同时清矸，采用单体支柱、木垛、锚索和锚网等加强支护的抢险救援方案。10月16日，根据工作面上出口顶板控制难度大、人工出渣速度慢等情况，现场指挥部将救援方案调整为暂停工作面上出口清矸，集中力量在工作面下出口清矸，利用刮板运输机出渣，同时进一步加强顶板和两帮支护。

（四）抢险救援过程

10月15日16时30分，富源县矿山救护大队一小队下井开展灾区侦察，侦察线路沿主斜井—1757胶带石门—1723运输上山—1723运输巷—112301运输巷—112301进风巷—1757胶带石门—1770轨道运输巷—112301回风巷。救援人员通过侦察发现112301工作面通风正常、风量500 m^3/min，CH_4浓度0.03%、工作面倾角18°～22°，采用单体液压支柱配合Π型钢梁支护，工作面长83.9 m，冒落点距下出口36.2 m，距上出口28.7 m，工作面被冒落矸石堵塞，风流从冒落矸石顶部缝隙通过，冒落点地质构造复杂，底板松软，顶板破碎，支护全部倒塌，柱头全部倒向工作面下出口方向，冒落总长19 m，顶高达3.48 m，宽度达4.2 m，垮塌面积约420 m^2。

10月15日19时30分起，由矿山救护队、煤矿工人组成的现场救援专班轮流下井开展工作，救援专班每班工作4个小时，对112301工作面开切眼上、下出口两个方向进行搜索清理，在上出口方向采用沿煤壁侧掘小巷方式向下穿过冒落区，在下出口方向采取往上逐段进行清理搜救，清理煤矸，使用单体柱架棚、锚索锚网护顶、架设木垛等措施，确保现场安全。同时，根据井下情况，及时恢复刮板运输机运行。截至10月16日15时30分，救援队在工作面下出口方向清理支护冒落区域巷道7.6 m，在上出口冒落区掘小巷4.2 m，未发现被困人员。

10月16日15时35分，随着救援工作的有序推进，井下救援人员反映，112301工作面上出口抢险作业点继续作业将会增大下出口抢险作业点顶板压力，指挥部根据这一情况，及时部署停止上出口方向的清理搜救工作，把救援力量集中到下出口方向冒落区进行突击搜救。

国家矿山安全监察局云南局、曲靖市能源局、富源县分别派出矿山专业干部24小时紧盯现场救援，救援人员按每天4班、每班6小时工作制开展清矸、支护作业，每班安排6名矿山救护队员担负人员搜救、安全监护、气体检测、救援通道清理和被困矿工转运等任务。

10月16日16时17分，救援队伍在清理搜救过程中听见冒落区下方（距工作面下出口 42.4 m）有人员呼叫，经呼救问询后，确定了遇险人员可以正常说话，生命体征稳定，在确定了人员位置后，救援人员立即对遇险人员周边煤矸进行清理，在露出遇险人员的脸后，使用液压剪钳剪除周边压迫的锚网，对遇险人员进行保护；21 时 45 分，该名遇险人员从冒落矸石堆中救出，经现场评估后无明显外伤，意识清醒，于 22 时 20 分搬运出井。在清理搜救第一名被困人员过程中，同一区域同时发现第 2 名、第 3 名、第 4 名、第 5 名被困人员。经过全力抢救，4 名被困遇难人员分别于 10 月 17 日 0 时 17 分、2 时 9 分、6 时 45 分、14 时 21 分搬运出井。

根据事故发生时现场人员提供的信息及冒落区域的清理情况，初步确定最后 2 名被困人员在冒落点上部，同时也是最高冒落点，高度为 5.08 m，工作面坡度变为 22°。在对该地段清理过程中，冒落区顶端煤矸不断冒落，救援工作面临较大困难。指挥部立即调整救援方案，明确井下现场救援专班由一支专业救护小队、20 名职工、1 名值班领导、1 名现场指挥长组成，每班工作时长 6 小时，现场采用枕木接顶，3.2 m 单体柱配合方木护帮，从上往下清理煤矸，搜寻被困人员。10 月 19 日 14 时 18 分发现第 6 名、第 7 名被困人员，经生命体征评估，已无生命迹象，分别于 19 日 15 时 42 分、16 时 1 分搬运出井，至此，抢险救援工作结束。

五、总结分析

（一）救援经验

（1）始终把解救被困人员摆在首位。坚持不放弃、不抛弃的精神，在确保安全救援的前提下，穷尽一切办法加快救援进度。本次事故在工作面顶板大面积冒落、人员生存希望渺茫的情况下，于 10 月 16 日 17 时，在冒落区下口向上 9.2 m 处搜寻到 1 名腿部被大块矸石压埋的被困生还人员，创造了救援奇迹。

（2）坚持科学施救，根据实际情况动态调整方案。现场指挥部坚持尊重科学、尊重规律、尊重实际，组织相关领域专家并会同工作组多次研究，科学制定并根据现场实际情况动态调整救援方案，确保救援安全和高效。

（3）坚持安全施救，严防次生灾害。现场指挥部坚决贯彻落实应急管理部主要领导“坚决防止发生次生事故”的重要指示批示精神，全面分析救援风险，严格管控事故现场，实时监测井下作业环境，及时进行顶板和两帮支护，整个救援过程未发生次生灾害，确保了救援行动的安全。

（4）坚持协同作战、密切配合，形成合力。应急、矿山、能源等管理部门发挥各自优势，及时调动队伍、装备、物资等应急资源，各相关部门发挥专业优势，全程提供专业支撑，形成应急救援的强大合力。国家矿山救援东源队和地方专业救援队伍精诚团结、并肩作战，统一指挥、密切协同、科学排班，确保实现高效救援。

（5）发挥党员带头作用和党支部先锋模范作用。国家矿山应急救援东源队抵达现场后，成立临时党支部，14 名党员亮身份、当先锋、作表率，发扬不怕疲劳、连续作战的精神，以毫不退缩地战斗姿态，动员、带领队员们顽强拼搏，出色完成任务。

（二）存在的问题

（1）救援初期作业组织不够高效。救援初期，井下作业人员和指挥人员较多，现场作业秩序较为混乱，巷道内杂物堆积，撤退通道不够畅通，救援工作效率较低，且存在安全隐患。

（2）救援后勤保障不够有力。由于道路狭窄，宿营车难以到达救援现场，队伍也未备齐棉被、帐篷等物资，现场指挥部综合协调工作组也没有及时保障物资供应，缺少休息场所和保暖物品，救援人员得不到充分休息。

（3）救援队伍宣传工作有待加强。救援队伍参与宣传工作的主动性不足，宣传意识有待进一步提高。

专家点评

◆此次事故在顶板冒落区救出 1 名被困生还人员，创造了顶板事故救援的奇迹，是对所有参与救援人员辛苦付出的最好褒奖，充分彰显了中国特色社会主义制度的优势。

◆顶板事故救援过程中，必须保证救援人员自身安全，加强现场支护和矿压、顶板变化情况监测，确保救援人员安全。

◆坚持科学救援，尊重事故发展规律，根据实际情况和救援进展科学调整方案，确保救援工作安全、高效、有序开展。

◆加强救援现场后勤保障工作，配备和充分使用自我保障装备和物资，为现场救援人员提供坚强有力的后勤保障，确保救援顺利高效。

案例六　安徽恒源煤电股份有限公司钱营孜煤矿“11·11”顶板事故

2022年11月11日20时28分，安徽恒源煤电股份有限公司钱营孜煤矿（简称钱营孜煤矿）$W3_2 10$里段机巷掘进工作面发生冒顶事故，造成掘进工作面迎头4人被困，经过全力抢救，于11月13日17时25分打通救援通道，被困4人全部获救生还。

一、矿井基本情况

（一）矿井概况

钱营孜煤矿位于安徽省宿州市埇桥区桃园镇境内，隶属皖北煤电集团公司，2006年12月开工建设，2010年6月正式投产，总投资约16亿元，设计生产能力180×10^4 t/a，服务年限84年，2012年矿井核定生产能力385×10^4 t/a。矿井井田地跨宿州、淮北两市，南北走向长8.3 km，东西平均宽6.0 km，井田面积约50 km^2。井田地质储量5.45×10^8 t，可采储量2.18×10^8 t，其中32、82煤层为主要可采煤层，目前回采32煤层，煤种以气煤和焦煤为主，主要用于动力煤。矿井采用立井、主要石门和大巷开拓方式，分两个水平，一水平标高-650 m，二水平标高-987 m。采掘活动分布在一水平西一采区、西三采区、东一采区和二水平北一采区。事故发生时，矿井有$W3_2 33$采煤工作面和$E3_2 12$机巷、$W3_2 10$里段机巷等9个掘进工作面。

（二）事故区域基本情况

钱营孜煤矿$W3_2 10$工作面位于西一采区，机巷设计长度2040 m，平均煤厚3 m，巷道宽高5 m×3.4 m。机巷分里、外段，其中里段机巷设计长度602.5 m，采用综掘机施工。事故地点位于$W3_2 10$里段机巷距测压巷三岔门153 m，距L3测量点3.2 m处，冒顶段长度8.8 m。$W3_2 10$机巷采用锚网梁索支护，矩形断面，巷宽5000 mm、巷高3400 mm，断面积17 m^2，巷道支护初始设计由钱营孜煤矿自主编制，并于2021年12月2日审批完成。巷道支护形式为锚网梁索支护，顶部锚杆间排距800 mm×900 mm，每排7根，锚杆规格ϕ22 mm×2400 mm；顶部锚索间排距1600 mm×1800 mm，每排3根，锚索规格ϕ17.8 mm×6200 mm；帮部锚杆间排距800 mm×900 mm，每排5根，锚杆规格为ϕ20 mm×2000 mm。顶帮锚杆配合KTM4钢带梁及10号菱形金属网支护（图1-8）。

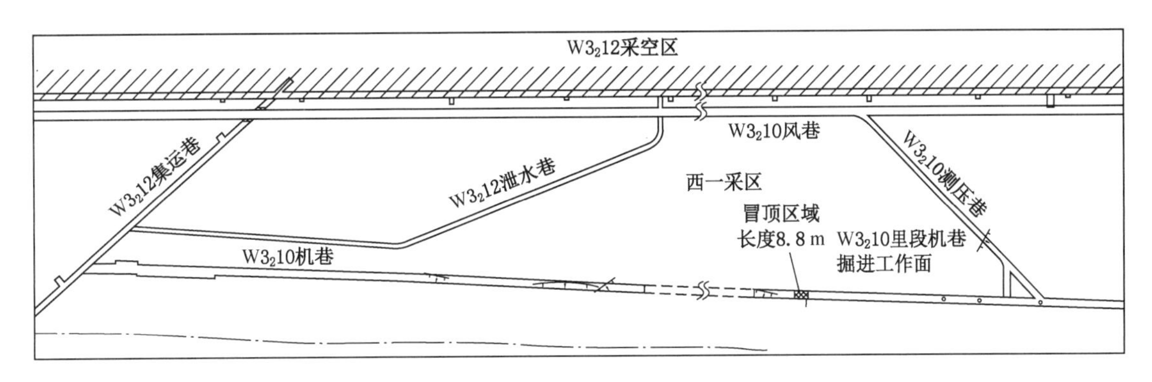

图1-8 钱营孜煤矿“11·11”顶板事故地点示意图

二、事故发生经过

11 月 11 日中班，钻探区技术员及施工队共 6 人到 $W3_2 10$ 里段机巷转运钻机。18 时 30 分，钻机移至迎头，随后 4 人在迎头安装钻机，2 人在 $W3_2 10$ 里段机巷后路负责转运钻杆。20 时 28 分，$W3_2 10$ 里段机巷发生冒顶，在迎头作业的 4 人被困，迎头的视频监控中断。20 时 32 分，在后路的 2 人使用应急广播向矿调度指挥中心报告 $W3_2 10$ 里段机巷区域发生冒顶，冒顶地点距离迎头约 24 m，人员安全，随后应急广播中断。

三、事故直接原因

$W3_2 10$ 里段机巷掘进工作面揭露的 $F3_2 10-8$ 断层受掘进工程扰动，断层活化出现滴淋水，断层面摩擦系数降低，断层带抗剪强度减小，诱发顶板推滑失稳，锚杆（索）的黏结强度、锚固力减弱，顶板岩石沿断层面发生滑落，造成冒顶。

四、应急处置与救援

（一）企业先期情况

11 月 11 日 20 时 28 分，$W3_2 10$ 里段机巷掘进工作面发生冒顶后。20 时 32 分，被困人员使用迎头应急广播向矿调度指挥中心汇报，被困 4 人安全，状态良好。矿长接到汇报后立即启动应急救援预案，并组织抢险救援。20 时 35 分，矿调度员通知井下带班矿领导赶到 $W3_2 10$ 里段机巷掘进工作面，组织抢救被困人员。

（二）各级应急响应

获悉事故后，安徽省省长作出批示，常务副省长于 11 月 12 日上午赶到现场指导救援。安徽省应急管理厅、能源局、国家发展改革委和国家矿山安全监察局安徽局负责人，宿州市委、市政府主要领导，皖北煤电公司主要领导接到事故信息后，迅速带领相关人员赶到现场参与救援工作，现场成立救援指挥部，下设 10 个小组开展工作。

事故发生后，皖北煤电矿山救护大队队长、总工程师带领 28 名队员在现场持续参与救援工作，分三班每班 9 人下井执行监护、材料运送及施工等工作。皖北煤电公司及钱营孜煤矿 200 多名管理、技术及施工人员投入救援工作中。

（三）制定救援方案

1. 先期实施综掘机右上方救援通道方案

救援人员现场确认冒顶长度约 11 m，巷道顶板面向迎头左侧漏顶较为严重，顶板金属网和锚杆、锚索均露出，巷道顶板右侧 3 根锚杆支护完好。经指挥部研究，决定采取以下救援措施。

（1）对顶板左侧漏顶的位置使用 W 钢带、菱形金属网进行临时防护，防止矸石大量漏出危及救援人员安全。

（2）利用综掘机右上方、顶板右侧较好的支护条件，开辟救援通道，采用撞楔超前护顶及单体加半圆木过顶支护。

（3）安排人员敲击风管，恢复应急广播，尽快和被困人员取得联系，同时努力恢复现场视频。

2. 研究并实施扩帮施工新救援通道方案

在执行原方案至最后 2 m 时，由于存在下山造成救援通道底部矸石松动失稳，可能再次坍塌，威胁救援人员安全，经综合研判，终止原方案的实施，制定新的救援方案，即在巷道右帮扩帮施工断面 1.5 m × 1.8 m（宽 × 高）的救援通道，总长约 16 m，左侧利用综掘机作为巷帮，顶板采用单体 + 工字钢支护。

钱营孜煤矿“11 · 11”顶板事故救援现场如图 1 – 9 所示。

（四）抢险救援过程

11 月 12 日 1 时前后，巷道内供电恢复，迎头应急广播恢复使用；通过广播与被困人员取得联系，4 人状态良好，迎头通风和排水均正常；利用供水管路将电话运送至迎头，与被困人员恢复通信联系；2 时许，恢复救援现场视频监控。截至 12 日 16 时 30 分，按照原方案打通救援通道约 9 m（剩余约 2 m）。

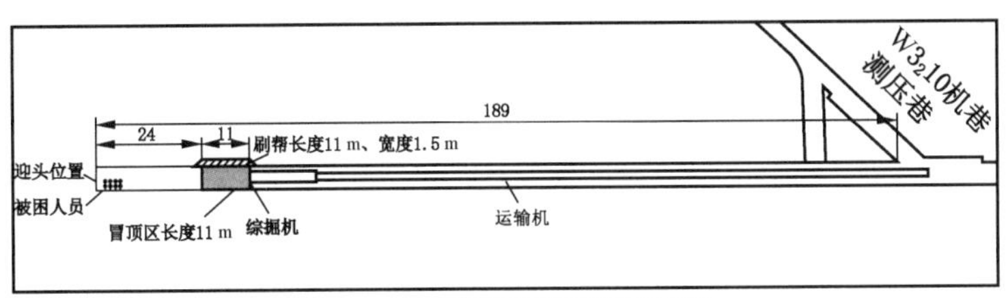

(a)W3$_2$10机巷救援通道平面图

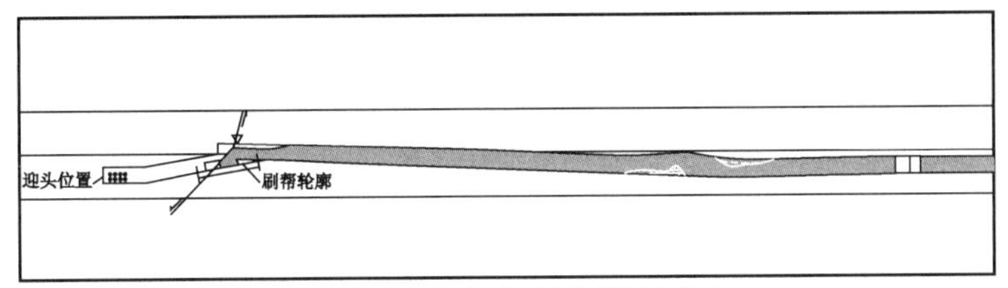

(b)W3$_2$10机巷救援通道剖面图

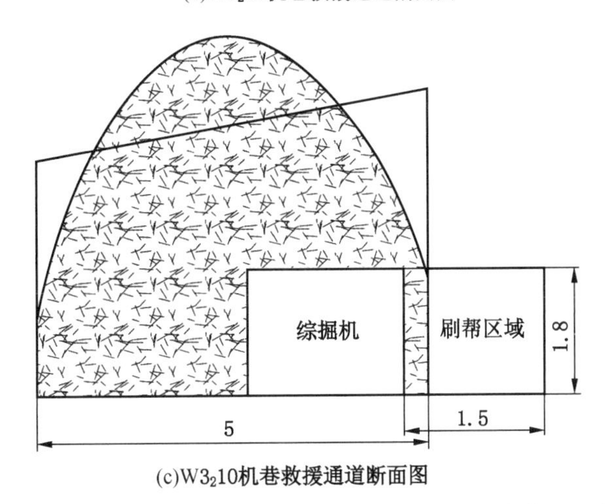

(c)W3$_2$10机巷救援通道断面图

注：在原巷道右帮进行括刷，形成长度16 m、宽度1.5 m、高度1.8 m救援通道，左侧利用综掘机作为巷帮，顶板采用单体+工字钢挑棚支护

图1－9　钱营孜煤矿“11·11”顶板事故救援现场示意图

11 月 12 日晚，中班及晚班人员开始执行该方案的材料运送、基础清理工作，开展物料、工具和人员准备工作；11 月 13 日起，晚班人员（约 90 人）开展救援通道开口处的管道、电缆、风筒等清理工作，有序推进救援方案的施工。

11 月 13 日 7 时，对巷道右帮扩帮作业，掘进救援通道约 5 m。

11 月 13 日 16 时，打通救援通道约 9.8 m，最后的救援通道要倾斜下降约 1.7 m。

11 月 13 日 17 时左右，救援通道打通约 11 m，能透过塌方体的缝隙与前方被困人员通话，沟通人员身体状况和救援方案调整优化的意见。被困 4 人积极自救，使用简易工具扒开了部分塌方煤炭，与救援通道联通。17 时 25 分，被困 4 人先后走出救援通道，比原估算救援时间提前一天获救。18 时 23 分，被困人员安全升井，救援取得圆满成功。

五、总结分析

（1）及时调整救援方案，确保科学施救、安全施救。在顶板右侧开辟救援通道剩 2 m 时，由于存在下山造成救援通道底部矸石松动失稳，可能再次坍塌，指挥部及时调整了方案，在巷道右帮扩帮施工，开辟新的救援通道，保证了安全、科学的救援。

（2）想方设法与被困人员取得联系，采取措施保证被困人员生存条件。通过紧急修复应急广播，与被困人员取得联系，确认了被困区域通风和排水均正常。利用供水管路将电话运送至被困区域，与被困人员恢复通信联系。及时向被困人员输送食物、饮用水及药品等，保障了被困人员生存需求。

（3）矿工积极自救互救，打通了救援通道。救援通道打通约 11 m 时，被困人员使用简易工具扒开了部分塌方煤炭，与救援通道有效联通。

专家点评

◆顶板事故救援过程中，做好事故被困及救援人员所在区域气体监测、安全监护等工作，确保救援现场环境安全。

◆要充分利用矿井供水施救、压风自救、应急广播等系统，及时掌握被困人员的生存状况，为被困人员提供氧气、水、食物等生存环境。

◆加强与被困人员的通信联系，必要时要开展心理疏导，稳定被困人员的情绪。

案例七　山西省大同市同煤大唐塔山煤矿有限公司“4·14”顶板事故

2020年4月14日14时40分左右，山西省大同市同煤大唐塔山煤矿有限公司（简称塔山煤矿）井下2205运输巷掘进工作面发生一起顶板冒落事故，造成工作面5名作业人员被困，经过30小时的全力抢救，被困人员全部获救。

一、矿井基本情况

（一）矿井概况

塔山煤矿位于大同市云冈区口泉乡杨家窑村，2003年2月开工建设，2008年12月通过国家能源局组织的竣工验收，2009年达到设计生产能力1500×10^{4} t/a，2019年8月核增能力至2500×10^{4} t/a；井田面积170.9024 km^2，批准开采石炭二叠系各煤层；可采储量31.63×10^{8} t，设计服务年限140年；现采煤层为山4号煤层、太原组3~5号煤层，主采煤层为3~5号煤层；高瓦斯矿井，水文地质类型为中等，矿井各煤层均属自燃煤层，煤尘均具有爆炸性。矿井采用平硐－立井混合开拓，大巷水平为＋1070水平，有三个生产盘区，4个综采工作面、1个备用工作面、19个掘进工作面。其中一盘区1个综采工作面、5个掘进工作面，二盘区1个综采工作面、1个备用工作面、6个掘进工作面，三盘区2个综采工作面、8个掘进工作面。

（二）事故巷道基本情况

事故发生在2205运输巷掘进工作面229~243 m处。该巷位于井田二盘区东北部，煤层厚度7.54~13.99 m，平均厚度10.60 m，平均倾角2°；煤体大部分为原生结构，局部为构造煤，受煌斑岩侵入影响，煤层上部大部变质、硅化，煤层内垂直节理、斜节理及小构造发育；煤层含夹矸4~8层，平均6层，厚度4.87 m，单层厚度0.10~0.65 m，夹矸岩性为岩浆岩、砂质泥岩、泥岩、炭质泥岩、高岭岩；直接顶平均厚度4.5 m，岩性为泥岩、炭质泥岩、砂质泥岩、煌斑岩、天然焦等。2205运输巷沿3~5号煤层底板布置，于2020年3月19日开口施工，设计长度1568.6 m，事故发生时已掘进254 m。

2205运输巷设计断面为矩形，规格为5.5 m×3.6 m，巷道断面面积19.8 m^2，采用锚网索钢带联合支护；巷道顶板支护为两排锚杆一排锚索交替布置，每排6根；顶板锚杆使用ϕ22 mm×2500 mm左旋无纵筋螺纹钢锚杆，排间距 900 mm × 900 mm，配合使用 4800 mm × 280 mm × 3.75 mmW 型钢带和 260 mm × 150 mm × 10 mm 异形托盘；锚索使用 ϕ17.8 mm × 8300 mm、ϕ17.8 mm × 6300 mm 钢绞线，锚索交错布置，排间距 2700 mm × 900 mm，配合使用 5000 mm × 330 mm × 6 mmJW 型钢带和 220 mm × 200 mm × 12 mm 异形托盘；巷道两帮肩角使用 ϕ17.8 mm × 4300 mm 锚索，排距为 2700 mm，配合使用长 600 mm 11 号矿用工字钢作为托梁，与巷道顶部锚索间隔布置。顶板使用网格为 50 mm × 50 mm 菱形金属网（图 1 – 10）。

二、事故发生经过

2020 年 4 月 14 日 7 时 40 分左右，中煤三十处塔山项目部开拓二队等当班 13 人开始陆续入井。8 时左右到达 2205 运输巷掘进工作面，开始对上一个班的工程质量（包括锚杆、锚索预紧力、网搭接等）进行接班检查。8 时 30 分左右，接班检查合格后，当班人员开始用综掘机割煤，完成第一个截割循环（截深 0.9 m）后，将钢带、网铺在综掘机的前探梁上并升起前探梁，随后打孔锚固完成顶帮支护，最后用综掘机平整底板、清理底煤和收尾，接着开始第二个截割循环。14 时 20 分左右，跟班队长到工作面查看掘进情况。待第二个截割循环将要结束时，离开工作面准备到物料场安排运输物料，进行第二排支护。14 时 40 分左右，综掘机司机在操作综掘机进行收尾，班长坐在旁边照灯，2 名工人在综掘机尾部右侧打帮锚杆孔，1 名工人在机组后清理浮煤，他们突然听到顶板发出断裂声响，看到顶板拽着锚网冒落下来。随即工作面停电、煤尘飞扬、漆黑一片、风筒无风。顶板冒落后，被困在里面的跟班队长赶紧打开安装在综掘机司机座位旁边的压风供水组合装置上的压风阀门，招呼其他 4 人到压风管出风口附近，用矿灯轮流照明等待救援。

三、事故直接原因

2205 运输巷掘进工作面没有按照设计施工，导致支护结构失稳造成顶板冒落，是发生这起事故的直接原因。实际巷道支护施工中未打设 8.3 m 锚索。冒落区内探水钻场硐室 3 组锁口三眼组合锚索共打设了 9 根 4.3 m 锚索，未打设 10.3 m、8.3 m、6.3 m 锚索。巷道支护设计中 212 ~228 号钢带上应打 2.5 m 锚杆 66 根，实际为 2.5 m 锚杆 40 根、2.2 m 锚索 26 根；应打 8.3 m、6.3 m 锚索各 18 根，现场清理后发现 6.3 m 锚索 7 根，4.3 m 锚索 17 根，2.0 m、3.15 m、4.1 m 锚索共计 10 根，还有 2 根锚索未冒落。

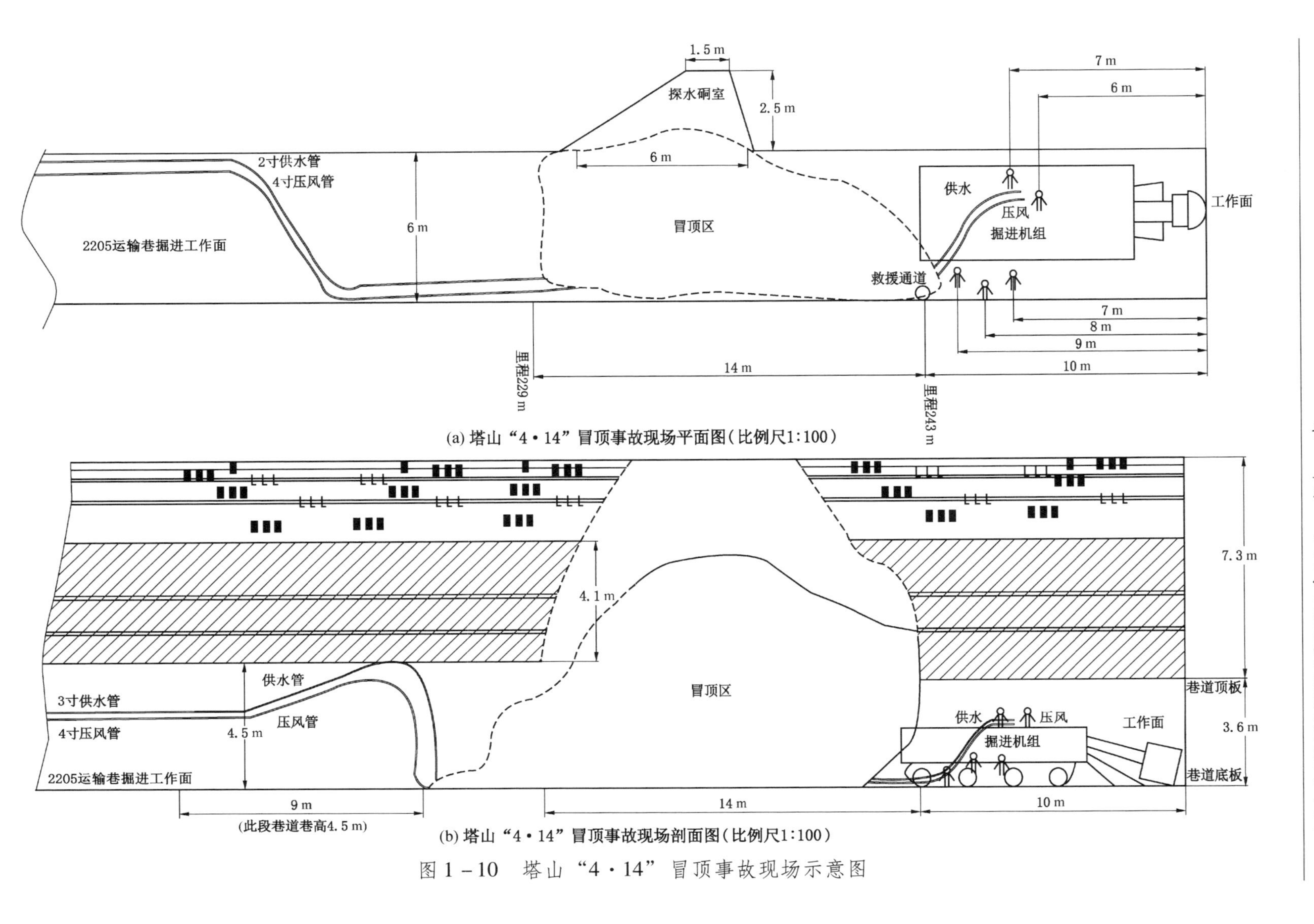

(a) 塔山“4·14”冒顶事故现场平面图(比例尺1:100)

(b) 塔山“4·14”冒顶事故现场剖面图(比例尺1:100)

图1-10　塔山“4·14”冒顶事故现场示意图

四、应急处置与救援

（一）企业先期处置

14 日 14 时 45 分，塔山煤矿调度室接到 2205 运输巷盯班安检工汇报，2205 运输巷掘进工作面发生冒顶。塔山煤矿立即启动应急救援预案，命令 2205 运输巷掘进工作面所有作业人员迅速撤离，并组织有关人员立即抢险救援。

（二）各级应急响应

接到事故报告后，应急管理部、国家煤矿安全监察局主要领导，山西省委书记、省长、常务副省长分别作出批示，要求有关部门立即赶赴现场，全力施救，严防次生事故。

同煤集团接到事故报告后，成立事故现场抢险救援指挥部，组织开展救援。山西省和大同市相关领导赶赴事故现场指导抢险救援工作。同煤集团矿山救护大队接到事故召请，先后派遣 150 人赶赴事故现场参加抢险救援。

（三）制定救援方案

（1）冒顶区域内使用人工配合手镐找平，按 2.5 m 排距支设一排规格为 1500 mm×1500 mm 的木垛，直至出冒顶区；木垛要严格按照设计要求施工，摆稳放平，搭接合理，木垛各层的接触点上、下必须在一条直线上；木垛搭接后伸出的长度应不小于 0.15 m，而且要求互成 90°；用木楔将木垛与顶板背牢背实，木垛必须用把锯层层加固把实。

（2）支设木垛后人员在安全区域内利用木垛、大板搭设简易平台进行冒顶区域内拱部支护。顶板采用 ϕ22 mm×2500 mm 锚杆配 450 mm×280 mm×4.75 mmW 型钢护板支护，ϕ17.8 mm×6300 mm 锚索配 300 mm×300 mm×10 mm 高强度拱形托盘支护，腮部使用 ϕ17.8 mm×4300 mm、ϕ17.8 mm×8300 mm 锚索配 300 mm×300 mm×10 mm 高强度拱形托盘支护，锚索长度可根据现场顶板情况而定，必须确保锚固在稳定围岩中，间排距 900 mm×900 mm（图 1-11）。

（3）从冒落物顶部向被困区域挖掘救援通道（直径 600 mm 以上），抢救被困人员。

方案制定后，现场救援人员立即有序开展救援，同时抢险救援指挥部组织专家制定了备用方案，具体方案如下：

（1）冒顶位置退后 10 m 范围内进行补强支护，确保救援人员安全。支护方案如下：①利用单体液压支柱托起工字钢梁承接顶板；单体柱距左帮 1100 mm，

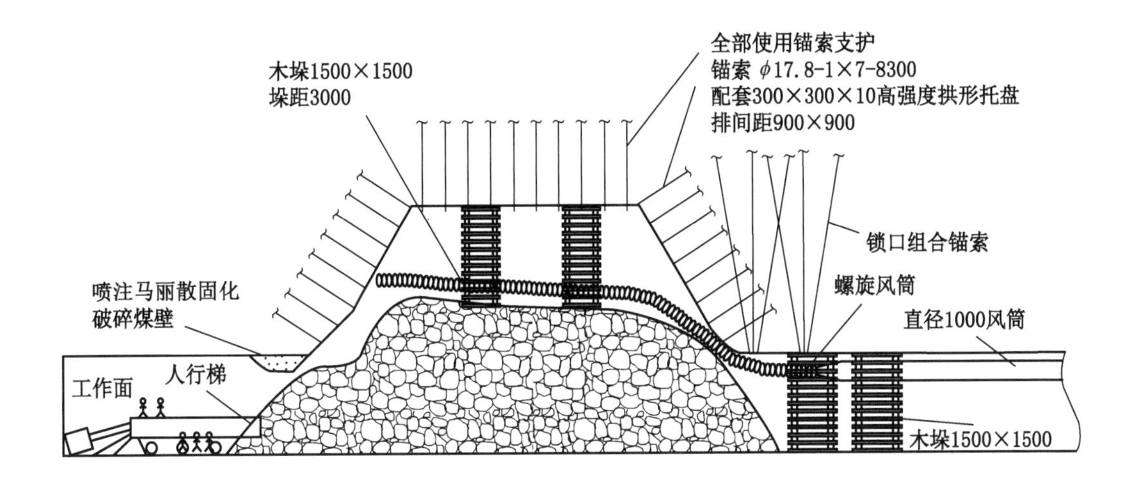

图 1－11 事故现场救援顶板支护示意图

距右帮 1800 mm，柱距 0.9 m，工字钢长 5 m，单体使用拉杆固定；②支设一排木垛，木垛沿巷中、间距 2.7 m 布置。

（2）冒顶区域内使用铲车清理出通道，利用左帮原有帮体，配合工字钢梁、钢管、大板构筑临时通道。支护方案如下：①在预设工字钢梁处上方穿插一排钢针，稳固上覆破碎煤体，钢针长度 3 m，间距 300 mm；②在钢针下方掏挖煤层，掏挖空间满足使用时，斜置一根 3 m 长工字钢梁与左帮呈三角形布置，工字钢梁与底板呈 60°夹角，工字钢梁排距 500 mm；③在工字钢梁下方铺设大板，使用双股 14 号铅丝固定；④边掏挖通道边布置钢梁、大板，形成简易人行通道，直至工作面；确保救援人员在三角区域下安全进行救援。

（3）后巷安排救援人员做好救援准备，一旦与工作面通道形成，立即进入被困人员区域，进行救援。

（四）抢险救援过程

14 日 18 时 40 分，同煤集团矿山救护大队接到事故召请，立即响应，出动 2 支小队 19 人赶赴事故现场。19 时 20 分到达事故矿井，了解情况后，由大队长带领平旺中队 1 个小队 9 人入井侦察。19 时 40 分到达 2205 掘进工作面冒落区，经过救援人员初步侦察，冒落区头侧距顶板有约 3 m 空隙，冒落区长度约 14 m，高度约 6 ~ 7 m，原有巷道的风筒在该处被砸断，现场瓦斯浓度达到 1.2%，O_2 浓度 19.5%，冒落区尾端封死原有巷道。

救护队到达现场后，同煤集团总经理已在事故现场进行指挥，随后，相关副总经理、副三总师和各业务部门领导分批次到现场参与救援。

根据侦察结果，指挥部决定先进行临时支护，在冒落区头端打了2个井字木垛进行锁口，防止顶板冒落进一步扩大，并补打锁口锚索进行补强支护。随后，救护队进入冒落区域侦察，发现顶板有伞檐和巷道两帮有鳞皮；气体情况：CH_4 浓度1.6%，O_2 浓度19%。通过侦察，救护队决定对该区域进行通风，在原有直径1000 mm风筒末端接入硬质螺纹风筒，并将螺纹风筒送至冒落区尾端，10分钟后冒落区瓦斯浓度下降至0.5%以下。然后救护队在冒落段区域上部利用2组井字木垛进行支护，并通过“敲帮问顶”方式处理了鳞皮、伞檐，在冒落区头端至巷道口20 m范围内使用单体液压支柱进行支护，防止冒落区域继续扩大。为了确保被困人员生存环境，在原有压风管路的基础上，指挥部决定把巷道原有的供水管路从冒落点断开，改成供风管路，增加被困区域的供风量，保证被困人员有足够的新鲜空气。

在临时支护完成后，指挥部现场确定了两项任务，一是向被困人员区域打钻孔联系被困人员，二是进一步加强支护，两项任务平行作业。指挥部调用两台锚索钻机进行锚索支护并从冒落区域向巷道打钻孔联系被困人员。15日3时30分，救援钻孔成功打通，钻孔深度约11 m。救援钻孔打通后，救援人员通过敲击钻杆与被困人员取得联系，确认有人员生还，并提振了救援工作的信心。

根据指挥部制定的救援方案和现场实际，考虑到现场冒落区右侧有风流泄出，所以决定从该区域挖掘直径600 mm救援通道抢救被困人员。受救援空间限制，为保证救援效率，救援人员采取6人一组轮班作业的方式挖掘救援通道。

15日6时至10时，矿山救护大队调遣4支小队共计42人赶赴事故矿井支援救援工作。

15日10时5分，救护队再次施工钻孔与被困区域打通，并通过钻孔与被困人员取得了联系，向被困人员输送了水和食物，并通过被困人员传递的纸条确定5名人员全部存活且身体状况良好。

15日15时30分，随着救护队挖掘救援通道的深入，前方煤壁先后两次冒落，造成刚刚打好的锚索、锚杆支护失效并堵塞了与被困人员联系的钻孔，增加了救援工作的难度。为了保证救援通道和人员的安全，指挥部决定先停止挖掘救援通道，向顶板破碎的煤壁区域喷注马丽散，固化煤壁，并实施分段挖掘，即固化一段煤壁，挖掘一段通道，交替作业。

15日18时30分，在挖掘救援通道接近1.3 m时，救护队再次打通与被困人员联系的钻孔，并插入一根2寸空心钢管，与被困人员进行了通话，进一步确认5名被困人员身体状况良好。但靠近冒落区附近顶板破碎，在此情况下，井下指挥部决定让5名被困人员进入巷道端头安全区域，防止接近冒落区，进一步缩小挖掘通道的面积，并用道木对缩小的通道口进行加固。

15日20时30分，直径600 mm救援通道成功打通。经过与被困人员联系，被困人员身体状况良好，能够自行行走，在此情况下，指挥部决定向5名被困人员放下长3 m梯子和安全绳，由救援人员拽着安全绳，将5名被困人员依次救出。20时55分，5名被困人员全部安全升井，由5辆120救护车转往同煤集团总医院进行进一步救治。至此，救援工作圆满结束。

五、总结分析

（一）救援经验

（1）领导重视，科学指挥，为成功救援提供了有力的保证。事故发生后应急管理部、国家安全生产应急救援中心多次视频连线，指导救援工作。山西省委、省政府高度重视，指示要科学救援、安全施救，全力以赴做好救援工作，确保被困人员的安全。山西省应急管理厅，大同市委、市政府有关领导第一时间赶赴现场指挥救援，同煤集团总经理在井下事故第一现场连续24小时指挥协调救援工作。各级政府和领导高度重视，为成功救援提供了坚强的保证。

（2）科学分析，采取有效措施控制事故区域扩大，为成功救援提供了安全保障。顶板事故的救援不能盲目施救，必须对灾害范围进行有效控制，尤其是针对塔山煤矿特厚煤层的特点，防止出现大面积顶板冒落是成功快速救援的关键。因此，此次事故救援过程中，首先对冒落区外围区域进行锁口支护，利用木垛、锚索、锚杆及时进行锁口控制，防止冒落区进一步扩大，同时对冒落区外围20 m范围内用单体液压支柱进行了有效的支护，增加了支护强度，控制了事故区域的扩大。

（3）方案正确，措施得力。通过科学研判现场情况，结合实际提出了最优的救援方案，在本巷道漏顶浮渣上方对暴露的岩石顶板进行木垛、锚索支护，对鳞皮、伞檐进行“敲帮问顶”处理，在保证救援现场安全的情况下，选择冒落区右侧有风流溢出的区域打通救援通道，方案制定科学、合理，救援快速、有效。

（4）坚持“以人为本，生命至上”的救援理念。现场多次打钻孔与被困人员进行联系，第一次钻孔11 m深，与被困人员通过敲击钻杆取得联系，确定有人员存活，坚定了救援的信心，同时积极利用压风管路和把供水管路改成压风管路的措施，增加被困区域的供风量，为被困人员提供新鲜空气；第二次在钻孔与被困区域贯通后，通过传递纸条与人员取得联系，确定5名被困人员全部生还，及时向被困人员输送了水和食物。

（5）科学合理运用新材料实施救援。在现场救援通道两次垮塌的情况下，积极想办法，成功运用高分子材料马丽散进行固化煤壁，对通道上方的煤岩进行有效固化，起到了显著的效果，确保了通道的安全。

（二）存在问题

塔山煤矿在发生事故后未在第一时间上报信息，延误了救援时间。

专家点评

◆强化事故现场侦察，准确掌握事故信息是救援成功的关键。通过对事故现场进行侦察可取得第一手资料，包括冒落区长度、冒落范围、现场二次冒落风险，有害气体含量和通风情况等。

◆防止盲目施救造成事故扩大。顶板事故的救援不能盲目施救，必须对灾害范围进行有效的控制，防止出现大面积顶板冒落。

案例八　黑龙江龙煤双鸭山矿业有限责任公司东荣二矿“11·4”较大顶板事故

2019 年 11 月 4 日 4 时，黑龙江龙煤双鸭山矿业有限责任公司东荣二矿（简称东荣二矿）发生较大顶板涉险事故，造成 7 人被困，经过全力抢救，11 月 5 日 11 时 55 分被困 7 名人员全部脱险。

一、矿井基本情况

（一）矿井概况

东荣二矿隶属于龙煤集团所属的双鸭山矿业公司，立井、单水平开拓，井口标高 +68 m，生产水平 −500 m，核定生产能力 260×10^4 t/a，可采煤层 16 个，目前揭露 8 个煤层，其中 1 个煤层为自燃煤层，7 个煤层为易自燃煤层。现开采的 16 号煤层为易自燃煤层，顶底板冲击倾向性鉴定为弱冲击倾向性，评价为无冲击危险。最终确定该矿为无冲击危险，低瓦斯生产矿井。事故发生前，该矿共有 4 个生产采区，布置 2 个综采工作面，14 个掘进工作面（6 个全岩巷，8 个半煤岩巷）。

（二）事故区域基本情况

事故地点在中一上采区 16 层一面皮带道距开切眼 68 m 处（冒落地点距开切眼工作面迎头 131 m）。该巷道设计长度 488. 3 m，巷道断面 9. 5 m^2（宽 3. 8 m，高 2. 5 m），支护方式为“锚、网、带”联合支护。该巷道铺设 2 趟 2 寸管路，一趟压风管路用于掘进风钻，另一趟供水管路用于掘进风钻和防尘。事故发生前，开切眼已施工 63 m，倾角 5°～6°。2019 年 9 月 26 日，该矿在中一上采区 16 层一面皮带道掘至距开切眼 70 m 处发现巷道左帮有一条正断层，断层走向 240°，倾向 150°，倾角 73°，落差 0. 9 m。9 月 27 日，该矿制定了《中一上采区 16 层一面皮带道过断层措施》，对距开切眼 70 m 范围内的巷道进行了加强支护，支护方式由原“锚、网、带”变为“锚、帮、网、带、索”支护，其中顶锚间排距由原来的 1. 0 m × 1. 0 m 变为 0. 8 m × 1. 0 m。

二、事故发生经过

2019 年 11 月 4 日零点班，711 队 7 人负责中一上采区 16 层一面开切眼掘进工作。11 月 4 日 3 时 55 分，711 队副队长发现下帮顶板掉渣，原地观察 2

至 3 分钟后开始冒落大块，立即后退撤离危险区域并喊话发出警告，在退后 20 m 左右时顶板岩石大面积冒落。4 时 8 分，在中一上采区 16 层一面皮带道作业的采安队班长听到声响后发现皮带道 25 kW 绞车往里 100 m 处顶板岩石冒落，并立即电话向矿调度室汇报。该矿通过查询人员位置监测系统和虹膜考勤系统，核实中一上采区 16 层一面开切眼有 7 名作业人员被困。

三、事故直接原因

中一上采区 16 层一面皮带道断层处受高水平应力影响（高水平应力是指东荣二矿地应力环境以水平方向应力为主，其最大水平应力为 35.96 MPa，是垂直应力的 2.3 倍），原支护失效，补充支护不及时，顶板离层、脱落，导致事故发生。

（一）断层与高水平应力影响

中一上采区 16 层一面皮带道整体处于 F9 断层下盘，平均间距 35 m；同时自巷道 H127 号点前 65 m 位置起揭露了一条平行巷道走向、落差在 0.9 ~ 3.0 m、走向 240°、倾向 150°、倾角 73°的正断层，断层位于巷道左帮附近；东荣二矿最大水平应力 35.96 MPa，方向北西—南东向，角度 146.31°，与中一上采区 16 层一面皮带道基本呈垂直分布，对巷道整体稳定性影响较大。

（二）未及时落实巷道补强支护措施

涉险事故发生前，该区域已出现顶板下沉现象，局部累计下沉量已达 0.3 m。矿方根据现场情况制定了巷道被动补强支护方案，并开始组织实施，但在事故发生前尚未进行。

四、应急处置与救援

（一）企业先期处置

11 月 4 日 5 时 30 分，东荣二矿、双鸭山矿业公司立即启动应急救援预案，组织抢险救援，并成立事故现场抢险救援指挥部，双鸭山矿业公司董事长担任总指挥，副总经理兼总工程师任副总指挥，东荣二矿矿长任井下现场指挥。指挥部下设井下抢险、事故救援、技术保障、通信联络、交通运输、治安保卫、后勤保障、家属安抚、安全保障等 9 个工作组，成立 120 余人的救援队伍全力抢险救援，结合实际研究制定了施救方案，由双鸭山矿业公司和矿相关人员组建 4 个工作组，分三班作业。

（二）各级应急响应

事故发生后，国务院高度重视，国务院有关领导作出重要批示。应急管理部、国家煤矿安全监察局主要领导，黑龙江省委书记、省长、常务副省长等领导均作出安排部署。黑龙江省应急管理厅、省煤炭生产安全管理局、黑龙江煤矿安全监察局、双鸭山市、黑龙江龙煤集团等领导先后赶到现场指导抢险救援。国家煤矿安全监察局主要领导先后3次与救援现场视频连线，了解抢险救援进展情况，对抢险救援作出“跟进式”指示要求，并调动国家矿山应急救援鹤岗队前往救援。

（三）制定救援方案

经研究，指挥部制定了3套施救方案。一是在冒落区巷道顶部施工断面积为1.5 m^2 左右的小巷道，直接打通救援通道；二是为尽快与被困人员取得联系并输送水和食物，在冒落区后部10 m处右侧巷帮煤体向开切眼处施工直径为75 mm钻孔，预计打钻100 m；三是在事故巷道下方的南二下 -500 m回风巷向开切眼施工钻孔，预计打钻160 m。

（四）抢险救援过程

11月4日18时，冒落区巷道顶部施工20 m；在冒落区后部10 m右侧巷帮煤体施工钻孔长度1 m；事故巷道下方的南二下 -500 m回风巷正在实施开钻准备工作。

11月4日18时23分，现场救援人员通过敲击压风管路与被困人员取得联系，获知被困7人状态良好。为此，现场救援指挥部经研究决定进一步优化和调整救援方案：一是由双鸭山矿业公司董事长在井下救援现场负责协调指挥；二是集中力量恢复冒落区巷道；三是继续在冒落区后部10 m处右侧巷帮煤体施工钻孔；四是停止事故巷道下方南二下 -500 m回风巷打钻工作。

11月5日2时50分，用灌水的办法确认巷道到工作面的水管畅通后，采取热熔管串接引入油丝绳的办法穿过水管，把油丝绳一端送到冒顶区域内侧被困人员手中，被困人员通过拉扯油丝绳获得火腿肠等食物补给。

11月5日3时20分，现场救援人员恢复了与被困人员联系，确认7名被困人员精神状态良好；及时组织家属与被困人员通话，互相安抚情绪，使被困矿工坚定了脱险信心。

11月5日11时37分，打通冒落区巷道救援通道；11时50分，第1名被困人员从冒落区自行走出；11时55分，最后1名被困人员从冒落区自行走出，被困人员全部安全脱险；12时40分，涉险7名矿工全部安全升井，抢险救援结束。本次救援累计恢复冒落区巷道30.1 m，施工钻孔85 m。

东荣二矿“11·4”较大顶板事故现场救援如图1-12所示。

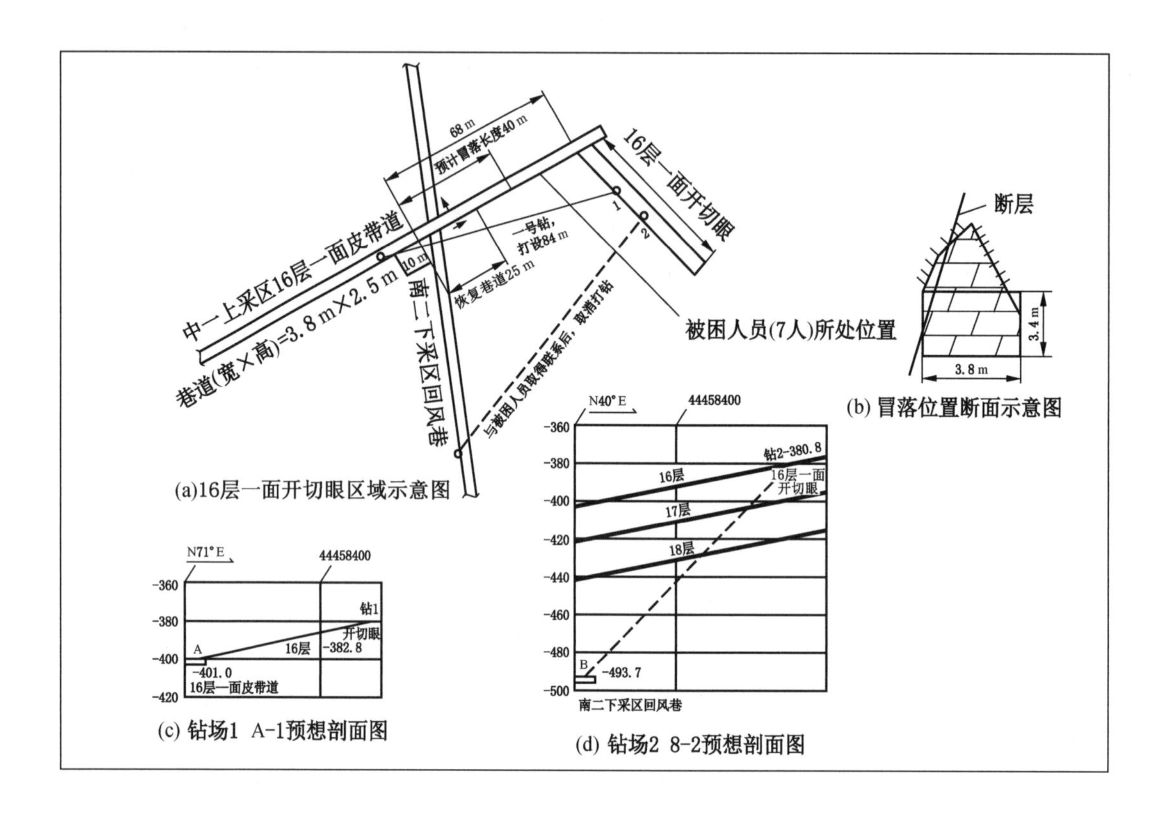

(a)16层一面开切眼区域示意图

(b) 冒落位置断面示意图

(c) 钻场1 A-1预想剖面图

(d) 钻场2 8-2预想剖面图

图 1－12　东荣二矿“11·4”较大顶板事故现场救援示意图

五、总结分析

（一）救援经验

（1）各级领导靠前指挥，事故救援有条不紊、安全快速开展。

（2）确定了攻坚重点，集中力量恢复冒落区巷道，救援人员分三班不间断作业，30 小时内打通了救援通道，救援工作快速有效。

（3）各有关部门密切配合，保障了现场供电、供水、运输等工作的顺利开展，为事故救援提供了便利条件。

（二）存在的问题

救援过程中施工钻孔进度缓慢，未能尽快给被困人员提供。

专家点评

◆救援人员分工明确，连续不间断作业，快速打通了救援通道。

◆加强风险研判。一是分析救援过程中可能出现的各种风险，组织专家进一步完善救援方案，保证进度，确保安全。二是要科学预见顶板冒落等各种可能发生的风险，周密制定施救方案，防止次生事故发生。

◆加强钻机操作训练。救援中及时调用井下生产钻机，尽快施工生命钻孔，为被困人员提供生命支持。

案例九　国家能源集团宁夏煤业有限责任公司清水营煤矿“8·19”顶板事故

2021年8月19日19时40分左右，国家能源集团宁夏煤业有限责任公司清水营煤矿（简称清水营煤矿）110207机巷掘进工作面向后约37 m处发生涉险顶板事故，4人被困；8月22日20时47分，经过近73小时全力救援，被困人员全部脱险。

一、矿井基本情况

（一）矿井概况

清水营煤矿隶属于国家能源集团宁夏煤业有限责任公司。该矿为生产矿井，设计生产能力500×10^4 t/a。矿井采用斜井－立井联合开拓方式，井下布置有1个采煤工作面、5个掘进工作面。

（二）事故区域基本情况

事故发生在110207机巷掘进工作面向后约37 m处（机巷与13号泄水硐室交岔口处）。该巷道为圆弧拱形断面，采用锚网带索喷支护，设计长度2678 m，已施工2371 m。冒落段巷道设计净宽5.5 m，净高3.6 m，采用直径为22 mm、长2.5 m锚杆和直径21.8 mm、长4.3 m（顶）或3.3 m（帮）锚索。巷道顶板自下而上依次为厚0～0.63 m的灰黑色泥岩、厚4.4～70.14 m、平均32.74 m的粗粒砂岩；底板为平均厚1.22 m的泥质粉砂岩（图1－13）。

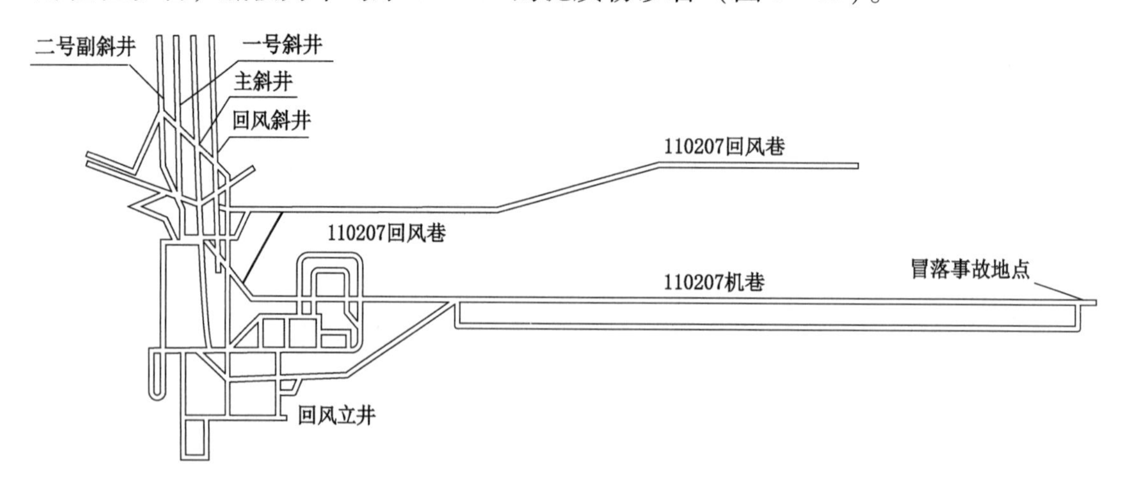

图1－13　清水营煤矿“8·19”顶板事故地点示意图

二、事故发生经过

2021 年 8 月 19 日 16 时 30 分左右，清水营煤矿综掘一队当班 11 人到达作业地点，2 人打地锚，9 人从距迎头 150 m 位置往迎头方向搬运锚杆、托盘、药卷和锁具等支护材料，备完料后开始清渣。18 时 30 分左右，开机掘进。19 时 40 分左右，第二片网割完停机，现场作业人员发现挂在顶板上的防水布往下落，就立即向巷口方向跑，边跑边喊“快跑，冒顶了。”5 名作业人员跑到距二运机头约 90 m 后停下，并查看冒落情况，发现巷道除尘风机口（大约距迎头37 m 处）顶板已塌，冒顶处边缘向外约 6 m 范围顶板有点下沉，在迎头附近作业 4 人被困，随后电话向矿调度室和综掘一队值班人员汇报了现场情况。22 时 20 分左右，在矿方组织开展先期处置时，顶板发生了二次冒落。

三、事故直接原因

软岩巷道淋水增大导致顶板围岩结构劣化、巷道交岔点处断面增大导致顶板稳定状态改变，上覆岩层区域性应力调整和重新分布后，未及时采取有效加固措施，造成支护失效、顶板失稳冒落。

四、应急处置与救援

（一）企业先期处置

清水营煤矿接到报告后安排相关管理人员、技术人员到达事故现场组织救援，采取排查事故现场作业人员及作业地点、恢复现场供电及通信、由外向里加强支护、向迎头冒落区以里供风等措施。

（二）各级应急响应

接到事故报告后，国家矿山安全监察局局长，宁夏回族自治区书记、自治区主席等领导相继作出批示，要求科学施救，全力搜救被困人员。自治区副主席第一时间赶赴现场调度指挥，宁夏煤矿安全监察局、自治区应急管理厅、宁东能源化工基地管理委员会、银南监察分局现场指导救援。

国家能源集团宁夏煤业有限责任公司、清水营煤矿启动应急救援预案，成立了事故现场抢险救援指挥部。宁夏煤矿安全监察局、自治区应急管理厅、宁夏煤业有限责任公司主要负责同志到井下事故地点了解情况，组织制定了救援方案。国家矿山应急救援宁煤队接到事故召请后，立即组织队伍赶赴现场救援。

（三）制定救援方案

（1）冒顶线 37 m 处向外 30 m 范围内支设轻型支架、打设木垛进行锁口、加固，确保冒落区不再延伸。

（2）在巷道右侧冒落体内向里打钻，与被困4人联系。

（3）在巷道左侧掘进救生通道。

（4）从地面向井下被困点打救生孔。

（四）抢险救援过程

8月20日2时10分,救援人员开始在冒顶线37 m处向外进行锁口、加固。2时50分,救援人员架设完成木垛三架,第一架离冒顶事故点1.8 m,第二架离第一架2 m,第三架离第二架6 m,后期又陆续架设木垛6架,对事故区域进行加固,防止冒顶扩大。2时55分,救援人员通过音频生命探测仪确认冒落区内有生命迹象,明确冒落区钻孔位置,并向现场指挥部汇报。4时48分,救援人员使用直径50 mm（内圈直径16 mm）的钻杆配合直径75 mm的钻头开始在冒落体施工第1个钻孔。6时5分，救援人员施工25 m后打透冒落体，与被困人员取得联系，并通过该孔向被困地点压风。6时10分，救援人员使用直径50 mm（内圈直径16 mm）的钻杆配合直径75 mm的钻头施工第2个钻孔，因角度打偏报废。8时30分，救援人员开始在巷道左侧施工一条高1.3 m、宽1 m的救生通道。18时8分，救援人员使用直径50 mm（内圈直径35 mm）的钻杆配合直径75 mm的钻头开始在冒落体施工第3个钻孔。20时13分，救援人员施工26 m后打透冒落体，通过该孔分别于20时14分左右、22时16分左右向被困地点供给食品，被困人员均接收到。同时，现场救援人员每隔10分钟，与被困人员通过喊话、敲击钻杆的方式进行安抚和心理疏导，被困4人情绪稳定。

8月21日6时，共打设7处单木垛、2处连锁木垛，单体液压支架配合顶梁22架（其中：一梁二柱15架、一梁三柱6架、一梁四柱1架）、单点单体液压支柱10颗进行锁口、加固，加强巷道支护长度为20 m，救生通道已掘进12 m，剩余约18 m，预计还需30小时施工完成。7时许，被困人员通过钻孔向救援人员传递纸条“不必担心，一切很好”。

8月22日6时10分，共打设7处单木垛、2处连锁木垛，单体液压支架配合顶梁27架（其中：一梁二柱20架、一梁三柱6架、一梁四柱1架）、单点单体液压支柱9颗进行锁口、加固，实际加强支护范围为30.5 m，救生通道已掘进20.7 m，剩余约9.3 m，预计还需24小时施工完成。同时，救援人员通过钻孔向被困人员输送食品、营养液、手电等。

8月22日17时45分，救生通道打通。19时45分，4名被困矿工走出救生通道。20时47分，4名矿工安全升井，抢险救援结束。

清水营煤矿“8·19”顶板事故救援现场如图1－14所示。

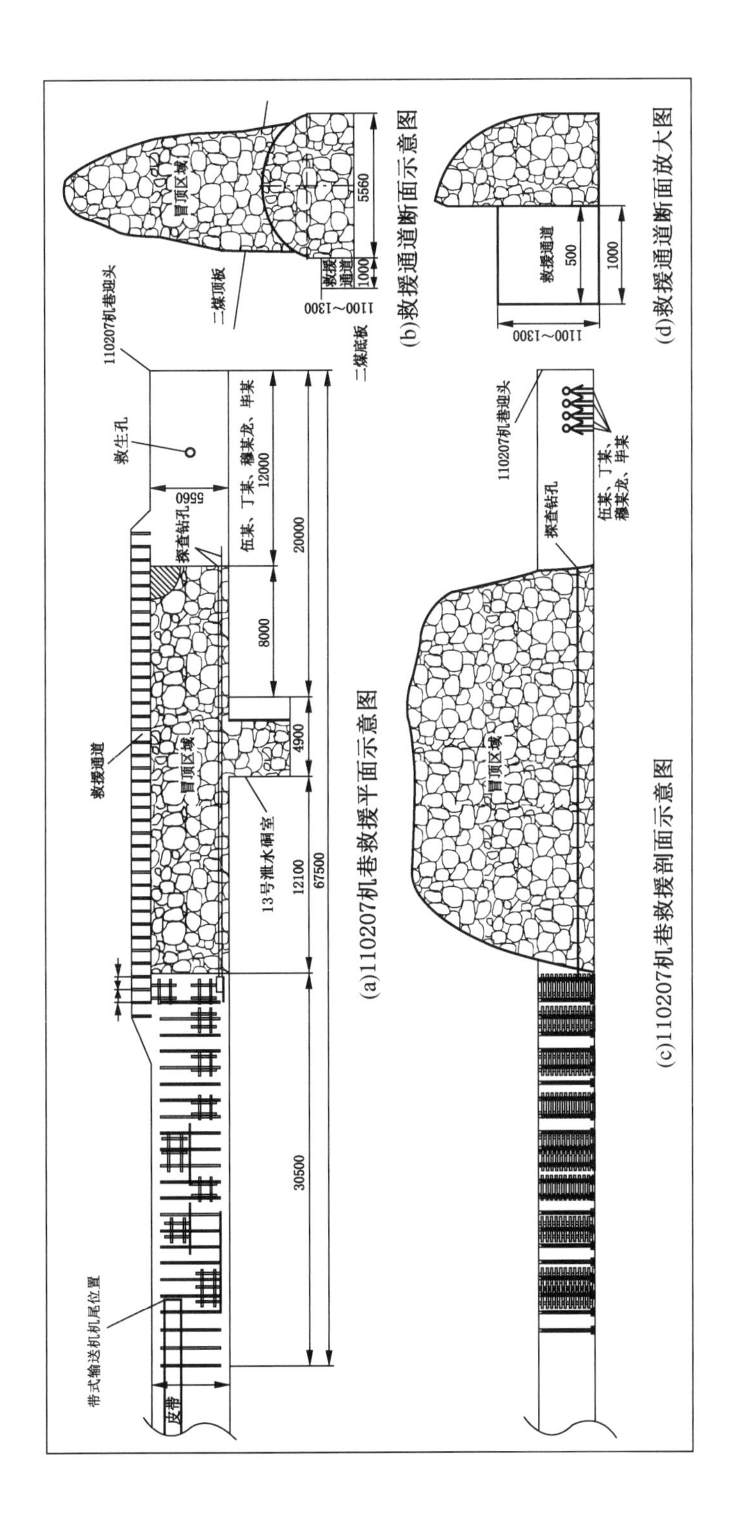

(a)110207机巷救援平面示意图

(b)救援通道断面示意图

(c)110207机巷救援剖面示意图

(d)救援通道断面放大图

图 1－14　清水营煤矿“8·19”顶板事故救援现场示意图

五、总结分析

（一）救援经验

（1）领导高度重视，研究制定了科学的抢险救援方案。接到事故报告后，国家矿山安全监察局、宁夏回族自治区、国家能源集团等领导高度重视，全力指挥救灾工作，派专人下井了解情况后制定了科学的抢险救援方案。

（2）先进的装备成为抢险救援的尖兵利器。救护队使用音频生命探测仪探测到被困人员生命迹象，为科学制定救援方案提供了依据，轻便的支架为快速、安全地挖掘救援通道提供了有力支撑，液压扩张器、液压剪刀、链条锯、圆盘锯等在井下狭窄空间发挥了一定作用。

（3）坚持“人民至上、生命至上”的理念。救护队发现被困人员位置后，精准调整了打钻位置，向被困区域进行了压风，输送了食物和牛奶等，并每隔10分钟与被困人员联系，喊话安抚和心理疏导。

（二）存在问题

（1）矿方迟报事故，延误了救援时间。8月19日19时40分左右发生事故。矿方在20日1时8分才召请矿山救护队救援，耽误了救援时间。

（2）矿方初期对事故风险研判不足。8月19日22时20分左右，在矿方组织开展先期处置时，顶板发生了二次冒落，所幸未造成人员伤亡。

专家点评

◆各级领导要提高认识，牢固树立“人民至上、生命至上”的理念，发生事故后要第一时间报告事故，召请专业救援队伍，抓住救援有利时机。

◆各救护队伍要配备先进的救援装备，提高顶板事故的处置能力。

◆顶板事故救援中要对顶板再次冒落的风险进行科学研判，采取加强支护等措施，防止盲目施救。

◆加强“遇水成泥、见风成沙”典型软岩特征巷道支护技术研究，对软岩支护采取切实可行的支护设计，加强支护。

案例十 淮南矿业（集团）有限责任公司潘集第三煤矿“6·26”一般顶板事故

2020年6月26日6时，淮南矿业（集团）有限责任公司潘集第三煤矿（简称潘三煤矿）1652(3）轨道巷发生冒顶，19人被困；经矿方组织抢险救援，9时46分，19人脱险。抢险救援过程中，8时50分左右，冒顶区域外侧巷道顶板突然冒落，2名抢险救援人员被埋；6月29日2时39分，确认2名抢险救援人员遇难并被救出。

一、矿井基本情况

（一）矿井概况

潘三煤矿位于淮南市潘集区芦集镇，隶属淮南矿业（集团）有限责任公司煤业分公司。井田东西走向、长9.6 km，南北倾向、宽5.8 km，面积54.3 km^2。1979年6月开工建设，1992年11月投产，设计生产能力3.0 Mt/a；2017年，经改扩建后核定生产能力5.0 Mt/a。2019年产量352 Mt，2020年计划产量320 Mt。为煤与瓦斯突出矿井。矿井采用立井、主要石门及分组集中大巷开拓，分两个水平，一水平标高 -650 m，-810 m设有辅助水平；二水平标高 -817 m。采掘活动分布在一水平东四采区、西一采区、西三采区（自上而下划分为上部、中部、下部采区）和二水平东一采区，西三中部采区为13^{-1}、11^{-2}煤层联合布置。事故发生时，矿井共有1672(1）等3个采煤工作面，1652(3）轨道巷、运输巷等15个掘进工作面。

（二）事故区域基本情况

发生事故的地点为该矿1652(3）工作面轨道巷，位于1652(3）轨道巷测量点V7点至V9点之间，距轨道巷提料斜巷上平点128 m。冒顶段长度24.6 m，该处施工时间为2020年3月7日至10日。1652(3）工作面为矿井西三中部采区13^{-1}煤层首采工作面，煤厚2.18~4.75 m，均厚3.76 m，平均倾角20°。工作面直接顶由泥岩、13^{-2}煤、砂质泥岩等组成，总厚3.0~14.55 m，均厚6.53 m；基本顶为粉砂岩，厚度1~11.05 m，均厚2.53 m；直接底为泥岩，厚度4.1~5.35 m，均厚5.0 m。

西三中部采区采用开采下保护层11^{-2}煤保护13^{-1}煤。1652(3）工作面轨道巷北侧平面内错1662(1）工作面32.5 m，南侧距1672(1）回采工作面平面距离215.5 m，下距1662(1) 采空区平均距离75.6 m。1652(3) 轨道巷设计规格为5200 mm×3300 mm，采用锚索网支护，顶板锚索为ϕ22 mm×6300 mm 全长锚固锚索，间排距为1200 mm×1000 mm，按照3－3－3 布置；每排布置7 根ϕ22 mm×2400 mm 锚杆配合M5 钢带及金属网垂直锚入顶板，锚杆采用全长锚固，间排距为750 mm×1000 mm。该巷道设计1168 m，2020 年2 月12 日开始进入煤巷施工，采用综掘施工，截至事故发生时已施工968 m。

二、事故发生经过

2020 年6 月26 日6 时，1652(3) 轨道巷掘进工作面掘进二区跟班副区长发现风筒无风，打电话向局部通风机司机询问情况，局部通风机司机回答通风机运转正常；立即安排当班安监员向外查看情况，自己组织工作面作业人员撤离。当人员撤至1 号避难硐室（距离冒顶处里口约230 m）后，安监员回来汇报距迎头800 m 左右巷道冒顶，随即向矿调度中心汇报冒顶情况并按调度指令组织人员外撤。6 时28 分，19 人撤离至冒顶处，发现人员通过困难，便在冒顶区域里侧架设1 个木垛，对冒顶区域里侧巷道进行加固。木垛架好后，19 人退回至1 号避难硐室，并再次向矿调度中心汇报相关情况，请求救援。

26 日6 时10 分左右，矿长接到矿调度中心关于冒顶的电话汇报，立即赶到调度所，与通风副总工程师、安全副总工程师等紧急磋商，并带领通风副总工程师、安全副总工程师、掘进副矿长（兼掘进副总工程师）、技术科长、调度所副所长等到达现场，查看情况后，商定在冒顶区域外侧巷道架设2 个木垛加强支护，维护救援通道。8 时左右，在冒顶区域外侧架设第2 个木垛时，掘进副矿长观察顶板情况，认为冒顶区域上部空间人员可以通过，便穿过冒顶区域进入里段巷道，带领19 名被困人员向外撤离，至冒顶区域前，组织职工间隔5 m 左右有序穿过冒顶区域。8 时50 分左右，第3 名职工撤离时，原冒顶区域外侧巷道顶板突然冒落，随即退回到里段巷道。

此时，正在顶板冒落区域指挥架设第2 个木垛的矿长及其他抢险救援人员迅速撤离。位于巷道里侧的被困人员立即停止向外撤离，并在冒顶区域里侧巷道再架设1 个木垛维护顶板。木垛施工完成后，掘进副矿长安排其他人员原地等待，自己回到1 号避难硐室准备向矿调度中心汇报情况，发现通信中断。其间，等待一段时间后，冒顶区域未再发生冒顶，认为顶板已稳定，便向外撤离。9 时46 分，掘进副矿长等19 人全部撤离出来。撤离后清点人员时，发现负责架设木垛的2 名抢险救援人员失联。

潘三煤矿“6·26”顶板事故地点如图1－15 所示。

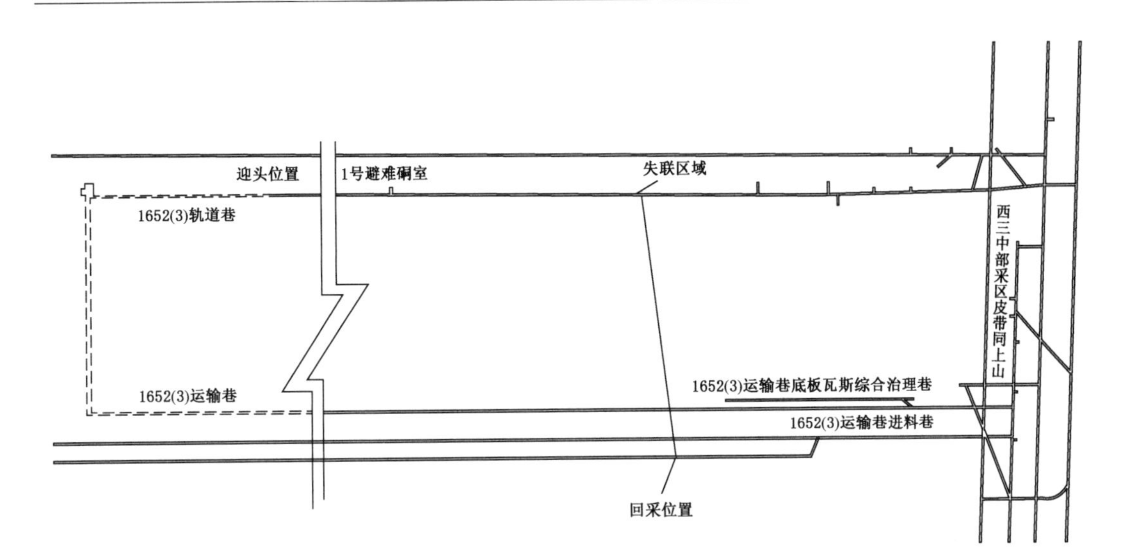

图 1－15 潘三煤矿"6·26"顶板事故地点示意图

三、事故直接原因

高地应力复合顶板条件下矿压显现强烈造成煤巷锚杆锚固段围岩结构失稳，锚索断裂，导致顶板冒落；抢险救援时，冒顶区域外侧巷道顶板突然冒落，2 名抢险救援人员被埋压。

四、应急处置与救援

（一）企业先期处置

6 月 26 日 6 时，潘三煤矿调度员接到掘进二区跟班副区长电话汇报井下发生冒顶，调度员随即电话向矿长等矿领导汇报。矿长赶到调度所了解情况后，带领 2 人下井查看。

6 时 28 分，被困人员在冒顶区域里侧架设 1 个木垛，对顶板进行加固。木垛架好后，人员撤至避难硐室等待救援。

矿长等 3 人到达现场后，立即在冒顶区域外侧架设木垛，组织开展抢险救援。冒顶区域外侧第 1 个木垛架设完成后，掘进副矿长等 2 人进入里侧巷道，安排被困人员撤离。

8 时 25 分，矿党委书记接汇报赶到调度所后，安排调度员向煤业分公司调度汇报并请求淮南矿业集团救护大队支援。煤业分公司调度员接汇报后，立即向煤业分公司总值班领导和淮南矿业集团总值班领导汇报。

8 时 50 分左右，2 名被困人员撤出后，冒顶区域外侧巷道顶板突然冒落，外侧抢险救援人员迅速撤离，里侧其余被困人员停止撤离，并在冒顶区域里侧架设第 2 个木垛维护顶板。冒落区域顶板稳定后，9 时 46 分，位于里段巷道的掘进副矿长等 19 名人员全部撤出，清点人员时发现参与抢险救援的 2 人失联。

淮南矿业集团负责人接事故报告赶到潘三煤矿后，成立了以董事长、总经理任总指挥的事故抢险救援指挥部。在抢险救援指挥部领导下，潘三煤矿及淮南矿业集团救护大队自冒顶区域向外开始架设单体支柱、工字钢挑棚和木垛、使用超前掩护钢梁、补打锚杆锚索等加固巷道和顶板，截断带式输送机，另安设机尾恢复带式输送机运输系统等实施抢险救援。

（二）各级应急响应

6 月 26 日 8 时 55 分，安徽煤矿安全监察局调度值班人员接到淮南矿业集团救护大队出动报告，随即电话向淮南监察分局值班人员了解情况。

9 时，淮南监察分局值班人员拨打电话向潘三煤矿调度询问情况，得知发生涉险事故后，应急值守带班领导立即带领相关人员赶赴潘三煤矿。

（三）抢险救援方案及过程

6 月 26 日 8 时 36 分，淮南矿业集团救护大队接到煤业公司调度潘三煤矿 1652(3）轨道巷发生冒顶事故电话后，立即通知辖区中队一中队出动，大队立即启动应急救援预案。一中队出动 2 个救护小队，立即赶赴事故矿井抢险。大队领导、战训科、技术装备科值班人员，以及三中队（装备分队）2 个小队携带重型装备，出动应急指挥车、卫星通信车、多功能装备车、宿营车等赶赴事故矿井。

根据指挥部命令，先期到达事故现场的救护小队在向现场人员询问了解事故发生情况和被困人员状况后，迅速展开侦察工作。

经侦察，1652(3）轨道巷巷道宽度约 5.0 m，冒落点距上平口约 170 m 处，巷道近 30 m 顶板大面积脱层冒落，部分锚索锚杆断裂，冒落物与顶板有局部空间，冒落区后方部分顶板支护呈现不稳定状态。巷道冒落点左帮带式输送机、风筒及各种管线均被压实，风筒有漏风，带式输送机呈停止状态。冒落处气体情况：CH_4 浓度 0.3%、CO_2 浓度 0.4%、O_2 浓度 20.0%、CO 无，温度 29 ℃。救护队采用观察、呼喊、敲击等方法进行搜寻，未能与被困人员取得联系。

现场情况侦察后，指挥部针对巷道冒落面积大，冒落点后方顶板损毁严重，威胁救援人员安全等诸多问题，鉴于 19 人被救撤出，还有 2 名失联人员，经研究，制定如下救援方案：

（1）救护队用生命探测仪，探测失联人员。

（2）为确保救援人员安全，采取架设木垛并配合单体挑棚从上平口向冒落点依次递进。先期因为现场材料匮乏，为加快推进速度，救护队和矿方施救人员就近拆取铁轨、枕木，利用轻便支架单体进行施工作业。

（3）救护队安排专人观察顶板，检测巷道内通风及气体情况。

（4）矿方及时备料（工字钢、单体、方木、大板、木楔、锚索、锚杆、带式输送机机尾等）并运送至现场。

（5）在恢复胶带运转前，为确保安全，切断一切通往冒落区的电源，调整1652(3）轨道巷供电等系统。

（6）处理冒落物时，利用打锚索、锚杆挂网支护和架设木垛、工字钢挑棚超前支护等方法，加强顶板维护，保证作业人员安全。

（7）后期恢复无极绳绞车运行，提高救援物资运输能力，加快救援进度。

6月26日11时30分，救护队开始利用DKL生命探测仪对冒落区进行失联人员探测，未发现生命迹象，随后多次探测均未发现生命迹象。根据指挥部命令，现场人员分工行动，共架设9架木垛、若干挑棚，15时30分推至冒落区。在事故抢险过程中，救护队不间断安排专人观察顶板，检测巷道内通风及气体情况，保证现场救援安全。同一时刻，矿方迅速组织人员向抢险现场输送物资，保证前方救援需要。为尽快恢复带式输送机运转，加快救援进度，救护队利用气动线锯、起重气垫等装备现场切割材料、移动大块矸石等，配合矿方共同安设新带式输送机机尾。截至27日3时46分，带式输送机恢复运转，27日19时20分恢复无极绳绞车运转。

为保证救援人员安全，指挥部在要求冒落区加快搜救失联人员的同时，保证后方安全通道畅通，增设木垛4架，单体挑棚若干。在清理冒落物向前推进过程中，按照指挥部要求，现场加强对抢险救援区域内瓦斯管理。救护队负责延接风筒，挪移甲烷传感器，实时监控现场环境，控制迎头作业地点前方2 m范围内瓦斯浓度不超过1.0%。

6月28日4时34分，在巷道上帮距迎头木垛3.2 m处发现第1名失联人员。该名失联人员头朝外，面朝底板，呈俯卧状，完全被矸石、锚索、锚杆、金属网等埋压，无生命体征。救护队经过维护顶板浮矸，清理覆盖物，于10时将第1名遇难人员救出并运送升井。28日23时7分，在巷道下帮距木垛5.3 m处发现另1名失联人员。第2名失联人员身体在带式输送机和帮部之间，头朝里，身体被浮矸、木料、金属网等掩埋挤压，无生命体征。救护队在清理现场后，于6月29日2时20分将其救出，抢险救援结束。

五、总结分析

（一）救援经验

（1）矿山救护队事故救援程序规范，按规定向安徽煤矿安全监察局报告了救援信息，并调动充足的救援力量参与救援，圆满完成了任务。

（2）规范作业，安全施救。矿山救护队在后续救援过程中不间断安排专人观察顶板，检测巷道内通风及气体情况，保证现场救援安全，严防次生事故的发生。

（3）矿山救护队使用了气动线锯、起重气垫等先进装备现场切割铁轨、锯板材、移动大块矸石，发挥了先进装备的作用，加快了救援进度。

（二）存在问题

（1）发生冒顶堵人险情后，矿方先期应急处置不当，未严格按照应急救援预案启动应急响应及报告事故信息（6 月 26 日 6 时发生冒顶，8 时 25 分报告淮南矿业集团）。

（2）组织井下现场救援时，对维护救援通道、加固顶板过程中顶板二次冒落的风险辨识不足，造成 2 名抢险救援人员伤亡。

专家点评

◆规范事故报告和应急处置工作。煤矿发生事故（含较大涉险事故）后，必须按法律法规的规定及时向煤矿安全监察机构和地方政府有关部门报告，并立即按照应急救援预案启动应急响应，在确保救援人员安全的前提下有序、科学地施救，严防救援过程中发生次生事故。

◆顶板事故救援过程中，要安排专人观察顶板、周边围岩的变化，发现有冒落征兆时要果断迅速撤离人员，防止发生救援人员自身伤亡。

◆需加强深部高应力复合顶板条件巷道支护技术的研究，以及深入开展深部多煤层开采岩层移动与矿山压力、复合顶板煤巷支护机理与关键技术的研究。

案例十一　广西壮族自治区南丹庆达惜缘矿业投资有限公司“10·28”矿山坍塌重大事故

2019 年 10 月 28 日 18 时 30 分左右，广西壮族自治区南丹庆达惜缘矿业投资有限公司（简称庆达矿业公司）大坪村矿区锌银铅锑锡铜矿 2 号隆口发生坍塌事故，共造成 2 人死亡、11 人失联。

一、矿井基本情况

庆达矿业公司成立于 2004 年 10 月，属于民营企业。发生事故的广西南丹县大坪村矿区锌银铅锑铜矿（简称大坪矿）为其下属矿山。该矿采用地下开采方式，设计生产规模 12×10^4 t/a，主要开采锌、银、铅、锑、锡、铜等多金属矿，矿区面积 4.511 km^2，开采深度由 1075 ~ -385 m 标高，共有 15 个拐点坐标圈定。大坪矿设计开采井下 420 ~ -10 m 标高间的Ⅰ、Ⅱ、Ⅲ号矿体以及 -72 ~ -380 m 标高Ⅳ、Ⅴ、Ⅵ号矿体。矿山采用斜井 - 盲斜井开拓，已开拓有 1 号斜井（斜井分为二级，井口标高 599.78 ~ 305.51 ~ -97.65 m）、2 号斜井（斜井分为三级，井口标高 717.50 ~ 318.07 ~ 130.96 ~ -98.46 m）、3 号盲斜井（317.410 ~ 240 m）。1 号斜井与 2 号斜井分别在 315 m 水平及 -100 m 水平形成了贯通。大坪矿已开拓形成 395 m、355 m、315 m、279 m、240 m 和 -100 m 几个中段，设计前期开采 240 m 标高以上部分矿体，近年在Ⅰ号矿体中部矿体厚大部开拓布置有 355 - 1 号采场、315 - 1 号采场、315 - 2 号采场、235 - 1 号采场和 195 - 1 号采场等。2016 年起，庆达矿业公司于大坪矿井下 315 m 中段开挖掘进巷道超出采矿权范围 1.5 km 以上，进入相邻矿山广西华锡集团股份有限公司铜坑矿（简称铜坑矿）已充填的采空区下方盗采边缘矿体。事故发生之时，大坪矿在越界违法区域布置开拓有新面 1 号斜井、2 号斜井、3 号斜井，4 工区、5 工区，四中段、五中段、五中段东二面等井巷工程、采掘作业面。此次事故发生在越界违法区域 445 m 标高五中段东二面。

二、事故发生经过

2019 年 10 月 28 日 16 时左右，洪锌矿业理事长陆某等 11 人由大坪矿 2 号斜井下井，到越界违法区域的五中段东二面斜井下的工作面实地考察。洪锌矿业理事长韦某和施工队包工头唐某、作业班长牙某等 3 人，由大坪矿 2 号斜井下井，到准备采矿的越界违法区域五中段东二面 445 m 平巷作业面查看作业环境。韦某等 3 人到五中段东二面 445 m 平巷作业面查看了 10 分钟左右后，由于环境温度较高，退回到来时巷道边上的斜巷休息。3 人走到局部通风机旁时，遇到了段某一个人坐在那里。4 人聊了一会，牙某为了不打扰韦某等人继续聊天，就一个人往外走。牙某刚刚走出 10 多米，突然一股强大的气流夹着石头和沙子从其背后冲出来。牙某想转身往韦某等人的方向跑，但气流比较强大，直接把牙某冲出了七八米远，头上矿灯、矿帽都被吹走。巷道里的灯全部熄灭。慌乱中牙某抱住一根用作支护的铁轨才停下来。身后传来一阵阵隆隆的响声，牙某判断是里面塌方了。

三、事故直接原因

铜坑矿已封闭的采空区冒落带范围内的 445 m 水平二盘区北面的Ⅴ号盲空区顶板岩体发生大面积冒落、坍塌，导致从庆达矿业公司大坪矿 2 号斜井进入越界违法区域的人员受到冲击波伤害以及石块掩埋。

四、应急处置与救援

（一）企业先期处置

10 月 28 日 19 时许，井下带班副矿长根据幸存者牙某的描述，估计有十几人被困，立即安排安全员吴某组织工人查看，并用井下直通电话向井上的副矿长卢某、安全科长莫某报告，要求带一些管理人员下井处理。

吴某等人到达五中段东二面发现巷道坍塌，有一名人员被落石压中，呼喊救命，施救中被压人员死亡。因情况不明，吴某等人停止施救，退回安全地带，用井下电话向矿部汇报情况。

卢某等人先后带领十多名工人到井下参与施救，在事发点找到一些扒石头的工具，清理碎石。清理过程中，发现另外一名遇难者。卢某等人将两名遇难者清理出来后，因落石太多，环境较差，没有继续救援，将两名遇难者带到平巷入口。

（二）各级应急响应

事故发生后，国务院领导高度重视作出批示。应急管理部主要领导同志对事故作出指示批示，派工作组立即赶赴事故现场指导抢险救援。部领导通过视频或电话多次与现场连线，要求完善救援方案和安全技术措施，确保安全高效救援。广西壮族自治区相关领导分别到达现场指挥处置，市委、市政府主要领导第一时间赶赴现场指挥救援，广西应急管理厅主要领导，河池市委、市政府主要领导，广西壮族自治区自然资源厅分管领导，南丹县委、县政府主要领导第一时间赶赴现场组织指挥。河池市政府相关人员29日5时30分抵达现场并于6时30分启动三级应急响应，广西壮族自治区于20时启动生产安全事故二级应急响应。

（三）制定救援方案

本次坍塌事故的特点：一是井下事发点坍塌方量大，经专家调查分析，事发区域上下部都有采空区存在，由于下部铜坑矿采空区两个顶板水平隔离矿柱受应力变化影响发生冒落，冒落体积（方量）约$7.5\times10^4\ m^3$，造成冲击地压现象，有可能引发上部充填体包括事发点大面积滑塌，估计超过$60\times10^4\ m^3$，救援工作量大。二是地压活动相当活跃。10月28日下午事发时广西地震监测台网中心大厂矿区地震台网、铜坑矿地压网均监测到事发区域有震动。11月2日、3日4时至6时井口上方地震流动监测台均监测到铜坑矿井下发生若干震动，地点与此次施救区域基本一致，说明地压活动比较活跃，地质结构相当不稳定，专家分析不仅顶板坍陷，底板有可能也已被破坏，安全隐患极大，施救风险很高。三是井下事发点在铜坑矿地表塌陷区治理区域（由于有自燃冒烟现象，故俗称火区）之下，温度、SO_2浓度、H_2S浓度多次超限，在救援期间检测到井下事发坍塌处温度一直在38 ℃以上，最高达到50 ℃；有毒有害气体如SO_2浓度最高为120×10^{-6}、H_2S浓度最高为25×10^{-6}，施工施救作业条件极其恶劣。四是井下巷道长，事发地点距离井口直线长度3.37 km、巷道总长度约4.5 km，且地形曲折复杂，救援人员从井口到达井下事发点单程就需要2个多小时，改善通风异常困难。五是作业面窄，大中型救援装备无法进入，只能依靠人工清方。六是越界开采的巷道不规范，矿井提升机、绞车等设备设施老旧简陋。七是没有现成的实测图纸，主要依靠现场采集数据和专家经验分析，预判难度很大。

救援指挥部在部工作组的指导下，本着“生命至上，科学救援”的理念，认真制定了救援方案，通过强化通风降温、抽风排气等排险措施，在确保安全的前提下，不断克服各种困难，争分夺秒开展搜救工作。

（四）抢险救援过程

救援方案确定后，两个专业救援队立即调集风机、风筒等装备、物资进入巷道安装并通风。10月29日16时30分，现场温度由42 ℃降至37 ℃，CO_2浓度由1%下降至0.5%，O_2浓度由16.4%上升至17%，具备实施救援条件。两个专业救援队44人分3个班次轮流进入井下开展二次塌方风险监测、安全监控以及搜救施工等工作。

11 月 3 日下午 2 时 55 分监测数据，井下事发点温度升至 50 ℃，加上地压活动尚未平息，救援队只能暂时后撤至井下安全区域。11 月 6 日上午 11 时 50 分，井口上方地震流动监测台监测到坍塌区域发生若干次震动；11 时 55 分，接到井下人员报告，井下坍塌处往井口方向 10 m 范围内巷道发生冒顶。11 月 7 日，经专业救援队和救援专家组综合分析研判，在高温、有毒有害气体超标等不利条件下，井下被困人员已不具备生命存活条件，且救援队多次用生命探测仪探测，井下未发现生命迹象；井下情况复杂多变，施工作业环境极其恶劣，已不具备救援条件，存在严重的不安全因素，如继续救援极易发生次生灾害，对救援人员生命安全构成极大威胁，有可能造成新的伤亡。现场救援指挥部决定，11 月 7 日 19 时后终止救援。本次救援工作共搜救出 2 名遇难人员，11 名失联人员。各救援队伍及相关人员有序撤出现场。大坪矿救援现场如图 1－16 所示。

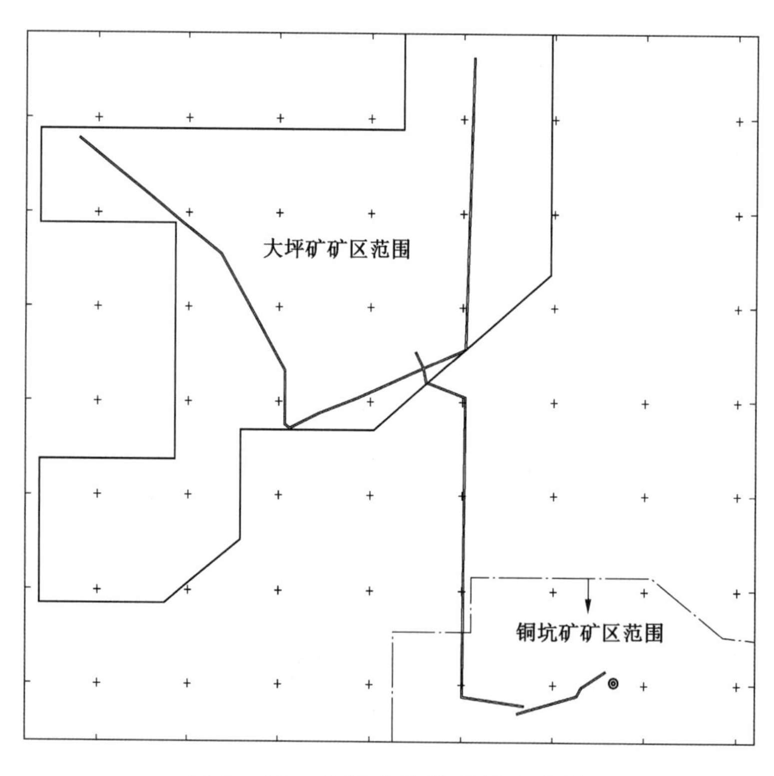

图 1－16　大坪矿救援现场示意图

五、总结分析

（一）救援经验

（1）各级领导高度重视，保障救援安全。国务院、应急管理部党组高度重视，主要领导作出批示，相关领导多次通过视频连线了解事故救援进展情况，指导救援工作，并多次作出指示批示；相关司局同志组成工作组第一时间赶赴事故现场指导救援。广西壮族自治区各级党委、政府和有关部门迅速响应，相关负责人立即赶赴现场全力组织救援工作。各级领导的高度重视和迅速响应，为救援工作提供了坚强的保障。

（2）决策科学合理，救援工作组织有序。应急管理部工作组全力协助指挥部，迅速核清被困人员数量，并组织专家根据以人为本的指导思想制定了科学的救援方案和安全技术保障措施。在井下环境恶劣并收到地震监测信息后，及时决策，科学分析判断人员存活可能性及继续救援存在的安全风险，迅速决策，停止了抢险救援工作，避免了次生事故发生。

（3）应急资源统一调度、救援队伍能力过硬。在指挥部的领导下，调动了地方各部门应急力量，在广西全省范围内统一调用全省乃至全国范围内的矿山救援队伍、专家和救援设备等应急资源，实现了统一指挥，高效运转的救援体系。救援中矿山救援队救援人员发挥了特别能战斗的精神，在抢险救援过程中不怕苦、不怕累，在井下持续高温、有毒气体浓度大、地质情况极不稳定的情况下，主动请战、勇往直前，坚决执行指挥部的命令，安全高效地完成了各项救援任务。

（二）存在的问题

（1）事故企业瞒报事故，耽误了救援时机。庆达矿业公司主要负责人接到企业事故报告后，自行组织救援，没有在第一时间向有关部门报告。经公安等部门对相关人员进行询问和调查，直至 10 月 29 日 13 时左右才核实该事故发生时间为 10 月 28 日 18 时 30 分左右。

（2）没有现成的实测图纸，主要依靠现场采集数据和专家经验分析，预判难度很大，给救援工作带来很大挑战。

专家点评

◆矿山救援队伍要有针对性地开展非煤矿山救援技能训练，配备适应非煤矿山救援工作的救援装备，强化非煤矿山救援能力建设。

◆在不具备救援条件且确定被困人员没有生还可能时，通过科学研判，做出停止救援的正确判断，保证救援人员的安全，防止发生次生事故。

矿井顶板事故应急处置及救援工作要点

一、事故特点

（1）顶板事故是在矿山开采过程中矿山压力造成顶板岩石变形超过弹性变形极限，破坏巷道支护导致的冒顶、坍塌、片帮等。按常见发生地点、冒落范围和人员伤亡、设施设备损坏情况，可分为大面积冒顶事故和局部冒顶事故两种。大面积冒顶事故易发生于顶板坚硬且采空区顶板悬露面积过大、没冒落的采煤工作面，地质构造带、局部冒顶、顶板淋水等附近。局部冒顶事故易发生于地质构造带附近，主要是断层构造区域、淋水区域、支护薄弱区域、大断面大跨度交岔点区域、地压突然释放等区域，常见地点有采煤工作面上、下出口，工作面煤壁，放顶线，掘进工作面空顶作业地点等附近。

（2）顶板事故会造成人员压埋、砸伤等直接伤害或造成窒息等间接伤害；容易造成巷道堵塞使人员被困灾区；破坏通风系统，造成有害气体涌出，引发爆炸、燃烧等继发事故；造成排水系统破坏，引发水害。

（3）顶板事故被困人员往往具有较大生存空间，且无高温高压环境，有毒有害气体浓度一般不会迅速增大，相对爆炸、火灾、突出事故，遇险人员具备较大存活可能。

二、应急处置和抢险救援要点

（一）现场应急措施

（1）现场人员要迅速撤至安全地点，并及时向调度室报告。

（2）在小型冒顶、坍塌、压埋事故发生时，现场人员在保证安全的前提下，应立即开展自救、互救。

（3）在撤离受阻时应紧急避险，采取以下自救措施：①选择最近的避难室或临时避险设施待救；②选择最近的设有压风自救装置和供水施救装置的安全地点，进行自救互救和等待救援；③迅速避险撤退到安全地点，如有压风管路，应打开输送新鲜空气；④可利用现场材料，维护加固附近顶板，设置生存空间，等待救援。

（4）被困后立即发出呼救信号：冒落基本稳定后，如被困地点有电话，遇险人员应立即电话汇报情况；若没有电话，可采用呼叫、“5432”联络信号敲击法有规律地发出呼救信号（“5432”救援联络信号有四组：五声“呼救”、四声“报数”、三声“收到”、二声“停止”）。但在瓦斯和煤尘较大的情况下，被困人员不可用石块或铁质工具敲击金属，避免产生火花而引起瓦斯煤尘爆炸。

（5）被困待救期间，遇险人员要节约体能，节约使用矿灯，保持镇定，互相鼓励，积极配合外面营救工作。

（6）带班领导和班组长负责组织撤离和自救互救工作。

（二）矿井应急处置要点

（1）启动应急救援预案，及时撤出井下人员。一是调度室接到事故报告后，应立即通知撤出井下受威胁区域人员。二是严格执行抢险救援期间入井、升井制度，安排专人清点升井人数，确认未升井人数，查清遇险人员数量和人员分布位置。

（2）通知相关单位，报告事故情况。事故发生后，事故单位应第一时间通知矿山救护队出动救援，通知当地医疗机构进行医疗救护，通知矿井主要负责人、技术负责人及各部门相关人员开展救援，按规定向上级有关部门和领导报告。

（3）采取有效措施，组织开展救援。矿井应保证主要通风机和空气压缩机正常运转，保持供电、压风、供水系统正常。矿井负责人要根据事故情况，在确保安全的情况下，调集井下带班领导和开拓、掘进、维修等作业队伍及企业救援力量，采取一切可能的措施，迅速组织开展救援工作，制定救援方案，统一调度指挥救灾，积极抢救被困遇险人员，防止事故扩大。

（三）抢险救援技术要点

（1）了解现场情况，调集救援资源。各级领导和救援队伍到达现场后要了解掌握冒顶、坍塌发生地点和区域范围，遇险人员数量和被困位置及被困空间生存环境，有关系统（通风、供水、压风等）是否破坏，有害气体和瓦斯涌出情况，巷道支护情况，有无积水涌出，有无压风管路和水管及通信设备，以及现场救援队伍和救援装备情况等，根据需要，增调救援队伍、装备和专家等救援资源。其中，准确判断被困位置是迅速有效打通救援通道的关键。

（2）安排专人观察和倾听来自灾区的求救信号，用呼喊、“5432”联络信号敲击法，或用音视频、雷达生命探测仪器及打小孔径钻孔等方式尽快与被困人员取得联系，确认生存状况和被困位置，有针对性地采取措施，鼓励被困人员配合营救工作。

（3）在救援过程中，当被困人员不能及时救出时，救援人员可利用压风管、供水管、打小孔径钻孔等，向被困人员输送新鲜空气、饮料和食物，为被困人员创造生存条件，为救援争取时间。

（4）多措并举构建快速救援通道。主要方法有：一是快速清理和恢复冒顶、坍塌破坏的灾区巷道，形成直通被困人员地点的救援通道；二是在冒顶巷道、垮塌破坏的灾区巷道中开挖小断面救援通道（可使用马丽散等高分子材料固化救援通道煤壁，确保救援通道安全稳定）或使用大孔径水平钻机顶管救援；三是在人员被困巷道附近新掘小断面救援绕道，形成通往被困人员地点的救援通道；四是向被困人员位置施工大孔径救援钻孔，包括使用反井钻机从井下巷道向事故巷道施工大孔径救援钻孔或地面使用大孔径车载钻机施工救援钻孔，形成快速救援通道。在以上方法实施过程中，要根据具体情况和施工进度，研究选择最快的方法加强力量，重点突破，快速救人。

（5）尽快恢复巷道通风，保障救援人员安全。恢复独头巷道通风时，救援人员应将局部通风机安设在新鲜风流处，按照排放瓦斯的措施和要求进行操作。

（6）救援人员进入冒顶灾区前，应加固破坏的巷道，防止片帮冒顶。侦察、救援和巷道清理工作时，救援人员应由外往里进行，行进中要检查冒顶巷道支护、顶板等情况，及时清理退路，确保救援后路安全畅通。支护时，救援人员要按照先外后里、先支后拆、先顶后帮的原则进行。处理倾斜巷道冒顶事故时，救援人员应该由上向下进行，防止顶板冒落矿石砸着下面的救援人员。特别是倾角在15°以上时，救援人员还应在处理地点上方6～10 m处设置护身遮栏，以防巷道倾斜上方的煤矸滚落伤人。

（7）矿山救护队要做好监护工作和抢救遇险人员的准备工作，提前备好担架、保温毯、药品、苏生器等器材。抢救窄小空间人员时，救援人员要准备船式担架或卷式担架和救生索，确保能够将被困人员拖拽出窄小空间。

（8）抢救被煤、矸埋压的人员时，救援人员首先清理出人员的头部和胸部，清理口鼻污物，恢复遇险人员的呼吸条件，然后在保证安全的前提下迅速将遇险人员救出。抢救被大块矸石、支柱、金属网、铁架等物压住的人员时，救援人员可用千斤顶、液压支撑杆、扩张钳、液压起重器、岩石破碎器、液压剪刀以及各种类型的金属锯、岩石锯等进行处理。在瓦斯浓度不超限的情况下，还可使用切割机快速切割金属，然后将遇险人员救出，绝不可用镐刨、锤砸等方法扒人或破岩，切忌生拉硬拽。如采用千斤顶等不能将大矸石顶起时，救援人员应保持在大块矸石稳定的情况下，在矸石下掘凿通道，将人员救出。

（9）冒顶导致设备推移、砸伤人员时，救援人员要先将设备断电，利用相关设备将设备吊起，待支垫牢固后，救助受伤人员。

三、安全注意事项

（1）分析判断有无发生继发事故和再次来压冒顶的可能性，施救现场要指定专人检查通风、瓦斯情况，观察围岩、顶板和周围支护情况，发现异常立即撤出人员，防止发生次生事故。

（2）清理冒顶、坍塌破坏巷道，要制定安全技术措施，在维护好应力平衡的条件下清理堵塞物，加强巷道支护，注意救援通道的支护和维护，保证安全作业空间，防止发生二次冒顶、片帮，保证救援人员安全和道路安全畅通。

（3）在地面打钻时，分析上覆岩层或采空区的积水、积气情况，防止上部水下泄或采空区有毒有害气体下泄威胁遇险和救援人员。

第二章

矿井透水事故救援案例

案例十二　新疆维吾尔自治区呼图壁县白杨沟丰源煤矿“4·10”重大透水事故

2021 年 4 月 10 日 18 时 11 分，新疆维吾尔自治区呼图壁县白杨沟丰源煤矿（简称丰源煤矿）回风巷迎头突发透水事故，透水量达 4.2×10^4 m^3，事故造成 21 人被困，通过各方 2000 余人 35 个昼夜的连续奋战，搜救出 20 名遇难人员，1 人下落不明。

一、矿井基本情况

（一）矿井概况

丰源煤矿位于呼图壁县雀尔沟镇白杨沟矿区，属乡镇煤矿，始建于 1986 年 5 月，2006 年完成机械化改造及项目竣工验收，2007 年正式投产，核定生产能力为 60×10^4 t/a。矿井井田面积 0.775 km^2，煤层倾角 7°～14°。矿井采用斜井开拓，布置有主斜井、副斜井、斜风井，生产水平 +1495 m，通风方式为中央并列式，在井底车场设有中央水泵房，采用一级排水直排地面，最大排水量 956 m^3/h。

（二）事故区域基本情况

矿区内白杨沟河沿沟谷自西向东从含煤地层露头流过，为常年性河流，洪水期月平均流量 4.34～6.64 m^3/s，历史最高洪水水位 +1640 m，是区内矿井井下主要补给水源。矿井水文地质类型划分为中等，矿井涌水水源主要为老空区积水和 B4 煤层顶板砂岩裂隙水，矿井正常涌水量 238 m^3/h，最大涌水量 309 m^3/h。丰源煤矿井田西邻关闭的白杨树煤矿，东邻白杨沟煤矿，北邻宽沟煤矿。

二、事故发生经过

2021 年 4 月 10 日 15 时左右，综掘八队、综掘三队各自召开班前会，安排当班回风巷、运输巷掘进作业，运输巷进行探放水钻探作业。18 时 11 分许，回风巷迎头甲烷传感器信号上传中断，煤矿监控中心站系统报警。在回风巷二部带式输送机机头作业的司机突然听到迎头方向传来“嘭”的一声闷响，随后皮带松弛，电机断电，照明灯熄灭，同时感觉风量增大、明显变凉。

三、事故直接原因

B4W01 回风巷掘进至 1056.6 m（平距）时，掘进迎头与白杨树煤矿 1 号废弃轨道上山之间的煤柱仅有 1.8 m。该矿违章指挥、冒险组织掘进作业，在老空积水压力和掘进扰动作用下，老空水突破有限煤柱，通过 1 号废弃轨道上山溃入丰源煤矿 B4W01 回风巷，造成重大透水淹井事故。

四、应急处置与救援

（一）企业先期处置

4 月 10 日 18 时 11 分许，当班监控员发现大屏显示回风巷迎头甲烷传感器断线，同时回风巷故障闭锁动力电断电，立即向当班调度员汇报，汇报完后发现回风巷其他传感器短时间内陆续断线。当班监控员立即向回风巷打电话，但无人接听，随即电话报告地面值班领导。18 时 13 分，从集中带式输送机机尾工业视频中发现有两人自运输上山绕道向井底车场跑，从井底车场工业视频中发现有水涌过来。18 时 17 分，李某沛打电话向矿长报告井下透水情况。同时，从避难硐室工业视频上发现鲜某林进入避难硐室，遂打电话询问情况，与鲜某林通话 31 秒后突然中断。视频显示，18 时 20 分许，避难硐室进水，鲜某林先拨打电话，随后打开压风自救装置，18 时 21 分许，避难硐室视频信号中断。

（二）各级应急响应

党中央、国务院高度重视，中央领导同志作出重要批示。应急管理部领导第一时间与现场视频连线指导救援工作，对救援进展和安全施救提出指导意见和具体要求。新疆维吾尔自治区党委、政府迅速响应，立即按照应急预案开展事故处置工作，成立了由区党委书记任组长的事故处置工作领导小组。呼图壁县政府立即启动应急救援预案，州县领导紧急赶往现场组织救援。国家安全生产应急救援中心先后调动国家矿山应急救援新疆队、神华新疆队、八钢队、大屯队、靖远队、新集队和昌吉州矿山救护队共 264 人，携带 22 台水泵、2800 m 软管等装备赶赴现场救援，协调大地特勘队 2 名钻孔专家现场参与救援工作。

（三）制定救援方案

现场指挥部多措并举完善“排、堵、疏”救援方案。方案主要内容包括：

①高效疏水切断地表补给水；②优化井下排水方案，提升排水能力；③搭建人工渠道解决井下排水回流；④开挖排水沟引流疏解白杨河河水；⑤实施钻孔探测及堵水作业。

（四）抢险救援过程

1. 高效疏水切断地表补给水

4 月 12 日，救援人员对白杨树煤矿、丰源煤矿区域内上游河段 2 公里河道进行防渗处理。指挥部对河道疏水组下达 24 小时设计和备料时间、48 小时施工作业时间的硬性要求。截至 14 日，白杨河河道整修工作全面完成，并对 830 m 的重点河段进行混凝土浇筑，加固河堤 1400 m，下放钢筋防护笼 38 个，河道改道 650 m，架设钢桥 1 座，加固桥梁 1 座，加固山体防护网 425 m，易滑坡路段放置危险标识 12 个，地表水渗漏补给问题全面解决，排水效能得到保证。

2. 搭建人工渠道解决井下排水回流

4 月 13 日，新疆消防总队承担铺设输水管路任务，安装总长度 2000 m 的 7 支外部输水管路，实现直接将水全部排放至白杨河。14 日，新增 2 条输水管路，完成疏通地下涵管 650 m，在暗管周围实施危险标志设置、围栏加固工程。2 天时间内，布设完成了钢管和 PVC 管材的输水管道，杜绝了排水回流现象。

3. 逐步优化排水方案提升排水能力

4 月 11 日 1 时，第 1 台水泵开始排水，事故发生 7 小时便形成排水能力，副井 4 趟管路架设完成，3 台水泵开始抽水，排水能力达到 740 m^3/h。4 月 21 日，回风井开辟第二排水点，新增 2 台 200 m^3/h 水泵，总排水能力达到 2625 m^3/h。截至 4 月 23 日 7 时，总垂深下降 24.08 m，水位标高降至 +1552.65 m。4 月 24 日，回风井开辟第三处排水点，井下共计 5 处排水点、安装 11 台水泵，总排水能力达到 3225 m^3/h，持续运行至救援后期，创造了全国煤矿透水事故救援中的最大排水能力。截至 5 月 5 日 16 时，水位降至 +1495.8 m，井下大流量排水工作完成，共排水 101.9×10^4 m^3，创造了近年来全国煤矿透水事故救援中的最大排水量。

水位降至井底水仓后，倒运巷道延伸尾段和水洼处积水转为排水工作的重点。5 月 5 日，在运输巷低洼水封段安设水泵向井底水仓接力排水，形成倒运排水能力 780 m^3/h。5 月 8 日，调整为在运输巷低洼段安设 4 台水泵、运输巷联络巷口安设 2 台水泵抽排补给水，并采取措施防止向运输巷倒灌。5 月 10 日，在回风巷第一处低洼段安设 3 台 150 m^3/h 水泵和 2 台 100 m^3/h 水泵。5 月 13 日，在回风巷第二处低洼段安设 3 台 100 m^3/h 水泵，向第一处低洼段倒水。截至 5 月 14 日 4 时，共倒运巷道内积水达 9.81×10^4 m^3。

4. 实施钻孔救援

现场指挥部组织协调新疆能源（集团）有限责任公司、中煤科工集团西安研究院、新疆煤田地质局、新疆地质矿产勘查开发局等十余支救援队伍约450人、60台各类车辆，完成6个钻孔施工、有效钻探总进尺2270.4 m。各钻孔技术参数及用途见表2-1。

表2-1 各钻孔技术参数及用途

钻孔编号	标高/m		孔斜长/m		用途	备注
	地面	靶点	预计	实际		
1号	1882.547	1514	368.5	337.5	生命探测	直孔
2号	1799.096	1516.786	286	280	堵水	
3号	1910.359	1539	399	365.5	堵水	定向斜孔
4号	1887.707	1538.899	429	430.4	堵水	
5号	1650.87	1551.91	492	507	堵水	
6号	1887.783	1538.99	350	350	水位观测	直孔

（1）1号钻孔。该钻孔设计孔深368.5 m，直孔，目标靶点为运输巷，担负生命探测任务，由新疆煤田地质局负责钻进。4月14日13时开钻，19日钻进至319 m停钻待命。4月25日，现场指挥部决定继续钻进18.5 m，当日钻至指定位置，剩余进尺31 m。5月1日12时，井下搜救情况不容乐观，考虑水位已降至+1507 m，现场指挥部决定启动1号钻孔透巷，争分夺秒与被困人员建立联系。5月1日15时50分，打透巷道，现场敲击钻杆无回应。5月1日23时55分，井下视频系统和营养液顺利进入巷道，巷道内顺钻孔流下的水流清晰可见，营养液落到巷道底部、未见取走，与井下喊话无回声。5月2日1时20分，钻孔组携带井下视频影像赶到现场指挥部，集体观看并分析了视频图片，工作组要求：一是坚定信心不放弃，按照有人员存活积极救援，继续从1号孔投放营养液和喊话；二是确保持续稳定排水，尽快创造进入运输巷搜救的条件。5月3日，1号钻孔CO浓度严重超标，现场指挥部决定将营养液等全部投放到位后进行封孔。5月4日，完成封孔。

（2）2号钻孔。该钻孔设计孔深286 m，直孔，目标靶点为回风巷，担负堵水、观测任务，由新疆煤田地质局负责钻进。4月13日20时开钻，19日19时贯通，山西煤田地质局115院进行视频观测及水位测定，发现井下水流速度较快，不适宜注浆堵水。指挥部决定2号孔改为观测孔，实时监测水位变化，每小时报告水位高度。截至4月30日15时，水位降至所处巷道底板后完成观测任务。事后证明2号孔未实施注浆堵水是正确的决策，因为在回风巷2号孔透巷点不远处最终找到1名遇难人员，如果实施了注浆堵水将很难找到。5月3日，指挥部确定实施封孔方案，4日13时完成封孔。

（3）3号钻孔。指挥部原计划2号孔完成后在同一钻场施工3号孔，后因钻场面积不足，调整地面打钻位置。调整后，该钻孔设计孔深399 m，斜孔，目标靶点为回风巷，承担堵水、观测任务，由新疆煤田地质局负责钻进。4月21日20时开钻，25日进尺365 m后待命，剩余进尺34 m，孔内漏失严重，施工难度大。4月28日，为防止向巷道渗水，指挥部确定实施注浆封堵，29日16时完成封孔。

（4）4号钻孔。该孔设计孔深429 m，斜孔，目标靶点为回风巷，担负堵水、观测任务。4月14日23时开钻，26日1时贯通。因钻孔堵塞，探测仪器下放过程中设备损坏，无法探测水位。5月3日14时，完成封孔。

（5）5号钻孔。该孔原设计孔深492 m，斜孔，目标靶点为透水点外侧10 m，担负堵水任务，4月15日17时开钻，21日5时总进尺503 m（超出原设计11 m），偏离预定采空区。4月21日8时起在291 m侧钻分支孔，设计孔深507 m，于23日9时钻穿靶点。钻孔有吸风现象（风速3.5 m/s），与采空区已联通。4月28日3时，成功下放物探仪器完成物探任务，确定没有外部补给水源。5月2日14时，完成封孔。

（6）6号钻孔。该钻孔设计孔深350 m，实际孔深350 m，直孔，目标靶点为白杨树煤矿采空区，终孔点穿过B4煤层1.4 m，担负水位观测任务。4月14日18时开钻，22日21时贯通，实时观测水位。经持续多日观测，指挥部确认6号孔水位变化幅度很小，与丰源煤矿没有水力联系。5月6日10时，完成封孔。

5. 加强支护恢复巷道

丰源煤矿地质条件复杂，本矿和周边矿井存在多个采空区，同时存在地质断层和水压冲击，井下多处垮塌。4月27日凌晨，主井井筒185 m处两肩窝料石砌碹发生坍塌且顶板出现裂缝，现场发现有1条老巷与井筒正交。工作组与现场指挥部要求中煤五建公司制定好架棚支护方案及安全技术措施，立即组织施工。5月1日12时20分，救护队员侦察发现2号钻孔透巷位置沿回风巷向西15 m处巷道顶板冒落。5月3日，救援人员陆续发现主井煤仓区域存在约430 m^3 水煤浆、运输上山巷道约170 m处顶板淋水等情况，井下巷道存在溃浆溃水风险。针对突发情况，指挥部及时组织专家进行分析研判，制定施工方案和安全技术措施，实施支护加固工程。

6. 清淤搜救遇难人员

5月1日后，指挥部组织225人组成专业队伍，分3个搜救行动组和1个机动组开展分区搜救，对副井井底车场、运输巷、回风巷、B4W01 工作面联络巷等 10 余个区域进行“网格式”清淤和搜救。

5 月 1 日 4 时 10 分，在回风井轨道上山与回风巷交岔口发现 1 名遇难人员。1 日 10 时 8 分、18 时 10 分，在回风巷发现第 2、3 名遇难人员。3 日 8 时 35 分，在副斜井变坡点向内 20 m 处发现第 4 名遇难人员。4 日 9 时 50 分，在避难硐室内发现第 5 名遇难人员。4 日 13 时 7 分，在回风巷风门附近发现第 6 名遇难人员。5 日 13 时 45 分，在井底中央变电所处发现第 7 名遇难人员。7 日 1 时 14 分，在运输巷与联络巷交岔口西侧发现第 8 名遇难人员。

5 月 7 日 21 时 15 分，在运输巷掘进工作面发现第 9 至 19 名遇难人员。据救援人员叙述，现场发现遇难人员均未佩戴安全帽，正常着装，自救器位于附近并处于打开状态，顶板淋水明显、判断水位接顶，除 2 人外其余人员均无矿灯。根据现场情况综合分析：运输巷迎头处形成了空气柱，被困人员采取了自救措施，但在水压和地质缝隙共同作用下，水位缓慢接顶，导致人员溺亡。

5 月 9 日 15 时 5 分，在回风巷冒顶冒落区与 B4W01 工作面联络巷道交岔口发现第 20 名遇难人员。14 日凌晨救援人员对井下所有生产建设区域和巷道进行了全面搜救，并到达回风巷巷道里段（即透水点），仍未发现最后 1 名被困人员。现场指挥部根据专家组意见宣告丰源煤矿“4·10”事故大规模搜救工作结束。

丰源煤矿“4·10”重大透水事故救援现场如图 2－1 所示。

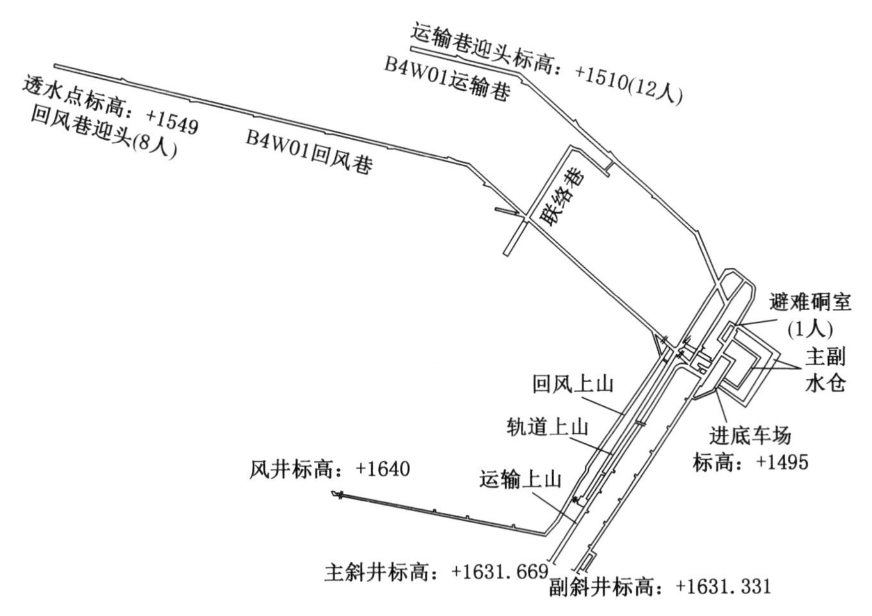

图 2－1　丰源煤矿“4·10”重大透水事故救援现场示意图

五、总结分析

（1）党中央、国务院高度重视。国务院领导作出重要指示，中央有关领导同志先后提出要求。应急管理部领导持续视频调度指导救援处置工作，为科学救援、精准救援、高效救援指明了方向。

（2）组织指挥坚强有力，正确决策、科学施救。国务院安委办工作组、专家组第一时间赶赴现场，全程驻点指导应急救援处置工作。自治区党委、政府坚决贯彻落实中央领导重要指示批示精神，自治区党委、政府主要领导第一时间作出安排，亲临事故现场指导救援工作，要求不惜一切代价，千方百计打通救援通道，全力营救被困人员；自治区党委副书记，自治区副主席连夜赶赴现场，全程坚守一线，协调救援力量，组织相关部门、专家全力投入事故抢险救援。

（3）各方救援力量不折不扣执行救援指令。党政军警民迅速集结、协调联动，形成了强大的战斗力量。各级各部门各单位充分发挥党组织战斗堡垒作用，各方救援力量以高度的政治意识、大局意识，强烈的担当精神，闻令而动、八方驰援、向险而行，集中优势资源、集中力量应急，充分彰显了社会主义制度的无比优越性。消防、公安、交通、医疗、水利、水文、气象、通信、地质、自然资源等部门不折不扣地执行指挥部指令，不讲条件、不计代价、争分夺秒、全力以赴完成各项任务。

（4）矿山救援专业队发挥主力军作用。应急救援中心调派的6支国家专业队和昌吉州救护大队，闻令即动、勇挑重担。截至搜救工作结束，矿山专业救援队伍共进行气体监测2338人次、井下监护作业2029人次、参加侦察搜救1049人次、投入252人次转运遇难人员，发挥了专业救援的拳头队、尖刀队作用。

（5）实时通信保障到位。视频全程监控，现场指挥部及时在井下作业点、各井口、排水入河点、调度室监控屏等部位安装了10余个视频监控，专业人员全时监控，及时发现了劳动组织不严密、作业防护不全面等各类问题，确保了救援高效组织和安全可控。

专家点评

◆要坚持底线思维。着眼排水、疏水、打钻、搜救、转运等工作，提前谋划、及时研判、严加防范可能影响救援工作的各方面不利因素，周密制定各类方案，并将责任人、执行人落实到人，避免衔接不畅、运行不顺。

◆要坚持超前思维。超前预测，应根据抽排水能力和矿井实际对水位下降各关键节点进行预测分析，合理安排部署井下清淤、搜救、防止有害气体突然涌出排放等工作。

◆做好装备安装型号匹配。救援现场只能提供 10 kV、1140 V 和 660 V 电压，而靖远队、八钢队携带的水泵均是 6000 V 电压。4 月 27 日下午，副井 725 m^3/h 水泵移泵过程中钢丝软管爆管，经救援人员现场调查钢丝软管爆管原因，确认是误将耐压 1.6 MPa 的低压管运入井下，混为耐压 4.2 MPa 的高压管使用。

◆亟须轻量化水泵、快速移动追排水等系统开发。

案例十三 山西省忻州市代县大红才矿业有限公司“6·10”重大透水事故

2021年6月10日7时20分，山西省忻州市代县大红才矿业有限公司（简称大红才矿业）Ⅰ采区正在主斜坡道掘进施工时突发透水事故，13人被困；经过7天奋战，铺设水管8000 m，修复井下冲毁巷道500 m，清理泥沙总量约450 m^3，架设电缆2150 m，累计排水量达2.4×10^4 m^3，搜救出13名遇难矿工。

一、矿井基本情况

（一）矿井概况

大红才矿业位于代县聂营镇云雾村，根据资源赋存条件规划为Ⅰ、Ⅱ、Ⅲ 3个采区。其中原代县大红才铁矿为Ⅰ、Ⅱ采区，山西瑞源矿业投资有限公司为Ⅲ采区，建设规模分别为35×10^4 t/a、25×10^4 t/a、30×10^4 t/a。3个采区独立设计、独立建设、独立开采，Ⅰ采区为基建系统，Ⅱ、Ⅲ采区为生产系统。

（二）事故巷道（区域）基本情况

事故发生区域Ⅰ采区，设计生产规模35×10^4 t/a，平硐斜坡道、竖井联合开拓，无底柱分段崩落法采矿，已掘进至990 m标高，井筒深度420 m。运输平硐新建斜坡道长3267 m，已掘进斜坡道总长1955 m，上口标高1413 m，下口标高1192 m，净宽5 m，净高5 m，净断面23.23 m^2。回风竖井已掘进至910 m标高，井筒深度510 m。

大红才矿业“6·10”救援现场如图2－2所示。

二、事故发生经过

2021年6月10日7时20分许，4号斜坡道1310 m水平东作业面顶部发生透水，大量涌水倾泻而下，沿巷道向北流至标高1310 m处转向西（东高西低），沿斜坡道流至1255 m水平作业面。

三、事故直接原因

违规开采主行洪沟下方保安矿柱，造成主行洪沟塌陷，降雨汇水径流沿塌陷坑进入采空区，与未彻底治理的采空区积水相汇，积水量迅速增加，水压增

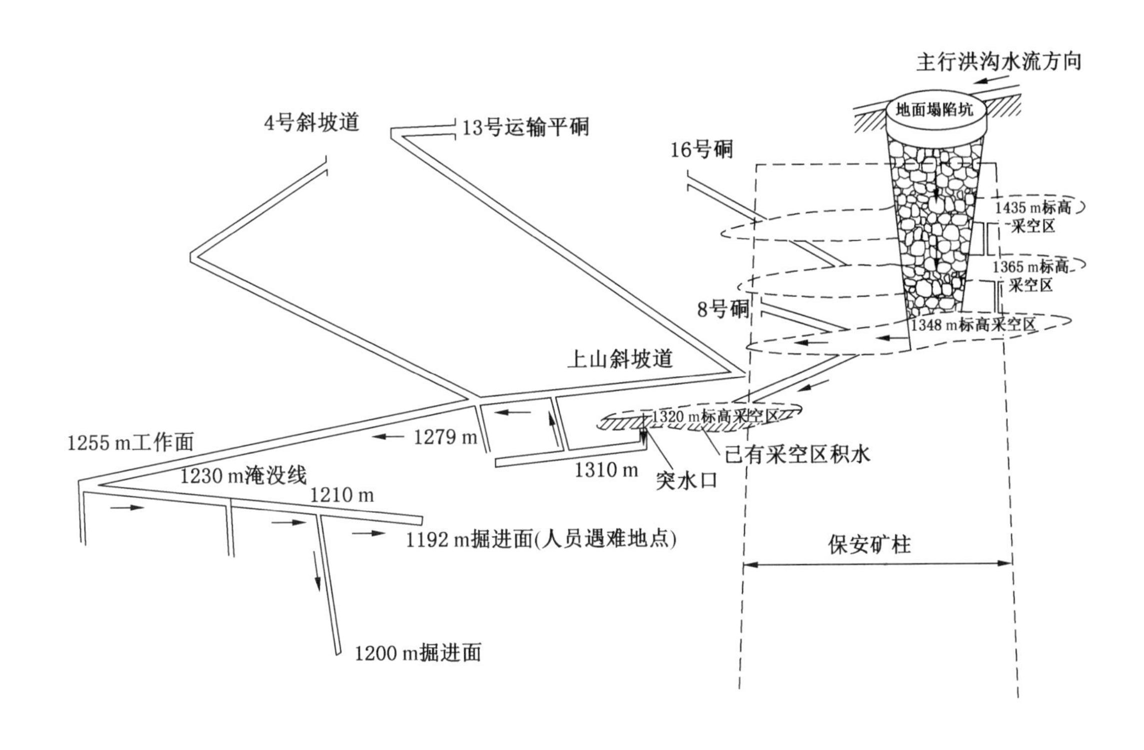

图 2－2　大红才矿业“6·10”救援现场示意图

大，突破违规在 1310 m 水平采矿作业形成的与 1320 m 采空区之间的薄弱岩层，导致透水事故发生。

四、应急处置与救援

(一) 企业先期处置

6 月 10 日 7 时 25 分，1255 m 作业面作业人员发现有大量水涌入，随即沿着硐壁，扒住铁丝向斜坡道爬去，到达斜坡道后，又抓住通风管爬到 1270 m 斜巷，通过 4 号斜坡道逃出。7 时 25 分，涌水行至标高 1255 m 至 1200 m 之间的斜坡道，将行驶在此路段的皮卡车冲到巷底。7 时 28 分，涌水行至 1200 m 作业面附近，在此作业面 4 人,发现有大量水涌入,立即撤离作业面，向 1200 m 水平巷与主斜坡道交岔处逃跑，斜坡道上水流很大，当 4 人扒住风管沿斜坡道向 1255 m 作业面方向爬行 20 余米时，陈某辉发现其余 3 人未跟上，便继续爬行至 1230 m 水平附近，发现涌水变缓可蹬地行走，便沿斜坡道从 13 号硐逃出。7 时 30 分许，涌水行至巷道最低处 1192 m 作业面，正在此作业面进行凿岩作业的 4 人被水淹没。

（二）各级应急响应

国务院领导高度重视作出重要批示，应急管理部派工作组赶赴事故现场指导抢险救援处置工作。山西省重大生产安全事故应急指挥部立即启动省级二级响应，成立了由省委常委、常务副省长为指挥长的现场指挥部。应急、自然资源、公安、环保等部门负责同志率领工作组第一时间赶赴现场指导救援，忻州市和代县党委主要负责同志，以及市县有关部门和单位及时赶赴现场参与救援。指挥部调集国家矿山应急救援大同队、汾西队、大地特勘队和太钢队等地方专业救援队，以及武警山西总队和山西消防救援总队共26支队伍、总计1084人，携带水泵69台（套）、高压排水管1.8×10^4 m以及生命探测仪、皮划艇、潜水装具等17套装备开展抢险救援。

（三）制定救援方案

指挥部在分析研判透水情况和组织下井探查的基础上，反复论证，研究制定了两套同时实施的排水方案：一是安装高扬程水泵和高压排水软管，将巷道积水排出地表；二是安装大流量、低扬程水泵，将积水就近排入废弃采空区。随着救援的进展，在应急管理部工作组和指挥部专家充分勘探井下情况后，并确定废弃采空区安全的情况下，排水方案逐步确定为全部向废弃采空区排水，加快了排水进度。

（四）抢险救援过程

（1）加强协调配合，有序高效排水。国家矿山应急救援大同队、汾西队和华阳新材料科技集团矿山救护大队等专业救援队伍密切配合，持续奋战，24小时不间断排水。6月11日8时17分第1台60 m^3/h水泵开始排水；14时实现3台水泵排水，排水量达到460 m^3/h。12日16时实现4台水泵稳定排水，有效排水量最高达到800 m^3/h。截至16日救援结束，共铺设水管8000多米，修复井下冲毁巷道500多米，架设电缆2150 m，累计排水量约2.4×10^4 m^3，井下水位累计下降垂高40.3 m，斜长累计推进346.25 m，清理泥沙总量约450 m^3。

（2）多措并举，全力搜寻被困人员。为尽快、全面、无一遗漏搜救被困人员，指挥部在实地勘查的基础上，安排消防、武警队伍带水下机器人、警犬和生命探测仪到井下对所有可能存在被困人员的巷道进行了搜索，对可能存在被困人员的1310透水点附近堆积的700 m^3渣石进行了细致的轮班翻查、搜寻。6月14日救援队搜救出3名遇难者、6月15日搜救出2名遇难者、6月16日搜救出8名遇难者。

（3）严防次生灾害，确保救援人员安全。6月13日，矿区发生强降雨，雨量 2 小时达 30 mm，指挥部紧急决定，立即撤离井下救援人员，指派专人对井区周边进行巡查，组织力量对井下进行防汛加固。同时，指挥部采取地面预设渠道分流、周边边坡监测、精减井下人员等一系列措施，确保雨水不灌井、设备不停转、排水量不减少，救援工作始终不停歇。

五、总结分析

（1）各级领导高度重视，救援指挥坚强有力。事故发生后，国务院领导作出重要批示，就人员搜救、应急处置、查明原因，吸取教训提出明确要求。应急管理部领导视频调度指导救援处置工作，并派工作组全程指导救援。

（2）指挥部因地制宜、决策迅速，方案科学有效。事故救援工作持续 7 天，始终坚持将提升排水效率作为重中之重。根据井下情况变化，在应急管理部工作组和指挥部专家充分勘探井下情况后，排水方案由将巷道积水全部排出地表逐步更改为向废弃采空区排水。方案调整后，排水效率持续提高，为救援工作圆满完成奠定了基础。在发生强降雨和发现井下炸药时，指挥部及时召开专题会议研究优化救援方案，切实消除安全隐患，严防次生衍生事故，保障救援人员安全。

（3）专业救援队拉得出、冲得上、打得赢。国家矿山应急救援大同队、汾西队和华阳新材料科技集团矿山救护大队 3 支矿山救援队伍是本次救援工作的主力，24 小时连续奋战，全面负责井下排水、水位监测、气体监测、搜寻被困人员等工作。

（4）不惜一切代价全力救援的坚定信念和组织制度优势充分显现。本次救援中，除了专业救援队伍外，太钢集团、华阳集团和明利公司派出了大量机电、机械专业技术人员和整建制施工队伍参与救援，增强了救援力量。当地政府组织应急、公安、交通、电力、通信、民政等多个部门单位全力做好救援保障。为尽快、全面、无一遗漏地搜救被困人员，指挥部安排消防、武警队伍带水下机器人、警犬和生命探测仪到井下对所有可能存在被困人员的巷道进行了搜索，并多次派遣防爆专家到井下现场反复勘查研判，制定排险方案，采取排险措施，加强现场监护指导，有序恢复救援工作。

专家点评

◆按照相关预案加强演练，明确各单位在救援工作中的职责。救援工作开展初期，现场工作秩序混乱，交通堵塞严重，救援装备、人员进场困难，各救援力量缺乏整合和衔接，指挥体系薄弱。

◆加强预判研判，增强救援队伍处置各种突发事件的能力。救护队在发现井下运人的皮卡车时，未携带破拆工具，影响救援处理进度。

◆提升救援装备工作的适应性，研究救援装备在多种电压模式下工作的效率。井下电力严重制约了救援工作的快速推进。该矿没有井下变电室，临时调用的变压器只提供380 V电压，调集的矿用660 V大功率水泵和水下自动排水机器人均因电压限制无法投入救援。

案例十四　山西省孝义市“12·15”盗采煤炭资源案件引发透水事故

2021年12月15日，山西省孝义市西辛庄镇杜西沟村东南200 m处，一非法采矿点因盗采煤炭资源导致透水事故，事故发生时井下26人，其中4人升井，22人被困，经过45小时科学救援，成功营救出20名被困人员、2名遇难人员。

一、矿井基本情况

（一）矿井概况

事故发生地位于吕梁市孝义市、交口县、灵石县三县交界地带，属孝义市西辛庄镇行政区划，距离孝义市区35 km。该盗采点位于杜西沟村东南200 m，东西两侧为低山丘陵，中间为宽200～300 m的狭长河谷地带。非法采剥范围内无采矿权分布，为国有空白区。该盗采点采用井工开采，在村北“河滩里”场地开挖暗道170余米，建有传送皮带，暗道出口用钢板覆盖黄土杂草伪装，采用液压开启。暗道尽头建有暗堡，设有暗立井、提升绞车、鼓风机、小型装载机等设施。暗立井直径约1.5 m、深度约38 m，内装备一提升小罐笼，用于提煤、用料与人员升降。

（二）事故巷道（区域）基本情况

该盗采点开采煤层为太原组10号、11号煤层，采煤方法为以掘代采，属房柱式开采。井下布置有一条50余米的水平巷道，在巷道两侧分别布置3个上山作业巷、3个下山作业巷，透水点位于下山巷的中部。掘进巷道总长度247.15 m，其中煤巷233.72 m，岩巷13.43 m。

二、事故发生经过

2021年12月15日23时许，在沿下山方向布置的第二个工作面，作业人员采用电镐破煤时打通采空区积水，大量老空积水涌出，导致盗采点主巷南下山的三个工作面被淹。涌水在充满下山工作面后，又迅速沿主巷涌向立井井底，封死了作为唯一安全出口的立井井筒，堵住了唯一逃生通道，22人被困井下。

三、事故直接原因

盗采点南、北、东部为原露天开采回填后的复土渣土场，西南、西北分别有一个露采留下的面积约 $3\times10^4\ m^2$、$1.8\times10^4\ m^2$，深约 30 m 的大坑，形成了自然雨水汇集区，雨季的雨水部分下渗进入了残余老空巷道，形成老窑采空积水。犯罪嫌疑人违法开采，打通盗采点附近采空区积水，大量老空积水涌出，淹没盗采点主巷南下山的 3 个工作面，造成 22 人被困，其中 2 人死亡。

四、应急处置与救援

（一）企业先期处置

12 月 15 日 23 时许，井下开始大量涌水，透水点位于下山巷的中部作业巷，透水发生时有 26 人进行盗采作业，4 名矿工逃离升井，22 人被困井下。在涌水淹没井筒前，1 名正在井底卸煤的平车运输工及时乘罐逃出，并向当地 110 打电话报警。井下其他人员发现险情后，迅速跑到北主巷上山巷道躲避。井筒水位到达马头门底板以上 5 m 位置。因水头相差不大，导通点两侧水位很快达到平衡，最高水位并未到达北部主巷上山巷道端头，部分人员得以安全避险。

（二）各级应急响应

事故发生后，应急管理部部长视频连线透水现场，国家矿山安全监察局局长带领相关部门负责人，山西省委常委领导带领省直有关部门负责人，吕梁市委书记、市长带领市直有关部门负责人第一时间赶赴现场组织抢险救援。吕梁矿山综合救援支队、汾西矿业集团救护队、孝义市救护队等 8 支专业救援队伍相继到达事故现场开展救援。

（三）制定救援方案

指挥部在救援初期确定了全力排水救援的主攻方向，在保证水泵运行稳定的前提下，尽可能增加排水装备，进一步提高排水效率。应急管理部工作组与技术组共同制定救援方案，研究增加水泵、钻孔排水等具体措施。鉴于暗立井井筒狭窄，水泵摆布不开，排水方案分 3 步实施：第一步，使用 3 台水泵井底排水，第 1 台排水泵沿井壁下放到井底，第 2、3 台排水泵放置在罐笼内后下放到井底排水；第二步，在 3 台水泵稳定作业的基础上，通过吊车在井筒中部再吊装运行 2 台水泵，对上层水位加强排水，实现 5 台水泵同时作业；第三步，同步研究地面钻孔排水和对地表露采低洼地带开挖排水的救援方案。

（四）抢险救援过程

在多方共同努力下，第1台水泵于12月16日10时5分开始排水，17时20分，3台水泵相继安装完成开始排水，救援期间共排水约4950 m^3。17日10时45分，汾西队救援人员通过摄像窥视仪发现井下有幸存的被困人员；11时7分，将对讲机用绳索送入井下，与被困人员取得联系；11时45分，向井下被困人员输送食物，并及时通风；13时，架设绳索救援系统；14时11分，第1名被困人员获救升井。截至17日17时41分，20名被困人员全部获救升井。17日20时15分，2名遇难人员被送出地面，抢险救援工作结束。

山西省孝义市“12·15”盗采煤炭资源案救援现场如图2-3所示。

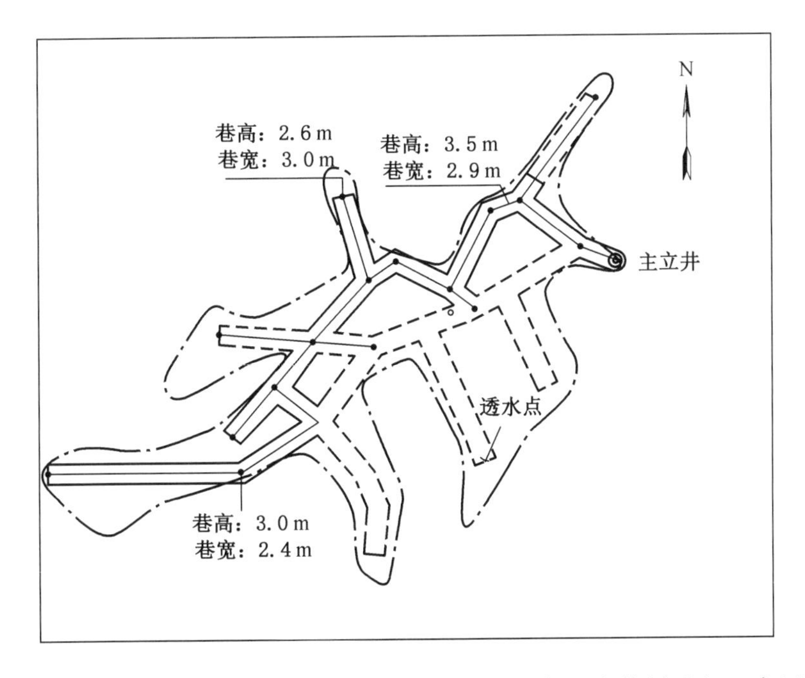

图2-3　山西省孝义市“12·15”盗采煤炭资源案救援现场示意图

五、总结分析

（1）坚持“两个至上”是成功救援的根本遵循。党中央、国务院领导同志对事故救援工作高度重视并作出重要批示；应急管理部领导多次与现场指挥部视频连线指导救援工作，为成功救援指明了方向。应急管理部迅速响应，派工作组赶赴现场指导救援工作；应急救援中心值班室，第一时间了解事故救援进展，及时调动矿山应急救援队伍赶赴现场参加救援工作，全程与现场保持沟通联络，指导应急救援工作。山西省委、省政府积极落实属地应急救援职责，第一时间组建现场指挥部，完善指挥体系、工作体系、调度体系，全力组织开展救援工作，为成功救援奠定了组织基础。各应急救援队伍不怕疲劳、连续作战、敢打敢胜，专家为科学制定救援方案积极建言献策，所有参战单位以只要有一线希望就付出百倍努力的决心，展开了一场与时间赛跑的救援行动，为事故成功救援提供了队伍、专家、技术、装备等全方位支持。

（2）坚持科学救援是成功救援的根本保证。最大限度排险、最大限度救人、最大限度减少事故损失，是救援理念，也是应急救援人使命所在，始终贯穿救援工作全过程。应急管理部工作组深入实地，查看暗堡、暗立井的情况，与技术组专家多次开会研讨，不断完善救援方案，采取多种措施提高排水效率；发现被困人员后，坚持系统思维和底线思维，科学制定救援方案，全面考虑救人升井的每个细节，争分夺秒，严防次生事故发生，最终将20名被困人员安全营救升井。

（3）坚持专业救援是成功救援的关键所在。以国家矿山应急救援汾西队为骨干的专业救援力量在事故救援中发挥了重大作用。一是过硬的专业能力。救援人员因地制宜地安装电缆、铺设水管，在狭窄的暗立井井口吊装水泵，保障救援过程持续稳定排水；营救时采用绳索救援技术，保证了20名被困人员安全升井。二是顽强拼搏的战斗精神。救援人员不畏严寒，在零下十几度的夜间不间断开展救援工作，确保救援行动高效推进。三是丰富的救援经验。救援人员利用摄像窥视仪搜寻，确认了井下有生还的被困人员；将对讲机用绳索送入井下，与被困人员取得联系，同时对被困人员进行心理疏导；分组排序通过架设的绳索救援系统陆续将井下被困人员营救出井。

（4）坚持技术创新是成功救援的有力保障。在此次救援中，新装备、新技术发挥了重要作用。一是平台建设成效显现。在应急响应初期，应急救援中心值班室通过国家安全生产应急平台查找和调度救援力量，应急管理部工作组在现场应用生产安全事故应急救援物资装备系统查询水泵信息，发挥了快速、科学、有力调用救援力量的作用。二是新装备发挥关键作用。国家矿山应急救援汾西队救援人员利用摄像窥视仪，发现了被困的生还人员，提振了救援人员信心。三是大型装备为救援提供保障。国家矿山应急救援汾西队的发电车功率高达10000 kW，全程为救援现场提供应急电源，保障救援工作顺利推进。四是创新井下救援方式。救援人员采用绳索救援，解决救人升井和持续排水不能同时进行的难题，确保营救工作高效开展。

（5）存在的问题。救援现场气温低，风沙大，对救援工作造成不利影响。救援工作遇到了很多困难：一是暗立井空间狭小，水泵安装受限；二是水泵适用性较差，排水量受限；三是图纸资料缺失，无法开展地面救援。

专家点评

◆应急救援装备储备不足。一是适用于小煤矿的排水装备不足。在 380 V 电压下，救援队伍携带水泵大多数不能满足救援需要，4 支队伍共携带 24 台水泵，其中满足电压和扬程要求且排水量较大的只有 6 台。二是立井快速排水装备不足。目前矿山救援队伍和装备储备库配备的快速排水装备大多是矿用潜水泵和高压软管，其特点是用于斜井和平硐中排水效果好，但在竖井中使用，特别是在深井和小煤矿的排水救援中有局限性。此次事故排水救援中因井筒窄小，造成下放软管缠绕影响排水。

◆应急救援队伍自我保障意识不强。部分救援队伍传统思维固化，救援时只携带救援装备而不携带后勤保障装备，导致在救援现场自我保障能力不足，只能完全依托于现场保障。救援队员在井下参加救援工作之后又累又冷，也没有地方进行较好的休整。

案例十五　四川芙蓉集团实业有限责任公司杉木树煤矿“12·14”较大水害事故

2019年12月14日15时8分，四川芙蓉集团实业有限责任公司杉木树煤矿（简称杉木树煤矿）N26采区边界探煤（通风）上山区域发生透水事故。调集矿山救护、钻探、排水等14支专业队，经过88小时的连续奋战，安设排水泵及设施30台（套）、敷设电缆3100 m、排水管道4650 m、风筒1250 m，抽排水 13.6×10^4 m^3、清淤500 m^3，打通救援通道2600 m，先后搜救出13名被困遇险矿工和5名遇难矿工。

一、矿井基本情况

（一）矿井概况

杉木树煤矿位于珙县北西部，行政区划属珙县巡场镇、高县腾龙镇，1965年建矿，核定生产能力 120×10^4 t/a，矿井井田面积18.4 km^2，许可开采B3+4、B4煤层。矿井采用平硐+暗斜井开拓，设有8个进风井，2个回风井，分区抽出式通风。矿井现有2个生产采区（30采区、N26采区），布置有2个综采工作面，6个掘进工作面。水文地质类型划分为中等，水患危险性等级为Ⅲ级（较危险级）。矿井主要水患类型有废弃老空水、相邻矿井采（老）空水、地表水、裂隙水和本矿采空区水等。

（二）事故巷道（区域）基本情况

N26采区边界探煤上山主要用途为N2611－1采煤工作面施工期间的通风和运输服务，巷道净断面7.4 m^2，巷道长度140 m，半煤岩巷，倾角约27°。此次事故透水通道来自N26采区边界探煤上山绞车房顶部透水点南侧（上部）相邻煤矿的采（老）空区，与透水点直接相邻的煤矿有2个，即原高县白庙乡得狼村两河口煤矿和原高县友谊煤矿。

二、事故发生经过

2019年12月14日15时8分，N26采区边界探煤上山N26－YM－29永久密闭突然被水冲毁，大量涌水溃入N26采区。15时20分，N26采区采煤一队皮带司机杨某发现排水巷风门打不开，有水涌出。在N26采区集中运煤巷矸仓附近作业的杨某富听到“哗啦哗啦”的流水声，他抬头看到水迎面冲来，就向林某均喊“快跑”，没跑几米，水就淹到了他们胸部位置。15 时 26 分，在 2612－2 掘进工作面作业的丁某才班组也发现 N26 采区轴部 2 号煤仓下口有大量水流出，位于下侧的泵站开关被淹了部分。15 时 36 分，运输队机车司机何某兵发现＋250 m 运输大巷距主斜井下口约 2900 m 处有 0.6 m 左右的积水。

三、事故直接原因

相邻煤矿越界开采，杉木树煤矿防范措施不到位，来自相邻煤矿的采（老）空水在动水压力作用下瞬间突破杉木树煤矿 N26 采区边界探煤上山绞车房顶部边界煤柱，冲毁该上山下口 N26－YM－29 密闭，涌入矿井 N26 采区，造成 5 名作业人员溺水死亡和 13 名作业人员被困。

四、应急处置与救援

（一）企业先期处置

12 月 14 日 15 时 20 分至 15 时 36 分，杉木树煤矿调度室先后接到井下 N26 采区多处异常涌水的情况报告。矿调度值班人员于 15 时 43 分向矿长报告。矿长于 15 时 48 分下令撤出井下所有人员。截至 12 月 14 日 17 时 59 分，全矿井安全撤离作业人员 329 人，18 人失联。12 月 14 日 15 时 52 分、15 时 58 分、16 时 12 分，矿长分别电话向芙蓉公司、宜宾市应急管理局、四川煤矿安全监察局川南分局报告事故信息，有关部门立即逐级上报。

（二）各级应急响应

事故发生后，国务院领导做出重要批示，应急管理部派工作组连夜从北京赶赴事故现场指导救援工作。省委主要领导，应急管理厅、四川煤矿安全监察局和宜宾市、珙县两级党委政府主要领导，省国资委分管领导率相关负责人迅速赶赴事故现场。先后调集省内外矿山救护队、钻探、排水等 14 支专业队 270 人，迅速赶往杉木树煤矿开展抢险救灾，调集了省、市、县三级医疗救护人员 285 名，当地公安机关出动警力 800 余人次，矿井辅助救援工人 2517 人次，动用各种救援装备、车辆 1000 多台（件），并协调省内外 11 名救援、水文、地质、钻探等专家现场提供技术支援。

（三）制定救援方案

一是全力搜救被困人员，确定人员被困区域；二是对已掌握的突水点，采取导流、分流措施，降低对被困区域水位上涨的威胁；三是先后调运多台不同型号的潜水泵、大排量泵，集中力量对被困区域进行排水；四是利用巷道中的管道向人员被困区域输送压缩空气，保障被困区域氧气充足；五是通风、排瓦斯，在瓦斯超限期间杜绝引火源；六是分4个救援梯队，轮流进行巷道清淤、搜救工作；七是全力做好事故善后和矿区稳定工作。

（四）抢险救援过程

2019年12月14日15时8分，杉木树煤矿N26采区边界探煤（通风）上山区域发生透水事故，大量涌水经过采区集中运煤巷和轴部运输巷进入综采工作面和N2681风巷掘进工作面等作业地点，导致采区供电、运输、通信、人员定位系统被破坏，18名矿工被困。其中N24+260 m边界运输石门5人，N26采区轴部运输巷1人，12名被困矿工集中在N2681风巷掘进工作面。

1. 侦察搜救

第一次侦察搜救情况。2019年12月14日17时41分，芙蓉公司救消大队第一批搜救人员入井，分别对N26+260 m边界运输石门、+250 m运输大巷、N2681工作面进行搜救。在+250 m运输大巷内距N26+260 m边界运输石门约100 m处的水沟盖板上救援人员发现1名遇难人员，水淹痕迹距巷道底板高度0.5 m。在N26+260 m边界运输石门与+250 m运输大巷岔口处救援人员发现第2、3名遇难人员，水淹痕迹距巷道底板高度0.8 m。救援人员侦察到N2611-2结束上山口到达风门处时，风流静止，瓦斯浓度1.5%、CO_2浓度0.2%、O_2浓度10%，继续侦察搜救时，发现涌水已全断面淹没N26采区人行上山且水位上升很快，所有侦察搜救人员全部撤出到N26+260 m边界运输石门井下基地位置。

第二次侦察搜救情况。12月14日18时50分出动2个救护小队，分两组通过N26+260 m边界运输石门和N2681风巷方向搜索前进。第一组救护小队沿N26采区中部石门经N2611-3风巷再到N26采区东翼集中边界上山前往N2681风巷，在N2681施工道以里约40 m处发现巷道中水已封棚且水位不断上涨，人员无法通过，此处CH_4浓度2%、CO_2浓度0.6%、O_2浓度20%。第二组救护小队沿N26+260 m边界运输石门向N26采区边界探煤（通风）上山，沿途发现大量涌水，巷道内到处是被冲击滞留的积矸和杂物，以及局部通风机和冲毁的风门，巷道被水淹的痕迹深达1.5 m，N26采区边界探煤（通风）上山水量很大很急，道床被冲刷出现大坑，轨道悬空，人员行走困难。在N26+260 m边界运输石门以里约40 m处发现第4名遇难人员，此处水深0.5 m，水淹痕迹距巷道底板高度1.2 m。

第三次侦察搜救情况。12月16日，出动14个小队、共计121人，继续对失联人员开展搜救和清理巷道堵塞物、淤泥。12时20分在N2612-1机巷带式输送机机头以下约60 m处发现第5名遇难人员。21时30分从N26采区煤仓上口进入 N26 采区集中运煤巷开始侦察，N26 采区集中运煤巷上口下约有 200 m 长的皮带及皮带站架被冲垮。救援人员行进至约 850 m，巷道底板有水流冲击形成的泥沙堆积物，堆积物距顶板约 0. 7 m，宽度 2. 8 m，长约 50 m。救援人员继续前进约 400 m，到达 2611 - 2 结束上山，发现巷道内风门完好，无积水淹没的痕迹，进入风门以里约前进 3 m，巷道被水淹封顶。

2. 抢险排水

12 月 15 日出动 13 个小队、共计 101 人，安装水泵、水管、铺设电缆，在 N26 采区材料上山安装局部通风机和铺设风筒，形成 220 m^3/h 水泵排水能力。12 月 16 日出动 14 个小队、共计 121 人，更换了流量 550 m^3/h 水泵，于 12 时 29 分开始排水，随后将 220 m^3/h 水泵安装在 N26 采区东翼集中边界上山同时排水，水位下降较快。12 月 17 日，12 时 30 分出动 14 个小队、共计 123 人，安装 2 台 7. 5 kW 和 1 台 15 kW 的潜水泵进行排水，排水量 150 m^3/h，排水速度较慢。为加快排水速度，又紧急调运了一台 220 m^3/h 大流量低扬程排水泵，投入运行之后水位迅速下降。由于水位降低后，有压风供给的被困人员端气压大于外面的巷道，里面含有高浓度瓦斯的气体开始通过积水向外涌出，造成积水翻浪，巷道内瓦斯浓度高达 7%，现场总指挥立即命令断电撤人紧急避险，同时通知地面指挥部将局部通风机由单级电机改为双级电机加大供风量。经过 1 个多小时排放瓦斯，巷道内外压力基本平衡，风流中瓦斯浓度逐步下降到 1% 以内，启动水泵继续排水。

3. 营救被困人员

12 月 17 日 19 时救援人员在被困人员水封巷道外敲击管子发出信号，有信号返回后，继续敲击了 13 下，随后巷道内被困人员回应了 13 下，确认巷道内被困 13 人。18 日 2 时 18 分，排水点水面漂出一根 30 多米长的塑料管，救援人员拿到管子后取出了一张字条，上面写着“不上水，没有上有”（现场分析意思是水位没有上升，下面没人，我们在上面。后来在医院向获救人员易某了解情况时得知，真实意思是他们长时间没有看到水位下降，认为是排水泵进了空气没有上水，送出纸条对救援人员进行提示）。

18 日 2 时 55 分，水位下降至离顶板最低处有 0. 1 m 间隙时，发现巷道内有灯光，5 名救援人员立即游泳过去查看，发现一名矿工在水中试图潜水出来，立即喊话和晃动矿灯示意叫他别动，救援人员立即游泳进入接应，将其转运至安全地点。该名矿工名字叫刘某，他告诉救护队员里面还有 12 人，而且全部活着。

为防止其余被困人员冒险游泳造成二次伤害，两名救援队员立即携带救生圈进入被困人员地点，对被困人员进行安抚，稳定情绪。待水位下降至可安全通过后，救援人员涉水进入，采用捆绑了6个救生圈的船式担架将剩余被困人员逐一转运至安全地点。18日4时，救援人员将剩余12名被困人员全部转移至安全地点，用担架将他们转运至+166 m石门，经过医护人员的检查和营养补给后，分组用担架将被困人员经N26采区人行上山抬到N26采区人车场；7时56分最后一名被困人员安全出井。

杉木树煤矿“12·14”透水事故被困获救人员位置如图2-4所示。

五、总结分析

（1）各级领导高度重视、迅速响应是救援成功的有力保证。国务院、应急管理部主要领导高度重视，作出批示，并通过视频连线了解事故救援进展情况，派出工作组赶赴事故现场指导救援。四川省各级党委和政府主要领导迅速响应，省委书记作出批示；省长第一时间赶到事故现场，全面部署抢险救援各方面工作；副省长，四川省应急管理厅、四川煤矿安全监察局主要领导，宜宾市委、市政府主要负责人和川煤集团董事长、总经理等有关负责人，赶赴现场全力组织救援工作。各级领导的高度重视和迅速响应，为救援工作的顺利开展提供了坚强的保障。

（2）方案科学合理、救援指挥得力是救援成功的重要因素。在应急管理部工作组的指导下，指挥部组织专家会同煤矿企业技术人员制定了科学、合理、可操作、有针对性的救援方案和安全技术保障措施，整个抢险救援工作围绕加强排水、瓦斯排放、巷道清理以及安全防护等工作展开，同时，结合井下救援实际情况，及时调整和优化抢险救援方案。指挥部科学调配各种应急救援资源，及时收集井下救援及气体监测等情况，认真分析巷道水位变化及被困人员面临处境，根据实际情况有力有序有效指挥，确保了科学救援、安全救援、快速救援、精准救援。

（3）资源统一调度、救援队伍协同作战是救援成功的强力保障。在应急管理部工作组的指导下，指挥部统一调用全省乃至全国范围内的专家、排水设备、钻机、矿山救援队伍等应急资源，实现了统一指挥、高效运转。指挥部根据各支救援队伍的特点，以小队为单位将救援队伍分组编队，分成多个梯队连续作战，这样既保证了井下有足够的救援力量，又保证了救援人员能得到有效的休息，始终以旺盛的精力投入抢险工作，真正形成了统一指挥，高效运转的作战体系。

（4）救援队伍能力过硬、全力救援是救援成功的关键原因。矿山救援队

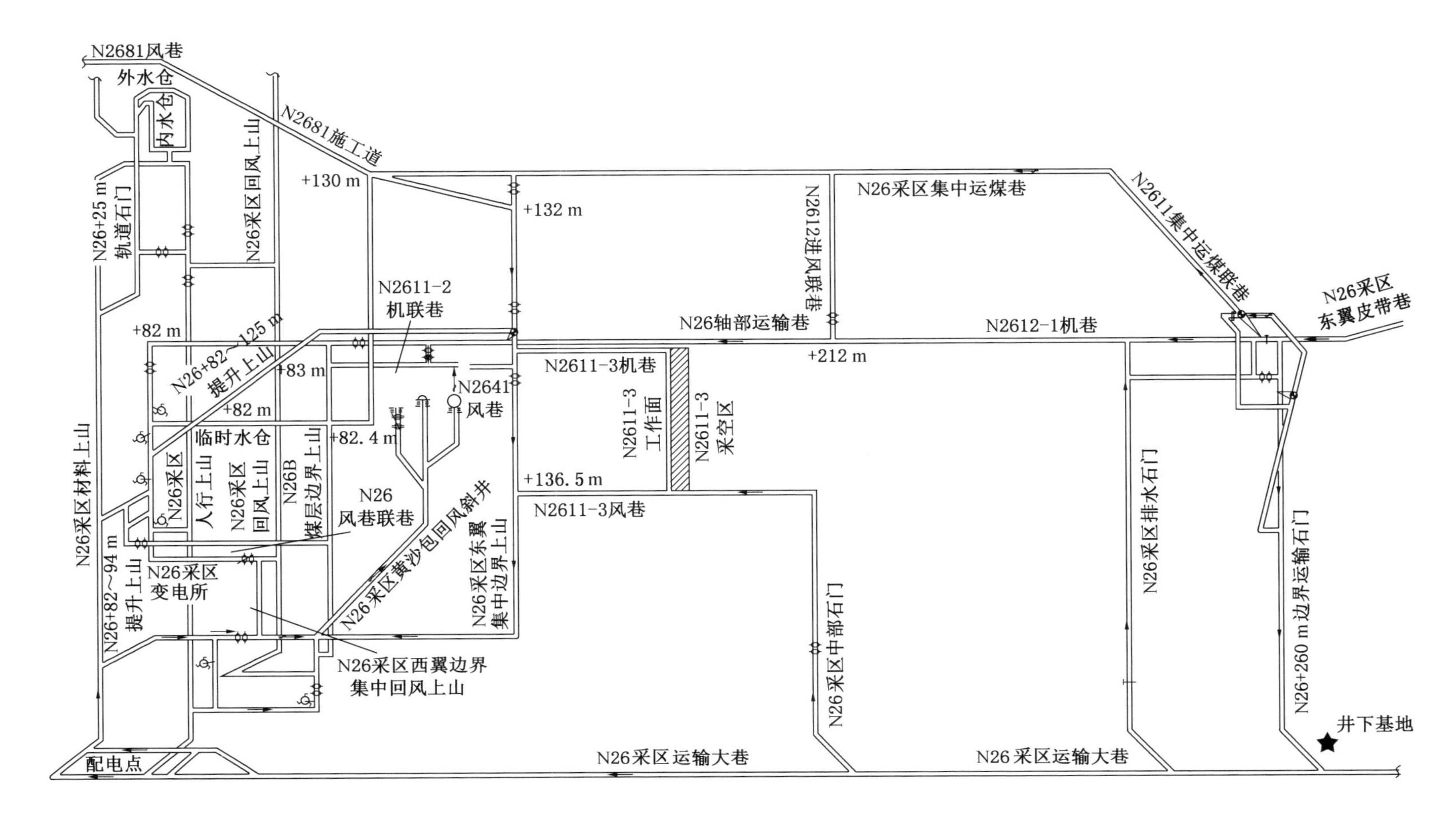

图2-4 杉木树煤矿“12·14”透水事故被困获救人员位置示意图

伍牢记习近平总书记的训词精神，乐于奉献、勇于担当、迅速响应、火速驰援、昼夜奋战，充分发挥救护队员特别能吃苦、特别能战斗的精神，他们争分夺秒，与生命、与时间、与水位赛跑，完成了井下探险和风路调整、瓦斯排放和救援点排放水，打通了生命的绿色通道，打赢了与时间赛跑、与死神抗争的生死营救之战，成功营救 13 名被困矿工。救援过程中，救援队员想尽办法克服井下空间狭窄、积水淤泥多等恶劣条件，拼尽全力实施救援。例如，由于积水中堆积的淤泥、杂物太多，为了争取救援时间，救援人员在水中采用肩扛、手抬水泵等方式将水泵悬空进行排水，防止泥沙和杂物堵塞潜水泵或烧坏电机。

（5）被困人员树立信心、积极开展自救互救是救援成功的有利条件。透水发生后，13 名被困人员聚集一起，选择合理的位置避险，大家相互鼓励打气，不哭、不激动、少说话，充分利用压风自救器提供氧气，合理分配食物，利用供水施救水管饮水，轮流安排矿灯照明、观察水位，在漫长等待救援中保持信心。在听到外面传来敲击管子的声音后，立即回应，及时传递求救信号。救援人员在得知被困人员具体位置后，在条件允许的情况下，多次与被困人员敲管互动，增强被困人员获救信心。

专家点评

◆事故救援前期效率较低。事故发生后，先期成立的事故救援指挥组组长和现场抢险救灾指挥部指挥长分别由川煤集团、芙蓉公司主要负责人担任，由企业负责人担任的指挥长调动各类应急救援资源能力明显不足，现场指挥较为混乱，救援效率较低。在应急管理部工作组的指导下，调整了指挥部人员和分组方案，进一步理顺、优化了指挥部职责任务。

◆独头巷道形成压缩空气柱为被困人员提供生存空间。N2681 风巷为掘进工作面，长度 1060 m，巷道最高点标高为 +136.5 m，此高点以西为独头下山（812 m），以东存在一个 U 型槽巷道，最低点标高 +118 m。透水发生后，U 型槽巷道快速充水阻断了受困人员的逃生路线，与此同时，在水压作用下，独头巷道形成压缩空气柱，为 13 名被困人员提供了生存空间。

案例十六　辽宁省阜新万达矿业有限公司“10·18”水害事故

2017年10月18日11时50分许，辽宁省阜新万达矿业有限公司（简称万达矿业公司）发生一起水害事故，事故发生当班99人入井作业85人被困，经38小时全力施救83名矿工成功获救，2名人员遇难。

一、矿井基本情况

（一）矿井概况

该矿位于辽宁省阜新市清河门河西镇六台村北，属于地方乡镇待整合煤矿，井田面积0.7 km^2，北部与已关闭的原阜新矿业集团清河门煤矿相邻，西部与已关闭的新发煤矿相邻。矿井主要受老空积水、地表水和裂隙水威胁，正常涌水量7～8 m^3/h，最大涌水量10 m^3/h。矿井为低瓦斯矿井。开拓方式为立井开拓，共有5座井筒。通风方式为混合式，通风方法为抽出式。矿井总进风量1000 m^3/min，总回风量1100 m^3/min，采用走向长壁后退式采煤方法，高档普采采煤工艺。煤巷使用综合机械化掘进机掘进，岩巷使用二氧化碳致裂器爆破落岩，锚杆、锚索、金属网联合支护。

（二）事故巷道（区域）基本情况

事故发生在超层越界违法盗采区域，突水地点在四组三探煤斜巷砖混封闭墙处。2016年6月，万达矿业公司由四组六上山中部掘送四组三探煤斜巷和四组三探煤平巷，采用锚杆、金属网联合支护，斜巷长80 m，坡度12°～13°，平巷长80 m。四组三探煤平巷上帮与旧巷间有2 m煤柱，施工探眼时曾打透。为防止瓦斯涌入，万达矿业公司于2016年9月下旬共施工2道封闭墙，第一道封闭墙位于四组三探煤平巷内，木板结构，距离四组三探煤平巷与四组三探煤斜巷间岔口5 m。第二道封闭墙位于四组三探煤斜巷内，砖混结构，宽240 mm，两道封闭墙间距55 m。

二、事故发生经过

2017年10月18日7时30分，各作业人员到达作业地点后开始工作，11时50分，在二盲斜皮带道下部车场作业的2人听到从四组三探煤斜巷方向传出“嘭”的一响，随后又传出更大的一声响，并看到从斜坡上下来黑烟，随即向井口方向奔跑，并喊叫沿途作业的 12 名作业人员撤退，这 14 人顺利安全脱险。北二运输巷拉门口处的跟班矿长听到响声后，感觉风量有变化，跑到四组六采区上部车场查看情况，发现突水灾情后，立即向调度员报告。

三、事故直接原因

万达矿业公司超层越界违法盗采国家资源，违法掘送四组三探煤平巷和探眼，破坏了与其上部废弃旧巷间的煤柱，废弃旧巷及老空区内积水从煤柱处溃出，冲毁四组三探煤平巷木板封闭墙和斜巷砖混封闭墙，造成水害事故。

四、应急处置与救援

（一）企业先期处置

10 月 18 日 11 时 57 分，调度员接到电话汇报后，向在调度室的生产矿长报告事故情况。接报后生产矿长立即入井查看，在井下二盲斜皮带道第四联络道和第五联络道之间，看见水面，立即组织开展先期救援工作。一是向地面调度室打电话安排往井下调运水泵；二是召集井下人员等待安装水泵排水；三是通过电话指挥被困区域内人员集中到四组六采区上部车场等待救援，并做好压风系统出风口的移设工作，确保人员待救区域有氧气供给。

（二）各级应急响应

事故发生后，党中央、国务院高度重视，要求采取措施全力科学施救，查明事故原因，依法依规严肃追责，并就强化安全监管工作提出要求。国家安全生产监督管理总局、国家煤矿安全监察局有关领导率工作组实地查看险情，完善救援方案，指导抢险救援。省委常委、省总工会主席，副省长率相关部门人员到达事故现场全力组织抢险救援。

（三）制定救援方案

一是抢险救援期间，地面始终开启压风机，保持被困人员避险区域压风系统正常运行，通过压风自救管路为被困人员供风。二是全力组织排水，加快排水进度，抓紧调度增援水泵、应急发电车、排水软管等抢险救援物资和救援队伍，保障抢险救援工作需要。三是安排救护监护人员与抽水作业人员同步工作，加强遇险地点和水泵位置的通风，密切监测瓦斯等有毒有害气体浓度和水位变化，严防发生次生事故。四是定时与井下被困人员通话，及时了解避险区域情况，疏导被困人员情绪，指导他们保持体力、保存矿灯电量，按时汇报避险区域有害气体变化情况。

（四）抢险救援过程

10 月 18 日晚，阜新市抢险救援指挥部调集阜新市地方煤矿救护队、阜新矿业集团救护队、平安煤矿和兴舟煤矿救护队共 120 名救援人员、市区公安干警和消防救援人员 600 名，8 家医院 20 台救护车 73 名医护人员，供电保障人员 30 名，投入抢险救援工作。18 日 20 时 11 分阜新市地方煤矿救护队入井对突水区域进行探查，检测二盲斜皮带道气体成分、温度和水位分别为 CH_4 浓度 0.5%、CO_2 浓度 1%、CO 无、O_2 浓度 20%、温度 24 ℃，水位在第四联络道以下 15 m 左右；二盲斜回风道气体成分、温度和水位分别为 CH_4 浓度 0.5%、CO_2 浓度 1%、CO 无、O_2 浓度 20%、温度 25 ℃，水位在第四联络道以下 30 m 左右，探查区域无遇险人员。

探查结束后，救护队根据地面指挥部指示，设专人分组轮流检查二盲斜皮带道、二盲斜回风道气体、水位，通过井下有线电话掌握被困人员动态，监护安装水泵排水人员的安全，同时协助铺设安装管路，每间隔一个小时向现场总指挥及地面指挥部汇报情况。

10 月 20 日 4 时 10 分，经检查二盲斜回风道最低处水位下降至巷道顶板以下约 40 cm，二盲斜回风道排通，此时检测气体浓度和温度，CH_4 浓度 0.5%、CO_2 浓度 1%、CO 无、O_2 浓度 20%、温度 24 ℃，具备救护条件。阜矿集团救护大队大队长带领一个小队涉水进入被困人员区域，经清点所有被困人员共计 83 人后，立即组织救护队员在水面上设置好救生索，水中每隔 1 m 设一名救护队员协助被困人员按顺序涉水撤出。4 时 48 分，被困人员在救护队员协助下开始有序组织撤离，5 时 18 分，历经近 41 个小时紧急救援，83 名被困人员安全升井。

83 名被困人员安全升井后，抢险救援指挥部经过全面调查核实，发现井下还有 2 人被困，决定在救援专家指导下继续排水搜救。11 月 20 日，经过 32 天救援搜寻，鉴于被困人员已无生还可能，且有害气体涌出、片帮危险增加，继续救援不能保证井下现场搜救人员的安全，抢险救援专家组建议终止救援。11 月 21 日，阜新市人民政府常务会议讨论并同意抢险救援专家组意见，决定终止救援。

万达矿业公司“10·18”水害事故救援现场如图 2-5、图 2-6 所示。

五、总结分析

（1）领导重视、组织有力是事故成功救援的坚实基础。在事故面前党中央、国务院，各级政府、各有关部门始终坚持生命至上、安全第一的思想，调动一切力量，不惜一切代价，精心组织施救，夺取了一场与时间赛跑、与死神

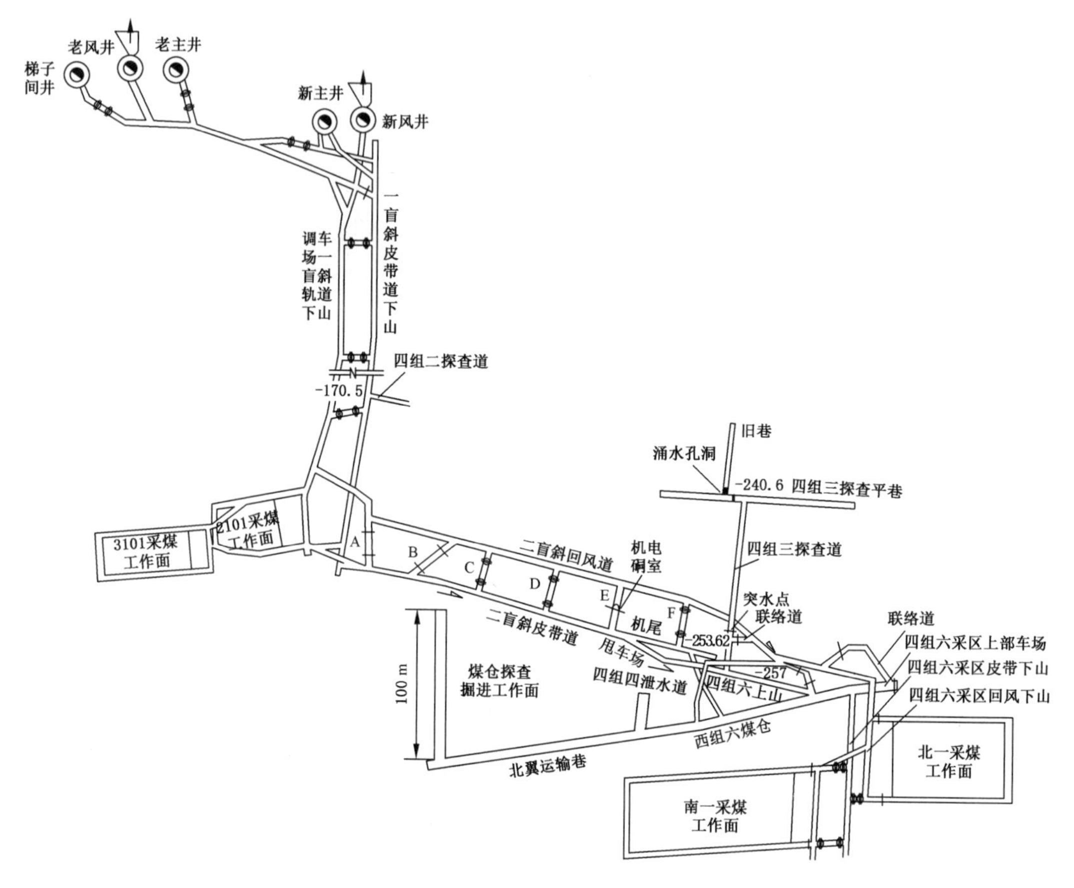

图2－5　万达矿业公司“10・18”水害事故救援现场示意图

抗争的重大胜利。成功救援得益于各级领导高度重视，得益于抢险救援指挥坚强有力，得益于全体救援人员团结合作顽强拼搏，弘扬了“以人为本、科学施救”的理念。

（2）救援力量专业，科学施救是成功救援的根本保证。事故发生后，由于企业瞒报和低效自救浪费了将近24小时，在实际专业救援的14个小时里，工作组与现场救援指挥部统一协调调度，坚持系统思维，坚守时间就是生命的理念，在加强前线组织指挥力量的基础上，多次召开会议细化完善救援方案，调集阜矿集团成建制的专业队伍充实救援力量，分解落实救援措施，实施了专业救援、高效救援，为成功救援赢得了时间。

（3）作风过硬、能打硬仗是事故成功救援的坚强保障。在事故抢险救援中，工作组全体同志不顾疲劳、不分昼夜值守在事故现场，组织指导事故救援。国家安全生产应急救援指挥中心协同抢险救援指挥部及时从辽宁阜矿集团、沈煤集团、铁煤集团、阜新市以及国家矿山应急救援开滦队、平庄队调集

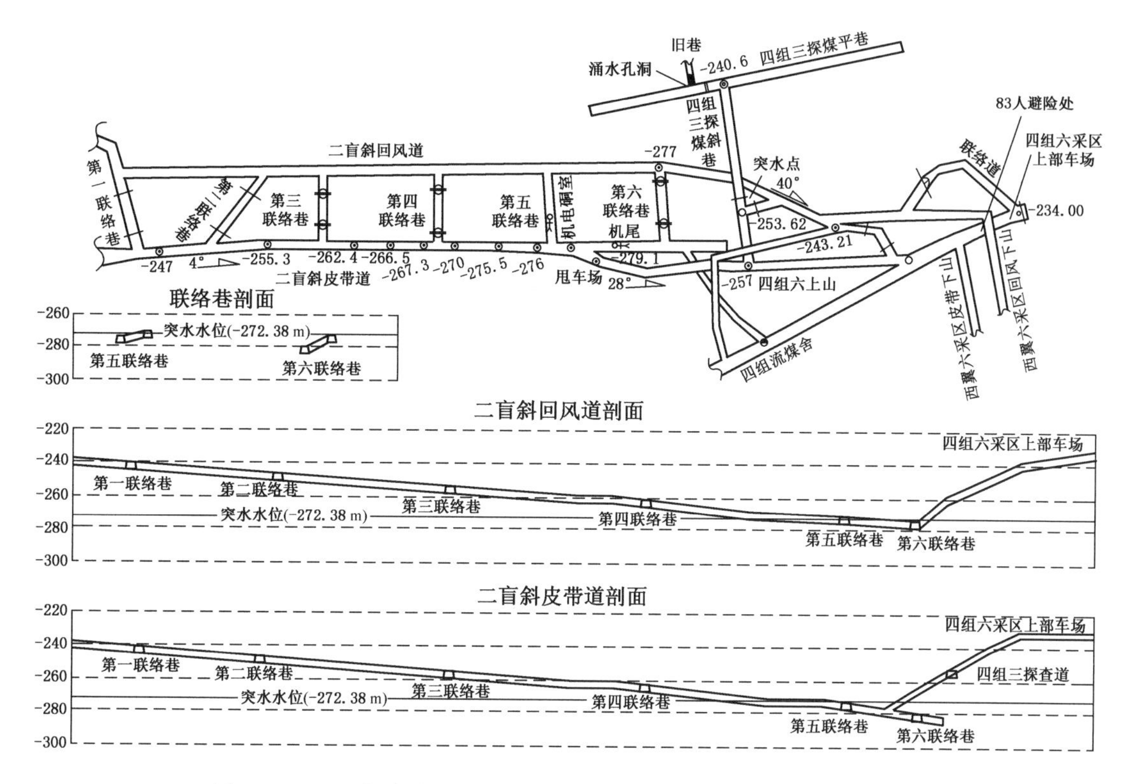

图2-6　万达矿业公司“10·18”水害事故救援现场剖面图

救护人员和装备，投入抢险救援战斗。

专家点评

◆加强煤矿防治水工作。一是要探明煤矿井田内及周边老窑区、废弃旧巷道分布及积水范围、积水量，准确掌握矿井水患情况，严禁地质情况不清、水文地质条件不明、相邻矿井资料不详的情况下组织生产作业，要严厉打击私自开采防（隔）水煤柱行为。二是煤矿出现透水征兆，要立即停止作业、撤出人员，严禁冒险作业。

◆强化淘汰退出煤矿后续监管。一是对已经淘汰退出的煤矿，要根据各职能部门职责明确日常监管主体，加强巡查检查；存在重大灾害或危及周边煤矿安全生产的，要积极组织开展治理。二是要建立举报奖励制度，畅通信息渠道，发挥群众对煤矿安全生产监督作用，严厉打击已经淘汰退出煤矿违法生产，严防死灰复燃。

案例十七　黑龙江省黑河市翠宏山铁多金属矿“5·17”较大透水事故

2019 年 5 月 17 日 0 时 50 分，黑龙江省黑河市逊克县翠宏山矿业有限公司翠宏山铁多金属矿发生透水事故，造成 43 人被困。经过全力救援，36 人获救安全升井，7 人失踪。

一、矿井基本情况

（一）矿井概况

翠宏山铁多金属矿采矿权面积 2.2836 km^2，开采矿种为铁、铅、锌、铜。设计生产能力 160×10^4 t/a，开采方式为地下开采，主要采矿方法为阶段空场嗣后胶结充填采矿法和浅孔嗣后胶结充填采矿法。采用分段接力排水。井下排水系统 -50 m 水平以上各中段设泄水井，井下涌水通过泄水井汇至 -50 m 水平中段水仓。-50 m 水平中段固定水泵房内安装 7 台 MD500 - 57 ×11 型矿用耐磨离心泵，采用 3 条 ϕ459 mm 无缝钢管将水排至地表。

（二）事故巷道（区域）基本情况

翠宏山铁多金属矿位于黑龙江省黑河市逊克县小兴安岭林区腹地，地理坐标：东经 128°44′22″、北纬 48°29′44″，矿区属低山丘陵区，区内最大河流为库尔滨河，河宽 10 ~ 20 m，由东向西横贯矿区，折向北流入黑龙江。翠宏山铁多金属矿采矿工程完成了副井、入风井、回风井、斜坡道建设；完成了 -50 m 水平和 +10 m 水平开拓工程、+70 m 水平沿脉工程、+130 m 水平和 +190 m 水平主运输巷道和脉外工程施工。

二、事故发生经过

2019 年 5 月 17 日凌晨事故发生时，翠宏山矿区井下作业共有 43 人，分布在 8 个工作面，进行充填、治水、探矿、维修等作业。

5 月 17 日 0 时 50 分左右，井下 +70 m 水平巷道发现 1 m 多积水，相关人员到斜坡道 +250 m 水平查看，涌水波及副井区域从 +250 m 水平至井下部分区域，初步判断探矿井区域发生了透水事故。经调查，“5·17”透水事故发生在 58 号勘探线，该区域位于 2008 年形成的采空区上部，采空区上方是库尔滨河。事发时，河水在塌陷区上方形成漩涡，裹带泥沙溃入采空区，且塌陷坑致使 35 kV 输电线路一根线杆沉入坑内。库尔滨河河水夹带大量泥沙形成泥石流，经 +310 m 水平勘探巷道溃入 +250 m 水平勘探巷道，又通过主斜坡道溃入井下基建中段 +190 m 水平、+130 m 水平、+70 m 水平、+10 m 水平及 -50 m 水平以下巷道（图 2-7）。

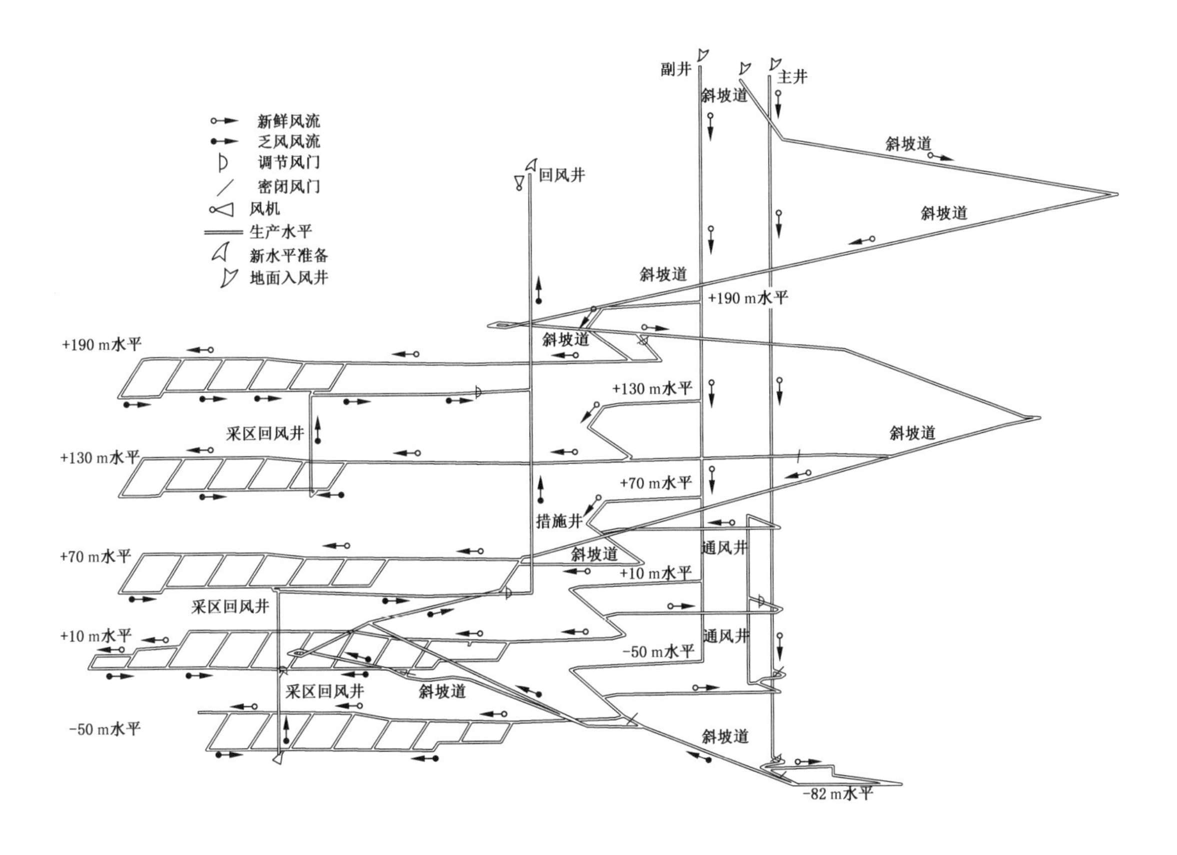

图 2-7　翠宏山铁多金属矿“5·17”较大透水事故救援现场示意图

三、事故直接原因

翠宏山矿业有限公司对违法违规形成的采空区未及时进行充填。2008 年，翠宏山矿业有限公司违法违规开采库尔滨河下 +310 m 勘探水平 58 号勘探线上的铁锌矿体，形成一个南北向长 50 m、南端宽 22 m、北端宽 17 m、高 20～40 m 的采空区，采空区未及时进行充填。加之库尔滨河底、采空区上方存在含水透水地质构造薄弱带，成为本次事故的透水通道。

2019 年以来违法违规进行工程爆破对原采空区产生震动。翠宏山矿业有限公司违法违规在 +250 m 水平到 +350 m 水平先后进行掘进爆破 8 处，总长度约为 560 m，开采矿石 8920 t，炸药用量 13680 kg，其中有 5 处巷道爆破点距离 58 号勘探线 2008 年采矿留下的采空区在 55～100 m 之间。

综上所述，翠宏山铁多金属矿作为基建矿山，对 2008 年违法违规开采形成的采空区未及时进行充填，在明知矿区受地表库尔滨河威胁，库尔滨河底、采空区上方存在含水透水地质构造薄弱带的情况下，违法违规组织生产，擅自开采 +190 m 水平以上矿体并进行工程爆破，对原采空区产生震动，造成地表塌陷，河水裹带泥沙形成泥石流溃入井下，是事故发生的直接原因。

四、应急处置与救援

（一）企业先期处置

事故发生后，翠宏山矿业有限公司立即启动应急预案，有关负责人带领和组织本企业救援人员分别从探矿井、斜坡道、主井和副井 4 个方向展开搜救，井下被困人员也同时积极自救。5 月 17 日 3 时 5 分，3 名被困人员从探矿井被救出；3 时 25 分至 5 时，7 名被困人员在斜坡道区域获救；7 时 30 分，4 名被困人员从主井获救升井。

（二）各级应急响应

事故发生后，党中央、国务院对救援工作高度重视，并作出重要批示，应急管理部派出工作组指导救援工作，黑龙江省委书记、省长紧急赶赴现场组织救援工作，省应急管理厅跟踪督导应急救援和事故调查工作。调集国家矿山应急救援鹤岗队、双鸭山矿业公司救护大队、鸡西矿业公司救护大队、七台河矿业公司救护大队、黑河市一五一矿山救护队、黑河消防支队、齐齐哈尔消防支队、伊春消防支队、伊春森林消防支队等专业救援力量，以及翠宏山矿山企业、伊春红星林业局救援人员和医护人员 780 余人。投入卫星通信车、消防车、救援车、翻斗车、铲车、挖掘机等抢险设备 80 余台（套）。

（三）制定救援方案

在勘查、分析现场情况的基础上，按照“科学施救、安全施救、综合施救”的总原则，制定了救援方案。一是恢复电力供应，保障矿井提升系统正常运行；二是分别从探矿井、斜坡道、主井和副井区域搜救被困人员；三是挖掘引流渠对河水进行引流改道；四是使用大功率水泵对塌陷区积水实施强排作业；五是对库尔滨河坍塌河道进行封堵；六是根据天气、排水和井下条件的变化及时调整优化救援措施和救援力量。

（四）抢险救援过程

首先对库尔滨河透水点进行现场勘查。根据勘查情况，制定了先进行源头治理，切断水源的处置方案，有效避免了次生事故的发生，确保了安全施救。此次救援抢险工作分地面河流改道、塌陷坑透水点治理、井下搜救三个步骤全面展开。

（1）探查和营救被困人员。国家矿山应急救援鹤岗队17日9时45分到达事故现场后，立即从主井进入到－50 m水平进行探查搜救。因透水将提升系统破坏，救援人员不能坐到罐体里，只能用安全带绑到罐笼的绞车大缆绳站到罐顶，下到－50 m水平。当时井下溃出的水泥沙，深度非常深而且黏性还非常强。救援人员下罐后积水就已到达膝盖以上，越往里走积水深度越深，最后直接达到腰部以上。在搜救过程中先后发现8名被困人员，救援人员对他们进行心理安慰、身体检查后协助护送这些被困人员于12时安全升井。

（2）透水点隐患治理。由于灾情复杂，地面透水点河流未得到有效控制，河水不断由塌陷河道向矿井涌入。为了保障救援人员的安全，指挥部果断决定停止搜救，采取措施控制透水源头，监测井下水位、水情及地面气象变化，待稳定后，继续搜救。

制定两套救援方案：①地面救援方案。按水害施救原则必须先进行源头治理，切断水源。一是现有河流改道，工程量长600 m、宽8 m、深3 m；二是考虑到一旦河流改道失败采取备用方案，根据河流估算流量1.41×10^4 m^3/h设立水泵排水。②井下救援方案。由于次生灾害的可能性及不可控性，容易对救援人员造成伤害，所以应按照确保安全的要求加强井下涌水点观测，一是＋250 m水平坡道观测水量，取化验水样；二是主井－50 m水平观测水位变化；三是副井泵房、变电所安排人员值守，现场观测防水闸门渗漏泥水的情况，每4 h观测一次。当河流不再对井下补给，地面透水源完全截断，井下＋250 m水平和－50 m水平水位稳定后，在＋70 m水平和－50 m水平探查搜救被困人员。

（3）灾情观测、分析、研判。救援工作按照方案有序逐步推进，17日22时30分对库尔滨河进行通水导流，18日2时30分完成河道封堵。19日8时塌陷坑水位下降2.2 m，11时30分塌陷坑水位下降2.34 m。斜坡道＋250 m水平透水点下5 m处设立观测站，18日12时30分涌水量为600 m^3/h，21时涌水量为498 m^3/h；19日1时涌水量为458 m^3/h。通过连续观测＋250 m水平水流量、地面塌陷坑水位下降情况，确定井下探查区域稳定后，鹤岗队协同矿方技术人员于18日13时30分对＋70 m水平、＋10 m水平、－50 m水平巷道进行侦察。根据侦察情况，18日18时指挥部决定恢复＋70 m水平、＋10 m水平、－50 m水平井下供电、通信系统。19时鹤岗队进入＋250 m水平恢复通信、监测系统。同时，矿方对副井＋70 m水平、＋10 m水平、－50 m水平三个水平的马头门恢复供电，利用 -50 m 水平排水系统进行排水作业。

（4）两名被困 48 小时矿工成功获救。根据伊春气象台预报，5 月 19 日白天多云转雷阵雨，夜间阴有大雨；5 月 20 日白天阴有中雨，夜间多云有雷阵雨。针对 19 日白天开始将持续降雨，塌陷坑新建河堤稳定性较差，无法抵御连续降雨导致的山洪冲击，将发生漫堤溃堤的情况，如不及时搜救，将失去最后的救援机会。为营救剩余 9 名被困人员，通过综合分析各方面数据及现场探查的信息，19 日 0 时初步具备入井安全搜救条件。救援技术专家组组长当机立断、果断决策，指挥鹤岗队抓住时机入井搜救。

19 日凌晨由鹤岗队大队长带领 1 支小队共 12 人入井搜救被困人员。救护队伍进入 +70 m 水平清淤搜救，成功救出一名被困人员。与此同时，矿方人员在 -50 m 水平作业区成功解救另外一名被困人员。

通过调查矿方有关工作人员和生还者回忆及调取事故井下监控录像，根据透水流经路线及失联人员位置分析，失联人员生还希望极低。因库尔滨河受上游降雨影响水位上涨，已将新改河道堤坝淹没，存在极大的二次透水危险。为了保障救援人员安全，指挥部决定暂停入井搜救，进行透水点治理。

五、总结分析

（1）领导靠前指挥，科学决策有担当精神。国家、省、市领导高度重视救援工作。主要领导亲赴现场，深入救援一线指导救援工作，特别是决策者在全面分析、综合研判的基础上，敢于担当、科学决策，在事故初期营救 8 人的基础上，果断选择 19 日 0 时窗口期再次进入灾区营救 2 名被困人员，对成功营救被困人员发挥了关键作用。

（2）正确理解“生命至上、科学救援”理念。救援过程中统筹兼顾“以人为本、安全第一、生命至上”和“不抛弃、不放弃”的理念，既充分考虑救援人员的生命安全，严防救援过程中发生二次透水灾害加剧灾情，又重点考虑营救有生还希望的灾区被困人员，加快搜救进度，最大限度缩短搜救时间。当地面新改河道，因山洪到来溃堤后，果断决定暂停救援，确保救援人员安全。

（3）多措并举，突出重点实施救援方案。本次救援地面采取河流改道，抽排水、水位监测、气象监测、无人机鸟瞰监测、卫星测绘等多种手段对透水点进行连续监测及治理。随时掌握最新科学的数据，为井下救援人员搜救、清淤扒冒顶等施工作业提供了科学数据支持，创造了有效的保障条件，确保救援方案能够按计划实施。

（4）救援人员迎难而上，素质过硬。此次救援中，灾区距离远，巷道充满了齐腰深的积水，救援人员冲锋在前，顽强拼搏，体现了军事化队伍特别能战斗的作风；救援人员沉着冷静，侦察结果和分析判断及时、准确，加快了障碍物拆除清理进度，及时进入灾区救出被困人员。

专家点评

◆井下泥浆浓度高，排水设备无法正常使用。清理堵塞巷道泥浆基本靠人工完成，效率低，劳动强度大，人员多。当无法有效控制、监测清淤点上方积水、淤泥再次冲击时，作业工作的危险性极高。

◆在救援过程中，应设专人检查瓦斯和有害气体。防止因水位下降，堵塞巷道内积存的有害、爆炸气体突然涌出。

◆进入侦察、抢救人员时，注意观察巷道情况，防止冒顶和底板塌陷。通过局部积水巷道时，应靠近巷道一侧探测前进，特别要注意暗井。当破开冲击物填积密闭、风门及清理上山填积物时，要考虑积水、淤泥突然涌出对作业人员的冲击。

案例十八 山西朔州平鲁区茂华万通源煤业有限公司“11·11”较大透水事故

2020年11月11日2时36分，山西朔州平鲁区茂华万通源煤业有限公司（简称万通源煤业）发生一起较大透水事故，造成5人被困。抢险救援历时188 h，累计排水119500 m^3，搜寻到5名遇难人员。

一、矿井基本情况

（一）矿井概况

万通源煤业位于朔州市平鲁区白堂乡，距平鲁城区3 km。井田面积为15.1 km^2，采矿许可证批准开采4～11号煤层，开采煤层为4号煤层，核定生产能力210×10^4 t/a，低瓦斯矿井，通风方式为中央并列抽出式，水文地质类型为中等。4号煤层自燃倾向性为Ⅱ类，有煤尘爆炸危险性，矿井正常涌水量147 m^3/h，最大涌水量220 m^3/h。该矿东与平朔安太堡露天煤矿相邻，南与山西中煤潘家窑煤业有限公司相邻，西与山西朔州平鲁区阳煤泰安煤业有限公司（已关闭）相邻，北与山西朔州万通源井东煤业有限公司（已关闭）相邻。

（二）事故巷道（区域）基本情况

事故发生在40108运输巷掘进工作面迎头。40108运输巷掘进长度为385.30 m，西侧与一水平北运输大巷平行，间距约为37.39 m；东侧与一采区南翼泄水巷和原103盘区运输巷平行，间距分别约为122.85 m和150.55 m，同时东侧距2002—2004年采空区213.10 m。4号煤层厚度约为13.38 m，其顶板为砂质泥岩、砂岩，底板为泥岩、砂质泥岩和高岭土。40108回风巷掘进工作面2020年9月12日因探出老空水停止掘进，已掘120 m，事故前涌水量为50 m^3/h。

二、事故发生经过

2020年11月10日22时30分左右，张某等8人一起下井，23时左右到达井下40108运输巷作业地点，其中：张某负责40108运输巷带式输送机，吴某负责40108工作面联络巷简易带式输送机，贾某负责一采区南翼泄水巷运送材料，其余5人在40108运输巷掘进工作面迎头工作（图2－8）。11日2时36分，张某听到一声巨响，随即有风吹出，带式输送机也自动停止运转，他感觉到有水涌出，随即边跑边喊道："出水了，赶快跑。"吴某和贾某听到喊话后也随张某一起往外跑，并在一采区辅助回风巷溜煤眼处遇到综掘队电工刘某，4 人一起跑到位于一水平北轨道大巷与一采区辅助回风巷联络巷二部车场的电话处，由刘某向调度室汇报："106 队迎头打出水来了，里面还有 5 人没出来。"2 时 55 分，值班调度员、信息员分别通过调度电话和语音广播通知井下所有人员立即撤离。

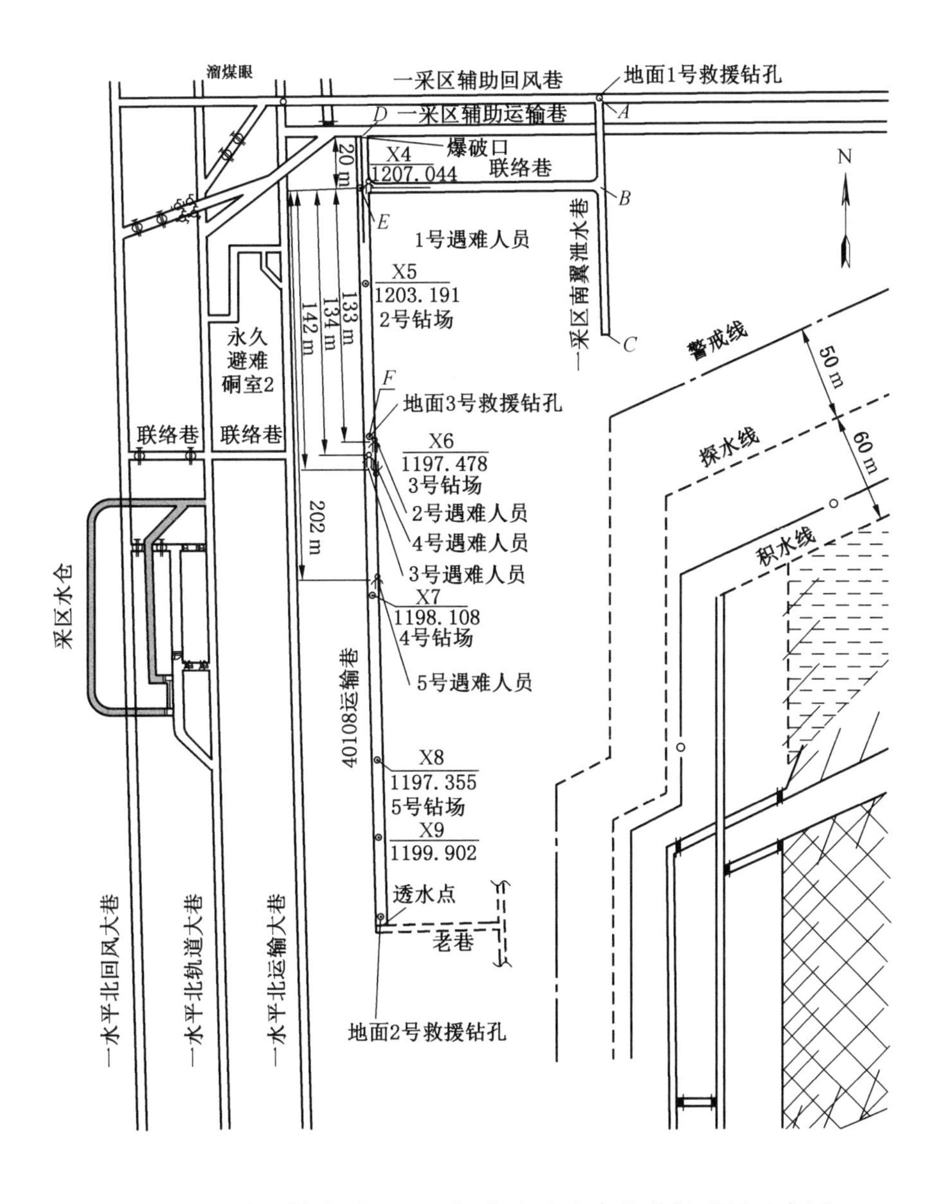

图 2－8　万通源煤业"11·11"较大透水事故救援现场示意图

三、事故直接原因

40108 运输巷掘进工作面前方及东侧区域存在老空区、废弃巷道和大量老空积水，该矿未按防治水相关规定进行探放，掘进时超出允许掘进距离直接掘透废弃巷道，导致大量老空水瞬间涌出造成事故。井田内 4 号煤层存在调查采空积水区 15 处，积水总面积约为 45236 m^2，积水总量约为 84538 m^3，是导致本次较大透水事故的条件基础。

四、应急处置与救援

（一）企业先期处置

事故发生后，矿长立即启动了应急救援预案，组织开展救援工作，并安排分管生产工作的副矿长和总工程师入井查看情况。华电煤业和龙矿集团接到事故报告后，要求万通源煤业立即撤出井下所有作业人员，启动应急救援工作，全力搜救被困人员，同时要求万通源煤业及时汇报救援进展情况。

（二）各级应急响应

应急管理部，国家矿山安全监察局，山西省委、省政府，朔州市委、市政府接到事故报告后，分别派相关部门负责人第一时间赶赴事故现场协调救援工作，成立了抢险救援指挥部，组织开展救援。抢险救援指挥部先后调集了国家矿山应急救援大同队、朔州市应急救援大队、中煤平朔救护消防应急救援中心、平鲁区应急救援大队、朔城区应急救援大队、山阴县矿山救护中队 19 支小队 191 人，同时还调集了朔州消防救援队、蓝天救援队、天津深之蓝机器人救援队和深圳潜鲛搜救机器人救援队共计 50 人参加救援工作。

（三）制定救援方案

以紧紧围绕人员搜救，提升排水能力，打通救援通道为重点，逐步完善方案。第一步制定“三排一钻”救援方案：“三排”是指恢复采区泵房排水能力，建立一水平北轨道大巷排水能力，使用履带式应急快速智能排水车持续排水；“一钻”是指从地面施工 1 个生命探测钻孔及 2 个排水孔。第二步将“三排一钻”救援方案调整为“4＋1”救援方案：“4”是指提高采区泵房排水能力，提高一水平北轨道大巷排水能力，保证履带式应急快速智能排水车持续排水，提高中央水仓向地面排水的能力；“1”是指地面 3 组钻孔抓紧施工。第三步制定“两个恢复、两个增加、两个加快”方案：“两个恢复”是指恢复通风系统、恢复采区水仓；“两个增加”是指增加一水平北运输大巷、回风大巷的排水能力；“两个加快”是指加快从一水平北运输大巷向 40108 运输巷泄水孔的施工，加快履带排水车向前推进。第四步制定爆破泄水方案：在一采区辅助运输巷与40108运输巷1.8 m煤柱处爆破，小断面贯通，建立新的排水路线，加快井下排水进度。

（四）抢险救援过程

透水点位于40108运输巷掘进工作面迎头，透水沿着40108运输巷、40108运输巷材料联络巷、40108材料联络巷、一采区辅助回风巷、溜煤眼、一采区北运输大巷、联络巷，到达一采区北轨道大巷，截至11日17时，水位已淹没采区水泵房。

（1）一水平采区水仓排水。1号水泵排水能力为240 m^3/h（被淹采区泵房原备用水泵），11日16时46分开始排水，利用原排水管将水排至中央水仓；2号水泵排水能力为220 m^3/h，14日16时左右开始排水；3号水泵排水能力为100 m^3/h，14日16时左右开始排水。

（2）一水平北轨道大巷排水。1号水泵排水能力为150 m^3/h，12日2时开始排水，利用原压风管将水排至中央水仓；2号、3号水泵排水能力均为200 m^3/h，由履带式应急快速智能排水车搭载，12日16时33分开始排水，利用ϕ159 mm高压软管接原排水管将水排至中央水仓；4号水泵排水能力为140 m^3/h，13日9时20分开始排水，利用ϕ159 mm高压软管将水直接排至地面；5号水泵排水能力为250 m^3/h，13日19时开始排水，利用ϕ159 mm高压软管将水直接排至地面。

（3）一水平北运输大巷排水。1号水泵排水能力为250 m^3/h，14日2时左右开始排水，利用ϕ159 mm高压软管将水排至中央水仓；2号水泵排水能力为250 m^3/h，14日17时左右开始排水，利用ϕ159 mm高压软管将水排至中央水仓；3号水泵排水能力为250 m^3/h，利用ϕ159 mm高压软管将水排至采区水仓。

经过多方努力，排水能力稳步提升，一水平北轨道大巷水位自11日7时30分至12日16时30分，在垂直上升2.7 m后，开始出现缓慢下降。14日15时10分，一水平北轨道大巷最低点水面至顶板出现约0.8 m空隙，具备进入条件，进入灾区侦察搜救的通道被打通，救援人员随即乘坐皮划艇进入灾区展开侦察搜救。15日15时，采区轨道巷水位垂直下降4 m、水平退出40 m，露出巷道底板，行人可安全通过。

（4）工作面排水。16日2时10分，在一采区南翼泄水巷使用排水皮划艇搭载1台200 m^3/h水泵开始排水。17日22时50分，履带式应急快速智能排水车及1000 m^3/h防汛泵移至40108工作面联络巷低洼处开始排水，形成排水能力 1400 m^3/h。18 日 3 时 10 分，40108 工作面联络巷排水完成。

经过多队次救援人员侦察搜救，在 40108 运输巷先后搜寻到 5 名遇难人员（1 ~5 号遇难人员）。

五、总结分析

（1）充分彰显了新时代应急管理体系的优越性。本次事故抢险救援工作应急管理部，国家矿山安全监察局，以及山西省委、省政府高度重视，响应快速，省委常委、常务副省长坐镇指挥，各级政府部门高效运转，统筹调派全省的应急救援物资和应急救援资源实施救援。

（2）体现了应急管理体系和能力现代化。应急管理部、国家矿山安全监察局第一时间派遣专家组到救援现场进行指导；华电煤业、龙矿集团全力调派人力、物力进行事故救援，全面落实了事故救援期间企业的主体责任；各级救援队伍充分利用专业优势，积极采取措施营救被困人员，发挥了专业救援能力和快速反应能力，使救援工作安全有序完成。

专家点评

◆安全风险意识不强。为了采煤，在两个积水采空区之间，紧贴着积水采空区布置工作面，给作业造成了极大风险。水害防治措施落实不到位。该矿 9 月 12 日在 40108 回风巷掘进工作面探出采空区积水，停止了掘进，但未引起重视，明知有水害隐患的情况下，未严格执行探放水措施及要求，在 40108 运输巷掘进工作面盲目掘进作业打通采空区，导致采空区积水涌出。

◆加强探放水施工管理。坚持“预测预报、探掘分离、有掘必探、先探后掘、先治后采”的原则，遵循“物探先行、化探跟进、钻探验证”的综合探测程序。严禁使用非专用钻机，严禁非专职探放水人员上岗作业。严格探放水验收，推行探放水钻孔施工视频监控管理，确保探放水钻孔施工到位。积极探索老空水探查与治理的新技术与新方法。

案例十九　山西介休鑫峪沟煤业有限公司“4·28”透水涉险事故

2020 年 4 月 28 日 12 时 40 分，山西介休鑫峪沟煤业有限公司（简称鑫峪沟煤业）503 采区三联巷综掘工作面发生透水事故，造成 3 人被困。经全力救援，3 名被困人员安全升井。

一、矿井基本情况

（一）矿井概况

鑫峪沟煤矿位于介休市张兰镇，井田面积为 9.5551 km^2，矿井设计生产能力为 90×10^4 t/a，矿井批准开采 2～11 号煤层，其中 5 号、9 号、11 号煤层为全井田稳定可采煤层，开采煤层为 5 号煤层。矿井水文地质类型为中等。

（二）事故巷道（区域）基本情况

三联巷综掘工作面上方的老空巷道距离断层较近，积水水压较大。在三联巷综掘工作面掘进至断层时受断层影响，煤岩柱强度不足，破坏后形成老空水溃入巷道的导水通道。

二、事故发生经过

2020 年 4 月 26 日，三联巷综掘工作面遇断层停止掘进。4 月 28 日零点班，三联巷综掘工作面断层处出现渗水。4 月 28 日八点班，鑫峪沟煤业总工程师等人到三联巷综掘工作面查看断层渗水情况。12 时 40 分，三联巷综掘工作面的涌水通过 503 回风大巷经大倾角的二联巷加速后，灌入 503 轨道大巷综掘工作面。503 轨道大巷向斜轴部巷道迅速被淹，正在 503 轨道大巷综掘工作面施工探放水钻孔的 3 名矿工被困（图 2－9）。

三、事故直接原因

鑫峪沟煤业钻探发现地质条件变化时，未分析原因、调整允许掘进距离及探放水方案，导致巷道迎头直接接近断层对盘的老空积水巷道。在老空积水的压力作用下，煤岩壁发生破裂，老空水溃入工作面发生透水事故。

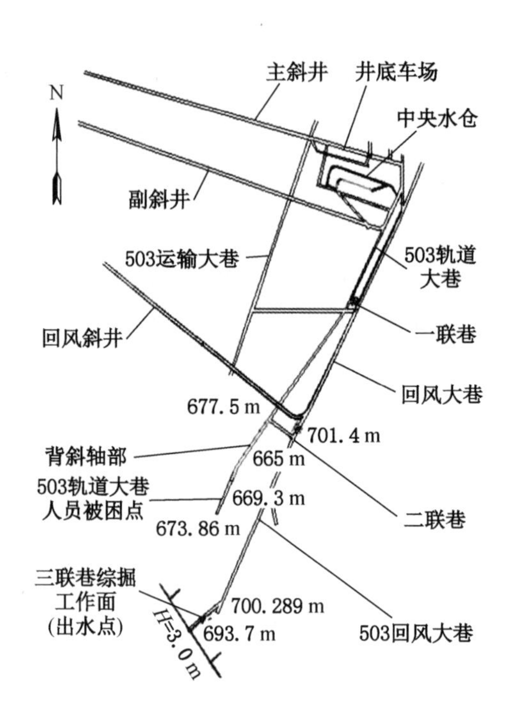

图2-9 鑫峪沟煤业“4·28”透水涉险事故救援现场示意图

四、应急处置与救援

（一）企业先期处置

4月28日13时15分，当班带班矿领导、机电副总工程师在无极绳绞车硐室打电话向矿调度室报告事故情况。调度员接到电话后，于13时19分向调度室主任汇报。调度室主任于14时20分向介休市应急管理局、晋中煤监分局汇报事故情况。

（二）各级应急响应

接到事故报告后，山西煤监局、应急管理厅，晋中市委领导立即赶赴事发现场指导救援工作，成立了以晋中市委常委、常务副市长为指挥长的鑫峪沟煤业“4·28”透水事故抢险指挥部，设立了综合协调组、抢险救援组、专家技术组、应急保障组、医学防疫救援组、治安警戒组、宣传报道组、善后工作组，组织汾矿集团矿山救护大队、晋中市矿山救护大队、凯嘉集团、鑫峪沟集团等应急救援队伍迅速开展救援工作。

（三）制定救援方案

根据井下透水区域侦察情况，制定排水救援方案。一是在503采区轨道回风联巷截流，截断被困人员所在工作面涌水补给；二是在503采区轨道大巷安设水泵直接将水排至中央水仓；三是在503采区轨道大巷安设水泵经503采区轨道运输联巷将水排至503采区运输大巷。

（四）抢险救援过程

救援队采取三班倒的方式轮班作业，监测井下气体情况，观察水位、水量变化及排水设施安装、运转情况。

1. 救援排水

路线一：在503采区轨道回风联巷截流，用编织沙袋建2道挡水墙，将水引流至回风下山，同时在503回风大巷安设1台100 m^3/h、1台200 m^3/h水泵排水，截断被困人员所在工作面涌水补给。

路线二：在503采区轨道大巷安设1台200 m^3/h、1台100 m^3/h水泵直接将水排至中央水仓。

路线三：在503采区轨道大巷安设1台200 m^3/h水泵经503采区轨道运输联巷将水排至503采区运输大巷，同时采用40 m^3/h水泵联合排水，达到快速排水的目的。

2. 人员搜救

4月29日9时5分，水位排至503采区轨道大巷标高+665 m处时，救援人员发现对面有灯光闪烁，并伴有呼救声；9时25分，水位排至距顶板0.8 m时，救援人员乘坐皮划艇通过水淹区域进入营救被困人员；9时33分，救援人员成功将3名被困人员救出，该3名被困人员生命体征平稳；10时30分，3名被困人员安全出井。

五、总结分析

（1）探放水管理混乱。三联巷综掘工作面探放水措施中未说明遇到地质构造变化时应采取的措施。接近老空区积水区域，探放水工作未严格按照“三线”管理。三联巷综掘工作面顶板破碎，矿压显现明显，且迎头有淋水，未采取措施及时处理。

（2）隐蔽致灾因素调查不细、判断不准，未调查清楚三联巷综掘工作面邻近的老空积水范围、水位、水量，未探清老空巷道真实位置，盲目掘进。

（3）技术管理混乱。三联巷综掘工作面遇断层未上图、未编制过断层专项措施，采掘工程平面中未更新503轨道大巷综掘工作面的掘进位置。

专家点评

◆在透水发生后，水流经二联巷倾斜巷道加速冲入 503 轨道巷下山巷道，水流及冲刷物快速将向斜轴部最低点巷道封闭，向斜轴部被淹没的同时形成了掘进工作面一端空气柱，兼之压风管路供给风压，给 3 名被困人员提供了生存空间。

矿井水灾事故应急处置及救援工作要点

一、事故特点

（1）矿井透水水源主要包括地表水、含水层水、断层水、老空水等。地表水的溃入来势猛，水量大，可能造成淹井，多发生在雨季和极端天气情况。含水层透水范围较小时，持续时间短，易于疏干；含水层透水范围大时，则破坏性强，持续时间长。断层水补给充分，来势猛，水量大，持续时间长，不易疏干。老空水是煤矿主要充水水源，突水来势猛，破坏性强，但一般持续时间短；老空水常为酸性水，透水后一般伴有有害气体涌出。

（2）水灾事故发生后，造成人员被水冲走、淹溺等直接伤害，或造成窒息等间接伤害，也容易因巷道积水堵塞造成人员被困灾区。水灾事故被困人员往往具有较大生存空间，因此，相对于爆炸、火灾、突出事故来说，被困人员具备较大存活可能。

二、矿井突水征兆

（1）一般征兆。煤层变潮湿、松软。煤帮出现滴水、淋水现象，淋水由小变大。煤帮出现铁锈色水迹，工作面气温低，出现雾气或有硫化氢气味。有时可听到“嘶嘶”水声。矿压增大，有时发生片帮、冒顶、底鼓。

（2）工作面底板灰岩含水层突水征兆。工作面压力增大、底鼓，底鼓量有时可达0.5 m以上。工作面底板产生裂隙，并逐渐增大，沿裂隙或煤帮向外渗水，随着裂隙的增大，水量增加，当底板渗水量增大到一定程度时，煤帮渗水可能停止，此时水色时清时浊，底板活动时水变浑浊，底板稳定时水色变清。底板破裂，沿裂隙有高压水喷出，并伴有“嘶嘶”水声。底板发生“底爆”，伴有巨响，地下水大量涌出，水色呈乳白色或黄色。

（3）松散孔隙含水层突水征兆。突水部位发潮、滴水且滴水现象逐渐增大，仔细观察可以发现水中含有少量细砂。发生局部冒顶，水量突增并出现流砂，流砂常呈间歇性，水色时清时浊，总趋势是水量、砂量增加，直至流砂大量涌出。顶板发生溃水、溃砂，该现象可能影响地表，出现塌陷坑。

三、矿井主要充水源

（1）地表水。矿井常见地表水充水水源有江、河、湖泊、海洋和水库等，这些地表水能否构成充水水源，关键在于是否存在沟通水体与矿井间的导水通道，只有水体与导水通道同时存在，才能形成矿井充水。

（2）老空水。老空水一般具有以下特点，以静储量为主且储量与采空区分布范围有关。由于长时间积水，水循环条件差，多为酸性水，含有大量硫化氢气体，有较强的腐蚀性。老空水一般水势迅猛，携带有毒有害气体，对人体危害极大。

（3）岩溶含水层。岩溶充水矿井水文地质条件大多比较复杂，矿井涌水量一般较大，突发性淹井次数最多，损失也最大。随着开采水平下延，带压开采将面临薄隔水层、高承压、高突水系数开采条件的考验。

（4）孔隙含水层。孔隙含水层水多以较均一的渗入形式向矿井充水，有时造成流砂溃入矿井，其透水性取决于岩性。孔隙含水层一般埋藏较浅，易于得到大气降水和地表水的补给，它与地表水体的关系和大气降水的渗入强度是决定矿井充水量大小和变化的重要因素。

（5）裂隙含水层。成岩裂隙在同一岩层中分布比较均匀；构造裂隙比较均匀地分布在各种岩层中，能穿越不同岩层，具有一定长度，且有一定的方向性和方向组合。风化裂隙不仅能使岩石原有的成岩裂隙、构造裂隙进一步扩大，而且还能在浅部岩石中产生新的裂隙。

（6）断层充水。断层在矿井充水中的作用取决于断层的性质、规模、形成时代、两盘伴生裂隙发育程度、切割地层的含水性等，其充水作用表现在三个方面：断层切割破坏了岩层的完整性，在隔水层中形成脆弱地带；本身就是导水通道；受水头压力和矿山压力的共同作用，地下水通常突破该脆弱地带而发生矿井突水事故。

四、应急处置和抢险救援要点

（一）现场应急措施

（1）现场人员应立即避开出水口和泄水流，按照透水事故避灾路线迅速撤离灾区，通知井下其他可能受水害威胁区域的作业人员，并向调度室报告。如果是老空水涌出，巷道有毒有害气体浓度增高，撤离时应佩戴好自救器。在突水迅猛、水流急速，来不及转移躲避时，要立即抓牢顶梁、立柱或其他固定物体，防止被涌水打倒或冲走。在无法撤至地面时应紧急避险，迅速撤往突水地点以上水平，进入避难硐室、拐弯巷道、高处的独头上山或其他地势较高的安全地点，等待救援人员营救，严禁盲目潜水等冒险行为。

（2）在避灾期间，人员要保持镇定、情绪稳定、意志坚强，要做好长时间避灾的准备。班组长和经验丰富的人员应组织自救互救，安排人员轮流观察水情，监测气体浓度变化，尽量减少体力和氧气消耗。要想办法与外界取得联系，可用“5432”救援联络信号敲击法有规律地发出呼救信号［注：当矿山（隧道）事故发生后，救援人员和被困人员在采取防爆安全措施的情况下，可利用坚硬物体敲击管路、铁轨、钻杆等发出“5432”救援联络信号。该信号有4组：五声“呼救”、四声“报数”、三声“收到”、二声“停止”］。

（二）矿井应急处置要点

（1）启动应急救援预案，及时撤出井下人员。调度室接到事故报告后，应立即通知撤出井下受威胁区域人员，通知相邻可能受水害波及的其他矿井。严格执行抢险救援期间入井、升井规定，安排专人清点升井人数，确认未升井人数。

（2）通知相关单位，报告事故情况。通知矿井主要负责人、技术负责人以及机电、排水等各有关部门人员，通知矿山救护队、医疗救护人员，按规定向上级有关领导和上级部门报告。

（3）采取有效措施，组织开展救援。矿井应保证主要通风机正常运转，保持压风系统正常。矿井负责人要迅速调集机电、开拓、掘进等作业队伍及企业救援力量，调集排水设备物资，采取一切可能的措施，在确保安全的情况下迅速组织开展救援工作，积极抢救被困人员，防止事故扩大。

（三）抢险救援技术要点

（1）了解掌握突水区域及影响范围，透水类型及透水量，井下水位，补给水源，人员数量及事故前分布地点，事故后人员可能躲避位置及其标高，矿井被淹最高水位，灾区通风和气体情况，巷道被淹及破坏程度，以及现场救援队伍、救援装备、排水能力等情况。根据需要，增调救援队伍、装备和专家等救援资源。在排水救援的同时，根据现场条件可采取施工地面垂直或井下水平大孔径救生钻孔的方法营救被困人员。

（2）采取排、疏、堵、放、钻等多种方法，全力加快灾区排水。综合实施加强井筒排水、向无人的下部水平或采空区放水、钻孔排水等措施。应调集充足的排水力量，采用大功率排水设备、自动追排水系统、高压软体水管加快排水进度，并根据水质的酸性、泥沙含量等情况，调集耐酸泵和泥沙泵进行排水。排水期间，切断灾区电源，加强通风，监测瓦斯、二氧化碳、硫化氢等有害气体浓度，防止有害气体中毒，防止瓦斯浓度超限引起爆炸。

（3）可以利用压风管、水管及打钻孔等方法与被困人员取得联系，向被困人员输送新鲜空气、饮料和食物，为被困人员创造生存条件，为救援争取时间。在距离不太远、巷道无杂物、视线较清晰时可考虑潜水进行救护。潜水员携带氧气瓶、食物、药品等送往被困人员地点，打开氧气瓶，提高空气中的氧气浓度。

五、安全注意事项

（1）水灾事故时，在事故地点附近的人员应迅速向矿调度室汇报，及时向可能波及区域的人员发出警报通知。在保证自身安全的前提下，积极妥善地组织抢救工作。当水势较大、情况紧急时，应立即向突水点以上撤离，直至升井。来不及撤退被堵在独头巷道内时，应保持冷静，避免体力过度消耗，等待救援。

（2）在救援过程中，要设专人检查瓦斯和有害气体，井筒和井口附近禁止明火火源。如发现瓦斯涌出，应及时排放，以免造成灾害。清理倾斜巷道淤泥时，应从巷道上部进行。为抢救人员，需从斜巷下部清理淤泥、黏土、流砂或煤渣时，必须制定专门措施，设有专人观察，设置阻挡的安全设施，防止泥沙和积水突然冲下。

（3）当有人员被困时，首先应制定营救措施，并根据涌水量和排水能力估计排水时间。如需较长时间，可考虑向被困人员地点打钻输送空气、食物，但水位必须低于被困人员所在独头上山的最高标高。抢救和运送长期被困人员时，应注意环境和生存条件的变化，严禁用灯光照射被困人员的眼睛，要小心搬运、保护体温、防止休克，进行必要的医疗急救处置后再将其尽快送往医院治疗。

六、相关工作要求

（1）严禁向低于被淹水位标高，可能存在被困人员的地点打钻，防止独头巷道生存空间空气外泄，水位上升，淹没人员，造成事故扩大。

（2）处理上山巷道突水时，禁止由下往上进入突水点或被水、泥沙堵塞的区域，防止二次突水、淤泥的冲击。从平巷中通过这些区域时，要加强支护，防止泥沙下滑。

（3）处理水灾事故时，救护队必须带齐救援装备，应特别注意检查有害气体（甲烷、二氧化碳、硫化氢）和氧气浓度，以防止有害气体中毒和缺氧窒息。

第三章

煤与瓦斯突出事故救援案例

案例二十　贵州黎明能源集团有限责任公司金沙县西洛乡东风煤矿“4·9”较大煤与瓦斯突出事故

2021 年 4 月 9 日 8 时 47 分，贵州黎明能源集团有限责任公司金沙县西洛乡东风煤矿（简称东风煤矿）发生较大煤与瓦斯突出事故，突出煤量 1028 t、瓦斯量 5.4×10^4 m^3，造成 8 人死亡、1 人受伤，直接经济损失 1238.22 万元。

一、矿井基本情况

（一）矿井概况

东风煤矿位于贵州省毕节市金沙县西洛乡，设计生产能力 45×10^4 t/a，建设矿井，股份制企业。山东泰丰控股集团有限公司为东风煤矿主要投资人（占股 70%）和实施管控的上级公司。贵州黎明能源集团有限责任公司按约定向东风煤矿收取管理费，主要对东风煤矿上报的作业规程、安全技术措施、防突专项设计、瓦斯抽采设计、瓦斯抽采达标及消突评价报告等进行审批，对东风煤矿开展安全隐患排查、安全检查，对安全技术工作进行指导。2016 年 8 月开工建设，建设工期延至 2021 年 6 月 30 日。矿井采用斜井开拓，已形成中央并列抽出式通风，主、副斜井进风，回风斜井回风。全矿划分为 2 个水平（+980 m 水平、+827 m 水平）3 个采区，设计开采 M4、M5、M9、M13 等 4 个煤层。其中，M9、M13 煤层为突出煤层，矿井初采 M9 煤层，为煤与瓦斯突出矿井。矿井已安装 KJ66X 型安全监测监控系统。

（二）事故巷道（区域）基本情况

事故发生时，井下布置有 10901 开切眼（上）、10901 开切眼（下）、10902 开切眼底抽巷、+897 m 底抽巷、+967 m 底抽巷等 5 个掘进工作面，无采煤工作面。

10901 首采工作面布置在 M9 煤层，已完成运输巷（长 373 m）、回风巷（长 211 m）施工，10901 开切眼设计长度 126 m，平均坡度 27°。10901 开切眼（下）和 10901 开切眼（上）分别于 2021 年 3 月 24 日、25 日开口相向施工。其中，10901 开切眼（下）沿 M9 煤层顶板自 10901 运输巷 373 m 处开口掘进，巷道断面为矩形，净高 2.1 m，净宽 2.8 m，采用炮掘工艺，人工出矸，溜槽自溜。至事故发生时 10901 开切眼（上）已掘进 33 m、10901 开切眼（下）已掘进 66 m，还剩 27 m 贯通（图 3－1）。

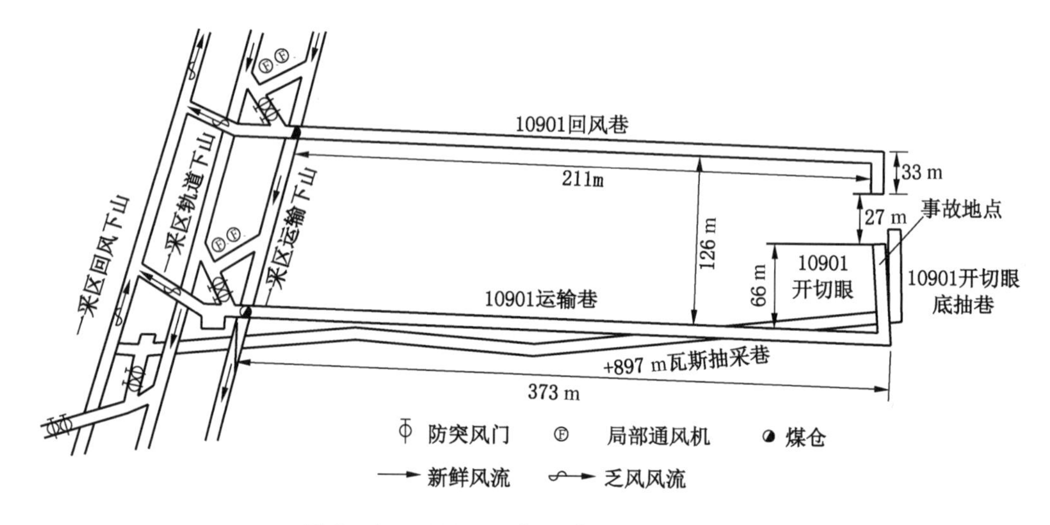

图 3－1　10901 工作面布置平面示意图

10901 开切眼布置在 M9 煤层，沿顶板掘进。M9 煤层厚度 1.53～3.45 m，平均 2.42 m；倾角 24°～28°，平均 27°。

10901 工作面采用底抽巷穿层预抽煤巷条带煤层瓦斯的区域防突措施。10901 开切眼底抽巷设计与 10901 开切眼平行，坡度 +27°，施工中由于钻机运输困难，煤矿决定将坡度调整为 +18°，实际成巷坡度为 +14.2°，但未调整区域穿层抽采钻孔设计参数，造成施工的钻孔未能穿透煤层，不能完全覆盖 10901 开切眼（下）掘进条带区域。

二、事故发生经过

4 月 9 日零点班，跟班矿领导总工程师肖某带领工人在 10901 开切眼（下）施工超前排放钻孔，第 1 个钻孔施工至 5 m 时喷孔，人员撤至 10901 开切眼（下）出口外约 100 m 处。瓦斯浓度降低后，肖某又带领工人继续施工超前排放钻孔。6 时许，施工至第 13 个排放钻孔时，再次发生喷孔，现场人员撤至 10901 开切眼（下）掘进工作面两道防突风门之间。6 时 20 分许，肖某将 10901 开切眼（下）打钻喷孔严重等情况电话告知矿长王某。7 时 40 分许，零点班工人升井。当班一共施工 13 个排放钻孔，第 1 个孔深 5 m、其余均为 4 m。

4 月 9 日 7 时许，带班矿领导赵某主持召开早班班前会，当班共 49 人入井，其中 7 人到 10901 开切眼（下）施工超前排放钻孔，其余人员在 +980 m 车场发料、+827 m 水仓清理、10902 开切眼底抽巷掘进，跟班人员为施工单位谭某。

7 时 45 分许，10901 开切眼（下）盯班矿领导李某、谭某和班长张某等 9 人入井进入 10901 开切眼（下）。8 时许现场交接班，肖某将喷孔严重等情况告知李某后升井。8 时 30 分许，谭某将人员位置监测系统识别卡交给班长张某后升井。

8 时 47 分，冲击波将进入 10901 运输巷准备吊挂电缆的杂工黎某冲倒，矿井安全监测监控系统显示 10901 运输巷回风甲烷传感器、10901 运输巷煤仓甲烷传感器、总回风巷甲烷传感器先后超限报警（最高浓度达 75.99%）。

三、事故直接原因

M9 煤层具有煤与瓦斯突出危险性，10901 开切眼遇地质构造，煤层变厚，构造应力与采掘应力叠加导致突出危险增大；底抽巷穿层预抽开切眼煤巷条带瓦斯钻孔未覆盖开切眼掘进区域，区域防突措施失效，实际未消除煤层突出危险性；施工超前排放钻孔诱发煤与瓦斯突出。

四、应急处置与救援

（一）企业先期处置

事故发生后东风煤矿迅速通知井下撤人，启动应急救援预案，并向上级有关部门汇报，请求增援。

（二）各级应急响应

事故发生后，国务院领导及应急管理部、国家矿山安全监察局主要领导分别作出批示要求，贵州省主要领导紧急部署，副省长率贵州煤矿安全监察局、省应急管理厅等有关部门领导赶赴事故现场，指挥事故抢险救援工作。毕节市委、市政府，金沙县委、县政府，以及相关部门负责人立即赶赴现场，开展事故抢险和善后处理工作。

现场成立以毕节市人民政府副市长为组长的应急救援指挥部，下设井下救援、医疗保障、社会稳控、信息工作、网络舆情、后勤保障、善后处置等 7 个工作组，在省应急管理厅、煤矿安全监察局、能源局的指导下有序开展救援工作。

迅速调集金沙县应急救援大队、六枝救护大队、永贵救护大队、林东救护大队、林华煤矿救护队、兖贵救护大队等 6 支救援队伍共 17 个小队，23 辆车，163 名指战员参与事故抢险救援，由金沙县应急救援大队大队长为救援队伍总指挥。

另外，金沙县人民医院、中医院、西洛街道卫生院 3 支医疗队伍，9 辆医疗救护车，31 名医护人员先后赶赴现场，负责医疗救治。还调集消防救援、道路交通、乡镇政府及公安派出所等有关人员到现场，开展应急处置、后勤保障、秩序维护、善后处置、舆情监测等相关工作。

（三）制定救援方案

现场抢险救援指挥部初步制定救援方案：

（1）千方百计营救被困人员，积极协调准备救援装备、设备、人员，确保连续高效开展突出煤矸清理。

（2）加强现场安全管理，科学施救，严防次生事故发生。省、市能源局及煤监局安排处级以上领导值守现场，设立井下前沿指挥部，统一协调指挥调度，设专人检查工作地点瓦斯浓度，设专人观察巷道顶板变化情况等。

（3）加快运输巷煤粉清理进度，配齐局部通风机及备用风筒，保障现场供风量；持续洒水，防止煤尘飞扬；抽放瓦斯管路紧跟工作地点前沿，进一步降低瓦斯涌出量。

（4）安排好现场清理及人员交接班工作，每班工作 4 h，人歇工不停，同时保障救援物资供给以及机电运输设备的正常运行。

（5）积极搞好医疗保障、社会稳控、网络舆情、后勤保障、善后处置等工作，及时主动、客观、准确发布事故抢险救援进展情况，防止负面炒作。

（四）抢险救援过程

1. 灾区侦察搜救情况

4 月 9 日 9 时 35 分，金沙县应急救援大队副大队长带两个小队入井侦察，搜救井下被困人员。现场指挥员安排，一小队进入 10901 运输巷执行侦察搜救任务，二小队在风门外待命。

一小队到达 10901 运输巷风门处（图 3－2）时，风机运行正常，随后，救援人员打开风门进行气体检测，测得瓦斯浓度为 25%、氧气浓度为 15%；行进至距回风口 10 m 左右时，T_2 瓦斯传感器显示数据为 12.1%，现场实测瓦斯浓度为25%。

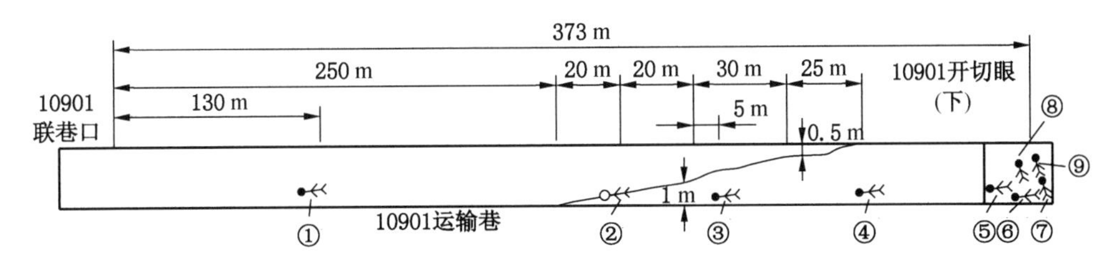

图3-2　10901工作面煤与瓦斯突出事故救援现场示意图

一小队到达风门以里130 m处发现第1名被困人员（编号为①，面部向下，头朝外，处于昏迷状态），该处瓦斯浓度为24%、氧气浓度为16%。救援人员立即为该被困人员佩戴好氧气呼吸器并搬运至风门外新鲜风流中，转交给二小队，二小队救援人员又对其进行了急救，但生命体征不明显。10时58分，二小队将该被困人员从副井送至地面交给医护人员救治（后经抢救无效死亡，第1名被困人员亦即第1名遇难人员）。

救援人员继续沿10901运输巷侦察搜救，到250 m处发现煤粉堆积厚度约5 cm；10时15分在270 m处发现第2名被困人员（编号为②），经检查身体特征能自主呼吸、意识模糊。现场检测该处瓦斯浓度为20%、氧气浓度为17%，救援人员立即为其佩戴上2 h氧气呼吸器。10时50分，现场救援人员将其护送至地面交给医护人员（后经治疗脱离危险）。

随后救援人员返回10901运输巷继续侦察搜救，在270 m以里堆积物开始逐渐增厚，形成安息角；到290 m处突出堆积物厚度已达1 m左右，风筒断开，人可通行，直到320 m处堆积物厚度距顶板只有50 cm左右，带式输送机被掩埋，人员无法进入，检测瓦斯浓度为70%。

11时1分，救援大队总工程师带领一个小队入井扩大搜救范围，+897 m底抽巷、10901回风巷、总回风巷直至地面，巷道情况正常，瓦斯浓度0.3%左右，在搜救范围内未发现被困人员。

2. 后续抢险救援工作

随着救援工作进展，指挥部进一步细化完善救援方案：

（1）加快突出物清理，搜救被困人员。在救护队现场监护下，每班安排两个组分工协作，最前面用钉耙扒，后面用铲子翻、用簸箕传，在清理煤矸前部巷底铺上木板，方便行人。

（2）保证运输线路畅通。恢复带式输送机、刮板输送机等运输设备，每5 m打一压柱固牢刮板输送机，注意防止煤仓被堵。

（3）强化现场救援准入管理。分别在矿井主井和副井井口安排专人值守，主井口凭通行证入井，副井口设置警戒，严格入井人员管理。

（4）在保证安全的前提下，合理安排力量搭配，加快救援进度。

（5）安排专职队伍运送救援设备材料。包括现场所需的支护材料、机电配件、瓦斯管路、供风风筒、木板等。

4 月 10 日 3 时 20 分，带式输送机机尾安装调试完毕。指挥部命令，280 m 以里安装刮板输送机 1 套。5 时左右，刮板输送机安装完毕后开始运行。

11 时 59 分，清理煤矸至 10901 运输巷风门以里 295 m 处发现第 2 名遇难人员（编号为③），距巷道右帮 1. 2 m，呈俯卧状，头朝风门，12 时 45 分运至地面。14—20 时，当班安装水泵，在底抽巷施工钻孔放水。

11 日 8 时，清理至 311. 5 m 处，距开切眼剩余 61. 5 m。

12 日 21 时 29 分，345 m 处清理两帮浮煤时，在综掘机二级运输皮带下右侧发现第 3 名遇难人员（编号为④），俯卧，身上有识别卡、矿灯（无灯头）、双脚无水鞋。

13 日 3 时 55 分，清理至距开切眼口 3 m 位置；7 时 44 分，在开切眼下口运输巷右帮发现第 4 名遇难人员（编号为⑤），身上有便携式瓦斯检测仪、矿灯（无灯头），身体靠右帮，俯卧，头向风门。

12 时 32 分，在开切眼正下方右帮发现第 5 名遇难人员（编号为⑥），身体靠运输巷右帮、头朝运输巷、仰卧、面向顶板。

13 时 43 分，发现第 6 名遇难人员（编号为⑦），身体靠右帮、坐姿、面朝运输巷迎头、身上有识别卡和矿灯。

14 时 15 分，发现第 7 名遇难人员（编号为⑧），俯卧、面朝下、头斜对右帮，身上有矿灯和识别卡。

14 时 28 分，发现第 8 名遇难人员（编号为⑨），俯卧、面朝下、头朝右帮、身体靠运输巷迎头，身上有识别卡和小笔记本。

至此所有被困人员已全部找到并运至地面，指挥部宣布本次抢险救援工作结束。

五、总结分析

（一）主要经验

（1）领导重视，组织得力是根本保障。各级党委、政府高度重视，应急响应及时到位，组织得力，救援有序，方案措施正确，并根据抢险救援进展情况，及时调整救援方案措施，大大加快了救援进度。

（2）争速度，抢时间，成功救出 1 名昏迷的被困人员。救援人员行动迅速，第一时间入井侦察搜救，遇到被困人员积极施救，技术过硬，成功救出 1 名半昏迷的被困人员。

（二）存在问题

（1）事故初期，矿井自救互救存在一定风险，特别是瓦斯突出事故，缺乏必要装备，盲目进入灾区施救是非常危险的。救援人员必须在确保自身安全的前提下进行救援。因此，无专职救援队伍的矿井，按要求组建自己的兼职救护队是非常必要的，这在《煤矿安全规程》中也有明确规定。

（2）职工避灾能力不足。出现突出征兆后麻木不仁，现场人员不及时撤离已经习以为常；忽视作业地点附近安全避险设施作用；不知道打开使用自救器等。

专家点评

◆这是一起没有其他灾变参与的单一煤与瓦斯突出事故，抢险救援相对来说不复杂。但值得肯定的是，事故抢险救援过程中，领导靠前指挥，组织到位，分工明确，确保了抢险救援工作快速有序开展。

◆救援方案科学，措施针对性强，特别是本案例清理突出物的措施简单适用，现场操作效果好，对煤与瓦斯突出事故处理具有较好的借鉴意义。例如，实行两班 4 h 轮换作业方式，人歇工不停；每班又分两个组轮流作业，最前面扒、中间铲、后面簸箕传；铺上木板，方便行人；抽放瓦斯管路紧跟工作地点前沿，抽排前方涌出的瓦斯；安排专职队伍运送救援设备材料等。

◆救援亮点是成功救出 1 名被困人员，救援人员素质过硬值得表扬。煤与瓦斯突出事故发生后，抢险救援必须与时间赛跑，早入井侦察搜救就会为被困生存者获救争取到宝贵时间，本案例第 2 名被困人员成功获救就是证明。

◆本次事故后续清理恢复工作存在一定风险。由于 8 名遇难人员均在 10901 运输巷及下开切眼口附近搜救找到，救援工作结束。但后期 10901 开切眼（下）下段 66 m 巷道的突出物清理和巷道恢复工作，因坡度大于 27°，开切眼巷道原支护可能破坏，突出的煤与矸石堆积严重，且瓦斯涌出量大，给施工作业带来很大难度和危险性，需要高度重视，小心谨慎，施工前必须制定专项安全技术措施。

案例二十一　鹤壁煤电股份有限公司第六煤矿“6·4”较大煤与瓦斯突出事故

2021年6月4日17时40分，鹤壁煤电股份有限公司第六煤矿（简称鹤煤六矿）发生较大煤与瓦斯突出事故，突出煤量1020 t、瓦斯量71251 m^3，造成8人死亡、1人轻伤，直接经济损失892.39万元。

一、矿井基本情况

（一）矿井概况

鹤煤六矿位于河南省鹤壁市山城区，隶属于河南能源化工集团有限责任公司（简称河南能源）鹤壁煤电股份有限公司（简称鹤煤股份）。鹤煤股份由鹤壁煤业（集团）有限责任公司（简称鹤煤集团）为主要发起人，于2001年1月10日成立，包含鹤煤六矿等5处煤矿（核定生产能力550×10^4 t/a）及其他11家下属单位，为省属国有企业。鹤煤六矿核定生产能力130×10^4 t/a，开采$二_1$煤层，平均煤厚7.82 m，煤层瓦斯含量10.51～17.98 m^3/t，瓦斯压力1.0～1.65 MPa，绝对瓦斯涌出量68.41 m^3/min，相对瓦斯涌出量36.91 m^3/t，透气性系数1.43～1.99 $m^2/(MPa^2\cdot d)$，属煤与瓦斯突出矿井。煤层自燃倾向性等级为Ⅲ类，煤尘具有爆炸危险性。矿井开拓方式为立井多水平上下山开拓，有211采区、212采区、30采区3个生产采区，布置有1个采煤工作面、4个岩巷掘进工作面、3个煤巷掘进（扩修）工作面。通风方式为两翼对角抽出式通风，主井、新副井、老副井为进风井，小庄风井、东风井为回风井。建有地面永久瓦斯抽采泵站和井下移动瓦斯抽采泵站，安装KJ2000X型安全监控系统和KJ69J型人员定位监测系统，建立了井下紧急避险、压风自救、供水施救、通信联络等系统。事故发生前处于正常生产状态，属证照齐全生产矿井。

鹤煤集团双祥分公司（简称双祥分公司）为鹤煤集团建立的瓦斯治理专业化队伍。双祥分公司与鹤煤六矿签订协议，派出261队、262队2个瓦斯治理专业化队伍，按照鹤煤六矿钻孔设计、安全技术措施组织瓦斯抽采钻孔、水力冲孔等工程施工（3002底抽巷、3002下底抽巷穿层钻孔等施工由262队负责），并由鹤煤六矿负责对其打钻、敷设筛管、封孔质量进行考核检查。

（二）事故巷道（区域）基本情况

事故发生在3002下顺槽掘进工作面。为掘进3002下顺槽，先从3002底抽巷开口掘进3002一横川，掘进30 m后于2021年2月24日开始揭煤，3月10日完成揭煤后继续掘进52.96 m，于5月11日开始拐弯掘进3002下顺槽（设计长度532.5 m）。3002下顺槽沿二$_1$煤层顶板掘进，为矩形断面，宽5.2 m，高3.4 m，断面积17.68 m^2，采用锚网索+W型钢带联合支护。掘进工艺为全断面爆破，综掘机刷帮装煤，每循环进尺0.7 m，至事故发生时共掘进31 m（图3-3）。

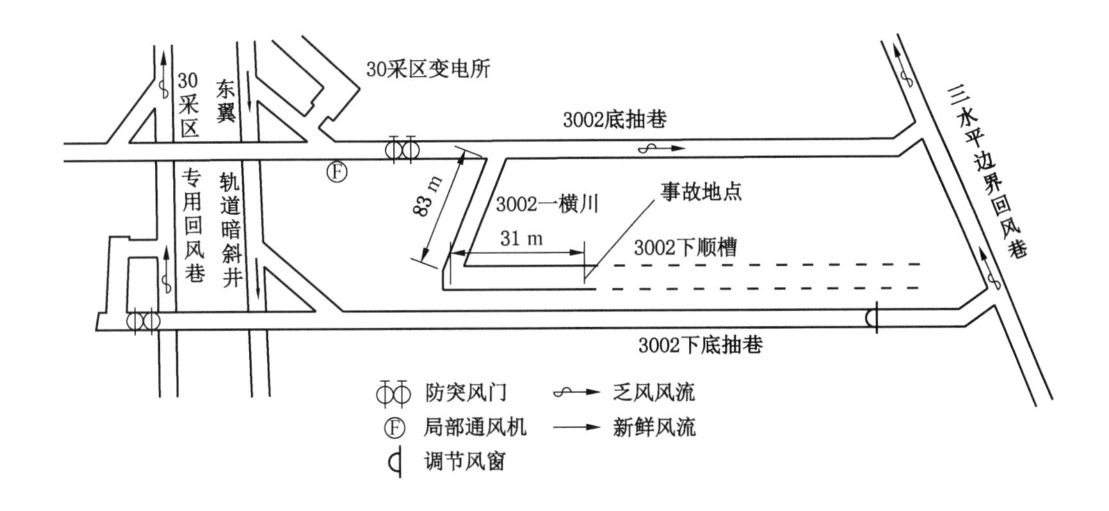

图3-3　3002下顺槽平面布置示意图

3002下顺槽采用穿层钻孔预抽煤巷条带煤层瓦斯的区域防突措施，达标评判合格后，又设计在3002下底抽巷补充施工两轮穿层钻孔抽采3002下顺槽瓦斯，均采取水力冲孔增透措施。至事故发生时，第二轮穿层抽采钻孔已施工完成7个，水力冲孔位置均在3002下顺槽掘进工作面前方15 m范围内。

为提高抽采效果，3002下顺槽掘进期间，矿井在3002一横川距3002下顺槽9 m范围内，平行3002下顺槽掘进方向施工了10个60 m深的顺层钻孔预抽煤层瓦斯。

2011—2014年，鹤煤六矿组织实施了瓦斯治理示范矿井地面瓦斯抽采工程，共施工3组U型地面压裂井，距离事故地点分别为138 m、239 m、436 m。

二、事故发生经过

2021年6月4日四点班，共安排344人入井作业，其中煤巷二队18人，8人在3002下顺槽反向风门以里区域作业（6人在掘进工作面，2人开刮板输送机），其余10人在反向风门以外区域作业。同时，在反向风门以里还有钻探队

2 人移动钻机，瓦斯检查员 1 人检查瓦斯。

6 月 4 日 17 时 19 分，当班带班矿领导和通风科长、安检员进入 3002 下顺槽掘进工作面，见作业人员使用综掘机在迎头割煤掘进，便要求停止掘进机运行，强调“3002 下顺槽只能在全断面爆破后，综掘机才能拾煤”。17 时 36 分，带班矿领导、通风科长、安检员等 5 人在反向风门以里 5 m 处记录安全隐患，其间刮板输送机再次全部启动。17 时 40 分，该 5 人听到连续煤炮声，并感到气流夹杂着煤尘吹过来，意识到发生了事故，便立即撤出反向风门。位于反向风门以里区域 9 人被困。

三、事故直接原因

3002 下顺槽煤层具有突出危险性，采取的防突措施未消除突出危险，3002 下顺槽掘进工作面迎头区域穿层钻孔、水力冲孔造成应力重新分布，地面压裂井造成应力集中，增加突出危险性，综掘机割煤扰动煤体，诱导煤与瓦斯突出。

四、应急处置与救援

（一）企业先期处置

事故发生后，鹤煤六矿立即启动应急救援预案，开展先期处置，核实井下人员、组织停电撤人、恢复通风系统等相关应急工作，并按规定程序于 6 月 4 日 18 时向鹤煤集团、河南煤矿安全监察局豫北监察分局报告事故情况，随后向鹤壁市应急管理局、工业和信息化局及鹤壁市煤炭行业安全环保服务中心报告事故情况。

（二）各级应急响应

事故发生后，党中央、国务院高度重视并作出重要批示，应急管理部主要领导对抢险救援工作及事故防范措施作出指示，视频连线事故现场，对抢险救援工作提出具体要求，并及时派出现场工作组抵达事故现场，指导抢险救援工作。国家安全生产应急救援中心同时调派国家矿山应急救援平顶山队紧急驰援。

河南省委、省政府主要领导作出批示部署，组织人员全力抢救被困人员，防止发生次生灾害，举一反三加强安全生产工作。省长及常务副省长第一时间赶赴河南能源视频调度中心进行指挥调度，主管副省长带领省应急管理厅、省工业和信息化厅、省国资委、河南煤矿安全监察局等部门领导赶赴事故现场指导抢险救援工作。鹤壁市委、市政府主要负责人等也迅速赶赴事故现场，组织指挥抢险救援工作。迅速成立以主管副省长为指挥长的抢险救援指挥部，并设立了现场救援、善后处理和后勤保障、信息舆情、综合协调、专家指导、医疗保障、治安保卫等7个工作组；调集专业矿山救援队伍、消防救援队伍、医疗队伍等救援力量，投入抢险救援工作。

6月5日10时40分，应急管理部工作组抵达事故现场，及时听取了现场指挥部关于事故救援进展情况汇报，传达上级领导重要批示精神，现场勘查、了解掌握救援工作进展，指导协调现场抢险救援工作，并根据矿山救援队前期侦察情况，会同现场指挥部相关专家制定完善救援方案，召集参与救援的国家矿山应急救援平顶山队、焦煤集团救护大队、鹤煤集团救护大队、鹤壁市消防救援支队，研究落实相关措施，提出了具体意见建议：一是全力以赴抢救被困人员。在确保安全的前提下加快事故巷道的瓦斯排放和突出物清理，加快救援速度，加强现场救援指挥调度，确保地面和井下的救援指挥协调一致。二是科学有序施救。严格控制井下人员数量，做好全过程安全监护、顶板支护等防范工作，进一步核清入井、升井、被困人员人数，并严格做好救援人员入井记录。三是严防次生灾害事故。在救援过程中要把确保救援人员的生命安全放在第一位，科学稳妥地推进抢险救援工作，要加强瓦斯监测监控，加大瓦斯排放力度，确保清理作业时瓦斯不超限，并做好喷雾降尘处理，防止煤尘爆炸事故发生，确保救援人员安全。四是及时回应社会关切。要随时关注舆情社情，全力做好遇难者家属心理安抚工作，准确地发布事故相关信息。五是深刻吸取事故教训。要举一反三，逐头逐面对河南省内所有突出矿井开展安全排查，坚决做好汛期及“七一”前后包括非煤矿山在内的矿山安全生产工作。

（三）制定救援方案

根据救护队侦察情况，指挥部研究制定如下抢险救援方案。

（1）采取措施，减少 -585 m 北大巷、3002 底抽巷过风量，停止 3002 开切眼局部通风机运转，去掉 3002 底抽巷方向风门，扩大过风断面，以加大 3002 底抽巷过风量，尽快稀释其中的瓦斯。

（2）由矿方负责，做好恢复 3002 底抽巷刮板输送机运行的准备工作。以便在排放 3002 底抽巷正反向风门至 3002 一横川交岔口之间的瓦斯后，为搜救被困人员创造运输条件，加快突出的煤矸清理进度。

（3）加快清理 3002 一横川、3002 底抽巷突出的积煤，畅通回风道。救护大队负责全程监护，接风筒排除 3002 一横川及以里的瓦斯，加强气体检测，保证现场作业人员安全。

（4）由矿方负责，加大水压调整事故地点供水，使用喷雾洒水，防止煤尘飞扬。

（5）清煤过程中，救护队加强被困人员的搜寻探查，发现被困人员立即抢救。

（四）抢险救援过程

6 月 4 日 18 时 6 分，鹤煤集团救护大队接到鹤煤集团调度通知“鹤煤六矿3002 下顺槽掘进头瓦斯超限，人员情况不详”后，鹤煤集团救护大队 2 个小队紧急出动赶赴鹤煤六矿进行救援，同时通知大队下班救援人员紧急归队待命。20 时 30 分，国家矿山应急救援平顶山队接到国家安全生产应急救援中心紧急出动命令后，迅速出动 2 个小队，连夜奔赴鹤煤六矿支援。21 时，焦煤集团救护大队接到命令后率 2 个小队赶赴事故矿井。

6 月 4 日 18 时 21 分，鹤煤集团救护大队 2 个小队率先到达事故矿井，按照指挥部命令对 3002 下顺槽巷道堵塞情况、通风系统、瓦斯浓度和波及范围等情况进行实地侦察（图 3－4）。侦察时如遇火源立即扑灭，遇到被困人员立

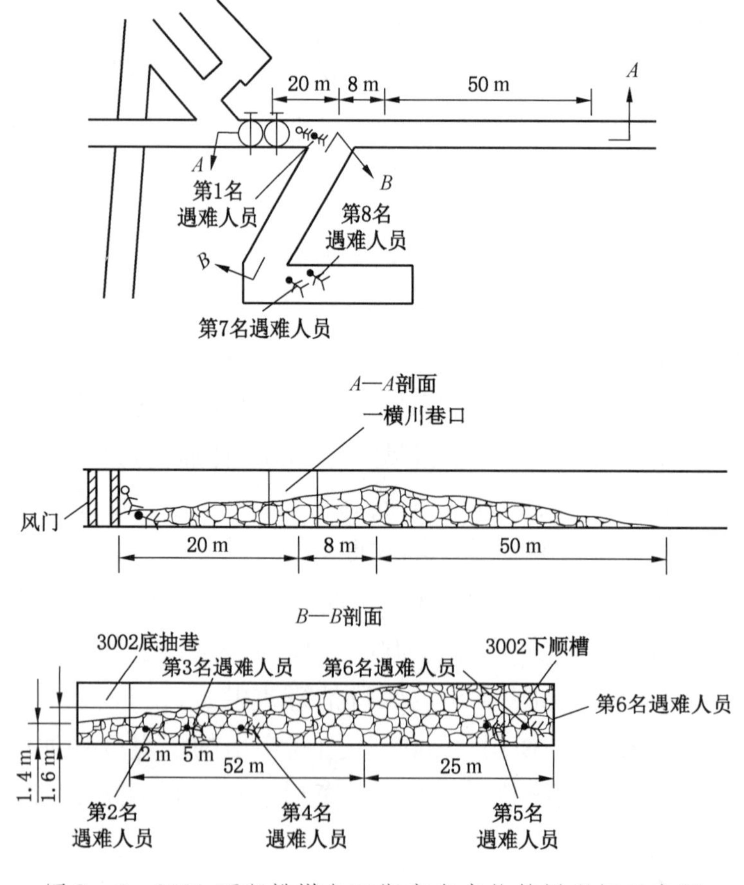

图 3－4　3002 下顺槽煤与瓦斯突出事故救援现场示意图

即救助脱险。领取任务后，指挥员立即带领2个小队从新副井入井，经东翼轨道暗斜井到达事故地点附近。根据现场情况，决定将井下基地设在3002下顺槽风门外硐室内。安排一个小队由3002下顺槽进风巷进入侦察，打开下顺槽第一道风门，测得两道风门中间气体情况，CH_4浓度为0、CO浓度为0、O_2浓度为20%，因里边一道风门的反向门无法打开，选择破开里道风门上调节窗进入。在反向风门后遇到1名被困人员，煤埋至胸部，口吐白沫，有生命体征，呈站立状，面朝风门方向，积煤厚约1 m，随后展开营救。成功营救出该名被困人员后，在其下方位置发现第1名遇难人员，呈右侧卧位，头朝风门方向，此处气体CH_4浓度为4%、CO浓度为0、O_2浓度为17%，温度为23 ℃。

之后，侦察小队继续向前侦察20 m到达3002底抽巷与一横川交岔口处，积煤厚约1.4 m，检查气体CH_4浓度为8.5%、CO浓度为0、O_2浓度为15%，温度为24 ℃。侦察小队先沿一横川侦察，行至6 m处积煤厚1.6 m，CH_4浓度为40%、O_2浓度为9.5%，往里积煤距离顶板高度越来越小，煤尘大，能见度低，未发现被困人员，爬行至52 m处，积煤距离顶板高度0.3 m，此处气体CH_4浓度为70%、CO浓度为0、O_2浓度为6%。人员无法进入，撤回，拐向3002进风巷底抽巷侦察。向里8 m处积煤距离顶板高度0.6 m，继续向前爬行侦察，爬行50 m后巷道积煤越来越少，继续前行至三水平边界回风巷栅栏处，未发现被困人员，测量气体CH_4浓度为8.5%、CO浓度为0、O_2浓度为15%。侦察小队返回基地向指挥部汇报情况。

另一侦察小队沿3002下底抽巷进入三水平边界回风巷，再向-420 m皮带联络巷方向侦察，至联络巷口未发现被困人员，测得气体CH_4浓度为2.8%、CO浓度为0、O_2浓度为20%，温度为19 ℃。侦察小队返回基地，向指挥部汇报情况。

按照指挥部制定的抢险救援方案，救护队负责清煤现场监护，并向一横川接瓦斯排放管路。

6月4日23时55分，清煤至3002底抽巷与一横川交岔口2 m处，靠右帮风筒下方发现第2名遇难人员，煤埋过头顶，头朝风门方向，呈仰卧状；6日12时25分，清煤至交岔口里7 m处发现第3名遇难人员，位于巷道左帮，呈侧卧姿势，头朝外，面向右侧；6日16时，清煤至交岔口里16 m处发现第4名遇难人员；7日5时，清煤至3002下顺槽0.7 m处发现第5名和第6名遇难人员；7日14时40分，清煤至3002下顺槽3 m处发现第7名和第8名遇难人员，至此遇难人员全部找到。

6月7日15时30分，经过70多小时的连续奋战，成功救出1名井下被困人员，其他井下8名遇难人员全部找到（均遭突出煤炭埋压窒息死亡），顺利完成本次抢险救援任务，指挥部宣布救援工作结束。

另外，鹤壁市消防救援支队接到抢险救援指挥部指令后，立即调派2辆消防车、1辆卫星通信指挥车、1辆通信保障车、1辆宿营车、31名救援人员携带2架无人机、4套单兵图传、4套布控球、9部卫星电话及200余套应急抢险救援器材装备赶赴现场，并迅速搭建前方指挥部，建立纵连应急管理部，应急管理部消防救援局，河南省应急管理厅、消防救援总队，横接矿井视频监控、现场布控球的视频会商平台，及时上传救援现场图像、矿井图纸、救援进展情况等资料信息，为灾情救援提供立体化、可视化的指挥决策支撑系统。

五、总结分析

（一）主要经验

（1）领导高度重视，为救援工作提供了组织保障。各级党委、政府高度重视，各级应急响应及时到位，组织得力，救援有序，成功完成抢险救援任务。

（2）指挥部坚强有力，为科学施救提供了根本保障。指挥部方案措施科学正确，各小组履职尽责，各部门密切配合，矿山队伍与消防队伍相互协同，统一指挥，全力抢险救援。

（3）救援队伍攻坚克难，为高效处置赢得主动。特别是鹤煤集团救护大队面对恶劣的救援环境，不畏艰险，爬行在被积煤堆满和瓦斯浓度高达40%的巷道内侦察施救，第一时间从堵死的风门正上孔洞搭人梯爬入，成功救出一名幸存矿工，并为指挥部制定救援方案提供了较为详细的数据信息。

（4）建立起远程视频连线指挥系统，实现了事故现场、现场指挥部与上级指挥中心的直接联系，指挥系统更加方便快捷，统一协调指挥手段得到新的提升。

（二）存在问题

（1）应急救援协同联动机制还不够顺畅。在本次煤矿灾害事故中，参加应急救援的部门比较多，部门、队伍间的应急协调机制还不够顺畅，在救援体系建设上尚未形成一个整体。

（2）应急救援现场管理还需要进一步规范，事故初期的现场组织管理还存在忙乱现象，如各救援队伍在调配、投入和使用上，还不够统一、及时和有效；下井救援人员数量的管控、被困人员家属现场安抚、受伤人员和遇难人员核实还不够精准和有力；现场救援信息沟通相对滞后等问题。

（3）基层矿山救援队伍的一些常规救援装备配备不足。各救援队伍之间的装备配备匹配性、成套性较差，存在着同类装备的配件不通用、适用性差等问题。基层矿山救援队伍应急通信指挥装备短缺，信息化程度低，缺少必要的通信技术手段，队伍通信信息人才匮乏。

专家点评

◆抢时间、抓关键、争主动。这是一起没有其他灾变参与的单一煤与瓦斯突出事故，关键问题就是与时间赛跑。该事故指挥部制定的救援方案思路清晰。一方面尽快疏通堵塞的回风通道，扩大回风断面，为排放灾区瓦斯和后期通风创造条件；另一方面积极恢复3002下顺槽刮板输送机运转，为加快清煤进度创造良好运输条件。抓住了这两个关键环节，后期的抢险救援工作就争取了主动，抢险救援进度大大加快。

◆带队指挥员临场经验丰富、决策积极果断，发挥了重要作用，也是该事故救援的一大亮点。鹤煤集团救护大队成功救出1名被困人员，就是很好的说明。所以，遇到困难不退缩，积极主动想办法，往往能争得主动，创造奇迹。这种精神和做法值得提倡。

◆实战暴露出的问题。这次事故抢险救援鹤煤集团救护大队救援人员使用的一体式矿灯（无灯线），虽然携带方便，少了灯线干扰，但在实战清煤、搬运人员、爬行侦察等行动中，矿灯易从矿帽掉落，一旦掉入煤粉中，难以寻找，存在严重隐患，必须引起高度重视，其他救护队也要引以为戒，有类似情况进行纠正。

◆视频会商平台值得推广。特别是为今后遇到多部门、多队伍、跨地区甚至多事故点同时抢险救援的统一指挥与协调问题，提供了一种很好的借鉴和解决办法。

案例二十二　黑龙江龙煤鸡西矿业有限责任公司滴道盛和煤矿立井“6·5”较大煤与瓦斯突出事故

2021 年 6 月 5 日 12 时，黑龙江龙煤鸡西矿业有限责任公司滴道盛和煤矿立井（简称滴道立井）五采区三段 28 号煤层右 7 路大巷发生一起较大煤与瓦斯突出事故，突出煤量 793.8 t，涌出瓦斯约 1.02×10^4 m^3，造成 8 名人员被困。经过 32 h 紧张救援，8 名被困人员全部成功获救，直接经济损失为 40.331 万元。

一、矿井基本情况

（一）矿井概况

滴道立井位于鸡西市滴道区境内，隶属于黑龙江龙煤集团鸡西矿业公司，国有重点煤矿。1964 年开工建设，1974 年正式投产。矿井核定生产能力为 30×10^4 t/a，煤与瓦斯突出矿井，绝对瓦斯涌出量为 41.18 m^3/min，相对瓦斯涌出量为 23.09 m^3/t。

矿井采用立井单水平下山式开拓，通风方式为抽出式，通风方法为分区式。井下生产水平为 −480 m 水平，共有 5 个采区，分别为 2 个准备采区（五采区、二采区）和 3 个开拓采区（三采区、六采区、东采区）。事故发生时，井下共有 12 个掘进工作面，无采煤工作面。

矿井建立有 KJ999X 型安全监控系统、KJ133 型人员位置监测系统、压风自救系统、安全避险系统（采区建有永久避难硐室，各半煤掘进工作面设有临时避难硐室，在工作面设有 ZYJ－M6 型压风自救装置）、通信联络系统（重要地点安设应急广播系统）及供水施救系统。

（二）事故巷道（区域）基本情况

五采区为准备采区，两翼布置，开采 28 号煤层，该采区生产系统已形成。28 号煤层倾角 23°~26°（较稳定），煤层厚度 0.9~1.2 m，顶板为粉砂岩。28 号煤层瓦斯压力 0.84 MPa，瓦斯含量 8.22 m^3/t，放散初速度 11 m/s，煤的坚固性系数为 0.48。该采区有 2 处作业地点，分别是五采区三段左 9 路石门掘进工作面和五采区三段 28 号煤层右 7 路大巷（施工区域消突钻孔）。

事故地点为五采区三段 28 号煤层右 7 路大巷。该巷道为回采准备巷道，即五采区右 7 采煤工作面运输巷，沿煤层走向施工，标高 −610 m，工程量 600 m，其中岩石段115 m、半煤岩段485 m。巷道采用锚杆、锚索联合支护，巷道断面为倒梯形，宽4.2 m，中高2.5 m，净断面积10.5 m^2，如图3－5所示。煤层倾角23°～25°，煤层厚度0.9～1.0 m，存在软分层，2021年4月15日施工到位，由抽采区施工回采区域顺层防突钻孔。设计钻孔个数248个，长度80 m，孔径94 mm，全程下筛管囊袋两堵一注封孔预抽，截至事故发生时共施工钻孔203个，已连孔抽放202个，如图3－6所示。

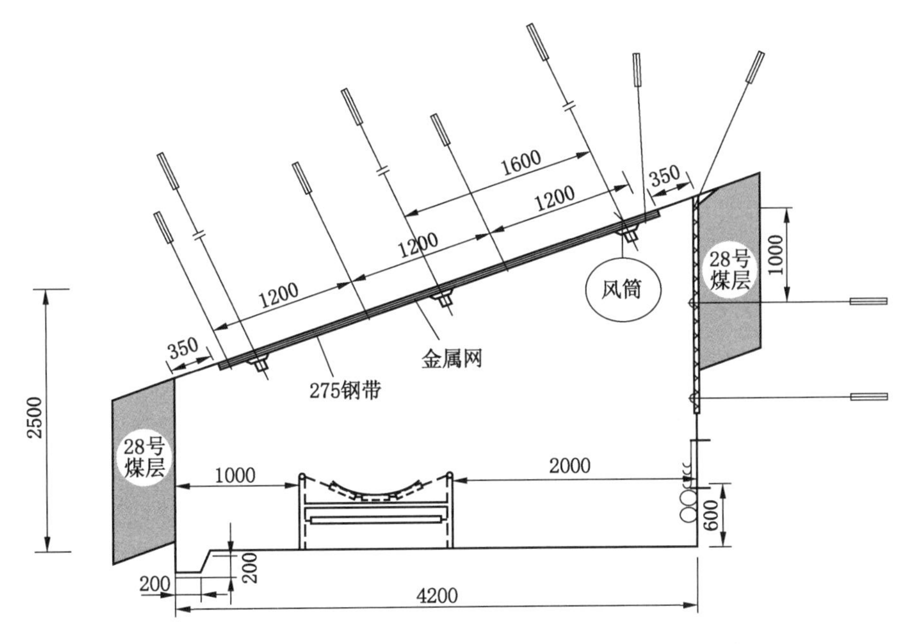

图3－5　五采区三段28号煤层右7路大巷断面示意图

二、事故发生经过

2021年6月5日零点班，抽采区工人在距五采区三段28号煤层右7路平巷停掘点130 m位置，施工94号区域消突钻孔，当施工至39 m时，钻孔出现不返风、夹钻等现象，打钻工将钻杆撤出。

6月5日八点班，抽采区打钻段段长周某组织召开班前会，安排打钻工张某、王某2人到五采区三段28号煤层右7路大巷，对94号钻孔下筛管并对接抽放，同时配合机修工修理钻机，安排工人韩某负责清货。8时30分许，4人进入28号煤层右7路大巷，到达停掘点134 m的钻机处，张某配合机修工毕某修理钻机，王某在钻机附近进行清理卫生，韩某在大巷内钻机里侧10余米处清理浮煤。其间，掘进二区机电副队长及4名工人进入大巷钻机作业地点里侧调整带式输送机、回撤开关等。瓦斯检查员郭某检查巷道内的瓦斯情况。11

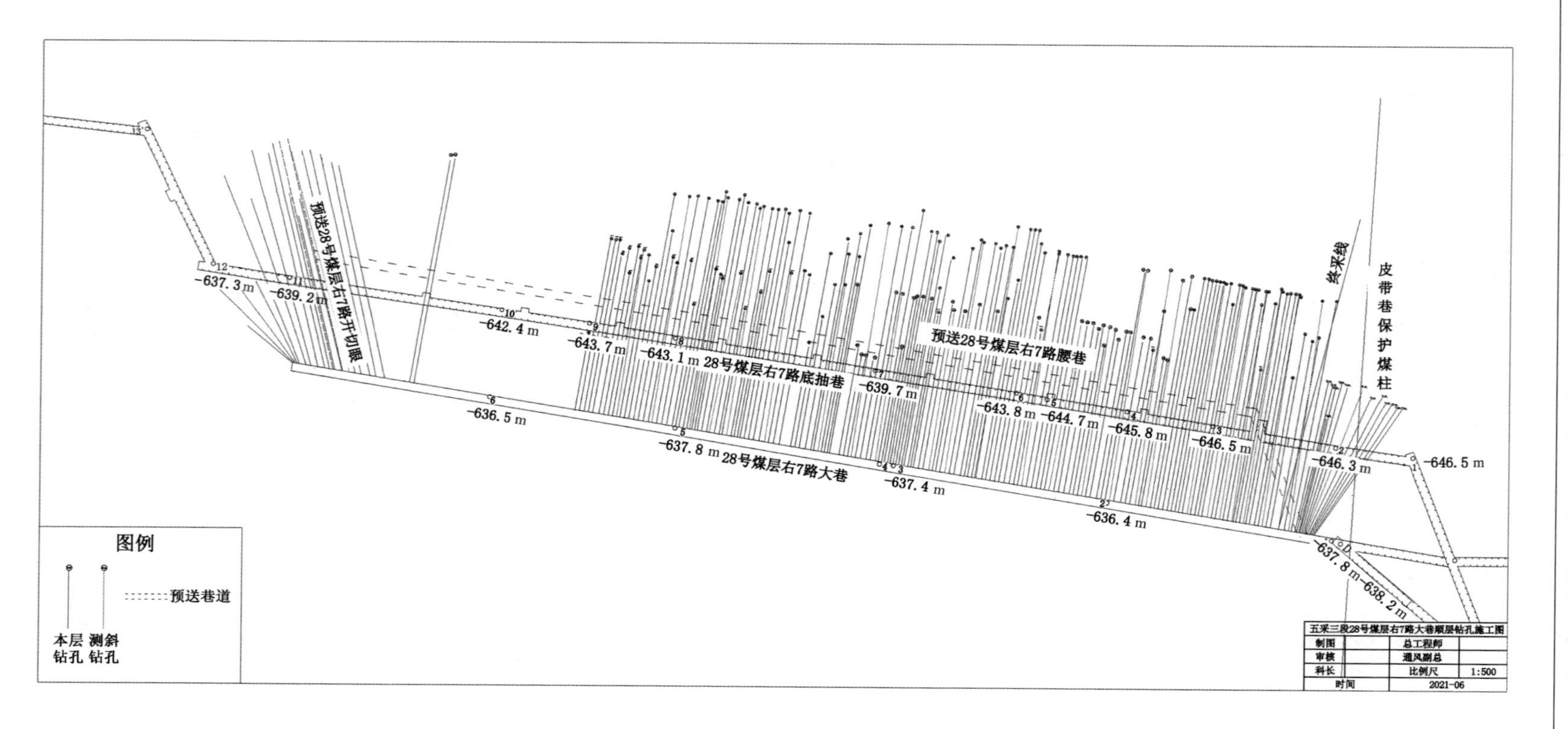

图 3-6　五采区三段 28 号煤层右 7 路大巷顺层钻孔施工图

时 30 分左右，钻机修好后，由王某负责操作钻机，张某接钻杆，开动钻机向钻孔内送钻杆，准备下筛管。12 时左右，当钻杆送到 39 m 孔底时，王某听到煤壁传出闷雷声，看到钻孔喷出黑烟，随即从钻机跳下来，下意识地回头，看见黑压压一片，并感到有气浪扑来，煤与瓦斯突出事故发生。

三、事故直接原因

滴道立井五采区三段 28 号煤层右 7 路大巷 94 号顺层钻孔区域地质条件发生变化，形成局部瓦斯压力集中区；该钻孔施工过程中反复多次钻进，造成周边煤体坍塌，致使孔径扩大，煤体失去安全屏障保护作用，在第四次钻进过程中扰动煤体、诱发煤与瓦斯突出。

四、应急处置与救援

（一）企业先期处置

6 月 5 日 12 时 7 分左右，滴道立井微机员于某发现井下五采区三段 28 号煤层右 7 路大巷工作面瓦斯超限报警，浓度达到 76.56%，立即通知当班调度员刘某。调度员刘某立即用电话多次联系五采区三段 28 号煤层右 7 路大巷工作面，均无人接听，随即启动应急救援预案，通知五采区变电所断电，五采区三段 8 路、9 路和 10 路立即撤人。

12 时 15 分许，五采区三段 28 号煤层右 7 路大巷当班瓦斯检查员郭某打电话向调度室汇报该工作面发生了事故。调度员刘某立即将事故情况报告安全副矿长、生产副矿长、通风副矿长和矿长等人。12 时 35 分左右，矿长通知调度员刘某向鸡西矿业公司汇报。16 时 58 分，鸡西矿业公司向哈南监察分局汇报。

（二）各级应急响应

事故发生后，应急管理部主要领导对抢险救援工作作出批示，相关领导提出明确要求，并多次与抢险救援指挥部视频连线，指导抢险救援工作。并派出工作组赴事故现场，于当日 19 时 6 分抵达事故矿井，指导抢险救援工作。与抢险救援指挥部共同研究救援方案；工作组指导鸡西矿业公司救护大队科学制定安全措施，看望慰问刚升井的矿山救援队救援人员，了解井下救援情况，叮嘱救援过程中加强监护，确保安全完成救援任务。

黑龙江省委书记作出批示，省长、副省长亲临现场指挥，省有关部门领导，以及鸡西市委、市政府主要领导分别到达现场参与指导抢险救援工作。现场成立了以龙煤集团鸡西矿业公司董事长为组长的抢险救援指挥部，下设抢险救灾组、技术专家组、通信信息组、舆情管控组、治安保卫组、善后处理组等

12 个组。调集救援队伍、设备和保障人员参与抢险救援。鸡西矿业公司救护大队 89 人，车辆 15 辆、救援保障车 1 辆，以及矿井工人开展抢险救援工作；鸡西市消防救援支队 46 人，车辆 9 辆，各类应急通信装备 60 余件（套）进行通信保障。同时，调动鸡西市道路交通管控人员、公安民警、医护人员等有关救援力量到现场开展后勤保障、秩序维护、善后处置、舆情监测等相关工作。

（三）制定救援方案

根据现场勘查情况并听取专家意见，抢险救援指挥部制定了救援方案：

（1）加快事故巷道的瓦斯排放和突出物清理。

（2）利用事故巷道原有的瓦斯排放系统抽平巷掘进工作面瓦斯。

（3）利用底抽巷打钻到事故巷道抽放瓦斯。

（4）制定安全措施，确保救援过程中救援人员的安全，防止发生次生灾害。一方面除救援作业现场外，井下其余地方全部停电，防止瓦斯爆炸；另一方面救援作业现场不间断进行洒水降尘，防止煤尘飞扬及爆炸。

（四）抢险救援过程

1. 被困人员自救互救过程

1）掘进二区工人自救过程

事故发生时，正在五采区三段 28 号煤层右 7 路大巷钻机里侧作业的掘进二区机电副队长等 5 人感觉一股气浪，温度瞬间升高，并伴有大量煤尘飞满巷道，同时风筒也无风了，他们意识到发生事故了。在机电副队长的提醒下，他们立即打开自救器并向压风管阀门处跑去。到达目的地后迅速将压风管路阀门打开，5 人趴在压风管阀门处呼吸新鲜空气。

2）打钻工自救过程

事故发生时，王某、张某正在操作钻机，被冲击波推倒后，王某当即失去知觉，张某爬起来，过去搀扶着王某向大巷里侧走去。此时，不远处的韩某也被气浪推倒在输送带上，他立即戴上自救器，弯着腰跑到机电副队长等人所在的压风管阀门处呼吸新鲜空气。韩某看见张某搀扶着王某向压风管阀门处走来，他又戴上自救器过去和张某一起将王某扶到压风管阀门处。到达后，张某、王某昏迷过去。

3）被困人员互救过程

机电副队长等 6 人体力恢复一些后，对王某采取了清理口鼻煤粉、掐人中等施救措施，过了很长时间，王某才慢慢苏醒过来。同时，其他人员把张某移到压风管阀门附近，利用新鲜风流直吹口鼻的方式进行施救。不久，张某也慢慢苏醒过来。其间，韩某戴着自救器将抽采管路的 10 余处阀门打开，构成简易通风系统，使有害气体被抽出，为避险空间空气循环创造了有利条件。之后，8 人一直在压风阀门附近等待救援（图 3－7）。

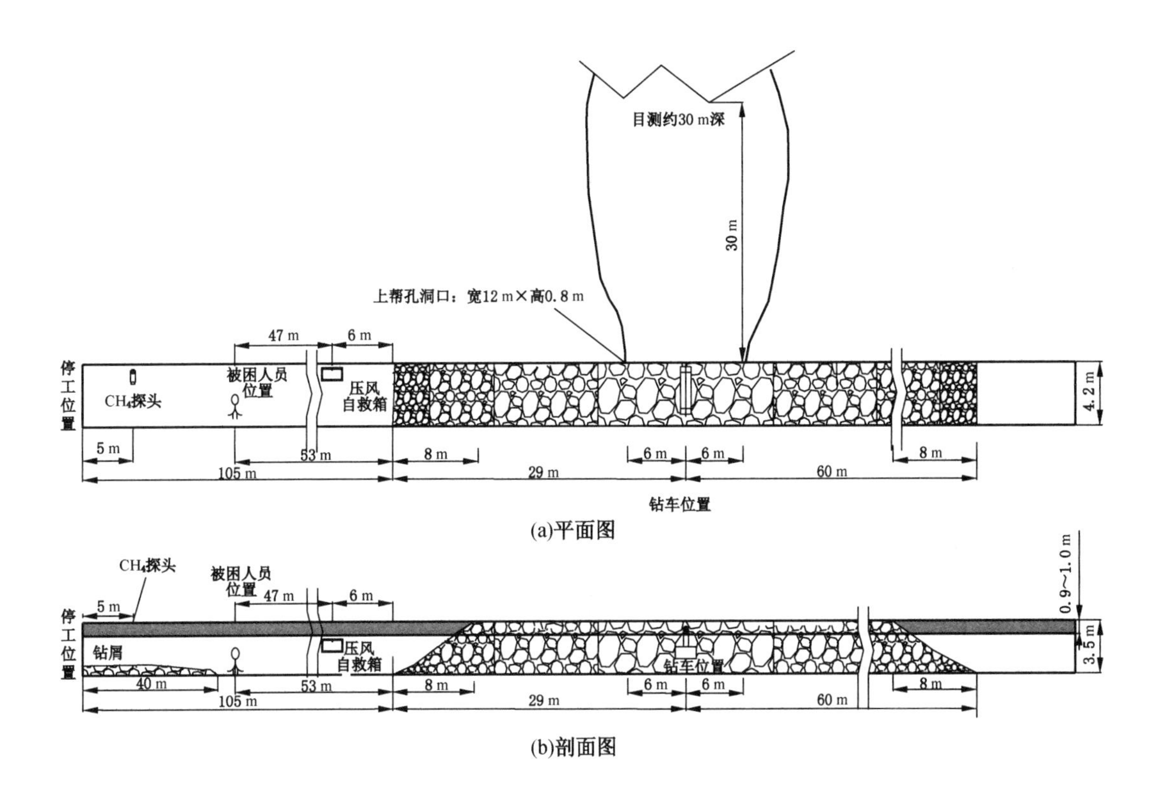

图 3－7 五采区三段 28 号煤层右 7 路大巷煤与瓦斯突出事故救援现场示意图

2. 外部救援过程

6 月 5 日 12 时 42 分，鸡西矿业公司救护大队二中队接到滴道立井电话通知“井下瓦斯超限，请求救护队入井探查”后，立即向救护大队调度汇报并启动应急救援预案。

13 时 2 分，二中队中队长带领一小队、三小队人员入井侦察。13 时 55 分到达事故地点，检测积货点瓦斯浓度达到 25%，巷道堵塞，侦察受阻，无法立即开展救援抢险，并向指挥部汇报。救援指挥部决定先排放瓦斯，并制定《滴道盛和煤矿“6·5”煤与瓦斯突出事故排瓦斯措施》。

14 时 5 分，救护大队副大队长、战训科科长带领二中队救援人员进入冒顶地点检测气体。14 时 30 分检测瓦斯浓度 30%，然后由五采区 7 路车场接风筒 33 节进行排放瓦斯工作。

17 时 10 分，由于单极供风量无法满足排放需求，所有人员撤到新鲜风流处，等待开启风机双极供风进行排放。

17时55分，开启风机双极供风。二中队进入灾区洒水洗尘，清货10 m。

19时30分，接风筒1节，继续洗尘清货。由于瓦斯浓度没有下降趋势，两名救援人员佩戴氧气呼吸器爬行10 m检测瓦斯浓度40%。

20时，三小队进入接替一小队进行瓦斯排放工作，同时进行瓦斯检测及洗尘清货工作，二中队一小队升井。

20时56分，救护大队大队长、副总工程师带领一中队一小队入井，根据指挥部通知增加第二套方案，对五采区三段28号煤层右7路底抽巷排放瓦斯。

6日0时5分，测得右7路底抽巷密闭内瓦斯浓度12%，随后按照《滴道盛和煤矿“6·5”煤与瓦斯突出事故排瓦斯措施》进行瓦斯排放，排放至300 m处时，巷道内有积水已到腰部，人员涉水进入，至排放结束，共接风筒40节，排放距离600余米，排放期间瓦斯浓度最高达12%。排放结束汇报后升井。

6日0时30分，五采区28号煤层右7路大巷共洗尘清货35 m。并采取以下措施：一是由专人在工作面随时检测有害气体情况，监护工人进行出货进尺；二是每间隔1 h向指挥部汇报井下工作情况、瓦斯浓度及进尺米数；三是进尺期间随时进行洒水降尘；四是随清煤推进，续接风筒。

井下指挥人员对现场情况进行深入研究后，将每班分成4个小组，3个小组轮流人工使用3把铁锹清理突出物，1个小组负责将清理出的突出物迅速运走。清理小组每15 min轮换一次，以“歇人不歇锹”的劲头，加快打通“生命救援通道”。

6日18时50分，清理至钻机位置向前16.8 m时，掘小巷与原巷道里部贯穿挖通，清货工人发现前方有灯光晃动，立即向井下现场指挥部报告发现有生还者。负责监护工作的救护大队四中队一小队小队长立即向前方清货工人询问“有灯光还是有灯光晃动”，得到前方清货工人确切答复是有灯光晃动，随即立即到达贯通点查看，发现被堵空间内确实有灯光晃动，然后立即使用灯光向被堵空间晃灯示意，并大声询问被困人员身体状况以及有无人员受伤。被困人员回复8人都生还且无严重受伤，意识清醒，但体力透支行走不便。询问清楚被困人员情况后，按照指挥部的要求立即继续扩宽贯通点面积，待能够满足人员通过后，在工人和救援人员的帮助下，被困人员从贯通点自行爬出，然后在工人和救援人员的搀扶下有序地从被困地点被护送至五采区7路车场。在护送过程中，救援人员询问每一名被困人员的身体状况，并对他们进行安抚。同时，指挥部安排救护大队战训科科长带领二中队三小队入井接送被困人员，并对被困人员进行必要的急救处置。6日19时5分，护送8名被困人员升井。

6 日 19 时 20 分，指挥部安排救援人员进入被困人员生存空间侦察，接到指示后，四中队 2 名救援人员继续在贯通点附近洒水消尘，其余救援人员在副总工程师带领下进入工作面侦察，经测量贯通点距离原工作面停工点共计 130 m；贯通点距离探头 125 m，瓦斯浓度为 10%、氧气浓度为 16%，温度为 23 ℃；贯通点距离抽排管路口、压风管路口 67 m，瓦斯浓度为 0.01%、氧气为 20%，温度为 22 ℃，人员生存位置距离原巷道停工头 60 m，瓦斯浓度为 0.01%、氧气为 20%，温度为 22 ℃。

6 日 20 时 30 分，四中队撤出，21 时 5 分升井，至此，抢救工作全部结束。

五、总结分析

（一）主要经验

（1）坚持不抛弃不放弃，成功创造救援奇迹。本次事故救援工作中，从各级领导到参加救援的所有人员，始终坚持把人的生命安全放在第一位，坚持“人民至上、生命至上”理念，科学救援，永不放弃。针对煤与瓦斯突出事故，从以往的救援案例来看，被困人员生存希望不大，但从指挥人员到救援人员，都保持着有百分之一的希望就要尽百分百努力的精神和信念，历经 32 h 救援，创造了煤与瓦斯突出事故被困人员全部获救的救援奇迹。

（2）科学合理组织，提高了救援效率。地面指挥部调集了充足数量的救援人员和物资，协调鸡西市各方人力物力，团结协作，保持了救援工作高效运转，形成了全社会救灾救援的合力。井下指挥人员对现场情况进行深入研究，及时调整现场救援方式方法，千方百计加快组织施救，将救援人员每班分成 4 个小组，3 个小组轮流人工使用 3 把铁锹清理突出物，1 个小组负责将清理出的突出物迅速运走。清理小组每 15 min 轮换一次，以“歇人不歇锹”的劲头，奋尽全力打开“生命救援通道”。

（3）救援人员专业能力强，保证了救援安全。本次救援井下条件艰苦，救援难度大，鸡西矿业公司救护大队和鸡西矿业公司人员作为此次救援工作的中坚力量，面对的是井下救援现场瓦斯浓度高、煤尘大、出渣困难等三大难题。为了保证救援速度，同时确保安全性，救护大队制定实施了三个针对性措施并组织实施：一是由救护大队救援人员用专业手段排放瓦斯；二是开展不间断的洒水降尘、消尘；三是采取人工清理的方式，用最短的时间快速打通“生命救援通道”。鸡西矿业公司总经理救援全程在井下带队，班组长坚决不升井休息，带领工人与救护大队救援人员团结协作，攻坚克难，拼尽全力，在保证安全的前提下高效救援，32 h 打通了生命救援通道。

（4）后勤保障及时，有力地支持了井下救援。在救援过程中，鸡西市委、市政府相关方面始终坚守在救援现场，承担了救援后勤保障工作，在医疗救护、家属安抚、后勤供给、维护秩序等多方面全力组织协调相关力量，为救援提供了有力支持和最大保障。政企合力，大大减轻了事故企业后勤保障的压力，企业能够全力投入井下救援工作中，同时政府进行后勤保障的效率更高、效果更好。

（5）被困人员正确自救，有效避免了人员伤亡。出现事故预兆时，正在打钻的 3 名矿工，凭借多年安全教育培训所掌握的知识，迅速向巷道逆风方向撤离，同时向位于 100 m 以外 5 名工友高声发出警报。现场 8 名矿工在安全区域内用自救器和湿毛巾捂住口鼻，把压风管路球阀卸开获取新鲜风流。随后陆续前移至 30 m 外的压风自救系统处，用系统中的设备分时段轮流补充氧气，并卧在原地静待救援，相互鼓励，争取了救援时间，最终全部获救。

（二）事故教训

（1）在煤与瓦斯突出灾区，清理现场突出物时应该选择使用防爆工具，采用铁锹不可取，应当禁止。

（2）水深已经到腰部（1 m 以上），涉水排放瓦斯，风险较大，应当采取安全措施，任何时候都不能掉以轻心。应严格按照《矿山救护规程》规定“遇有高温、塌冒、爆炸、水淹等危险的灾区，在需要救人情况下，经请示救援指挥部同意后，指挥员才有权决定小队进入，但必须采取安全措施，保证小队在灾区的安全。”

专家点评

◆清理突出物与掘小巷相结合的方式是快速打通救援通道的有效措施，实践中再次创造出救援奇迹。

◆自救互救是关键。8 名被困人员有组织地积极自救互救，为随后成功救援打下了坚实基础，这也从另一方面反映出日常安全培训取得了良好效果，应急救援知识入脑入心。一名获救矿工说：“企业的安全教育培训对我这次获救起到了关键作用，所接受的‘一日一题’‘必知必会’‘应急演练’等安全培训，这次都派上了用场！”

◆抢险救援现场，救援队伍面对“三大难题”，针对性提出制定“三项措施”执行落实得好。

◆鸡西矿业公司救护大队共有救援人员286人，平均年龄35岁，战斗力强，该队伍在极端复杂和危险的救援条件下，用最快时间排放瓦斯、清理突出物、打通生命救援通道，用战斗力为成功救援提供了重要保证。所以，进一步加强队伍救援能力建设，通过实战性训练，提高队伍应对复杂条件下的专业救援能力十分重要。

案例二十三　陕西燎原煤业有限责任公司“6·10”较大煤与瓦斯突出事故

2020年6月10日12时29分，陕西燎原煤业有限责任公司（简称燎原煤矿）发生一起较大煤与瓦斯突出事故，突出煤量1339 t，突出瓦斯量12.8×10^4 m^3，造成7人死亡、2人受伤，直接经济损失1666万元。

一、矿井基本情况

（一）矿井概况

燎原煤矿为股份制企业，煤矿成立于1958年，1971年开始建设，1984年3月10日移交韩城矿务局管理，2002年3月燎原煤矿破产重组后成立了陕西燎原煤业有限责任公司，仍由韩城矿务局代管，2006年1月由韩城矿务局移交韩城市管理。2013年9月进行机械化改造，于2016年6月28日取得安全生产许可证，生产能力60×10^4 t/a。矿井主要含煤地层为二叠系山西组和石炭系的太原群，共有3层可采煤层，分别是2号、3号、11号煤层，其中：2号、3号煤层于2009年开采结束；11号煤层为开采煤层，其保有地质储量17.05 Mt，可采储量10.72 Mt。11号煤层全井田内煤层稳定，平均厚度4.4 m，属Ⅱ类自燃煤层，煤尘具有爆炸危险性，水文地质划分为中等类型，属煤与瓦斯突出矿井。2020年5月7日，韩城市煤矿复工复产验收工作领导小组办公室下发复工复产批准文件，同意该矿复产。

矿井采用平硐—斜井—立井混合开拓方式，中央边界式通风方式，抽出式通风方法，主斜井、副平硐进风，回风立井回风。矿井地面设置有永久性抽放泵站和井下移动抽放泵站，设置有瓦斯抽放管道在线监测装置7套，主要安装在抽放泵站、采掘工作面支管路等处。安装有KJ66X型安全监测监控系统、KJ256型煤矿井下作业人员管理系统、紧急避险与应急救援系统、通信联络系统及KT241型煤矿广播系统。

事故前，井下布置有1102综放工作面、1105运输巷掘进工作面、1105回风巷掘进工作面。

（二）事故巷道（区域）基本情况

事故发生在1105运输巷掘进工作面（图3-8和图3-9）。1105综掘工作面设计长度1273 m，沿煤层顶板掘进，2019年11月开始掘进，事故发生时已掘长度 237 m，2020 年以来掘进 143 m，矩形断面，宽 4.5 m，高 2.8 m，装备 1 台 MYT－125/330 型液压锚杆钻机，用于安装锚杆锚索支护顶板，两帮采用螺旋锚杆和金属菱形网联合支护。采用 EBZ－135 型综掘机掘进，一般由巷道底部向巷道顶部切割，正常循环进尺 0.8 m，最大空顶距 1.6 m。采用 2 台 2×45 kW 的 FDBNo.6.0/2×45 型局部通风机进行压入式通风，一用一备，配风量 580 m^3/min。安装有 3 组高浓度瓦斯监测探头。

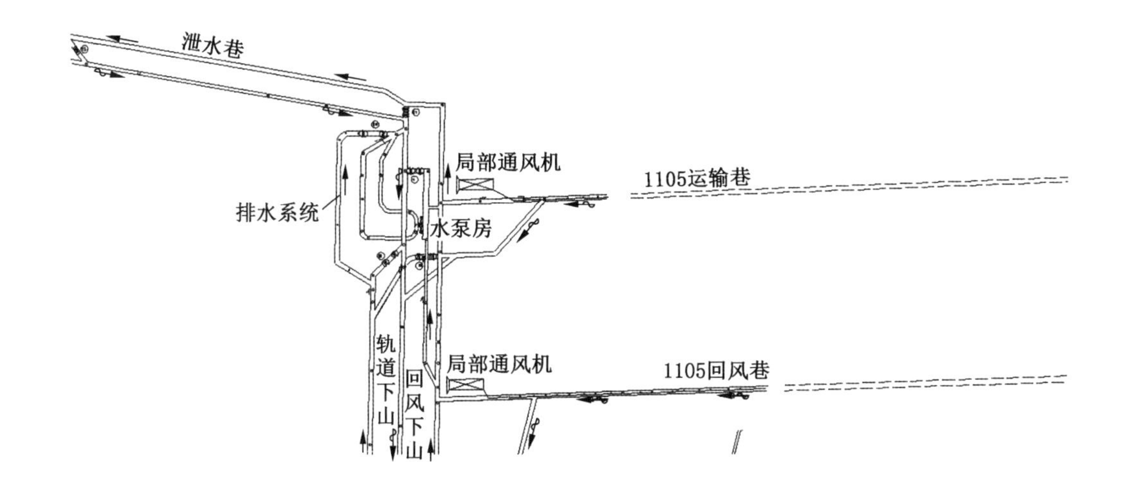

图 3－8 1105 工作面巷道平面布置示意图

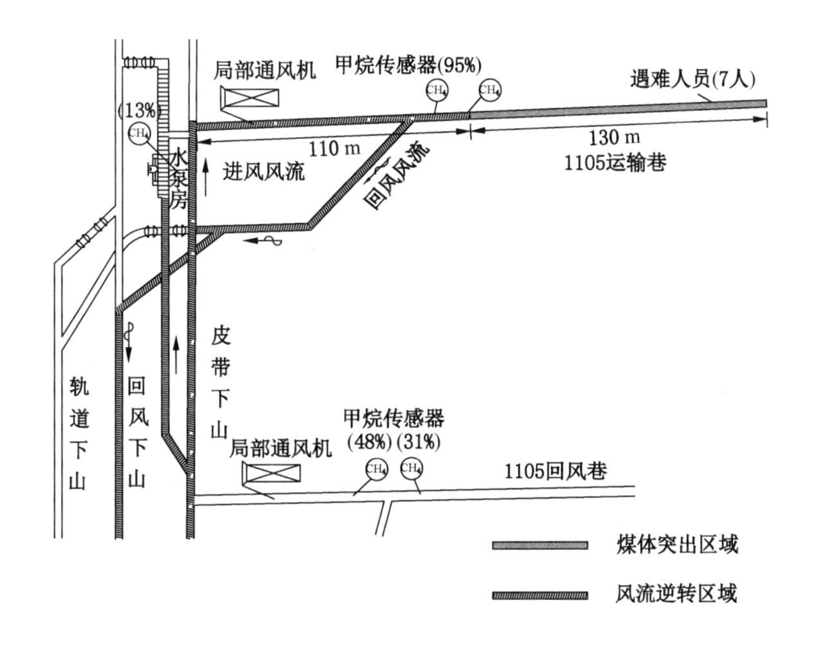

图 3－9 1105 运输巷煤与瓦斯突出事故救援现场示意图

二、事故发生经过

2020 年 6 月 10 日八点班，1105 运输巷掘进班前会安排当班掘进 3 个循环进尺 2.4 m 任务，要求班长到达工作面后将半截风筒换成一整节风筒、在工作面左侧打一根 7.8 m 长的锚索（因工作面煤层倾角比较大）后，再开始掘进作业。9 时 57 分，井下汇报开始割煤。12 时 10 分左右，安检员郭某第三次到工作面巡查，现场正在割第二排煤，共有作业人员 7 人：1 人开综掘机、1 人洒水灭尘、1 人移动电缆、1 人清带式输送机回煤、2 人在二运带式输送机机头调整输送带，还有 1 人在距工作面 40 ~ 50 m 处备料。12 时 20 分左右，郭某离开工作面，沿途查找带式输送机回煤的原因。此时，瓦斯检查员姚某还在工作面。当郭某快到局部通风机跟前时，突然听到“嗵嗵嗵”的声响，他就赶紧跑到下山带式输送机过桥处，用手抓住过桥扶手准备过带式输送机，就在这时，郭某感觉后背被推了一下，随即失去了知觉。郭某醒来的时候，发现自己已经到了皮带下山三部带式输送机机头处，当时带式输送机正在运转，他便立即从上面跳了下来，导致右脚摔伤，后被带式输送机司机高某送到井上。

三、事故直接原因

煤层厚度急剧增厚，倾角急剧增大，使掘进区域处于应力集中区；构造煤发育、煤层松软、透气性差，具备煤与瓦斯突出的基本条件；两个“四位一体”综合防突措施执行不到位，瓦斯抽采时间不够，没有消除事故地点突出危险性；违规掘进施工，事故地点煤体积聚的能量超过了煤体的抵抗能力导致事故发生。

四、应急处置与救援

（一）企业先期处置

6 月 10 日 12 时 29 分，调度员秦某接到井下变电所和水泵房打来的电话，称 1105 运输巷工作面断电，同时调度室监测监控系统显示 1105 运输巷回风探头瓦斯浓度 40% ~50%，总回瓦斯浓度 6% ~17%，调度员秦某将瓦斯浓度异常情况汇报给当日值班机电副矿长、矿长、总工程师及其他矿领导、调度室副主任等。总工程师随后赶到调度室，看到监控数据异常后，12 时 38 分带领通风部长、副部长入井察看，通风副矿长、安全矿长也随后入井。

12 时 40 分，矿长下达撤出人员命令，至 17 时 50 分当班累计安全升井人员 115 人，经过确认当班入井 117 人，事故发生后，又有 5 人入井，共入井

122 人，其中 115 人安全升井（含 2 名受伤人员）、7 人失联，2 名受伤人员无生命危险，送医院救治。

其间，13 时，调度员秦某与井下 1105 回风巷瓦斯检查员孙某联系上，让他携带便携仪从 1105 运输巷带式输送机机头进去察看。孙某走到距联巷口里 4 ~5 m 处，发现 1105 运输巷当班瓦斯检查员姚某躺在地上，呈半昏迷状，随后总工程师等人也赶过来，将人抬到带式输送机机头送到地面。

14 时 15 分，公司总经理向韩城市能源发展中心及上级有关部门汇报了事故情况。

（二）各级应急响应

事故发生后，国务院、应急管理部及陕西省等领导就科学施救、善后处置、事故调查、责任追究等作出批示要求。国家煤矿安全监察局副局长多次视频连线事故现场，落实领导的批示精神，对安全、科学施救失联人员提出了六点明确要求，对“6·10”较大煤与瓦斯突出事故提级调查。6 月 11 日，陕西省委常委、常务副省长亲临事故煤矿现场，督导事故抢险救援工作，安排部署事故调查相关工作。国家煤矿安全监察局事故调查司和国家安全生产应急救援中心派员赶赴现场，指导事故处置工作。陕西煤矿安全监察局、陕西省应急管理厅负责人第一时间赶赴事故煤矿现场，指导抢险救援。渭南市、韩城市党政负责人亲临事故煤矿现场组织救援，成立了事故抢险救援应急处置指挥部，开展事故抢险救援工作。紧急调集陕煤集团韩城矿业救护大队和澄合矿业救护大队共 54 人参加救援。

（三）制定救援方案

（1）成立地面、井下现场事故处置小组，地面小组由 3 位矿领导负责，井下现场由 4 位矿领导负责，井下现场清理工作为“四六制”，每班入井 32 人。

（2）采用矿领导带班制度，井下施工现场矿领导为第一安全负责人，并做好现场交接班。

（3）井下指挥基地必须有 1 个救护小队监护，施工现场必须至少有 2 名救援人员监护，地面必须有 1 个救护小队待命。监护任务：监护施工现场瓦斯浓度、顶板及其他可能出现的险情，发现异常情况必须立即撤人处理，后方可继续施工。

（4）施工现场增设 1 部刮板输送机，将原敷设的带式输送机在适当位置掐断，增设新带式输送机机尾。新增设的刮板输送机机头与新带式输送机机尾搭接。

（5）清理浮煤时必须使用铜镐、铜锨，同时加大灭尘力度，工作面水管接三通，分两趟水管进行灭尘。

（6）清理过程中一旦发现瓦斯超限必须立即撤人，瓦斯超限分为两种情况：地面瓦斯监控室，发现瓦斯浓度波动很大或超限，应立即电话通知施工现场人员撤离；施工现场瓦斯检查员或救援人员检测发现瓦斯超限或异常，应立即通知施工现场人员撤离并向指挥部汇报。待瓦斯浓度降低至1%以下，方可继续进行清理工作。

（7）井下指挥基地设在水泵房，多余人员待在井下基地待命，基地与地面、基地与工作地点、地面与工作地点采用电话联系。

（四）抢险救援过程

1. 战前准备及灾区侦察

6月10日15时17分，韩城矿业救护大队下峪口中队一、二小队到达燎原煤矿。首先了解事故发生经过、矿井自救情况、井下通风、有害气体浓度、氧气浓度、温度、被困人员数量及分布等情况，并指派专人到总回井口检测各种气体，进行战前检查。进一步与矿方沟通确认：事故发生区域是否有火区、是否已全部停电撤人、入井升井人数是否准确等。根据矿方提供的矿井资料，韩城矿业救护大队立即编制《燎原煤矿煤与瓦斯突出事故行动计划与安全技术措施》。

15时28分，韩城矿业救护大队象山中队一、二小队到达事故矿井；17时30分，澄合矿业救护大队2个小队赶到。根据命令，立即做好下井准备和地面待机工作。

15时47分，下峪口中队实测矿井总回风流CH_4浓度为1.4%、O_2浓度为19%、CO浓度为0、CO_2浓度为0，温度为23℃。

指挥部安排组织学习《燎原煤矿煤与瓦斯突出事故行动计划与安全技术措施》，进行分工：下峪口中队一小队负责侦察巷道，搜救被困人员；二小队在井下基地待命；象山中队一、二小队暂时在地面待命。井下基地设置：第一基地设在变电所，第二基地设在水泵房。

15时55分，下峪口中队一、二小队共12人入井，16时21分到达井下第一、二基地，经检查变电所各种气体正常，并与待机小队约定返回时间。

17时13分，下峪口中队一小队进入1105运输巷掘进工作面进行侦察，至120 m处，发现粉尘状煤体，厚400～500 mm，目测呈连绵状约30 m，粉尘大无法前进，煤体内有水流出。巷道内有积水，最深处过靴。风筒呈自然憋开状，回风流CH_4浓度为5.5%，全风压混合处下风侧CH_4浓度为5%、O_2浓度为19%、CO浓度为0、CO_2浓度为0，温度为20℃。

指挥部命令下峪口中队一小队侦察1105回风巷掘进工作面。17时42分，一小队对1105回风巷掘进工作面进行侦察，侦察结果：1105回风巷掘进工作面约530 m、巷道及工作面无异常，CH_4浓度为0.3%、O_2浓度为19%、CO浓度为0、CO_2浓度为0，温度为20 ℃。指挥部要求一小队回到第二基地（水泵房）待命。

17时47分，指挥部命令下峪口中队一小队侦察1105运输巷回风系统，查看是否有被困人员、通风设施是否遭到破坏。19时12分，一小队开始侦察1105回风联巷、回风下山、总回风巷，侦察结果：回风下山底弯道处瓦斯浓度为0.2%，瓦斯浓度正常；1105运输巷回风系统畅通，沿途回风设施完好，未见被困人员。

指挥部要求下峪口中队一小队6人升井，二小队继续在井下第一基地待命，等待指挥部下一步任务。

2. 后续抢险救援

1）排水及前期准备工作

6月10日20时42分，指挥部命令下峪口中队二小队监护矿方监测工更换1105运输巷回风流瓦斯传感器，在1105运输巷突出物迎头处新安设1台瓦斯传感器。22时41分，更换安装工作完成，实测迎头CH_4浓度为2.5%、回风流CH_4浓度为3%。指挥部命令二小队回第二基地待命。

22时44分，指挥部命令下峪口中队二小队监护矿方井下水仓抽水。水泵周围瓦斯符合规定后，方可开启水泵。11日0时11分，抽水开始；5时48分，积水抽放完毕。11日7时13分，二小队升井。

11日10时，象山中队一小队到达井下基地，指挥部安排：侦察1105运输巷、监护矿方安设水泵、监护1105运输巷排水。经侦察，1105运输巷回风探头处CH_4浓度为1.4%、O_2浓度为20%、CO浓度为0、CO_2浓度为0，温度为20 ℃，风速为1.4 m/s。回风巷有积水，目测长约65 m，其中有20 m输送带被水淹没，水最深处1.2 m，巷道煤尘大。

指挥部命令：1105运输巷瓦斯浓度下降到1%以下后，负责监护工人安装排水设备。

16时2分，经侦察，回风巷CH_4浓度为0.9%，水位最深处CH_4浓度为0.95%，目测水位无变化。指挥部命令矿方组织安设排水设备，并要求必须在瓦斯浓度降到1%以下时，方可开始进行排水。

16时26分，监测显示工作面CH_4浓度为0.25%、回风侧CH_4浓度为0.4%，指挥部命令立即排水。

22时7分，水已抽完，风筒正常，此时1105运输巷回风探头处CH_4浓度为0.5%。

2）前期清货搜救及安设监控设备

6月11日23时59分，象山中队一小队6人入井，工作任务是：监护清理突出物，抢救1105运输巷被困人员，恢复水管消尘，监护安装带式输送机和刮板输送机，监护安装风电闭锁、瓦斯电闭锁等。

12日6时41分，以上任务完成后升井。

6时35分，澄合中队一小队到达井下基地，工作任务是：监护完成刮板输送机机头安装，监护矿方人员施工，搜救被困人员。

3）排查失爆电器及专家组事故现场探查

6月12日8时24分，指挥部命令：象山中队协调陕煤集团韩城矿业公司4名电工，对井下设备进行失爆检测。14时14分，全矿井失爆电器排查完毕。

16时26分，大队长、战训部长、下峪口中队长陪同陕西煤矿安全监察局局长等人入井，探查1105运输巷工作面事故现场情况，并指导救援工作开展。

4）清理浮煤搜救被困人员

12日19时8分，根据指挥部命令矿方接抽放管，利用抽排系统对突出物的深处进行抽排同时开始接刮板输送机、排瓦斯、消尘、清理突出物（使用防爆铜制工具）、搜救被困人员等，中间有瞬时瓦斯超限，停电、撤人，待瓦斯恢复正常送电，继续工作。

指挥部制定措施：①排放过程中，必须用小风筒以5 m逐段排放，遇有顶板、巷帮有孔洞，首先必须清除孔洞中的瓦斯，接风筒时要采用错口逐渐合并的方式，作业人员必须在风筒口后面工作；②接风筒时，首先必须停电、撤人，待瓦斯浓度降到1%以下时，方可送电，开展清货或安设刮板输送机等工作；③刮板输送机上空悬挂瓦斯便携仪，人工监测瓦斯数据，控制清货速度，加强消尘；④发现遇难人员，第一时间汇报指挥部，同时为其戴上有编号的手环，记录下现场气体浓度、环境、遇难人员位置、形态等信息。

13日22时20分，桑树坪中队增援小队8人到达事故矿井。

14日5时50分，澄合中队一小队发现第1名遇难人员，距清煤起点48 m处，位于巷道右帮、头朝外、面部朝下，戴安全帽、携带矿灯、未戴自救器。6时25分，将该遇难人员清理出，并运送出工作面。

14日11时31分至15日11时，陆续在距离清煤点56 m、58 m、63 m、64 m、65 m、71.5 m处发现第2～7名遇难人员，经检查均无生命体征，随后将这些遇难人员清理出，运送出工作面。

15日11时53分，遇难人员遗体全部运送出井。

18日17时，1105运输巷掘进工作面突出物全部清理完，抢险救援结束。

本次救援自接警到最后一名救援人员升井，历时6天5夜，共出动陕煤集团旗下2支救护大队（韩城矿业救护大队、澄合矿业救护大队），7个救护小队（下峪口中队2个小队、象山中队2个小队、桑树坪中队1个小队、澄合矿业救护大队2个小队），入井救援23小队次、145人次，救出遇难人员7人，安全完成救援任务。

五、总结分析

（一）成功经验

（1）本次事故抢险救援各级领导重视，各级响应行动迅速，组织得力，进展有序，环环相扣，有条不紊。

（2）救援方案正确，措施针对性强，执行落实到位。

（3）现场领导有力，实行领导现场跟班制度，救援人员与清理人员密切配合，顺利完成抢险救援任务。

（二）存在问题

事故发生后撤人时间太长，人员清点核实工作混乱，从发生事故的12时29分至17时50分，长达5个多小时。

专家点评

◆指挥决策正确。总体来看这次事故抢险救援组织得力，指挥决策科学正确，各项工作有条不紊，任务明确，措施到位，稳扎稳打，步步为营，严格依规指挥，遵章作业，抢险救援非常成功，值得充分肯定。

◆队伍战斗力强。参与抢险救援的韩城矿业救护大队、澄合矿业救护大队两支救援队伍团结协作，充分体现出反应快、拉得出、上得去、打得赢的军事化作风。指挥员战前准备工作到位，思路清晰，处事果断，工作缜密；队员作风顽强，能吃苦，能战斗，连续作战，技术过硬，值得学习。

◆成功救出1名被困人员。事故初期，矿方能及时发现并成功救出半昏迷状1人，值得庆幸。但需要指出的是，煤与瓦斯突出事故、火灾事故、爆炸事故等灾区有害气体情况不明情况下，非专业救援人员进入灾区施救存在很大风险，因盲目施救而造成事故扩大的案例非常多，需要特别谨慎，领导指挥或其他人参与施救，都必须在保证施救者自身安全的前提下进行。

◆人员清点太混乱。不足之处也很明显，人员清点核实混乱，数据不统一，井下共115人撤离时间长达5个多小时。而矿井装备有完备的通信联络系统、井下语音广播系统及人员监测定位系统，按道理不应该这样混乱迟缓。

案例二十四　贵州万峰矿业有限公司织金县三甲乡三甲煤矿“11·25”较大煤与瓦斯突出事故

2019 年 11 月 25 日 3 时 7 分左右，贵州万峰矿业有限公司织金县三甲乡三甲煤矿（简称三甲煤矿）41601 运输巷掘进工作面发生一起较大煤与瓦斯突出事故，造成 7 人死亡、1 人受伤，直接经济损失 1312 万元。

一、矿井基本情况

（一）矿井概况

三甲煤矿为私营煤矿，位于毕节市织金县三甲村境内，隶属于贵州万峰矿业有限公司，为设计生产能力 30×10^4 t/a 的生产矿井，证照齐全。三甲煤矿矿区面积 2.4628 km^2，开采标高为 +950 ~ +1300 m，可采煤层 7 层，分上、中、下 3 个煤组，事故发生时，开采中煤组四盘区 M15、M16 煤层（一、二盘区已经开采完毕，三盘区受织金县新城区规划影响不再开采），M15、M16、M21 煤层平均厚度分别为 1.44 m、1.5 m、1.54 m，M15 煤层至 M16 煤层平均间距 10 m，M16 煤层至 M21 煤层平均间距 20 m，煤层倾角 6° ~10°。

矿井采用斜井开拓方式，布置有主斜井、副斜井、回风斜井 3 个井筒。事故发生时，布置有 41502 综采工作面，以及 41601 运输巷（事故地点）、41601 开切眼、41503 运输巷 3 个综掘工作面。

矿井安装有高、低负压瓦斯抽采系统，KJ90X 型煤矿安全监控系统。

（二）事故巷道（区域）基本情况

事故发生在四盘区 41601 运输巷掘进工作面（图 3 -10）。41601 运输巷设计长度885 m，2019 年 2 月中旬开始沿 M16 煤层顶板施工掘进，巷道断面为矩形，高 2.6 m，宽 4.0 m，采用 EBZ160 型悬臂式综掘机掘进，锚网锚索支护，FBDNo. 7. 1/2 ×45 kW 型局部通风机及 ϕ1 m 抗静电阻燃风筒供风，供风量约 505 m^3/min；采用顺层钻孔预抽煤巷掘进条带瓦斯作为瓦斯治理措施。11 月 23 日零点班施工至 880 m 时，揭露一条落差 0.2 ~0.8 m 的断层，该断层沿巷道掘进方向使煤层倾角增大了 10° ~14°，至事故发生时，该巷道已掘进 891 m。

二、事故发生经过

2019 年 11 月 24 日 8 时 23 分，外部电网停电，三甲煤矿启动柴油发电机

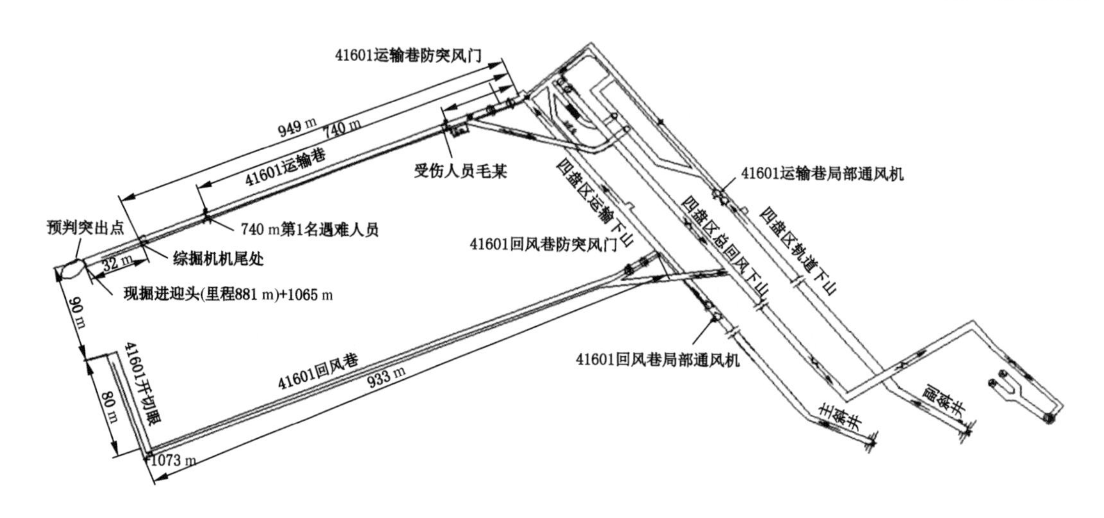

图 3－10　41601 运输巷平面布置示意图

供电，保持井下通风排水和瓦斯抽采。当日八点班和十六点班，未安排井下生产作业。带班矿领导、安全员、瓦斯检查员正常入井巡查。

24 日 17 时 16 分，外部电网送电，常务副矿长曹某通知采煤队和掘进队人员准备入井作业。20 时许，掘进班长张某带领 5 名职工入井到 41601 运输巷掘进工作面作业（作业至零点班直至事故发生）。20 时 30 分许，开始掘进出煤，至 23 时，掘进了 3 m，之后进行顶板支护，在风门外的带式输送机司机帮助支护作业。

24 日 23 时许，次日零点班带班矿领导毛某组织安全员、瓦斯检查员、电工召开班前会。23 时 20 分许，安全员、瓦斯检查员、电工等入井作业。此时，41601 运输巷有上一班张某等 6 人及零点班瓦斯检查员共 7 人在现场作业。

25 日 1 时 53 分许，防突工赵某（无防突工特种作业操作证）到 41601 运输巷掘进工作面进行工作面突出危险敏感指标测定，带式输送机司机在打了 2 个钻孔后，前往风门外准备开带式输送机。

25 日 2 时 20 分许，毛某巡查至 41601 运输巷掘进工作面，此时工作面正在补打锚杆支护。30 min 后，毛某往外走到巷道中部时，带式输送机启动，开始掘进出煤。3 时 7 分许，毛某在走到距离回风口约 8 m 处时被冲击波冲倒，事故发生。毛某自行从风门墙垛过带式输送机的孔洞爬出，在带式输送机司机等人的帮助下升井，并送往织金县人民医院救治。

三、事故直接原因

41601 运输巷事故地点地质构造复杂，该区域煤层具有突出危险性，瓦斯抽采措施未达到治理效果，突出危险性检验未真实反映煤层突出危险性，综合掘进机作业时诱发煤与瓦斯突出。

四、应急处置与救援

（一）企业先期处置

11 月 25 日 3 时 7 分许，监控员发现安全监控系统 41601 运输巷 T_1 甲烷传感器断线，随后 41601 运输巷 T_2 甲烷传感器和 41502 综采工作面 T_2、T_1、T_0 甲烷传感器分别超限报警，监控员立即打电话报告矿调度室主任马某。马某立即在电话中安排井下撤人，同时将情况向矿长李某汇报，李某随即打电话将情况向万峰公司汇报。随后，马某、李某赶到调度室组织抢险救援。

经核实，事故发生时，井下共 41 人，其中 34 人安全升井、7 人被困。

毕节市、织金县煤矿瓦斯监控中心发现三甲煤矿多处瓦斯超限报警，随即打电话向三甲煤矿询问原因，三甲煤矿如实报告了事故情况。

（二）各级应急响应

事故发生后，国务院领导作出重要批示，应急管理部、国家煤矿安全监察局等主要领导立即作出指示批示，要求全力救援、科学救援，贵州监管监察部门要及时向贵州省委、省政府报告煤矿安全生产真实情况，严肃调查事故，认真查明原因、严肃追究责任，抓好各项安全工作落实。事故调查司和矿山救援中心立即派员赶赴现场，传达领导批示要求，指导事故救援，对落实领导批示、做好相关工作进行督办。

接到事故报告后，贵州省政府、煤矿安全监察局、能源局、应急管理厅，毕节市和织金县等主要领导立即赶赴事故现场组织抢险救援，成立了事故处置应急指挥部，下设综合协调、抢险救援、医疗救治、交通保障、被困人员核查、信息工作、善后处置、后勤服务 8 个工作组。紧急调集国家矿山应急救援六枝队 2 个小队、兖贵集团矿山救护队 1 个小队、水矿文家坝救护队 2 个小队、贵州省毕节市织金县救护队 2 个小队赶赴到三甲煤矿参加抢险救援。

（三）制定救援方案

（1）迅速安排救援人员入井侦察，发现被困人员立即抢救，若遇明火立即扑灭。

（2）恢复通风系统，排放 41601 运输巷瓦斯。

（3）在突出煤粉上铺麻袋，洒水降尘，间隔 5 m 做一沟墙灌水，湿润煤尘；在清理前每间隔 0. 3 m 插管注水，边清理边洒水降尘，改善作业环境，确保清理期间的安全。救护队现场监护，搜寻被困人员。

（4）领导要跟班到一线，现场交接班，工人轮班作业，加快抢险救援工作进度，与事故抢时间。

（5）做好抢险救援秩序维护工作，严格控制入井人员，做好安抚工作等。

（四）抢险救援过程

指挥部决定，4 支救护队（六枝救护大队、兖贵集团矿山救护队、水矿文家坝救护队、织金县救护队）由六枝救护大队协调统一指挥，制定救护队行动计划和安全技术措施。在井下水泵房建立井下基地。由六枝救护大队组织侦察小队和待机小队对 41601 运输巷再次进行侦察。

11 月 25 日 11 时 18 分，到达井下基地，侦察小队 8 人进入 41601 运输巷，回风口处气体情况：CH_4 浓度为 20%、CO_2 浓度为 0.1%、CO 浓度为 0、O_2 浓度为 14%，温度为 23 ℃；11 时 28 分到 41601 运输巷 300 m 处，气体情况：CH_4 浓度为 30%、CO_2 浓度为 0.12%、CO 浓度为 0、O_2 浓度为 13.2%，温度为 22.8 ℃；11 时 41 分到 41601 运输巷 770 m 处（水窝处），气体情况：CH_4 浓度为 72%、CO_2 浓度为 0.2%、CO 浓度为 0、O_2 浓度为 6.5%，温度为 22.6 ℃。

11 时 47 分，侦察小队返回到 41601 运输巷 725 m 处右帮（矮帮）钻场内，发现第 1 名遇难人员（图 3－11），经检查无生命体征，下身站立，上身俯卧，头朝外，矿灯号为 125 号，工作牌为通防科赵某，检查气体情况：CH_4 浓度为 61.5%、CO_2 浓度为 0.18%、CO 浓度为 0、O_2 浓度为 7.2%，温度为 22 ℃；12 时 10 分，侦察小队侦察结束，并将情况汇报指挥部。

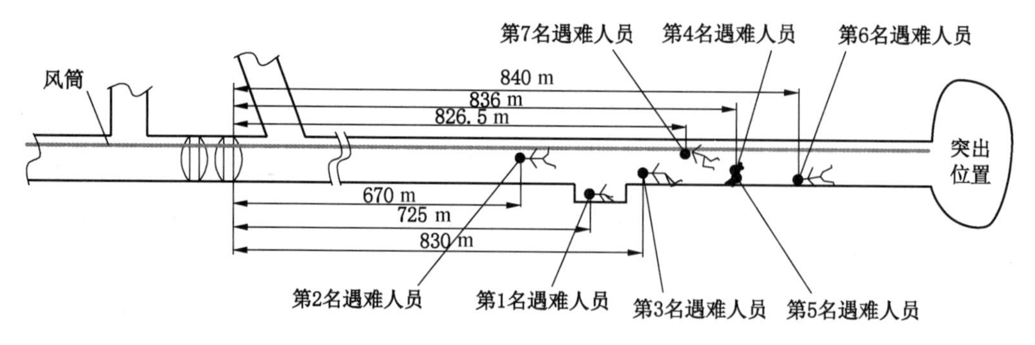

图 3－11　41601 运输巷煤与瓦斯突出事故救援现场示意图

指挥部命令排放 41601 运输巷瓦斯，在突出煤粉上铺麻袋，洒水降尘，为清理工作创造条件。清理搜救工作由六枝救护大队统一安排，分别带领水矿文家坝救护队（八点班）、兖贵集团矿山救护队（四点班）、织金县救护队（零点班）到现场监护安全、监测气体情况，在突出煤粉上铺麻袋，洒水降尘，间隔 5 m 做一沟墙灌水，湿润煤尘；在清理前每间隔 0.3 m 插管注水，边清理边洒水降尘，改善作业环境，确保清理期间的安全，并每 2 h 向指挥部汇报一次气体情况和清理进度。清理中发现被困人员，及时向指挥部汇报，并由现场执行监护安全的救援人员抢救运送升井，移交 120 医务人员处理。

25 日 13 时 10 分，救援人员佩机将 680 m 处压实的风筒理顺通风排放瓦斯；15 时 5 分，六枝救护大队进入排放瓦斯到 770 m 处（接风筒 9 节，以里面一道防突风门为起点量）。

17 时，搬运第 1 名遇难人员；20 时 18 分，将第 1 名遇难人员运送出井。

11 月 26 日 12 时，六枝救护大队佩机进入将 ϕ200 mm 高负压瓦斯抽放管卸开，安装带阀门的 3 根 ϕ50 mm 管子（从风筒口处以里 45 m 处，突出堆积煤尘高帮距顶板 0.9 m、矮帮 0.5 m），将 3 根 ϕ50 mm 管子拉进 15 m，把管口固定在顶板锚网上，抽放巷道内高浓度瓦斯；13 时 30 分，41601 运输巷高负压瓦斯抽放管开关全部打开（之前打开一半）。16 时 30 分，检查 T_1 甲烷传感器 CH_4 浓度为 0.61%，T_2 甲烷传感器 CH_4 浓度为 1.35%，基本达到清理条件，指挥部命令矿方在救护队的监护下安排清理工作。

17 时 20 分，在 670 m 处发现第 2 名遇难人员，经检查无生命体征，左侧卧，头朝外，右小腿弯曲，矿灯号为 330 号，离左帮 3.2 m、右帮 3.7 m、顶 2 m。检查气体情况：CH_4 浓度为 1.1%、CO_2 浓度为 0.08%、CO 浓度为 0、O_2 浓度为 20.3%，温度为 20.3 ℃。19 时 42 分，将第 2 名遇难人员运送出井。

20 时 35 分，六枝救护大队再进入将 3 根 ϕ50 mm 高负压瓦斯抽放管往里拉 15 m；23 时 50 分，在 810 m 挂一道风障（风筒口距风障 14 m），使高浓度瓦斯通过 3 根 ϕ50 mm 高负压瓦斯抽放管抽走，降低回风流中的瓦斯浓度。

11 月 27 日夜班，从外往里清理突出物，救护队铺麻袋，洒水降尘。12 时 50 分，六枝救护大队组织人员再次侦察，进入迎头发现综掘机及突出空洞，经勘察无二次突出危险，并将 3 根 ϕ50 mm 高负压瓦斯抽放管拉到风障以里 50 m 处，检查气体情况：CH_4 浓度为 95%、CO_2 浓度为 2.1%、CO 浓度为 0、O_2 浓度为 1.8%，温度为 24 ℃，并立即将侦察结果向指挥部进行了汇报。

13 时 30 分，六枝救护大队在风障以里 12 m 处发现一个包，内装有 6 个人员定位器，分别是祝某（353）、张某（337）、李某（325）、龙某（319）、祝某（338）、杨某（号码损缺）。经请示指挥部同意，14 时拆除风障，铺麻袋，洒水降尘，接风筒排放瓦斯；18 时 35 分，将风筒接到迎头外 9 m 处，41601 运输巷瓦斯排放完毕。18 时 50 分，检查回风流中的气体情况：CH_4 浓度为 0.96%、CO_2 浓度为 0.2%、CO 浓度为 0、O_2 浓度为 20.1%，温度为 22 ℃。

11 月 28 日 10 时，接 1 节风筒到综掘机炮头处（突出空洞前），排放突出空洞内的瓦斯，测量突出空洞深约9 m、宽约18 m、高约2 m（未见底板）。

11月29日，六枝救护大队接1根ϕ50 mm高负压瓦斯抽放管到迎头煤渣袋墙以里抽突出空洞内高浓度瓦斯。综掘机尾部建煤渣挡墙1/2，编织袋之间、顶、帮用泡沫填充剂进行充填。17时，接2根ϕ50 mm高负压瓦斯抽放管到迎头煤渣袋墙以里抽突出空洞内高浓度瓦斯。

11月30日7时10分，清理到830 m处发现第3名遇难人员，经检查无生命体征，右侧卧，头朝外，双脚卡在锚网内，距顶2.3 m，工作牌为瓦斯检查员胡某。检查气体情况：CH_4浓度为0.78%、CO_2浓度为0.04%、CO浓度为0、O_2浓度为20%，温度为19 ℃。9时，将第3名遇难人员运送出井。

12时，清理到836 m处发现第4名遇难人员，经检查无生命体征，靠右帮站立、面朝迎头，右手抱一捆锚杆（15根），头距顶板0.6 m，矿灯号为317号。检查气体情况：CH_4浓度为0.5%、CO_2浓度为0.06%、CO浓度为0、O_2浓度为20.1%，温度为19 ℃。

12时5分，清理到836 m处发现第5名遇难人员，经检查无生命体征，靠右帮站立，面朝迎头，右手拿着一把剥线钳，左手抱一捆锚杆（12根），头距顶板0.7 m，矿灯号为354号。检查气体情况：CH_4浓度为0.51%、CO_2浓度为0.06%、CO浓度为0、O_2浓度为20.1%，温度为19 ℃。

14时，迎头挡墙建造完毕，检查T_1甲烷传感器CH_4浓度为0.1%，T_2甲烷传感器CH_4浓度为0.9%。

15时8分，清理到840 m处发现第6名遇难人员，经检查无生命体征，右侧卧，头朝外，面贴右帮，距顶板2 m，矿灯号为310号。检查气体情况：CH_4浓度为0.3%、CO_2浓度为0.04%、CO浓度为0、O_2浓度为20.4%，温度为19 ℃。

12月1日4时，清理到826.5 m处发现最后一名（第7名）遇难人员，经检查无生命体征，俯卧，头朝外，右脚弯曲，距左帮1.5 m，距顶板2 m，矿灯号为351号，检查气体情况：CH_4浓度为0.19%、CO_2浓度为0.04%、CO浓度为0、O_2浓度为20.4%，温度为18 ℃。6时3分，运送第7名遇难人员出井，抢险救援工作完成。

经六枝救护大队现场初步勘查，此次事故突出煤量约735 t，突出瓦斯量约10×10^4 m^3，井下通风系统未遭到破坏，680 m处以里的风筒全部被摧毁移位，输送带被破坏移位（后方未摧毁的输送带上2/3都有煤），除综掘机两边和突出空洞内有部分矸石和煤块外，突出煤体多数以煤粉为主，动力较大。

五、总结分析

（一）主要经验

（1）事故发生后，各级应急响应迅速，组织力量充足，方案措施得当，事故抢险救援工作开展紧张有序，抢险救援比较成功。

（2）矿山救援队伍工作认真细致，4 支救护队密切配合，坚持安全第一，严格执行指挥部部署安排，各项行动规范到位，安全完成各项工作任务。

（二）存在问题

目前，清理突出物还没有很好的先进设备和手段，特别是大量比较细的煤粉清理，难度大。

专家点评

◆这次抢险救援有 4 支救护队参加协同作战，指挥部明确由六枝救护大队统一协调指挥这是非常正确的。

◆此事故清理突出物经验，目前仍值得借鉴。在清理突出的煤粉时，采取在突出煤粉上铺麻袋、草垫与洒水相结合，插管注水与建沟墙灌水相结合，压尘、降尘、湿润煤尘的办法很好，值得借鉴。

◆矿山救援队伍肯动脑子，针对本次突出事故瓦斯涌出量大，突出物绝大部分是煤粉的特点，将抽放管插入深部高浓度瓦斯区打风障与利用瓦斯抽放管路高负压超前抽排瓦斯，具有创新性，效果好，也值得借鉴。

案例二十五　安龙县广隆煤矿有限公司“12·16”重大煤与瓦斯突出事故

2019年12月16日23时10分，贵州省黔西南州安龙县广隆煤矿有限公司（简称广隆煤矿）21202运输巷掘进工作面发生一起重大煤与瓦斯突出事故，突出煤量约414 t，涌出瓦斯量约42300 m^3，造成16人死亡、1人受伤，直接经济损失约2311万元。

一、矿井基本情况

（一）矿井概况

广隆煤矿位于安龙县普坪镇科发村，隶属于贵州省安龙县同煤有限公司，私营企业，为设计生产能力15×10^4 t/a的生产矿井，证照齐全。矿区范围内有C3、C7煤层可采，设计仅开采C3煤层。C3煤层为不易自燃煤层，煤尘无爆炸危险性，煤层倾角7°~10°，平均厚度1.63 m。矿井2010—2018年瓦斯等级鉴定结果均为低瓦斯矿井，水文地质类型中等。矿井采用斜井开拓，中央分列抽出式通风，主斜井和副斜井进风，回风斜井回风。事故发生前，井下布置有一个巷采点和21202运输巷综掘、21202开切眼炮掘两个煤巷掘进工作面。

煤矿生产劳动组织为“两班制”，分白班（7时30分至19时30分）和夜班（19时30分至次日7时30分）。煤矿每天6时30分召开调度会，调度会上统筹协调安排当天安全生产工作，无班前会。

（二）事故巷道（区域）基本情况

发生事故的21202运输巷，设计长度510 m，沿C3煤层顶板掘进，锚网支护，综掘工艺，带式输送机运输。巷道断面为矩形，宽4.2 m，高2.6 m，面积10.9 m^2，2019年1月开始施工，事故发生时已掘进480 m；21202回风巷已掘进到位，由回风巷向下施工开切眼已掘进50 m。采用FBDNo.6.0/2×15 kW型局部通风机进行压入式通风，通风机安设于21202运输巷回风口以外约20 m处新鲜风流中，工作面配风量为277 m^3/min。

21202运输巷位于F2断层和F4断层之间，全程构造煤，迎头位于F2断层上盘，标高+1183 m，埋深172 m。21202运输巷开口以里420~480 m段煤层厚度由之前平均1.63 m变为4.5~5.6 m，煤质变软。

二、事故发生经过

2019 年 12 月 16 日，调度会安排白班 21202 运输巷打排放孔和锚网支护，夜班正常掘进。当班入井 23 人，其中：8 人在 21202 运输巷作业，5 人在 21202 开切眼掘进，井下另有带班矿领导、安检员、瓦斯检查员等 10 人。19 时 30 分左右，作业人员陆续入井，夜班带班矿领导 20 时 30 分入井。

20 时 40 分许，21202 运输巷传出开带式输送机信号，综掘机开始掘进割煤；20 时 44 分，21202 开切眼掘进工作面回风流甲烷传感器发出超限报警信号，监测最大瓦斯浓度值为 2.76%。20 时 54 分，瓦斯检查员打电话到监控室汇报 21202 开切眼掘进工作面回风流甲烷传感器显示甲烷浓度为百分之三点几，怀疑传感器故障，准备处理；21 时 24 分，瓦斯检查员又打电话到监控室汇报传感器已处理好。

23 时 10 分，二部带式输送机机头司机突然感觉有一股风吹过来，巷道里粉尘变大，眼睛难以睁开。此时，二采区皮带下山带式输送机机头司机被风流冲倒，风流持续约 10 min 后停止。23 时 14 分，电工发现水泵房、变电所、主水仓入口处甲烷传感器发出报警信号并闻到有焦臭味，电工将 3 个甲烷传感器传输线拔掉，并沿带式输送机运输线路往二采区方向查看情况。23 时 30 分许，电工遇到带式输送机司机 2 人询问情况，回答："被瓦斯冲倒了。"电工随即给调度室打电话报告："可能发生煤与瓦斯突出了。"汇报完毕后，3 人经主斜井升井。

矿长在调度室值班，接到井下汇报电话后，随即拨打 21202 运输巷、回风巷和开切眼的电话，电话均接通但无人接听，直至电工等人升井方确认发生了煤与瓦斯突出事故。

三、事故直接原因

21202 运输巷掘进工作面全程构造煤发育、煤层松软，突出点附近煤层变厚，煤层具有煤与瓦斯突出危险；工作面掘进未按规定采取针对性的防突措施消除煤层突出危险；综掘机割煤扰动诱导煤与瓦斯突出。

四、应急处置与救援

（一）企业先期处置

事故发生后，17 日 0 时 30 分左右，煤矿开始自行组织人员入井救援。救援过程中，发现 16 日夜班作业人员陈某，助其安全升井，并发现杨某等 5 名遇难人员。4 时，抽水工杨某接到地面电话通知后升井。经清点，事故当班 23 人入井，有 7 人脱险升井，除 5 人遇难外另有 11 人被困。随后向安龙县、贵州煤矿安全监察局盘江监察分局汇报了事故情况。

（二）各级应急响应

事故发生后，国务院领导作出批示。应急管理部、贵州等主要领导分别作出了指示和要求；省领导率贵州煤矿安全监察局、贵州省能源局、贵州省应急管理厅等部门主要负责人立即赶到事故现场指导抢险救援、善后处理及事故调查工作。国家煤矿安全监察局副局长率员赶赴现场指导抢险和事故调查工作。黔西南州成立了事故抢险救援应急处置指挥部，调集黔西南州矿山救护大队、盘江救护大队、六枝救护大队等 152 人，全力开展事故抢险救援工作。

（三）制定救援方案

根据侦察情况，救援指挥部研究分析决定：

（1）为防止井下水位继续上升，造成淹井，阻断救援通道，立即恢复井下供电，由六枝救护大队制定抽排水安全措施，入井检查各水仓附近气体情况，监护现场电工开启水泵，保证安全排水，再逐步开启 21202 运输巷水泵。

（2）恢复安全监测监控系统，首先恢复 21202 运输巷传感器。由盘江救护大队安排队员监测回风井气体情况，发现异常，立即汇报。

（3）恢复 21202 运输巷局部通风机，逐段排放瓦斯，恢复灾区通风，搜救被困人员。

（4）对回风系统区域进一步进行搜救，不遗漏任何地点。

（5）对回风井口 20 m 范围内要进行疏散，设置警戒。

（6）积极稳妥开展善后处理和舆论引导工作，要向社会适时发布信息，及时说明救援进展情况和遇到的困难。

（四）抢险救援过程

1. 紧急出动

17 日 3 时 10 分，黔西南州矿山救护大队接事故救援指令，立即出动 32 名救援人员，携带相关救援装备于 4 时 50 分赶到事故矿井。

17 日 4 时，六枝救护大队接省局救援指挥中心出动指令，紧急出动 2 个小队共 25 名救援人员，携带相关救援装备于 7 时 50 分赶到事故矿井。

17 日 4 时 35 分，盘江救护大队接省局救援指挥中心出动指令，立即出动 27 名救援人员，携带相关救援装备于 7 时 47 分赶到事故矿井。

2. 灾区侦察

先期到达的黔西南州矿山救护大队根据指挥部安排，立即制定安全行动计划，组织 2 个小队入井，对事故区域及 21202 运输巷掘进工作面进行详细侦察，搜寻被困人员。

六枝救护大队、盘江救护大队到达现场后，根据指挥部安排，暂不入井，地面待命，根据侦察情况制定下一步救援行动方案。

灾区侦察工作情况如下所述。

井下变电所气体情况：CH_4 浓度为 0.02%、O_2 浓度为 20.6%，温度为 16 ℃；井下主水仓因停电水位不断上升，有淹井的危险，此处属新鲜风流，未发现被困人员。

侦察小队通过 +1167 m 轨道下山到达二采区轨道下山上口（第三部绞车）处，发现第 1～4 名遇难人员（图 3－12 和图 3－13），经核实有 3 名遇难人员是煤矿组织救援时搬运到此处，此处气体情况：CH_4 浓度为 0.02%、O_2 浓度

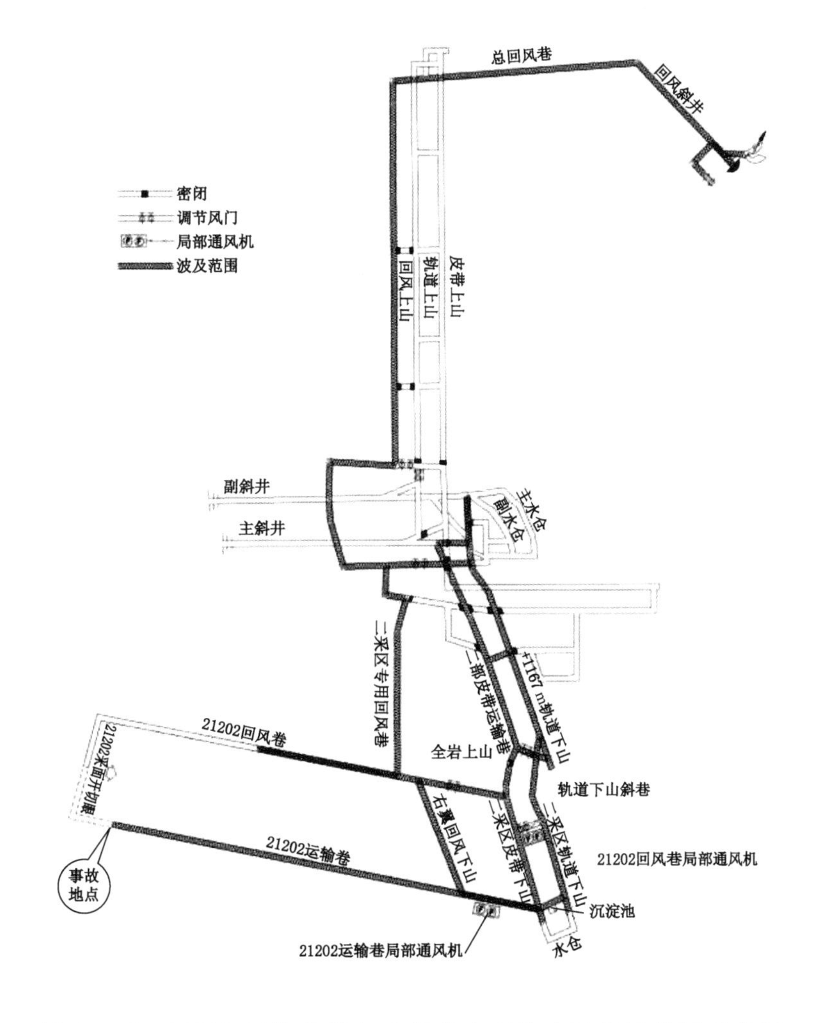

图 3－12　21202 运输巷煤与瓦斯突出事故波及区域范围示意图

为20.6%，温度为16℃。到达二采区联络巷处，在巷道右帮见21202回风巷2台局部通风机处于关闭状态。轨道下山巷底部为临时水仓，此段巷道积水深0.3 m，长度15 m，水泵停抽，积水不断上升，检查气体情况：CH_4浓度为0.02%、O_2浓度为20.6%，温度为16℃。

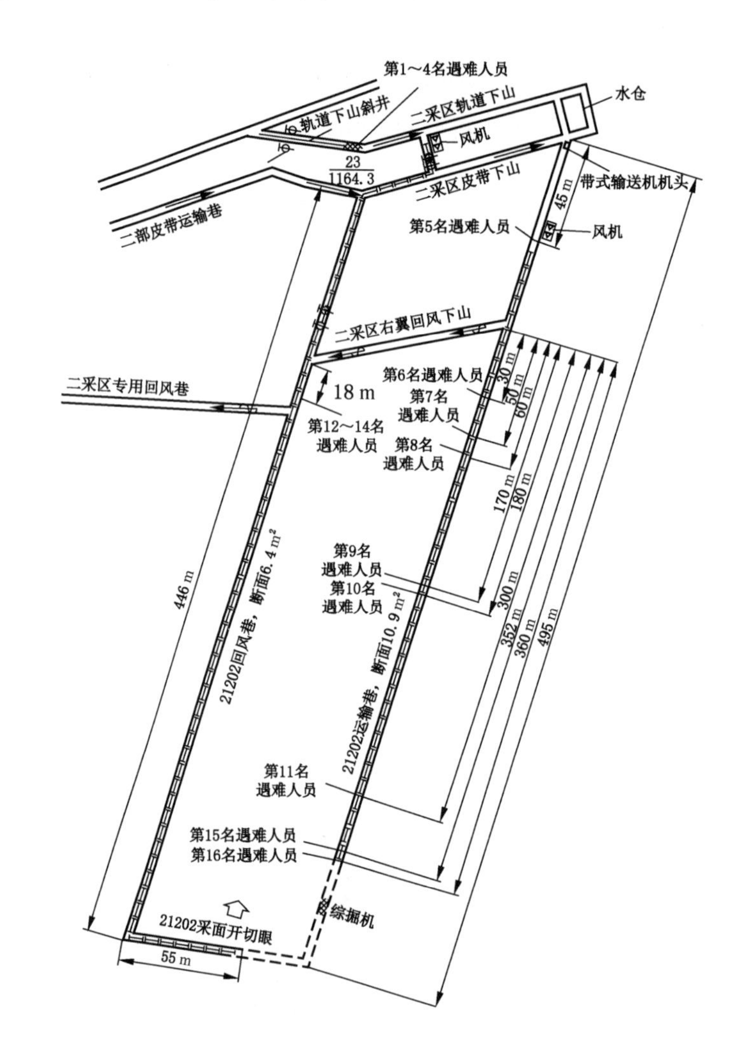

图3－13　21202运输巷煤与瓦斯突出事故遇难人员位置示意图

21202运输巷带式输送机机头处往里40 m左帮，见21202运输巷2台局部通风机处于关闭状态。在距离带式输送机机头45 m处巷道右帮，发现第5名遇难人员，头朝外，脚朝里，呈侧卧状，面向巷道左帮，矿灯未关闭，便携式检测仪掉落在往里2 m处，现场气体情况：CH_4浓度为0.03%、O_2浓度为20.5%，温度为16℃。

侦察小队佩戴氧气呼吸器进入21202运输巷回风口以里巷道进行侦察，巷道往里10 m处有积水，水深0.5 m，长度约15 m。此处气体情况：CH_4浓度为45%、O_2浓度为8%，温度为17 ℃。21202运输巷回风口往里30 m处，在巷道右帮发现第6名遇难人员，头朝外，面向巷道左帮，呈侧卧状，现场气体情况：CH_4浓度为55%、O_2浓度为5%，温度为17 ℃。

21202运输巷回风口往里50 m处，在巷道右帮发现第7名遇难人员，头朝外，面向巷道左帮，呈侧卧状，现场气体情况：CH_4浓度为87%、O_2浓度为3%，温度为17 ℃。

21202运输巷回风口往里60 m处，发现第8名遇难人员，头朝外，呈俯卧状，现场气体情况：CH_4浓度为90%、O_2浓度为2%，温度为17 ℃。

21202运输巷回风口往里170 m处，发现第9名遇难人员，头朝外，面向巷道右帮，呈侧卧状，现场气体情况：CH_4浓度为96%、O_2浓度为0，温度为17 ℃。

21202运输巷回风口往里180 m处，发现第10名遇难人员，头向里，面向右帮，现场气体情况：CH_4浓度为97%、O_2浓度为0，温度为18 ℃。

21202运输巷回风口往里300 m处，发现第11名遇难人员，现场气体情况：CH_4浓度为97%、O_2浓度为0，温度为18 ℃。

侦察小队行进至21202运输巷回风口往里360 m处（第一次按照风筒节数预计为380 m，第二次实测为360 m），发现突出物已堆满巷道，呈平缓梯形状（约30°角），沿巷道长度约30 m，最高距顶板约0.2 m，少数为颗粒状，其余为粉末状。巷道为矩形断面，高3 m，宽4.1 m。风筒被埋压于突出煤体下方，无法通过，现场气体情况：CH_4浓度为98%、O_2浓度为0，侦察小队撤出。

侦察小队沿二采区右翼回风下山进入21202回风巷侦察，在右翼回风口往里18 m处，发现第12名（呈俯卧状）、第13名（呈仰卧状）、第14名（呈半跪状）遇难人员，现场气体情况：CH_4浓度为19.16%、O_2浓度为18.8%，温度为20 ℃。侦察到21202回风巷掘进头，未发现被困人员，现场气体情况：CH_4浓度为78%、O_2浓度为4%，温度为20.9 ℃。21202回风巷总长约446 m，开切眼长度约55 m。

3. 后续救援

17日10时，六枝救护大队14名救援人员入井，对井下变电所、主水仓、1167轨道下山临时水仓、二采区轨道下山巷底部临时水仓附近20 m范围气体情况进行检查，确认恢复供电区域与灾区动力设备电源分离，监护现场电工修复井下变压器，于12时30分恢复井下供电，陆续开启各水仓水泵排水，并将轨道下山巷及21202运输巷往里30 m处的第1～6名遇难人员搬运至1167轨道下山底部。

17日14时，根据指挥部的命令，黔西南州矿山救护大队、六枝救护大队、盘江救护大队集中救援力量，入井搜救并搬运遇难人员。

18日5时15分，救援人员在搜救和搬运遇难人员的过程中，在距离21202运输巷回风口往里352 m处发现第15名遇难人员，被少量突出物掩埋，现场气体情况：CH_4浓度为98%、O_2浓度为0。在距离21202运输巷回风口往里360 m处，发现第16名遇难人员，经检查无生命体征，被少量突出物掩埋，现场气体情况：CH_4浓度为98%、O_2浓度为0。

18日9时3分，救援人员将最后一名遇难人员运送出井。

4. 灾区恢复

1）瓦斯排放、恢复通风、排水

根据指挥部的要求，制定方案，排放瓦斯，尽快恢复21202运输巷、回风巷通风，并清理21202运输巷突出物。黔西南州矿山救护大队制定了《安龙县广隆煤矿“12·16”煤与瓦斯突出事故排放瓦斯工作方案》，于2019年12月23日15时开始排放瓦斯，25日13时30分瓦斯排放结束，恢复了21202运输巷、回风巷通风和排水。2020年1月4日1时40分左右，由于井下供电系统发生故障，造成21202运输巷瓦斯积聚，黔西南州矿山救护大队于1月6日14时30分再次排放瓦斯，23时排放瓦斯结束，重新恢复井下通风和排水。

2）清理21202运输巷突出物

黔西南州矿山救护大队制定了《安龙县广隆煤矿“12·16”煤与瓦斯突出事故21202运输巷清理工作方案及安全技术措施》，2019年12月28日8时30分安龙县工科局开始派工人入井清理巷道，经检测，21202运输巷瓦斯浓度都在1%以下，符合启动运输系统条件。12月29日，带式输送机安装、调试完毕，恢复正常运输。

2020年1月3日23时，21202运输巷突出物清理结束。1月7日，专家组入井开展技术鉴定工作，黔西南州矿山救护大队撤离救援现场。

在本次突出事故中，黔西南州共投入矿山救护队、综合应急救援队152人，医护人员45人，公安干警263人，州县乡村干部320人，出动应急救援车100余辆。经昼夜不断搜救、排放瓦斯、清理巷道、排水，于2020年1月7日3时30分，最后一支救援队伍撤离现场，历时22天，共计528 h，完成救援任务。

经事故后现场勘查，突出孔洞位于21202运输巷掘进迎头并向右帮扩展，突出位置正逐渐接近 F2 断层。21202 运输巷突出煤炭堆积长度 100 m，堆积厚度 0.5 ~2.4 m，堆积角度 10°，突出煤量约 414 t，涌出瓦斯量约 42300 m^3（图 3 – 14）。

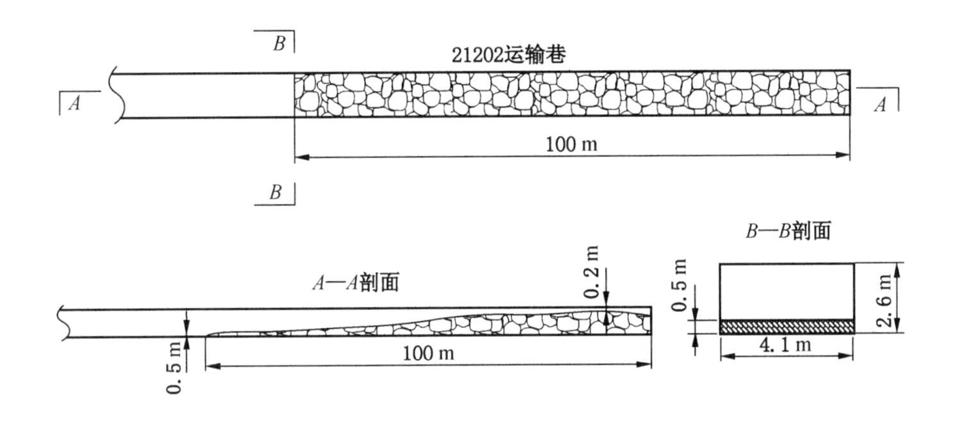

图 3 – 14 21202 运输巷煤与瓦斯突出事故突出物堆积现场示意图

五、总结分析

（一）成功经验

（1）各级领导重视，响应迅速，组织得力，协调有序，救援力量调集充足，顺利完成主要抢险救援工作（即 16 名遇难人员搜救搬运工作）。

（2）救护队行动迅速，密切配合，作风顽强，技术过硬，严格按照指挥部指示命令行动，很好地完成了抢险救援任务。

（二）存在问题

（1）矿井存在事故迟报问题，事故发生后未及时报告，而是自行组织抢救，贻误宝贵抢险救援时间。

（2）矿井供电系统不可靠，造成抢险救援期间二采区供电全面中断。

（3）通风设施不完善，造成事故扩大。21202 运输巷缺少反向风门，突出的高浓度瓦斯逆风进入进风侧，造成进风流多人伤亡。

专家点评

◆灾区侦察搜救工作不够仔细。2019 年 12 月 17 日 14 时，指挥部安排 4 支救护队全部出动，入井搬运已经发现的 14 名遇难人员，在搬运过程中，救援人员在距离21202运输巷回风口往里352 m、360 m处分别发现第15名和第16名遇难人员，被少量突出物掩埋，说明前期侦察搜寻工作不够仔细，今后应该引起注意和重视。

◆指挥部安排救护队在窒息区搬运遇难人员并不妥当。21202运输巷回风口以里40～380 m范围内瓦斯浓度达78%～98%，有6名遇难人员，在未恢复灾区通风和非执行抢救遇难人员情况下，急于安排搬运窒息区遇难人员并不妥当，存在较大风险。应当先通风后搬运遇难人员。

案例二十六　贵州省六盘水市盘州市梓木戛煤矿“8·6”重大煤与瓦斯突出事故

2018 年 8 月 6 日 21 时 10 分，贵州省六盘水市盘州市梓木戛煤矿（简称梓木戛煤矿）发生一起重大煤与瓦斯突出事故，突出煤量 549 t，涌出瓦斯量 13900 m^3，造成 13 人死亡、7 人受伤，直接经济损失 1749.5 万元。

一、矿井基本情况

（一）矿井概况

梓木戛煤矿位于贵州省六盘水市盘州市石桥镇，由贵州中耀矿业有限公司负责对梓木戛煤矿的生产、技术、安全等实施全面监管，民营企业，为设计生产能力 30×10^4 t/a 的生产矿井，证照齐全，属煤与瓦斯突出矿井。

矿井采用平硐暗斜井开拓方式，布置有主斜井、副斜井、副平硐和回风斜井，采用中央并列抽出式通风，主斜井、副斜井、副平硐进风，回风斜井回风。井田范围内有可采煤层 11 层，煤层自上而下编号分别为：1 号、3 号、7 号、9 号、10 号、12 号、17 号、18 号、24 号、26 号、29 号，开采煤层为 3 号、9 号煤层。经鉴定，1 号、3 号、7 号、9 号煤层具有突出危险性，其余煤层未作突出危险性鉴定。发生事故的 3 号煤层最大瓦斯压力 1.12 MPa，瓦斯放散初速度 16.2 m/s，坚固性系数 0.2372，平均厚度 2.68 m，平均倾角 28°。布置有 110102 开切眼、110106 联络巷、+1800 m 运输石门、110901 运输巷、110902 回风巷、+1894 m 回风石门、110102 回风巷 7 个掘进工作面和 +1856 m 回风石门巷修作业点，井下无采煤工作面。矿井地面安装有高低负压瓦斯抽放系统。煤矿生产劳动组织为“三八制”，早班（8—16 时）、中班（16—24 时）、夜班（0—8 时）。

（二）事故巷道（区域）基本情况

事故发生在 110102 开切眼掘进工作面（图 3－15）。

（1）110102 工作面及周边开采情况。110102 工作面位于一采区北翼，处于原小金山煤矿矿界范围内，东侧为原小金山煤矿 3 号煤层采空区，西侧为 3 号煤层原始区域，北侧为原小金山煤矿井筒保护煤柱，南侧为 F9 断层。按 1 号煤层设计，实际开采 3 号煤层。110102 工作面设计：运输巷长 523 m，回风巷长 500 m，开切眼长 87 m。至事故发生时，110102 运输巷已施工到位，未按

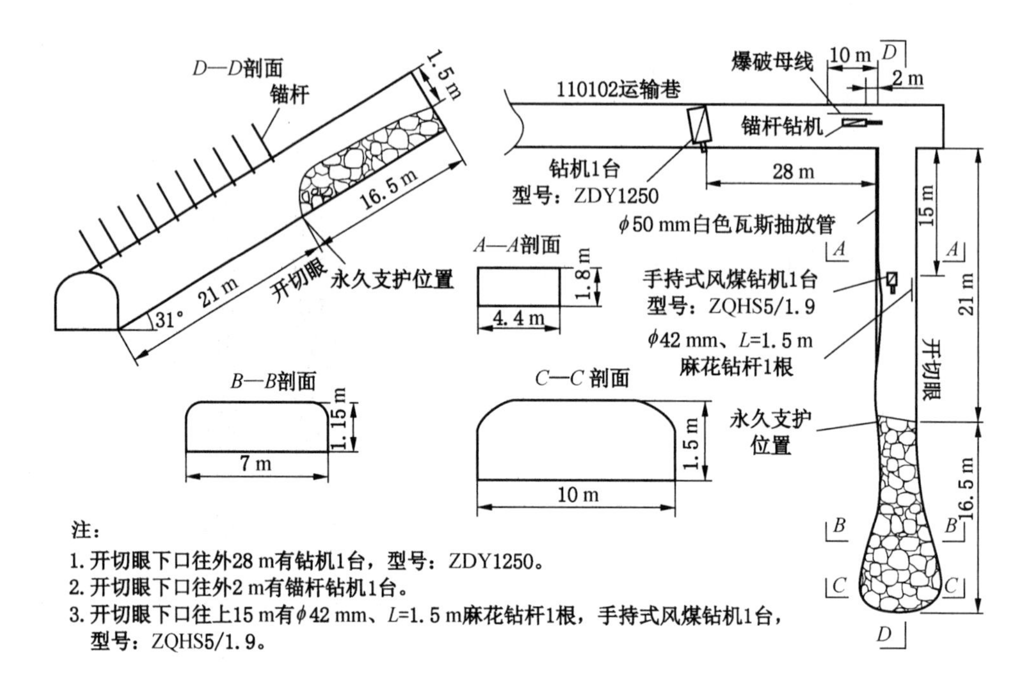

图3－15 梓木戛煤矿“8·6”重大煤与瓦斯突出事故救援现场示意图

要求设置临时避难硐室，回风巷已施工450 m；110102开切眼、110106联络巷掘进施工未实现独立通风。另外，2014年11月10日110102运输巷巷帮钻场曾发生一次煤与瓦斯突出，突出煤量为10 t左右，涌出瓦斯量大于657 m^3。

（2）110102开切眼掘进工作面具体情况。开切眼从110102运输巷521 m处开口，沿煤层顶板掘进，倾角31°，风钻打眼，爆破落煤，人工攉煤，搪瓷溜槽运输。巷道断面形状为矩形，宽4 m，高2.1 m，净断面积8.4 m^2，巷道顶板采用锚网索联合支护，左帮打设锚杆支护（实际两帮均未支护）；采用FBDNo.6.3/2×45 kW型局部通风机进行压入式通风，通风机安设于+1850 m运输石门新鲜风流中，配风风量387 m^3/min。该掘进工作面于2018年7月29日中班开口，8月2日因顶板支护存在问题被责令停止作业，8月6日恢复掘进，至事故发生时该掘进工作面已施工21 m，迎头位置正处于原小金山煤矿副井井筒保护煤柱范围内应力集中区域。

二、事故发生经过

2018年8月6日中班由矿总工程师付某带班。15时左右各队组织召开班前会，15时40分工人陆续入井。当班共入井59人，其中：8人在110102开切眼掘进，2人在110102运输巷打钻，1人在110102运输巷开带式输送机，5

人在 110106 联络巷掘进，9 人在 +1856 m 回风石门巷修，其余人员分别安排在 +1800 m 运输石门等地点作业。

16 时 43 分，110102 开切眼掘进工作面进行第一轮爆破，19 时左右进行第二轮爆破，随后进行打锚杆作业。

21 时 10 分，在井下带班的矿总工程师付某发现 +1856 m 回风石门风流无风，就到 +1850 m 北翼集中运输巷查看，听到随身携带的便携式瓦斯检测仪发出警报，显示瓦斯浓度达 2.8%，巷道内有大量粉尘，随即打电话向矿调度室询问。矿调度室回复，21 时 10 分煤矿安全监控系统显示 110102 开切眼 T_2 甲烷传感器异常，21 时 22 分瓦斯浓度最高为 38.9%，21 时 20 分总回风巷甲烷传感器瓦斯浓度为 14.64%。付某立即到 110102 运输巷外段查看，发现有人遇险被困。

8 月 6 日 21 时 15 分，盘州市安全生产监督管理局瓦斯联网监控中心发现梓木戛煤矿 110102 掘进工作面 T_2 甲烷传感器瓦斯浓度达 38.9%，总回风瓦斯浓度为 1.13%、随后达到最大值 14.64%，电话向煤矿询问情况后，确定井下发生突出事故后，立即电话报告局长及局、站相关人员。

三、事故直接原因

110102 开切眼掘进工作面位于 3 号煤层突出危险区域，煤矿造假瓦斯参数，没有采取区域瓦斯治理措施，施工的顺层瓦斯抽放钻孔未能消除突出危险性；工作面沿 31°上山施工，前方煤体在瓦斯压力、集中应力和自重力的共同作用下，受风动锚杆机打顶板锚杆眼扰动影响失稳，发生煤与瓦斯突出。

四、应急处置与救援

（一）企业先期处置

事故发生后，当班入井的 59 人中有 39 人安全升井，矿长和总工程师立即启动应急救援预案，组织撤人救人，并救出了 7 名受伤人员，13 人被困。

（二）各级应急响应

事故发生后，国务院领导、应急管理部及贵州省主要领导分别作出批示和要求；国家煤矿安全监察局副局长、贵州省常务副省长等领导率有关人员赶赴现场指导抢险、善后处理和事故调查工作。成立以盘州市市长为指挥长的现场抢险指挥部，下设应急救援组、技术指导组、医疗救护组、现场秩序组、交通保障组、信息报送组、善后处置组、信访维稳组、宣传舆情组、后勤保障组等 10 个工作组。善后处置组按照 1 家 1 个小组的工作方案，积极做好家属安抚工作。

应急管理部工作组于7日17时10分赶到事故现场，听取了有关情况汇报，传达了领导批示精神，对安全施救、善后处理、事故调查和吸取事故教训等方面提出要求。当晚，工作组负责人带领相关人员下井查看了事故现场情况，并对事故救援现场组织工作提出建议。

（三）制定救援方案

总体要求：一是要认真贯彻落实国务院和应急管理部领导的批示精神，科学施救、安全施救，全力以赴抢救被困人员，严防发生次生事故；二是要全力做好抢险救援工作，优化井下抢险劳动组织，救护队做好井下作业地点安全监护，保证机电设备正常运转，确保通风稳定；三是要做好新闻舆论引导工作，客观、准确地发布事故相关信息，及时回应社会关注；四是要高度重视善后处理工作，把遇难人员赔偿、家属接待等方面工作做细、做实，切实维护社会稳定。

根据井下侦察情况，指挥部研究决定，采取以下具体救援方案：

（1）首先排放井下瓦斯，保证抢险救援人员及井下环境安全。救护队负责具体实施，将事故巷道风流中的瓦斯浓度降到1%以下。

（2）洒水降尘，防止煤尘飞扬。采取铺设麻袋、洒水洗尘等措施，降低空气中煤尘含量，改善现场作业环境，防止煤尘事故发生。

（3）恢复运输系统，加大突出物运输能力。救援人员负责现场监护，组织矿方人员恢复110102运输巷带式输送机和第一部刮板输送机运行。

（4）加强现场组织领导，确保抢险救援措施任务落实。盘州市安监部门及各级领导制定值班表现场跟班，救护队、矿方分三班连续作业，现场轮换清理突出的煤矸，尽快找到被困人员。8月7日晚，为加快搜救进度，现场采取救援人员每4 h一轮换，矿方人员每2 h一轮换，加快循环作业进度。

（四）抢险救援过程

事故发生后，盘州市矿山救护队、盘江救护大队分别于6日21时35分、23时59分接到事故救援召请，各出动2个小队先后赶到事故现场。8月7日，盘江股份公司又出动2个小队赶往增援。

盘州市矿山救护队于6日22时5分到达梓木戛煤矿，22时10分奉指挥部命令入井侦察。

22时26分，盘州市矿山救护队侦察至110102运输巷风门处发现第1名遇难人员，头朝外仰卧于巷道中（图3－16）。经核实，该遇难人员原在110102运输巷距风门岔口100 m处遇难，被矿方人员抢救到风门处。

盘州市矿山救护队在风门外建立井下基地，一个小队在此待命。

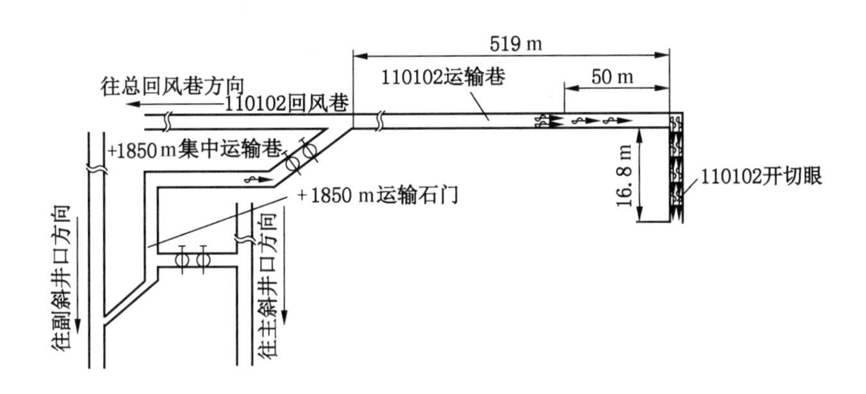

图 3－16　梓木戛煤矿"8·6"重大煤与瓦斯事故现场遇难人员位置示意图

侦察小队进入 110102 运输巷，侦察至 350 m 处发现第 2 名遇难人员，头朝外靠巷道左帮仰卧于巷道中，同时发现此处风筒接头漏风；侦察至 360 m 处发现第 3 名遇难人员，头朝外靠巷道右帮仰卧于巷道中；侦察至 365 m 处发现第 4 名遇难人员，头朝外靠巷道右帮仰卧于巷道中。22 时 58 分，侦察小队侦察至 497 m 处，突出物堆积至巷道顶部约 0.9 m 位置，人员无法进入。23 时 50 分，侦察小队向指挥部汇报侦察情况，指挥部命令侦察小队返回发现遇难人员地点取下遇难人员矿灯卡号，以便核对人员信息。7 日 2 时 50 分，盘州市矿山救护队救援人员全部安全升井。

8 月 7 日 3 时 55 分，指挥部命令盘江救护大队组织一个小队再次入井侦察，另一个小队在井下基地待命。侦察情况与盘州市矿山救护队侦察情况（表 3－1）基本相同，并向指挥部汇报。7 日 5 时 16 分，指挥部令待机小队将遇难人员全部运出。

表 3－1　盘州市矿山救护队侦察过程中气体检测情况

序号	检测位置	CH_4 浓度/%	O_2 浓度/%	CO_2 浓度/%	CO 浓度/%	温度 T/℃
1	100 m 处	5.0	18.9	0.22	0	18
2	200 m 处	5.0	18.9	0.25	0	19
3	350 m 处	50	10.0	0.31	0	19
4	497 m 处	50	10.0	0.36	0	19

7 日 10 时 24 分，运输系统恢复，开始清理突出的煤矸，搜救被困人员。

7 日 20 时 24 分，110102 运输巷清理至 489 m 处（19 号棚钻机处）发现第

5 名遇难人员，被钻机压在肩上，面朝巷道左帮，呈坐姿。

8 日 1 时，490 m 处（21～22 号棚之间）瓦斯管路下发现第 6 名遇难人员，头朝里位于巷道右帮，俯卧姿态。

8 日 13 时 38 分，511 m 处（46～47 号棚之间）瓦斯管路下发现第 7 名遇难人员，头朝外距巷道右帮 0.8 m，俯卧姿态，右腿弯曲，距离巷道顶板 1.8 m。

8 日 17 时 21 分，516 m 处（54 号棚）巷道右帮发现第 8 名遇难人员，头朝外，双手紧抱立柱。

8 日 17 时 43 分，516 m 处（54 号棚）巷道左帮发现第 9 名遇难人员，头朝下。

8 日 18 时 14 分，518 m 处（56 号棚）发现第 10 名遇难人员，脸朝下，位于巷道中部。

8 日 20 时 30 分，520 m 处（58 号棚）发现第 11 名遇难人员，头朝下。

8 日 20 时 54 分，518 m 处（56 号棚）发现第 12 名遇难人员，头朝开切眼方向。

8 日 23 时 1 分，开切眼开口 3 m 处发现第 13 名遇难人员，头朝上。

9 日 1 时 30 分，将遇难人员遗体全部运送出井，事故共造成 13 人死亡、7 人受伤，事故应急救援工作结束。

五、总结分析

（一）成功经验

（1）领导重视，组织得力。事故发生后，从国家到盘州市各级领导高度重视，并且在应急管理部挂牌督办下，更加增加了地方政府各级领导的重视程度，主要领导、专家亲临事故现场坐镇指挥，有关领导坚守一线，现场跟班指挥，现场交接班，有的领导连续几天不升井，蹲守在救援一线，大大鼓舞了士气，救护队和工人轮流作业，提高了救援效率。另外，抢险指挥部组织有力、协调得当、指挥有序，各专业小组分组协作、各司其职，为事故安全高效救援提供了重要组织保证。

（2）救援方案科学，措施针对性强，组织落实到位，救援工作效率高。指挥部根据灾区实际情况，科学制定恢复通风、洒水洗尘、恢复运输系统。现场劳动组织分工明确，安排得当，工作衔接紧密，不间断轮流作业，为安全快速完成抢险救援提供了技术保证。

（3）矿山救援队伍响应迅速，力量充足，通力协作，无条件执行各项命令，发扬了“特别能吃苦，特别能战斗”的优良作风。

（二）存在问题

（1）侦察小队在侦察工作中分工不够明确，灾区侦察时信息不全。

（2）在井下救援工作中的信息反馈不够及时。

（3）部分新队员因第一次参加事故救援，存在一定的恐惧心理。

专家点评

◆抢险救援规范正确。严格按照《矿山救护规程》行动，规范设立井下基地和待机队，后续救援紧张有序，稳步推进。多支矿山救护队协同工作，配合默契，“特别能吃苦，特别能战斗”精神再次得到弘扬，值得肯定赞扬。

◆针对存在的问题，应该加强新队员培训管理，提高队伍整体素质和实战能力。规范事故救援汇报内容和流程，对新队员开展正确的心理疏导，帮助其克服恐惧心理，有针对性地开展实战化的训练和演练。

案例二十七　山西华阳集团石港煤业有限公司“3·25”较大煤与瓦斯突出事故

2021年3月25日3时50分，山西华阳集团石港煤业有限公司（简称石港煤业）15210进风巷掘进工作面发生煤与瓦斯突出事故，突出煤（矸）量为244 t、瓦斯量为22882 m^3，造成4人死亡，直接经济损失1300万元。

一、矿井基本情况

（一）矿井概况

石港煤业位于山西省左权县城北13 km处，为山西省国有重点股份制企业（华阳集团占股98%，左权县国资公司占股2%），隶属于华阳集团（原阳泉煤业集团），核定生产能力90×10^4 t/a，为证照齐全的生产矿井。开采15号煤层，煤种为贫煤，平均煤厚7.04 m，水文地质类型为中等，Ⅱ类自燃煤层，煤尘具有爆炸危险性，煤与瓦斯突出矿井。

矿井采用斜井开拓，布置有混合提升斜井、猴车斜井、瓦斯管路斜井、回风立井4个井筒。矿井为单水平开采，水平标高+913 m，划分为一、二两个采区。矿井采用中央分列抽出式通风，猴车斜井、混合提升斜井、瓦斯管路斜井进风，回风立井回风。建有地面高低瓦斯抽采泵站系统和井下移动瓦斯抽采泵站，安装有安全监测监控系统、人员位置监测系统、压风自救系统、供水施救系统、通信联络系统和井下紧急避险系统（一、二采区各设置一个永久避难硐室，均可容纳100人，采掘工作面设置有临时避难硐室）。

一采区布置有15107回撤采煤工作面；二采区布置有15212采煤工作面，7个掘进工作面（其中：煤巷3个，分别为15210回风巷、15210进风巷、15204回风巷；岩巷4个，分别为15210低位抽采巷、15204高抽巷、15204底抽巷、15209底抽巷）。

劳动组织：掘进一、二、三队执行每组12小时轮班制，每天0—8时检修，其余时间组织生产；其余队组按“三八制”组织生产作业，两班生产一班检修。

（二）事故巷道（区域）基本情况

事故发生地点为二采区15210进风巷掘进工作面。15210进风巷设计长度776 m，矩形断面，净高3 m，净宽5 m，采用顶部“锚杆+锚索+W钢带+菱形网”配合帮部“锚杆+菱形网+W护板”联合支护，巷道开口沿15号煤层顶板掘进40 m，按16°下坡掘进30 m后沿煤层底板掘进，巷道平均坡度8°。该工作面采用综掘机掘进，带式输送机出煤，压入式通风，由掘进一队负责施工，2019年8月开工，至事故发生时，共掘进447 m。巷道每200 m设置一组压风自救及供水施救装置，每组数量12个，工作面迎头以外25~40 m处设置有一组。

15210进风巷周边为实体煤，巷道北侧布置有15210回风巷、15210低位抽采巷、15210高抽巷（已掘进到位封闭），巷道南侧布置有15209进风底抽巷。

二、事故发生经过

2021年3月24日18时30分许，掘进一队队长组织召开晚八点班班前会，当班安排9人入井，副队长梁某跟班。会上队长安排的主要工作是24时前正常掘进两个排，24时后进行检修，配合测试钻屑瓦斯解析指标$K1$值、打排放孔等，并强调了注意事项。

24日20时许，副队长梁某等9人到达15210进风巷，由于转载机与带式输送机故障，直到23时许工作面开始正常掘进。25日2时许，工作面正在进行支护作业，防突工赵某来到迎头准备测试$K1$值，副队长梁某对他说，“你先出去，我们清完浮煤出来叫你”，赵某就到13号钻场等待。支护工李某、孙某完成支护工作后也来到13号钻场等待配合赵某打孔测$K1$值。3时20分许，瓦斯检查员穆某到达15210进风巷检查瓦斯，看到工作面的支护已经完成，正在割底煤和清理浮煤，随后也来到13号钻场。

25日3时50分许，在13号钻场以里巷道内的支护工刘某和钻场里的赵某、穆某等人均听到“啪啪啪”的声音，并看到巷道里煤尘飞扬，发觉异常都赶快往外跑。3时53分许，在巷道口的带式输送机工梁某看到巷道里突然涌出大量的煤尘，意识到可能发生突出事故了，就用附近的电话汇报矿调度室说：“什么也看不见，外头这瓦斯响得哒哒的。”挂完电话梁某和煤溜工杨某立即跑往二采区轨道大巷。4时1分，李某、孙某、赵某、穆木、刘某5人也跑到二采区轨道大巷，孙某又向调度室电话汇报：“210进风巷突出了，快下来救人，埋了人啦。”4时5分，杨某向调度室汇报：“210里边突出了，里边的人没有出来。”之后7人被随后赶来的救援人员协助陆续升井，在15210进风巷掘进工作面的副队长梁某等4人情况不明。

三、事故直接原因

15210 进风巷掘进工作面处在小断层、构造煤变厚带，由于瓦斯预抽时间短、抽采不达标，在综掘机割煤作业时，诱发了煤与瓦斯突出，造成现场作业人员缺氧窒息死亡。

四、应急处置与救援

（一）企业先期处置

25 日 4 时 5 分，矿调度室接到井下事故报告后，立即向当日值班领导、防突副总经理、董事长等领导汇报，启动应急救援预案，全力组织开展救援。4 时 20 分通知井下所有人员撤离升井。

5 时 9 分，向华阳集团总调度室电话汇报事故情况；6 时 56 分，向左权县应急管理局和山西煤矿安全监察局晋中监察分局报告事故情况（属迟报）。

截至 7 时 10 分，当班入井 111 人，107 人升井，4 人被困。

（二）各级应急响应

事故发生后，应急管理部、国家矿山安全监察局主要领导分别对事故抢险救援工作作出重要批示，要求全力以赴做好救援工作，确保不发生次生事故。山西省委、省政府要求全力施救、查明原因、举一反三，坚决遏制重特大事故发生。山西煤矿安全监察局、省应急管理厅、省能源局等部门领导第一时间赶赴事故现场，指导协调事故抢险救援工作。晋中市政府立即启动应急救援预案，成立了以晋中市委常委、常务副市长为总指挥的抢险救援指挥部，迅速调集华阳集团矿山救护大队 3 个小队 40 人、晋中市矿山救护大队 4 个小队 39 人紧急出动，全力开展抢险救援工作。

（三）制定救援方案

（1）迅速安排救援人员入井侦察，发现被困人员立即抢救。

（2）先恢复通风系统，逐段排放 15210 进风巷及其他巷道瓦斯，然后再组织开展后续清煤搜救。

（3）矿方负责组织人员，分班轮流清理突出物，救护队现场监护，搜寻被困人员；清理时必须使用防爆工具。

（4）救护队监护，矿方负责尽快恢复有关运输设备运行，为清理突出的煤、矸石创造条件。

（5）加强现场管理，确保任务措施落实。公司、矿主领导要跟班到一线，现场交接班，工人轮班作业，加快抢险救援工作进度，与事故抢时间。

（6）做好抢险救援其他保障工作。

（四）抢险救援过程

3 月 25 日 5 时，华阳集团矿山救护大队接到华阳集团总调度室命令，立即出动救护大队 3 个小队 40 名救援人员，先后于 6 时 50 分、7 时 15 分、7 时 34 分到达石港煤业，按照抢险救援指挥部安排投入抢险救援工作。随后晋中市矿山救护大队 4 个小队 39 人到达事故矿井参加事故抢险救援工作。

华阳集团矿山救护大队到达事故矿井，立即到矿调度室了解事故情况，按照指挥部命令，由大队长、副总工程师带领第 1 小队救援人员共计 12 人，迅速组织下井侦察、恢复通风、搜寻抢救被困人员。其余救援人员井上待命。

8 时 10 分，第 1 小队救援人员携带救援装备到达 15210 进风巷口，发现局部通风机正常运转。经检查，局部通风机入风风流 CH_4 浓度为 0，回风混合处 CH_4 浓度为 3.6%、O_2 浓度为 20%，大队长立即组织侦察小队进行战前检查，随后带领 6 名救援人员佩戴氧气呼吸器进入侦察，在 432 排钢带处发现突出物，局部通风机风筒在此处断开，442 排钢带处有钻机 1 台，突出物淹没至机身中部，距巷道顶板约 1.5 m，456 排钢带处突出物距顶板间距约 0.3 m，救援人员无法进入。经测算突出物大约掩埋巷道 25 m，侦察未发现被困人员。第 1 小队检查气体情况见表 3－2。

表 3－2　第 1 小队检查气体情况表

地　点	CH_4 浓度/%	CO 浓度/ppm	O_2 浓度/%	CO_2 浓度/%	温度 T/℃
456 钢带处	15	0	18.9	0.3	4
432 钢带处	2	0	20	0.2	6
回风混合处	3.6	0	20	0.2	7

随后人员撤至新鲜风流地点，立即将情况汇报指挥部，指挥部命令，首先恢复通风，随时检查气体情况；救援人员首先将风筒断开处重新连接 1 节风筒，并将风筒沿途漏风处进行处理，同时派 2 名救援人员观察巷道情况，检查气体，谨防二次突出。

9 时 45 分，开始清理堵塞物，同时进行洒水降尘。

11 时 8 分，带式输送机机尾清理干净，并恢复运行。

13 时 55 分，接 1 节风筒到 447 排钢带处。

15 时 22 分，清理到掘进机桥式转载机，现场由集团公司常务副总经理杨某和总工程师进行指挥。

25 日 16 时，华阳集团矿山救护大队作训科长带领第 2 小队 11 名救援人员到达现场，在大队长带领下继续搜寻被困人员，清理巷道突出堵塞物，本班清理至 452 排钢带处，集团公司副总经理余某现场指挥。第 2 小队检查气体情况（最大值）见表 3－3。

表 3－3　第 2 小队检查气体情况表

地　　点	CH_4 浓度/%	CO 浓度/ppm	O_2 浓度/%	温度 T/℃
456 钢带处	0.8	0	20	10
回风风流（清煤点 10 m 外）	1.5	0	20	12
回风混合处	1.5	0	20	15
清理堵塞物处	1.5	0	20	10

3 月 25 日 20 时 55 分，接指挥部命令，华阳集团矿山救护大队副大队长又带领 10 名救援人员入井增援，在大队长带领下，继续清理堵塞物寻找被困人员、监测气体情况。26 日 6 时 10 分，侧装机安装运行，救援人员将堵塞物装运到侧装机，利用侧装机倒运到带式输送机，加快了堵塞物的清理运输。集团公司总经理助理现场指挥。

3 月 26 日 7 时 44 分，救援人员在 443～444 排钢带之间，桥式转载机机架下发现第 1 名遇难人员，编为 1 号人员：头朝外，脚朝里，呈俯卧状，携带电工工具一套，自救器号 20p525 号，经检查无生命体征。第 1 名遇难人员处气体情况见表 3－4。8 时 23 分，运出第 1 名遇难人员。

表 3－4　第 1 名遇难人员处气体情况表

地　　点	CH_4 浓度/%	CO 浓度/ppm	O_2 浓度/%	温度 T/℃
第 1 名遇难人员处	0.2	0	20	13

8 时 23 分，在第 1 名遇难人员右腿膝盖处发现第 2 名遇难人员，编为 2 号人员：位于 444～445 钢带排之间，桥式转载机下部，头朝外，脚朝里，呈俯卧状，胸前有一串钥匙，经检查无生命体征。第 2 名遇难人员处气体情况见表 3－5。9 时 13 分，运出第 2 名遇难人员。

表 3－5　第 2 名遇难人员处气体情况表

地　　点	CH_4 浓度/%	CO 浓度/ppm	O_2 浓度/%	温度 T/℃
第 2 名遇难人员处	0.3	0	20	13

8 时 40 分，发现第 3 名遇难人员，编为 3 号人员：位于 447 排钢带处，桥式转载机左侧，头朝外，呈俯卧状，头戴黄色安全帽，灯号五 -9 号，自救器号 11 -174 号，经检查无生命体征。第 3 名遇难人员处气体情况见表 3 -6。9 时 24 分，运出第 3 名遇难人员。

表 3 -6　第 3 名遇难人员处气体情况表

地　　点	CH_4 浓度/%	CO 浓度/ppm	O_2 浓度/%	温度 T/℃
第 3 名遇难人员处	0.2	0	20	13

10 时 35 分，发现第 4 名遇难人员，编为 4 号人员：位于 443 ~444 排钢带之间，巷道右帮与钻机之间，头向外，呈俯卧状，未佩戴安全帽，灯号五四 -9 号，自救器号 k20c901 号，经检查无生命体征。第 4 名遇难人员处气体情况见表 3 -7。10 时 53 分，运出第 4 名遇难人员。

表 3 -7　第 4 名遇难人员处气体情况表

地　　点	CH_4 浓度/%	CO 浓度/ppm	O_2 浓度/%	温度 T/℃
第 4 名遇难人员处	0.2	0	20	13

救援过程中，华阳集团矿山救护大队救援人员在发现 4 名遇难人员的位置处进行了现场标注（系红布条、粉笔签字），按先后顺序对遇难人员进行了编号（图 3 -17），并在遇难人员的上衣口袋内放置了编号及基本情况信息纸条。

12 时 30 分，华阳集团矿山救护大队救援人员全部升井，救援结束。

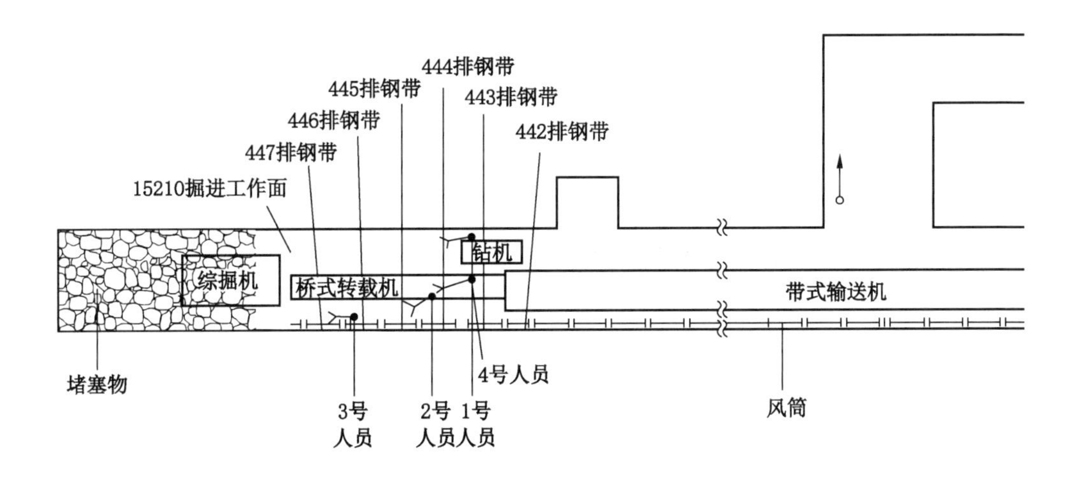

图 3 -17　15210 掘进工作面煤与瓦斯突出事故救援现场示意图

五、总结分析

（一）成功经验

（1）各级领导重视，响应迅速，指挥部指挥决策正确，方案科学，组织得力，协调有序，特别是华阳集团副总经理和总工程师等领导深入现场，跟班指挥抢险救援工作，仅一天多时间就完成抢险救援工作，救援效率高。

（2）救护队行动迅速，华阳集团矿山救护大队和晋中市矿山救援大队两支队伍密切配合，工作认真细致，严格按照指挥部指示命令行动，安全顺利完成抢险救援任务。

（二）存在问题

（1）事故初期矿井应急处置存在不足。25 日 4 时 5 分矿调度人员接到井下事故报告后，没有第一时间通知井下撤人，而是只顾向有关领导汇报，等到 4 时 20 分才安排井下人员撤离，晚了 15 min，对突发事故应对不敏感。另外，迟报事故 2 个多小时，也对事故抢险救援有一定贻误影响。

（2）井下人员撤离及清点核实工作速度慢。4 时 5 分至 7 时 10 分，当班入井 111 人撤人核实工作用了 3 个多小时，明显速度不快。

专家点评

◆领导带头，率先垂范。华阳集团公司副总经理和总工程师等主要领导及华阳集团矿山救护大队大队长、副总工程师等主要指挥员，在事故抢险救援中身先士卒，坚守灾区一线，靠前指挥，连续作战，发挥了很好的模范带头作用，工作作风值得充分肯定和大家学习。

◆矿山救援队伍救援人员，在这次事故抢险救援工作中表现突出，不仅团结协作，行动雷厉风行，而且工作认真细致，一丝不苟。从接警出动，到灾区侦察、人员搜救、排放瓦斯、恢复通风、现场监护、突出物清理以及对发现遇难人员的位置记录、身体状态描述、生命体征检查、个人信息查找、现场气体检测、现场标识等工作，非常规范，认真细致。这说明他们作风优良且有严格的队伍管理作支撑。

煤与瓦斯突出事故应急处置及救援工作要点

一、事故特点

（1）煤与瓦斯突出易发生在采掘工作面（大多数发生在掘进工作面，特别是石门揭开煤层时，突出强度最大、次数最多），也容易发生在地质构造变化大、煤层厚度变化大、采掘作业应力集中地带和围岩致密而干燥的厚煤层等区域。

（2）瞬间突出的大量煤（岩）会掩埋采掘工作面和附近巷道的作业人员，同时，突出的大量瓦斯使采掘工作面及回风巷道内的氧气浓度急剧降低，造成人员窒息。并且，突出的瓦斯因压力较高，可能破坏通风系统，改变风流方向，使进风侧充满高浓度的瓦斯，造成更大范围的人员窒息。高浓度瓦斯顺风流或逆风流蔓延，当达到爆炸界限并遇火源可能引起瓦斯爆炸。

（3）有明显的动力效应，可造成供水、供电、压风、通风、支护、运输等系统和设施、设备的损坏，巷道坍塌、片帮、底鼓，以及堵埋人员、积水涌出等。

（4）煤与瓦斯突出事故对救援人员安全的主要威胁是发生二次突出和引起瓦斯爆炸。

二、应急处置和抢险救援要点

（一）现场应急措施

（1）现场人员要立即佩戴自救器，按照突出事故的避灾路线迅速撤出灾区直至地面，并立即向调度室报告。

（2）对于小型煤与瓦斯突出事故，现场人员应在保障安全的前提下，尽力抢救被埋人员。

（3）在撤离途中受阻时应紧急避险，采取以下自救措施：①选择最近的避难硐室或临时避险设施待救；②选择最近的设有压风自救装置和供水施救装置的安全地点，进行自救互救和等待救援；③迅速撤退到有压风管或铁风筒的巷道、硐室躲避，打开供风阀门或接头形成正压通风，可利用现场材料加固设置生存空间，等待救援。

（4）被困后采用一切可用措施向外发出呼救信号，但不可用石块或铁质工具敲击金属，避免产生火花而引起瓦斯煤尘爆炸。

（5）被困待救期间，班组长和有经验人员组织自救互救，被困人员要节约体能，节约使用矿灯，保持镇定，互相鼓励，积极配合营救工作。

（二）矿井应急处置要点

1. 煤矿企业

（1）矿井调度室接到井下突出事故报告或通过监测监控系统已判断发生突出事故后，应立即启动应急救援预案，第一时间通知撤出井下受威胁区域人员，是否立即通知井下停电及停电范围根据实际情况决定，然后向矿领导及有关部门报告事故情况。在井下范围大、人员撤退时间长的情况下，必要时可通过矿井应急广播系统通知难以及时撤出地面的人员进入永久避难硐室避灾。

（2）通知矿领导及相关单位。第一时间通知矿井主要负责人、技术负责人及各有关部门相关人员开展救援，通知矿山救护队出动救援，通知当地医疗机构进行医疗救护。按规定向上级有关部门和领导报告。

（3）矿领导接到事故报告后，应迅速成立矿井应急救援指挥部，组织开展救援。根据事故情况，在确保安全的情况下，组织企业救援力量，积极抢救被困人员，防止事故扩大。

（4）迅速核实入井、升井人数，落实被困人员具体情况，严格执行抢险期间入井人员临时管控措施。

（5）尽快恢复灾区通风，保持压风、供水系统正常。

（6）做好排放灾区瓦斯、突出物清理准备工作。

（7）加强现场领导，确保抢险救援工作任务及安全措施的落实。安排好领导值班、跟班工作，明确职责，必要时可采取奖惩激励机制，提高工作积极性。

（8）维护好救援秩序，切实做好各项保障工作。

2. 矿山应急救援队伍

（1）接到事故救援召请后，大（中）队指挥员应立即带领至少 2 个小队赶往事故矿井执行救援任务。

（2）到达事故单位后，指挥员首先要了解事故情况，到指挥部报到并领取抢险救援任务，其他人员立即检查仪器设备，做好入井前准备。技术人员注意收集事故资料，做好有关记录。

（3）执行救援任务时，指挥员应简单介绍事故情况，传达指挥部命令，布置具体任务，明确人员分工及安全措施，提醒注意事项，做好战前动员工作。

（4）保持地面基地、井下基地和灾区的联系畅通，出现险情指挥员应果断处置，再向指挥部报告。

（5）具体救援行动必须严格按照《矿山救护规程》执行。

3. 地方政府及相关部门

（1）接到事故报告后，迅速启动本级政府、部门相应应急救援预案，确定响应级别，有关领导立即赶往事故现场，指导事故抢险救援工作。

（2）成立事故抢险救援指挥部，由地方政府主要领导任指挥长或委任能胜任的人员担任指挥长，下设应急救援组、技术指导组、医疗救护组、现场秩序组、交通保障组、信息报送组、善后处置组、信访维稳组、宣传舆情组、后勤保障组等工作组，有序开展应急救援工作。

（3）立即调集各方救援力量、救援物资、救援装备等资源投入抢险救援。重大复杂事故，应邀请有关专家参加，进行会商、分析、研判，研究制定事故救援方案。

（4）及时协调解决事故救援中遇到的困难问题，确保救援工作有序正常进行。

（5）正确把控事故舆情导向，做好引导和正面宣传工作，及时公开透明向社会发布事故抢险救援进展情况，防止不实舆情误导、干扰事故救援。

（6）抢险救援工作完成后，由指挥长宣布抢险救援结束。

（三）抢险救援技术要点

（1）了解掌握突出地点及其波及范围，人员数量及分布位置，突出煤量和瓦斯量，灾区通风，瓦斯浓度，巷道破坏程度，是否存在火源及火灾范围，以及现场救援队伍和救援装备等情况。根据需要，增调救援队伍、装备和专家等救援资源。

（2）组织矿山救护队进行灾区侦察，发现人员立即抢救。通过灾区侦察，进一步掌握突出地点及其波及范围，人员数量及分布位置，突出煤量和瓦斯量，灾区通风，瓦斯浓度，巷道破坏程度，是否存在火源及火灾范围，人员伤亡等情况。救援指挥部根据已掌握的情况、监控系统检测数据和灾区侦察结果，分析和研究制定救援方案及安全保障措施。

（3）保证矿井正常通风，不得随意停风或反风，防止风流紊乱扩大灾情。如果通风系统和设施被破坏，应尽快恢复巷道通风，保障救援人员安全。恢复独头巷道通风时，应将局部通风机安设在新鲜风流处，按照排放瓦斯的措施和要求进行操作。因突出造成风流逆转时，要在进风侧设置风障，并及时清理回风侧的堵塞物，使风流尽快恢复正常。

（4）多措并举构建快速救援通道。采取快速清理直接恢复突出灾区巷道，在灾区巷道中开挖小断面救援通道，在灾区巷道附近新掘小断面救援绕道，以及施工救援钻孔等多种方法，形成快速救援通道。

（5）保证压风自救、供水施救、通信联络、安全监测监控等系统正常。

（6）遇上坡突出巷道时，必须制定防止煤、矸石滚落伤人安全措施，设置挡板，逐棚加固巷道支架，采取连锁放倒支护，确保安全退路畅通，控制同时作业人数。

（7）在救援过程中，当被困人员不能及时救出时，应采取一切措施与被困人员取得联系，利用压风管、供水管或打小孔径钻孔等方式，向被困人员输送新鲜空气、饮料和食物，为被困人员创造生存条件，为救援争取时间。

（8）如果突出事故破坏范围大，巷道恢复困难，应在抢救被困人员之后，对灾区进行封闭，逐段恢复通风。

三、安全注意事项

（1）事故初期，矿井组织自救互救时，必须在确保施救人员安全的前提下进行，切忌不顾危险，盲目进入灾区施救，以免造成事故扩大。

（2）加强警戒，保证地面和井口安全。在进、回风井口及其 50 m 范围内检查瓦斯、设置警戒，禁止警戒区内一切火源，严禁一切机动车辆和非救援人员进入警戒区。

（3）救援期间要加强电气设备管理。已经停电的设备不送电，仍然带电的设备不停电，防止产生火花，引起爆炸。

（4）矿山救护队进入灾区后，必须认真检查气体和温度的变化。发现空气中一氧化碳浓度或温度升高时，应迅速查明原因。突出瓦斯燃烧引发火灾时，按照火灾事故应急处置和救援工作要点进行救援。

（5）清理突出的煤（岩）时，应制定防止煤尘飞扬的措施。设专人检查煤尘和瓦斯，发现问题及时处理，防止发生瓦斯煤尘爆炸事故。

（6）救援过程中，必须严密监视，注意突出预兆，防止二次突出造成事故扩大。注意观察围岩、顶板和周围支护情况，发现异常，立即撤出人员。

（7）在排放瓦斯时，应制定详细方案和安全措施，严格按照有关规定、方案、措施操作，严禁“一风吹”排放瓦斯。

（8）在灾区侦察和施救过程中，不得随意启闭电器开关，不得扭动矿灯开关和灯盖，注意防止摩擦、碰撞产生火花，严防引发瓦斯爆炸事故。

（9）救护队进入灾区时，应携带足够数量的氧气呼吸器和自救器、氧气瓶等，以备抢救时供被困人员佩戴使用。

第四章

矿井火灾、爆炸事故救援案例

案例二十八　山东省招远市曹家洼金矿“2·17”较大火灾事故

2021 年 2 月 17 日 0 时 14 分许，山东省招远市曹家洼金矿（简称曹家洼金矿）3 号盲竖井罐道木更换过程中发生火灾事故，造成 10 人被困。经全力救援，4 人生还，6 人遇难。

一、矿井基本情况

（一）矿井概况

曹家洼金矿是曹家洼矿业集团公司所属企业，成立于 1989 年 10 月 27 日，核定生产能力 9.9×10^4 t/a，采矿证有效期自 2018 年 1 月 17 日至 2028 年 1 月 17 日，安全生产许可证有效期为 2020 年 6 月 27 日至 2023 年 6 月 26 日。

（二）事故巷道（区域）基本情况

2020 年 9 月，曹家洼金矿拟对 2 号竖井、3 号盲竖井、5 号盲竖井进行检修作业（包括 3 号盲竖井罐道木更换工程）。2021 年 1 月 20 日，曹家洼金矿同意 3 号竖井更换罐道工字钢及木罐道施工作业。

二、事故发生经过

2 月 16 日 19 时 16 分，现场人员在对固定罐道木的螺栓、工字钢、加固钢板进行切割作业过程中，产生的高温金属熔渣、残块断续掉落。17 日 0 时 14 分，持续掉落到 −505 m 处梯子间部位的高温金属熔渣、残块引燃玻璃钢隔板着火，火势逐渐增大继而又引燃电线电缆、罐道木等可燃物，沿井筒向上燃烧迅速蔓延至 −265 m 中段 3 号盲竖井井口、附近硐室和部分运输大巷，高温烟气进入 −265 m 中段巷、7 号盲斜井、 −480 m 中段巷、5 号盲斜井、1 号竖井、

1 号斜井。0 时 33 分，2 号竖井卷扬机工发现井下停电，报告值班主任。值班主任核实情况后，向值班矿长报告井下停电及地面核实的 1 号竖井、1 号斜井有冒烟、异味等情况。

三、事故直接原因

作业人员在拆除 3 号盲竖井内 -470 m 上方钢木复合罐道过程中，违规动火作业，气割罐道木上的螺栓及焊接在罐道梁上的工字钢、加固钢板，较长时间内产生大量的高温金属熔渣、残块等持续掉入 -505 m 处梯子间，引燃玻璃钢隔板，在烟囱效应作用下，井筒内的玻璃钢、电线电缆、罐道木等可燃物迅速燃烧，形成火灾。

四、应急处置与救援

（一）企业先期处置

事故发生后，企业立即开展先期处置工作，报告当地党委政府和有关部门，逐级上报到省委、省政府，有关部门，以及应急管理部。

（二）各级应急响应

事故发生后，国务院领导作出批示，应急管理部主要领导第一时间视频连线指导救援，派出工作组赶赴现场指导救援工作。山东省委、省政府领导迅速赶到现场，成立了省市县一体化应急救援指挥部，下设综合协调、现场救援、专家、医疗救治和疫情防控、新闻舆情、安全保卫与交通保障、后勤保障、家属接待、事故调查等 9 个工作组，统筹推进各项救援工作。

（三）制定救援方案

一是根据着火点发生在 3 号盲竖井（图 4 -1），-480 m 中段 3 人作业，-660 m 中段 1 人作业，-265 m 中段 6 人作业的实际情况，分析 -480 m 中段和 -660 m 中段 4 名作业人员相对安全，-265 m 中段 6 名作业人员危险性较大，制定搜救人员方案；二是根据 3 号盲竖井侧巷道内一氧化碳浓度高、温度高的情况，制定直接灭火控制火势、洒水降温灭火方案。

（四）抢险救援过程

先期到达的招远金都救护队、山东黄金救护队、龙矿救护大队分批分组下井灭火降温控制火势搜救被困人员。

2 月 17 日 9 时 35 分，龙矿救护大队总工程师带领 8 人下井，到达 -265 m 中段与招远金都救护队汇合并对现场情况作进一步了解。经了解，招远金都救护队已经安排人员到 -480 m 中段和 -660 m 中段搜寻 4 名被困人员，且已经

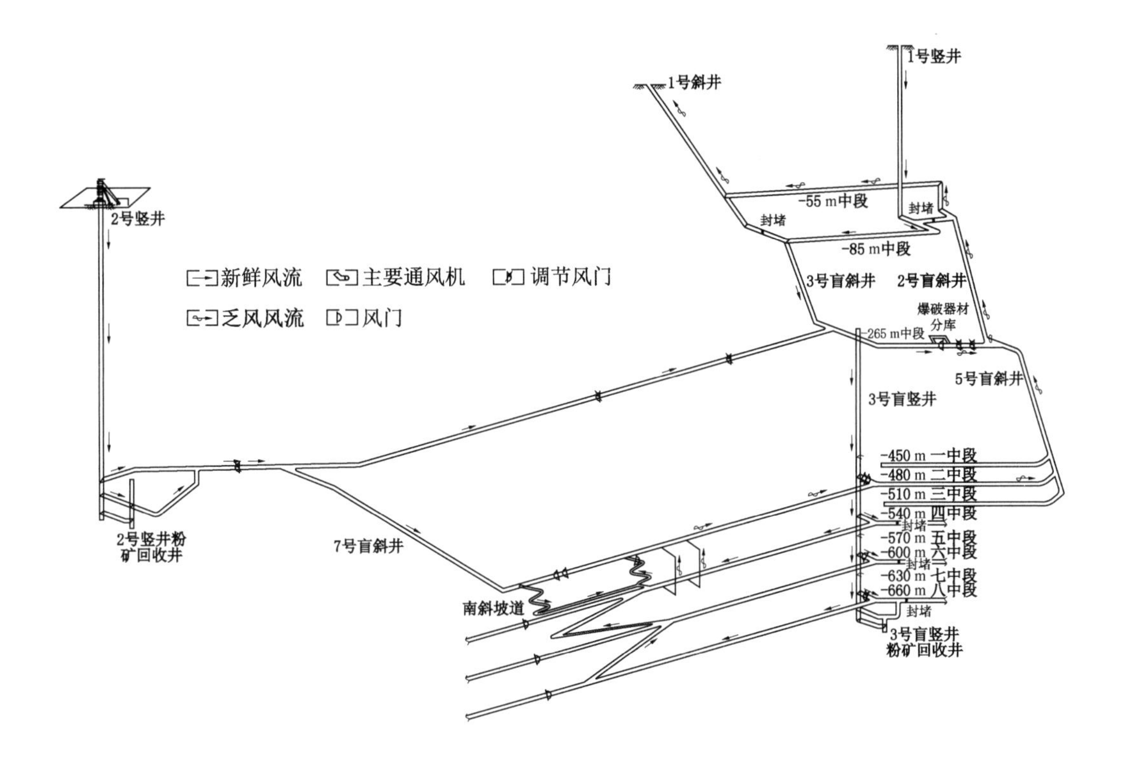

图 4-1 曹家洼金矿“2·17”较大火灾事故救援现场示意图

取得联系，-265 m 中段内侧人员仍未联系上，决定沿 -265 m 中段侦察至 3 号盲竖井上方，搜寻其余 6 名被困人员。

10 时 20 分，龙矿救护大队 8 人到达 -265 m 中段 3 号盲竖井上方三岔口位置，发现巷道 2 人已无生命体征，三岔口位置向 3 号盲竖井侧巷道内 CO 浓度为 392 ppm，温度为 102 ℃，通往水仓侧温度为 80 ℃，未发现其他 4 名被困人员。11 时 30 分，灾区巷道温度降至 50 ℃左右，分析高温区域距离不会太长，可以进入搜寻 4 名被困人员，随即与矿方确认行走路线和时间，11 时 58 分进入灾区搜寻 4 名被困人员。侦察人员沿 -265 m 中段向水仓侧侦察，侦察 300 m 左右，在水泵房门外巷道发现 2 名遇难人员，CO 浓度为 1300 ppm，温度为 45 ℃。进入水泵房，在配电室发现 1 名遇难人员，CO 浓度为 700 ppm，温度为 40 ℃。还有 1 名被困人员未找到，侦察人员又沿回风侧搜寻，侦察距离约 800 m，均未发现该被困人员，12 时 48 分返回基地。13 时 12 分，在 3 号盲竖井上方井下值班室门口发现最后 1 名遇难人员，已无生命体征。

五、总结分析

（1）现场救援处置得当。救援现场各救护队密切协同配合，各项救援方案得到有效落实。在遇到高温、高浓度有害气体的情况下，救援人员科学分析，正确处置，在最短的时间内控制险情，将所有被困人员全部找到并安全升井。

（2）应急管理不到位。井下动火作业现场应急处置方案针对性不强，应急救援演练走过场，未针对井下火灾导致有毒有害气体窒息等重点进行演练。火灾发生后现场人员未及时采取有效灭火措施，现场人员应急自救能力不足，未佩戴使用自救防护用品。

（3）动火作业管理缺失。动火作业管理制度针对性不强，未对井下动火作业具体规定，在3号盲竖井罐道木更换工程实施动火作业前，未办理动火作业许可证，未现场审查热切割动火作业人员的特种作业人员资格，致使动火作业施工程序严重违规。

专家点评

◆强化安全发展理念。要坚决贯彻落实习近平总书记关于安全生产工作的重要论述，牢固树立“人民至上、生命至上”的安全发展理念，摆正生命与生产、生命与矿井、生命与效益、安全与发展的关系，决不能以牺牲安全为代价来换取企业的发展。

◆强化应急管理。结合非煤矿山企业特点，完善火灾事故应急救援专项预案和现场处置方案。加强应急救援装备配备和维护，强化自救器等个人防护用品的管理使用。

◆强化动火作业管理。要严格执行动火作业管理制度，强化动火作业过程管理，在主要进风巷动火作业时，必须撤出回风侧所有人员。动火作业部位下方应有收集熔渣、焊渣的可靠设施。作业前应检查清理可燃物，作业完毕应严格检查清理熔渣、焊渣。

案例二十九　重庆能投渝新能源有限公司松藻煤矿“9·27”重大火灾事故

2020年9月27日0时21分，重庆能投渝新能源有限公司松藻煤矿井下二号大倾角皮带运煤上山发生火灾事故。经过12 h全力灭火、救援，撤离遇险人员86人，搜救遇难人员16人。

一、矿井基本情况

（一）矿井概况

重庆能投渝新能源有限公司松藻煤矿核定生产能力110×10^4 t/a，“平硐+暗斜井”开拓，为煤与瓦斯突出矿井，水文地质类型为中等，煤层自燃倾向性为Ⅱ类自燃煤层。矿井分为3个水平，布置有4个采区，综合机械化开采，液压支架支护，带式输送机连续化运输。矿井通风方式为对角式通风，有4个进风井和2个回风井，总进风量20941 m^3/min，总回风量21080 m^3/min。2020年计划生产原煤100×10^4 t，1—9月生产原煤78.65×10^4 t，事故发生前煤矿处于正常生产状态，属证照齐全的生产矿井。

（二）事故巷道（区域）基本情况

事故地点位于二号大倾角皮带运煤上山，该上山斜长919 m，倾角28°，断面积12.032 m^2。服务于三水平一、二、三采区，具体有3222S采煤工作面、3231S采煤工作面、3311N采煤工作面、3213S采煤工作面、3233N运输巷掘进工作面、3312N回风巷掘进工作面、3312N运输巷掘进工作面。该运煤上山安装焦作市科瑞森机械制造有限公司生产的DTC100/35/2450S型带式输送机（适用于30°以下的大倾角巷道，符合设计规范），使用沈阳沈桥胶带制造有限公司生产的ST/S 2500－1000×（8＋7.2＋8）型钢丝绳芯阻燃花纹输送带。

二、事故发生经过

2020年9月27日0时17分，井下二号大倾角运煤皮带巷附近检查人员发现有异味，立即向矿调度室汇报；0时21分，监测监控系统二号大倾角运煤皮带巷煤仓处一氧化碳传感器超限报警。随后，其他地点一氧化碳传感器超限报警，事故造成43个一氧化碳传感器超限，最高一氧化碳浓度达1000 ppm。

三、事故直接原因

松藻煤矿二号大倾角运煤上山输送带下方煤矸堆积，起火点（图 4－2）－63.3 m 标高处回程托辊被卡死、磨穿形成破口，内部沉积粉煤。磨损严重的输送带与起火点回程托辊滑动摩擦产生高温和火星，点燃回程托辊破口内积存粉煤。带式输送机运转监护工发现输送带异常情况，电话通知地面集控中心停止带式输送机运行，紧急停机后静止的输送带被引燃，输送带阻燃性能不合格、巷道倾角大、上行通风，火势增强，引起输送带和煤混合燃烧。火灾烧毁设备，破坏通风设施，产生的有毒有害高温烟气快速蔓延至 2324－1 采煤工作面，造成重大人员伤亡。

四、应急处置与救援

（一）企业先期处置

调度室接到汇报后，立即安排停电撤人，并向值班矿领导、矿长、总工程师、安全矿长等汇报，此后逐级上报。

（二）各级应急响应

事故发生后，党中央、国务院高度重视，分别作出批示，应急管理部派工作组赶赴现场指导救援处置工作，重庆市委、市政府第一时间率有关部门赶赴现场指挥救援，成立了现场指挥部，下设现场抢险救灾组、技术支持组、治安保卫组、后勤服务组、医疗救护组、物资供应组、对外联络组、信息发布组等 8 个救援小组全力组织救援。

（三）制定救援方案

坚持“多管齐下、多措并举、科学施救”的原则，一是在二号大倾角皮带上山残余火点灭火控制火势，二是调动救援力量全面侦察搜救被困人员。

（四）抢险救援过程

2020 年 9 月 27 日 1 时 5 分，渝新能源公司松藻矿山救护队值班员接到松藻煤矿调度员的事故召请电话，松藻矿山救护队大队长立即带领 3 个救护小队赶赴松藻煤矿。1 时 30 分，3 个救护小队入井侦察搜救。2 时 40 分，在 +5 m 进风巷 2 号人行上山吊挂人车处发现 7 名遇险人员，立即开展紧急救治，并于 4 时 10 分将伤员搬运出井。随后，指挥部组织松藻矿山救护队、南桐矿山救护大队共 15 个小队分三批先后入井到达 －75 m 标高二号大倾角皮带运煤上山及相邻区域，从下往上开展灭火搜救，先后搜救、组织撤离 78 人。7 时 35 分，成功关闭 +175 m 茅口巷与二号大倾角运煤上山联络巷的风门，在 +175 m 茅

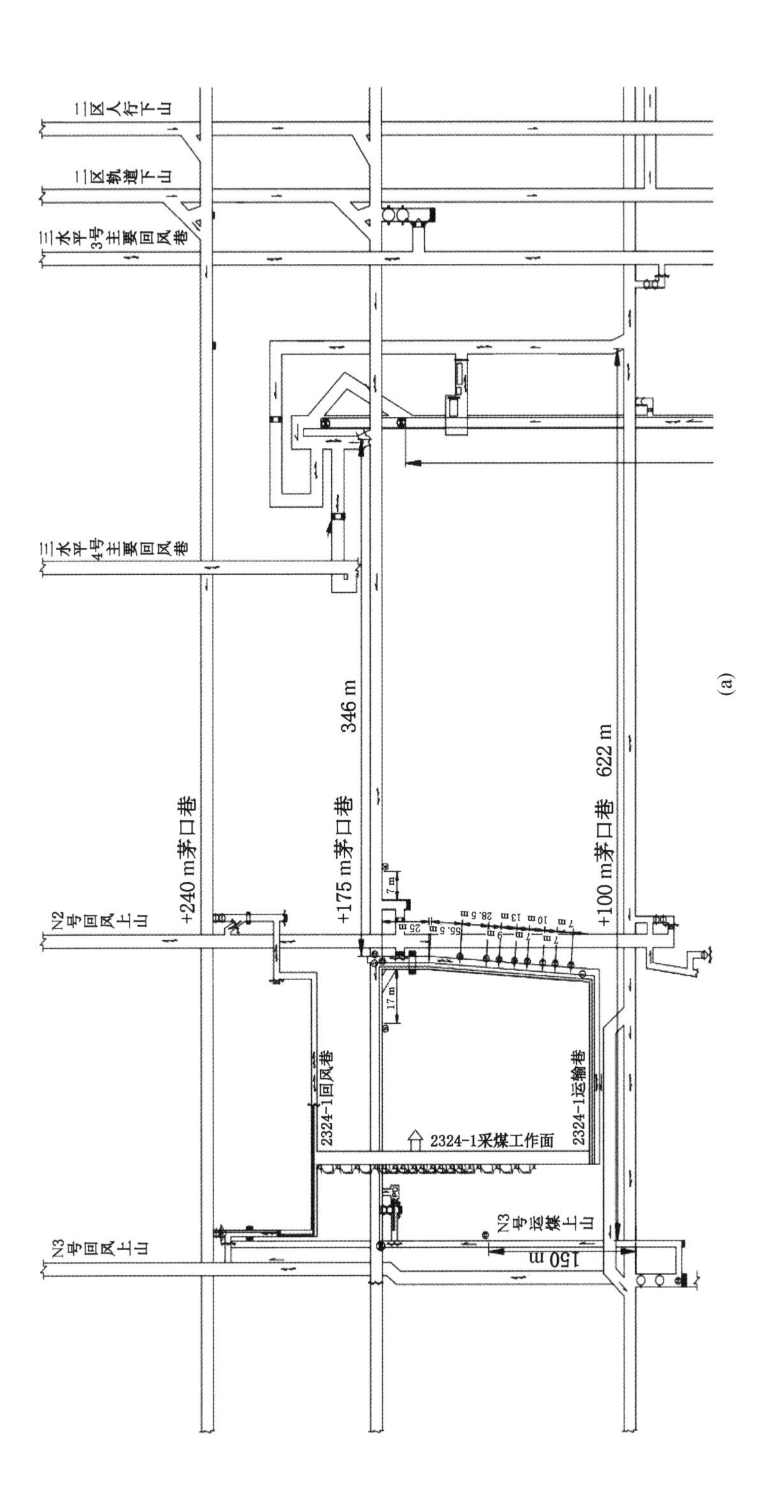
二区人行下山
二区轨道下山
三水平3号主要回风巷
三水平4号主要回风巷
N2号回风上山
N3号回风上山
N3号运煤上山
+240 m茅口巷
+175 m茅口巷
+100 m茅口巷
346 m
622 m
150 m
7 m
17 m
2324-1回风巷
2324-1运输巷
2324-1采煤工作面

(a)

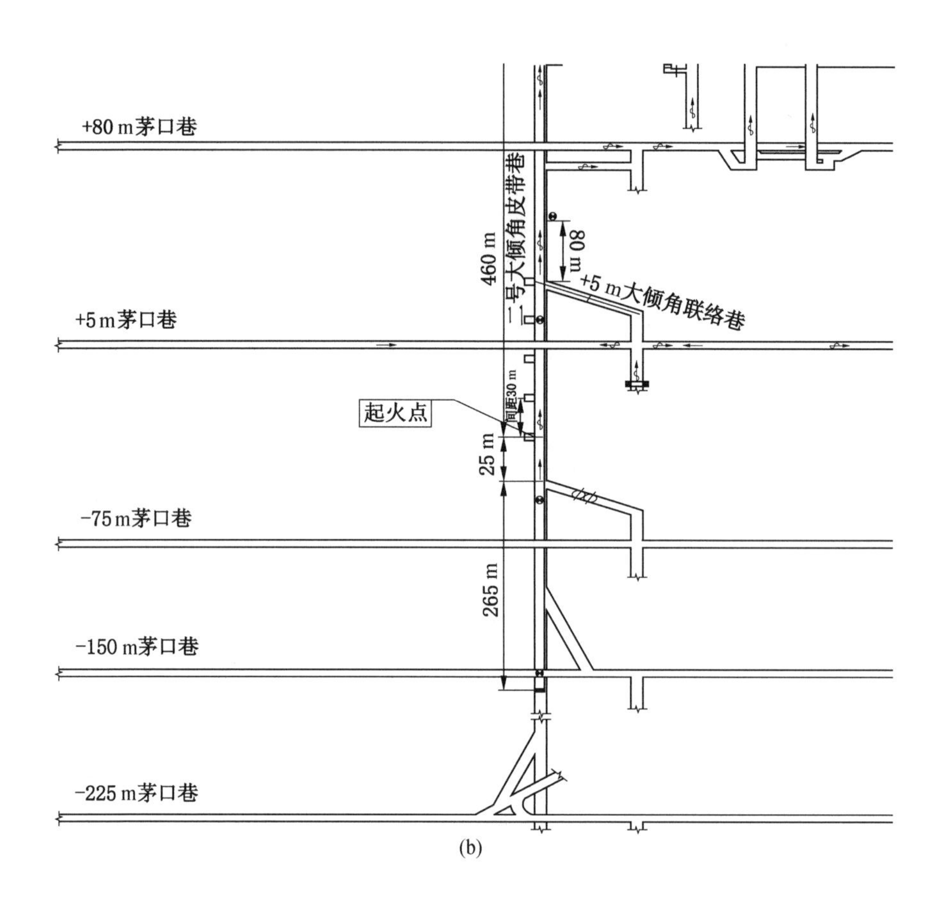

图4－2　松藻煤矿“9·27”重大火灾事故救援现场示意图

口巷发现3名遇难人员。8时5分，在＋175 m茅口巷带式输送机机头以南发现1名遇难人员。在＋175 m茅口巷2号石门巷发现10名遇难人员和1名遇险人员。12时30分，在二号大倾角皮带运煤上山搜寻到1名遇难人员。12时42分，在二采区皮带上山机头处搜寻到1名遇难人员。

现场勘查情况。

（1）通风构筑物破坏情况。二号大倾角皮带运煤上山回风与＋175 m进风大巷联络巷安设两道金属骨架木质风门，两道风门间距19 m。第一道风门完好，未见过火痕迹，被火风压冲开后紧贴巷壁；第二道风门位于二号大倾角皮带运煤上山回风30 m处，烧毁仅剩金属骨架。二号大倾角皮带运煤上山回风控风墙过火痕迹明显，墙体受损。二号大倾角带式输送机控制硐室与＋100 m转运皮带联络巷风门材质为金属铁皮，风流反向后进入＋100 m转运皮带联络巷并向＋100 m茅口巷方向运移至N3号运煤上山，导致该处带式输送机司机遇难。

（2）二号大倾角带式输送机、控制硐室、+100 m 转运皮带联络巷及 +5 m 给煤机烧毁情况。机头硐室处输送带燃烧只剩下钢丝绳，输送带钢丝绳裸露、断开；+5 m 联络巷上方 18 m 处输送带接头断开，输送带钢丝绳裸露、断开；主动滚筒包覆层炭化，带式输送机机头硐室机油桶完好，大倾角皮带巷线缆表面橡套烧失，露出铠装层，洒水装置烧毁；+100 m 转运皮带联络巷输送带烧毁 100 余米，仅见输送带钢架。

（3）二号大倾角皮带运煤上山控制系统烧毁情况。带式输送机驱动硐室内综合保护控制器等装置全部烧毁；带式输送机烟雾传感器、温度传感器、防撕裂传感器、防打滑传感器、防跑偏传感器、堆煤传感器、输送机洒水装置、语音信号通信装置、拉线急停闭锁装置、断带抓捕装置、输送机视频摄像头、驱动滚筒洒水装置等均被烧毁；驱动硐室内电源开关电缆表面碳化；输送机钢丝绳芯在线检测仪烧毁。

（4）事故区域管线及一氧化碳传感器烧毁情况。+175 m N1 号石门处电缆线盒烧毁；2324－1 采煤工作面进风安装有风速风向传感器、高低浓度甲烷传感器、一氧化碳传感器，传感器因工作面停电而停止运行，未见损坏；二号大倾角皮带巷与 +5 m 主要进风巷交岔口烟熏痕迹明显，监控线缆燃烧炭化痕迹明显。

（5）二号大倾角皮带运煤上山起火点及附近情况。现场勘查发现起火点位于 −75 m 联络巷上方 25 m，附近有 4 根回程托辊卡死，其中：3 根被磨穿的回程托辊中 2 根内部沉积粉煤，1 根内部无积尘、无水、无渣（内部积尘被烧失，确认为起火点），另 1 根上表面有被磨平情况。−75 m 联络巷到 +5 m 联络巷区间大倾角运煤上山内带式输送机巷帮和输送带下方堆积大量煤矸；起火点回程托辊上方 5 m 处为上、下行输送带断开位置，断开位置以上行输送带燃烧后仅剩钢丝绳，上、下行输送带钢丝绳断口明显。上行输送带断落后掉到 −150 m 联络巷附近挤压堆积，未燃烧；下行输送带掉落到 −75 m 联络巷位置，未燃烧。起火点回程托辊内侧钢丝绳橡套有明显小缺口，该处正对一避难硐室，硐室内可燃杂物均无燃烧、过火痕迹，该处以上 5 m 内燃烧过火情况明显存在分界痕迹。

五、总结分析

（1）各级领导高度重视应急救援工作。事故发生后，国务院领导就事故救援等工作作出重要指示，应急管理部领导通过视频连线就安全灭火、伤员救治等方面提出明确要求。重庆市委、市政府等领导赶赴事故现场指导救援工作。

（2）专业矿山救援队伍行动迅速、全力救援。松藻矿山救护队和南桐矿山救护大队共18个小队、130名救援人员，迅速投入救援，充分发挥专业能力和战斗精神，经过12 h全力灭火、救援，共搜救和组织撤离遇险人员86人，搜救遇难人员16人，安全实施灭火作业。

（3）井下压风自救装置发挥了作用。事故发生后，井下1名遇险人员利用压风自救装置积极进行自救，为矿山救护队进行施救赢得了时间，最后安全脱险获救。

专家点评

◆加强自救器管理。据2名受伤工人反映，事故发生后，一些现场工人在自救撤离期间，因佩戴的压缩氧自救器失效（压力为零），险些遇难。

◆提升作业人员避险能力。事故发生时，井下有374人作业，输送带着火发生在进风巷，波及区域广、人员多，事故发生后有多人长时间未及时撤出，风险极大。

◆加强机电管理。2号大倾角运煤上山输送带磨损严重，输送带温度升高后，因带式输送机装设的温度保护装置和烟雾探测器失效，没有预警并停止带式输送机运行，导致输送带着火，并引发输送带上面的煤炭燃烧，产生有毒有害气体逆流至采掘工作面，造成人员中毒死亡和受伤。

案例三十　肥城矿业集团梁宝寺能源有限责任公司“11·19”火灾事故

2019年11月19日晚，位于山东省嘉祥县的肥城矿业集团梁宝寺能源有限责任公司（简称梁宝寺煤矿）发生一起火灾事故，造成11人被困。经多方36 h的抢险救援，11名被困人员全部安全升井。

一、矿井基本情况

（一）矿井概况

梁宝寺煤矿位于山东省济宁市嘉祥县梁宝寺镇，井田面积95.27 km^2，地质储量5.75×10^8 t。2020年8月生产能力核减为330×10^4 t/a，生产特低硫、特低磷、高发热量的优质动力煤。矿井采用立井多水平分区式开拓，共6个井筒，南、北工业广场内各布置主立井、副立井和回风立井3个井筒。矿井采用中央并列抽出式通风，立、副井进风，风井回风。矿井总进风量为27197 m^3/min，总回风量为27904 m^3/min。

（二）事故巷道（区域）基本情况

3306皮带巷煤层走向近南北，倾向近东，倾角5°~11°，平均8°。煤层赋存较稳定，平均厚度6.5 m。煤层直接顶为粉砂岩，平均厚度1.5 m；煤层基本顶为中砂岩，平均厚度16.1 m；煤层直接底为泥岩，平均厚度2.5 m；煤层基本底为中砂岩，平均厚度7.05 m。3306皮带巷于2019年6月开工，沿煤层底板掘进，工作面设计长度1963.9 m，已施工1274 m，迎头底板标高-882.8 m。巷道断面为矩形，采用“锚网索+钢带”联合支护方式，设计断面净宽4.4 m、净高3.5 m。

3306皮带巷使用局部通风机单独供风，现场使用ϕ800 mm风筒，风筒用压环连接后用铁丝绑扎固定，用S形硬质塑料挂钩吊挂在ϕ6.2 mm钢丝绳上，钢丝绳每隔20 m固定在顶板锚索或金属网上。3306皮带巷有2部带式输送机，在轨皮联络巷交岔口往里10 m处搭接，此处有1部调度通信电话。高冒点以里25 m处安装有语音广播装置，在距离掘进迎头70 m处安装有1部调度通信电话。

高冒点位于3306皮带巷迎头以外200 m处，距外部3306轨皮联络巷交岔点120 m，距3306皮带巷开口处1074 m，由掘进二区施工。10月20日夜班揭露DF38断层，顶板破碎冒落形成长4 m、宽3.5 m、高3 m的高冒点（图

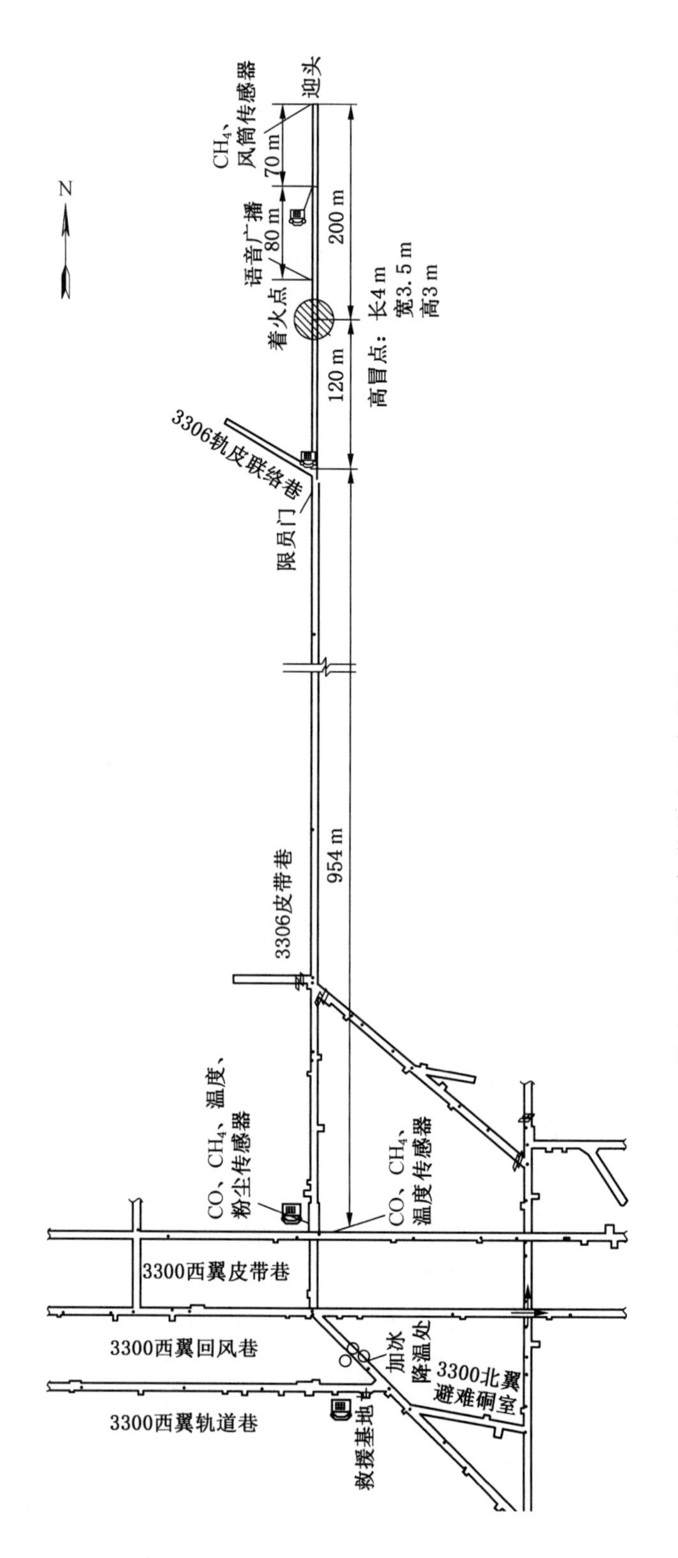

图4－3　3306皮带巷火灾事故救援现场示意图

4-3)。掘进二区随即对高冒点施工锚索梁加固顶板。11 月 16 日早班对高冒点进行喷涂施工，使用高分子材料 20 桶（25 kg/桶），将高冒点内裸露的煤岩表面覆盖封闭。11 月 19 日早班继续对高冒点进行封堵，使用高分子材料 46 桶(25 kg/桶)，14 时 30 分将高冒点内空间充填封堵完毕。高冒点封堵前无自然发火征兆。

二、事故发生经过

2019 年 11 月 19 日 20 时 46 分，当班安监员刘某发现 3306 皮带巷高冒点处有烟雾，立即向调度室值班员电话汇报，向调度室汇报后，安排在限员站站岗的路某到冒烟处用防尘管洒水，随后准备到迎头通知掘进二区的人员出来处理。21 时 17 分，刘某穿过高冒点，用高冒点以里的应急广播汇报调度室："现场已经看见火花了，很呛，我用毛巾捂着鼻子进来的。"高某要求赶快撤人。随后，刘某到迎头通知副区长阴某、维修工闫某、掘进工 6 人以及卸压孔巡查员刘某向外撤，撤至高冒点处，与正在洒水的路某一起继续往外撤，发现巷道内烟太大，眼睛睁不开，呼吸困难，无法出去。随即他们又在高冒点处试图用水管继续灭火，发现灭不了。之后，11 人返回迎头等待救援。

三、事故直接原因

梁宝寺煤矿使用高分子材料对 3306 皮带巷迎头以外 200 m 处高冒点进行喷涂封堵。该材料分为 A 料、B 料，混合使用后，发生反应放热、燃烧，是导致此次涉险事故发生的直接原因。该高冒点共使用高分子材料两次，第一次为 11 月 16 日对高冒点内壁喷涂，使用 500 kg；第二次为 11 月 19 日向高冒点填充，使用 1150 kg。第一次喷涂在高冒点内形成了一定的隔热条件，第二次填充散热困难，热量的积聚在填充体内部形成了较长时间的高温环境，高分子材料分解产生碳氢类可燃性气体，热解气体的压力和热应力的共同作用使泡沫体产生裂隙，形成连续供氧条件，碳氢类气体的进一步氧化产热导致泡沫体燃烧。

四、应急处置与救援

（一）企业先期处置

事故发生后，矿方迅速启动预案立即报告事故情况，并组织人员全力灭火，搜救被困人员。21 时 17 分之后，调度室多次用调度通信电话和语音广播联系迎头，但联系不上。21 时 46 分，阴某用高冒点以里的语音广播与调度室通话，高某着急地问迎头的人是否撤出来了，阴某回答说："没有，出不去，太呛。"之后，调度室与被困人员失去联系。卢某接到调度室通知后，随即下井到3306皮带巷四岔口带式输送机机头电话处查看情况，此时巷道内已看到浓烟，随身携带的检测仪显示CO浓度超过40 ppm。随后卢某进入3306皮带巷内检查，在3306皮带巷四岔口以里300 m处，CO浓度为400 ppm，随即撤出。22时13分，卢某在3306皮带巷四岔口带式输送机机头处，电话汇报调度室"人员无法进入"，要求通知矿山救护队救援。

被困人员等待救援期间，因通信中断，调度电话、语音广播无法与外界联通，采取不断敲击压风、供水管路等方式，试图与外面救援人员取得联系，一直没有联系上。在迎头风筒保持正常供风的同时，他们打开压风自救和供水施救设施，积极组织自救。最初尝试在巷道底板一侧挖沟槽逃出，挖了约6 m后，因接近火区的巷道温度很高而放弃。之后葛某提议从风筒里面往外爬出，在距离着火点20 m左右打开两节风筒之间的连接压环，因风筒中空气温度太高，又把风筒连接好，返回迎头继续等待救援。

（二）各级应急响应

事故发生后，国务院领导作出重要批示，应急管理部派出工作组现场指导协调事故救援，山东省政府立即启动应急救援预案，省委书记带领有关部门负责人赶到现场，成立了应急救援指挥部，下设现场救援等10个工作组，调集兖矿集团、新矿集团、肥矿集团、淄矿集团等救护大队参与救援。

（三）制定救援方案

为了确保救援工作顺利进行，指挥部研究制定了"两保障两建立"救援方案。一是全力保障被困人员"三条生命线"安全。停掉井下其他通风、供水，全力保障事故地点通风、压风、供水安全可靠，千方百计维护被困人员的生命线，为被困人员自救赢得时间、创造条件。二是全力保障救援环境安全。强化火区外通道温度以及一氧化碳、瓦斯等有害气体监测，及时调整优化巷道通风、喷水、降温等措施，为救援人员安全组织施救和被困人员安全脱困创造良好的外部安全环境。三是建立高温火区施救通道。通过高压水枪喷水、投放冰块等方式，进行降温灭火，打通救援与自救的通道。四是建立多种救援通道。充分考虑各种意外情况，制定井上井下同时钻孔施救的预案：由地面向迎头钻孔，拓展被困人员生存条件；井下从距离较近的3306联络巷向着火点钻孔，进行高位降温灭火。

（四）抢险救援过程

19日22时20分，肥矿集团救护大队驻梁宝寺煤矿救护中队接调度室电话报警后，一小队9人立即入井实施救援，同时将警情报告肥矿集团救护大队。20日2时20分，肥矿集团救护大队副大队长带队10人进入灾区，巷道烟雾大，能见度较低，侦察人员沿风筒进入，103节风筒处，测得CO浓度为892 ppm、O_2浓度为19.8%、CH_4浓度为1.2%，温度为51 ℃。继续侦察到106节风筒处温度升至67 ℃，无法进入，人员撤出。

20日3时40分，肥矿集团救护大队6人进入灾区，行至联络巷，测得CO浓度为900 ppm、O_2浓度为20%、CH_4浓度为0.5%，温度为36 ℃，然后将联络巷风筒撤出，延伸到迎头方向，增加供风，排除烟雾，5时50分撤出。

20日5时30分，肥矿集团救护大队6人进入事故区域进行恢复通风作业。进入灾区后由于烟雾太大，视线不清，沿着带式输送机机架摸索前进，沿途不断地检查气体及温度变化，到达联络巷风筒处，测得CO浓度为550 ppm、O_2浓度为20.6%、CH_4浓度为0.38%，温度为38 ℃。回风侧CO浓度为1500 ppm、O_2浓度为20.5%、CH_4浓度为0.56%，温度为42 ℃，延伸连接风筒5节后撤出。

20日7时50分，肥矿集团救护大队6人进入灾区，测得CO浓度为1000 ppm、O_2浓度为20%、CH_4浓度为0.07%，顶板温度为260 ℃、两帮温度为47 ℃，继续延伸连接风筒5节，接近着火点。9时40分，肥矿集团救护大队6人进入灾区，行至着火点处，测得CO浓度为700 ppm、O_2浓度为20.2%、CH_4浓度为0.1%，两帮温度为60 ℃，然后对着火点进行洒水降温，控制周围温度，12时10分撤出灾区。

20日13时30分，新矿集团救护大队8人进入灾区，行进途中烟雾较大，能见度很低，救援人员手扶铁管缓慢行走，行至1100 m处，测得CO浓度为1800 ppm、O_2浓度为20%、CH_4浓度为0.07%，风筒口处温度为48 ℃、两帮温度为60 ℃，火区有蔓延趋势，火势增大，温度骤升，为保证人员安全，15时15分撤至井下基地。

20日16时，肥矿集团救护大队9人按照指挥部工作安排，将灭火水带、灭火器、喷枪灭火器、冰块运到联巷，维修风泵排水，将高压水管法兰盘垫子维修好，排除漏水隐患。17时10分，肥矿集团救护大队6人进入灾区，行至101节风筒处，测得CO浓度为480 ppm、O_2浓度为20.5%、CH_4浓度为0.02%，温度为32 ℃，然后启动风泵排水，更换高压水管垫。18时22分，肥矿集团救护大队9人进入灾区，每人携带2个泡沫灭火器、2盘高压水管，到达着火点处，测得CO浓度为652 ppm、O_2浓度为20%、CH_4浓度为0.02%，温度为72 ℃，连接灭火泡沫喷枪进行巷道喷洒，3桶泡沫剂喷射完毕后，灾区水管开裂漏水，随后进行维修，40 min 后仍无法畅通，此时氧气消耗较大，向指挥部汇报后，与新矿集团救护大队进行现场交接，返回井下基地。新矿集团救护大队共计 8 人继续进行水管维修，同时将电话线向前进行延伸，22 时，由于呼吸器压力不足返回井下基地。

20 日 21 时 30 分，淄矿集团救护大队 12 人运送灭火机器人进入灾区，灾区内温度高，能见度低行进非常缓慢，行进 200 m，CO 浓度从开始的 200 ppm 逐渐升高至 1200 ppm，空气环境温度为 38 ℃，顶板温度为 67 ℃，O_2 浓度为 19.8%，CH_4 浓度为 0.5%。行至联络巷时，巷道出现大量积水，最深处达到腰部以上。涉水 40 多米行进至最里侧的避难硐室，能见度不到 0.3 m，温度也在逐步升高，关闭了联络巷交岔口处的防尘水管阀门，将灭火机器人安全地运送到指定地点。

21 日 1 时 30 分，肥矿集团救护大队 8 人进入灾区，发现第 106 节风筒处断开，测得 CO 浓度为 980 ppm、O_2 浓度为 20%、CH_4 浓度为 0.1%，温度为 32 ℃，立即对风筒进行连接，穿过积水区，到达避难硐室，切断通往迎头的电气设备电源，在积水过腰处寻找水泵，找到水泵后，将水泵扶起，并用链子固定，防止歪倒，3 时 20 分撤出。

21 日 3 时 50 分，新矿集团救护大队 8 人进入灾区，经侦察带式输送机机头处 CH_4 浓度为 0.1%、CO 浓度为 710 ppm、O_2 浓度为 20%，温度为 29 ℃。第一个水洼处水已过膝，通过后找到索车处的变头短接和水龙带，将变头短接、两捆水龙带运送至指定地点，然后继续侦察，通过第二个水洼处水已至腰部，找到避难硐室后用灾区电话向井下基地汇报，然后继续完成任务，找到供水阀门后将其关闭，因不具备接短接条件未能将短接接入水管。检测风筒口处 CO 浓度为 1800 ppm、O_2 浓度为 20.2%、CH_4 浓度为 0.4%，温度为 43 ℃。5 时 30 分，返回井下基地。

21 日 4 时 50 分，淄矿集团救护大队 12 人进入灾区，7 人负责运送风筒，4 人负责接风筒，1 人负责气体检测，从灾区门口往里逐节接风筒，边接风筒边进行气体检测，接至第 16 节风筒时，测得 CO 浓度为 1149 ppm、O_2 浓度为 20.9%、CH_4 浓度为 0.4%，温度为 28 ℃。

21 日 6 时 30 分，兖矿集团救护大队 8 人侦察到第 59 节风筒处，发现水管阀门，关闭阀门切断水源，侦察到 980 ~ 1060 m 时，发现有大量积水，水深 1.1 m，1060 m 处测得空气温度为 38 ℃，CH_4 浓度为 0.7%、O_2 浓度为 12.5%、CO_2 浓度为 2%、CO 浓度为 890 ppm，关闭水管阀门后，继续侦察到第 95 节风筒处，测得温度为 38 ℃，CO 浓度为 910 ppm、O_2 浓度为 19%、CH_4

浓度为 0.12% 、CO_2 浓度为 1% ，在此处断开一节连接水管，拆掉 ϕ100 mm 水管，改装消防管头，安装消防水带 100 m。7 时 50 分，完成任务。

21 日 7 时 30 分，新矿集团救护大队 8 人进入灾区，继续连接风筒，将风筒连接到着火点，以便加强风量排除巷道内的烟雾，增加能见度。8 时 45 分，撤出灾区。

11 月 21 日 7 时，被困人员发现风筒出风口空气温度降低，决定再次尝试从风筒里面往外爬出。闫某从高冒点以里 50 m 左右处，打开两节风筒之间的连接压环，第一个钻进风筒里面，其余人员依次钻进，每两人之间间隔 5 ~ 6 m，安监员刘某在最后。爬行一段距离后，他们感觉到风筒壁温度明显降低，判断已爬过火区。阴某在爬行中摸到风筒外吊挂风筒钢丝绳的一个连接头，知道已经到了 3306 轨皮联络巷三岔口处。闫某在风筒上割开一个小口观察，感到巷道里的环境还可以（空气温度为 40 ℃，CH_4 浓度为 0.2% 、O_2 浓度为 20.1% 、CO 浓度为 680 ppm）。11 人在风筒内停下商议，决定由在最后面的刘某割开风筒，然后 11 人依次从风筒内爬出。刘某用 3306 轨皮联络巷三岔口附近躲避硐内的电话与调度室联系汇报，调度员让他们原地等待救援。李某、陆某两人自行向外撤离，跑出约 100 m 后遇到救援人员，救援人员给两人佩戴好自救器，护送至安全地点。同时，肥矿集团救护大队 16 名救援人员，前往营救其余 9 名被困人员。经过 30 多个小时的救援，11 月 21 日上午，梁宝寺能源公司火灾事故救援中 11 名被困人员全部成功升井。

（五）事故现场勘查情况

事故救援工作结束后，现场不具备勘查条件，根据专家组意见，指挥部研究决定，对 3306 皮带巷进行密闭灭火。随后，梁宝寺煤矿对 3306 皮带巷予以密闭，并采取了注氮灭火等措施。2020 年 10 月 17 日启封，事故调查组于 17—18 日对事故现场进行了 3 次勘查。

（1）3306 皮带巷沿途情况。3306 皮带巷沿途巷道顶、帮支护完好，线缆、输送带、管路及设备设施外观完好。

（2）3306 皮带巷高冒点及周边情况。高冒点位于 3306 轨皮联络巷门口以里 120 m 位置，长 4 m、宽 3.5 m、高 3 m。在高冒点底部沿巷道顶板设计位置铺设有金属网，网孔尺寸 100 mm × 100 mm，形成人工顶板，将巷道高冒区域与正常断面隔开。人工顶板上部高冒区域，事故前封堵的高分子材料已全部燃烧，仅在人工顶板表面有少量高分子材料燃烧残留物。高冒点顶部锚索、锚杆和金属网基本完好。高冒点周围巷道帮部及顶部煤体完好，没有参与燃烧痕迹。高冒点正下方输送带被烧断，靠近带式输送机机架侧人行道无堆积物，仅有少量高分子材料燃烧残留块；靠近煤壁侧，底板上有堆积碎煤，无燃烧现象。高冒点处巷道帮部风筒及电缆，外观完好。高冒点以里 5 m 范围输送带上有鼓起的气泡，以里 25 m 处有语音广播终端，外观完好，以里 30 m 处应力在线接线盒变形，此处悬挂中线点棉线绳无燃烧迹象。

（3）3306 皮带巷掘进工作面迎头情况。3306 皮带巷掘进工作面迎头设备、顶板及帮部支护完好。第一节风筒原位置（巷道右帮）吊挂，第二节风筒跨过带式输送机出风口落地在巷道左帮。现场 3 组压风自救、供水施救设施已打开使用，风水管路端头接至转载机处。迎头以外 150 m 处，有被困人员在巷道底板开挖逃生沟槽痕迹，长 6 m、宽 1.2 m、深 0.3 m，周围有散落工具。

五、总结分析

（1）各级领导高度重视，全力救援。事故发生后，党中央、国务院、应急管理部和山东省委、省政府高度重视，对事故救援工作作出重要批示，山东省委书记第一时间赶往现场指导救援，应急管理部主要领导与现场视频连线，指导事故救援，并指派有关领导赶赴事故现场指导。在上级政府、部门的领导下，指挥部穷尽一切手段、力量、措施全力救援，确保救援工作科学有力、安全有效。

（2）灾情严重，救援难度大。一是有毒有害气体浓度较高。CO 浓度较高，基本上维持在 800～900 ppm，给救援人员安全带来较大威胁。19 日，肥矿集团救护大队侦察中，灾区现场测得 CO 浓度最高值达到 8000 ppm。二是灾区战线长。3306 皮带巷已掘进 1328 m，事故发生地位于 3306 皮带巷 1128 m 处。救援人员佩用呼吸器、携带救援装备，单趟进入灾区耗时 50 min 左右，耗费大量体能和氧气。三是灾区能见度极低。因火灾产生大量烟雾，导致能见度极低，救援人员伸手不见五指，不得不手扶带式输送机机架摸索前进，行进缓慢。四是灾区温度高。虽采取洒水降温、风机前放冰块降温等措施，但灾区巷道温度仍达到 40 ℃以上。20 日，肥矿集团救护大队侦察时，顶板温度达到 260 ℃，两帮温度达到 60 ℃。

（3）发挥先进装备，实现科学救援。此次救援共调派 6 台机器人前往现场，11 月 20 日 15 时，2 台消防机器人下井救援。一台侦察机器人主要负责收集信息，并回传后方，其所携带的设备可以最大限度地监测周边温度、能见度、有害及可燃气体，并分析前方的环境；另一台灭火机器人下井后，携带 2 条 60 m 长的水带行走，待进入火灾事故核心位置，后方操作遥控设备进行降温灭火，水流量达 80 L/s，喷水距离达 100 m。

（4）地方政府全面到位，应急综合保障有力。地方政府竭尽全力做好应急救援保障。一是全力做好应急救援绿色通道保障，组织公安、卫健、应急等多个部门，抽调大批专门力量，确保从救援出口到定点医院的道路安全畅通；二是全力做好医护力量保障，派出了 14 辆救护车和先进的应急救护设备、81 名医护人员，5 家定点医院预留好床位；三是紧急动员各方力量，在现场物资供应、电力、通信等方面，包括现场救援所需的各项服务保障都无条件服务。

专家点评

◆科学决策为逃生创造条件。指挥部根据现场实际，采取加强通风、压风、供水、降温等措施，全力保障“三条生命线”，改善被困人员生存环境。一是先后调集肥矿集团、新矿集团、淄矿集团、兖矿集团、临矿集团、龙矿集团、枣矿集团 7 支救护大队参加事故救援，实施了加强局部通风、洒水降温、使用水基灭火器灭火等工作；二是紧急调运 40 t 冰块和冰棍，其中 8 t（其中冰棍 2.5 t）堆放在局部通风机吸风口位置和风筒、压风管路表面，持续为被困人员供风、降温；三是紧急调集侦察机器人、灭火机器人和其他救援设备 1000 余件（套），积极保障抢险救援；四是积极开辟由地面向高冒点打钻和在井下 3306 轨皮联络巷施工防灭火钻孔的第二、三灭火通道。“三条生命线”畅通，为 11 人创造了生存的必备条件，持续降温降低了被困区域的空气温度，也保护了风筒。同时，各种措施让巷道里的救援环境不断好转，形成一个适合被困人员生存的“安全港”，为逃生创造了条件。

◆员工应急自救素质非常高。被困 30 多个小时，闫某再次把头探进风筒，感觉温度没那么高了，并且有凉风吹来。11 个人断定，外面在送风，风筒没有坏。此时，他们的视线中第一次出现了明火，虽然蔓延得不是很快，但这将威胁他们的生存空间。在 10 个工友面前，共产党员、掘进二区副区长阴某果断作出决策。被困区域距装有电话的联络巷 200 多米。风筒直径仅 80 cm，人只能依次爬行通过，如果前行时一不小心弄破风筒，外面浓烟顺风灌入，后果不堪设想。阴某作了精心安排。这段风筒是闫某安装的，最熟悉情况，打头阵最合适。他让闫某带上铁丝，每到两节风筒连接处，都试试结不结实，有开缝的就再绑一绑。安监员刘某在最后，等所有人到达联络巷位置时，划开风筒确认巷道是否安全。这样，即便外面有浓烟灌入风筒，也会被吹向下风方向，不会给上风方向的队友造成伤害。11 人到达了预定位置后，刘某用铁丝划开风筒，探出头来，发现巷道里烟雾不是很浓。他跳出风筒，跑到联络巷的电话边，拨打了求救电话。最终 11 人全部安全逃生。

案例三十一　山东五彩龙投资有限公司栖霞市笏山金矿"1·10"重大爆炸事故

2021年1月10日13时13分，山东五彩龙投资有限公司栖霞市笏山金矿（简称笏山金矿）在基建施工过程中，回风井发生爆炸事故，造成22人被困。经过救援队伍连续昼夜奋战，成功解救11名被困人员，搜救出11名遇难人员。

一、矿井基本情况

（一）矿井概况

笏山金矿位于栖霞市西城镇笏山村，2016年2月18日，取得原山东省国土资源厅颁发的采矿许可证，矿区面积2.05 km^2，服务年限为14年，开采矿种为金、银，生产规模 50×10^4 t/a。该矿处于基建期，主井、副井工程已经完工，正在进行贯通工程。

（二）事故巷道（区域）基本情况

回风井（副井）井口标高246 m，井筒直径4 m，在井筒中水平施工6个中段：一中段位于±0 m水平，二中段标高－200 m，三中段标高－250 m，四中段标高－300 m，4个中段均施工马头门向内10 m左右；五中段标高－350 m，施工约477 m；六中段－400 m，施工约560 m。

二、事故发生经过

1月10日，新东盛工程公司施工队在向回风井六中段下放启动柜时，发现启动柜无法放入罐笼，施工队负责人安排2名员工直接用气焊切割掉罐笼两侧手动阻车器，有高温熔渣块掉入井筒。

12时43分许，浙江其峰工程公司项目部卷扬工在提升六中段的该项目部3人升井过程中，发现监控视频连续闪屏，罐笼停在一中段时视频监控已黑屏，13时4分3人提升至井口。

13时13分，风井提升机房视频显示井口和各中段画面无视频信号，变电所跳闸停电，提升钢丝绳松绳落地，接着风井传出爆炸声，井口冒灰黑浓烟。

山东五彩龙投资有限公司和浙江其峰工程公司项目部有关人员接到报告后，相继抵达事故现场组织救援。14时43分，采用井口悬吊风机方式开始抽风。在安装风机过程中，因井口槽钢横梁阻挡风机进一步下放，工人用气焊切割掉槽钢，切割作业产生的高温熔渣掉入井筒。15 时 3 分，井下发生第二次爆炸，井口覆盖的竹胶板被掀翻，井口有木碎片和灰烟冒出。

三、事故直接原因

井下违规混存炸药、雷管，井口实施罐笼气割作业产生的高温熔渣块掉入回风井，碰撞井筒设施，弹到一中段马头门内乱堆乱放的炸药包装纸箱上，引起纸箱等可燃物燃烧，导致混乱存放在硐室内的导爆管雷管、导爆索和炸药爆炸。

四、应急处置与救援

（一）企业先期处置

事故发生后，山东五彩龙投资有限公司、浙江其峰工程公司项目部、新东盛工程公司有关负责人先后到达事故现场组织救援，采取了排查井下作业人员及作业地点、恢复风井地表供电、对井下通风、派员下井搜救侦察等措施，同时请招远市金都救护大队救援。15 时 45 分，招金矿业公司副总裁兼安全总监接到事故电话后，召请招远市金都救护大队前往救援。

（二）各级应急响应

事故发生后，党中央、国务院领导高度重视并作出重要批示，应急管理部主要领导多次通过视频连线，指导救援工作，派出工作组赶赴现场，调派救援队伍提供有力支援。山东省委、省政府书记、省长第一时间作出部署，要求迅速成立省市县一体化现场救援指挥部，紧急调集救援队伍 20 支，救援人员 690 余人，救援装备 420 余套参加救援。

（三）制定救援方案

前期制定了井筒清障和地面打钻“两条腿并行”救援方案，后期调整为“3 +1”总体救援方案，即以生命维护监测、生命救援、排水保障 3 条通道为主，探测通道为辅，同步推进的救援方案。

（四）抢险救援过程

第一步井筒清障和钻孔施救齐头并进救援实施。

12 日 3 时 12 分，钻杆下放至 369 m 处时受阻，无法继续下放；5 时 45 分，连接好供风管路开始向井下供风。6 时 25 分，2 名救援人员与 2 名矿工佩戴氧气呼吸器下井，探至 60 m 位置，测得 CO 浓度为 4200 ppm、O_2 浓度为 19. 8%，为保证施工人员安全，决定先升井，继续通风降低 CO 浓度后再下井施救。

9 时 50 分，4 人第二次下井探至 146 m 处，测得 CO 浓度为 125 ppm、O_2 浓度为 20% 。12 时，4 人第三次下井探至 170 m 处，测得 CO 浓度为 72 ppm、O_2 浓度为 20% ，能见度为 3 m，发现井筒内设施破坏严重，各种电缆、管子、梯子间等设施全部坠落缠绕在一起，随即开始清障。

11 时 50 分，工作组赶到现场后，会同山东省委、省政府主要领导召开会议，根据现场救援情况，研究确定井筒清障和钻孔施救“两条腿并行”的救援方案，在现场救援组下设清障组和钻井组。

——穷尽一切手段，加快清障进度。12 日下午，清障工作由招金集团董事长负责，施工队伍为之前安装该井筒梯子间的人员。为加快清障速度，指挥部决定在人工乘吊笼（双层，每层 2 人，1 名救援人员、3 名矿工）进行井筒清障作业的同时，通过下放直径为 600 mm 的风筒，采取抽出式通风方法排出井下有害气体和烟尘。因吊笼提升速度较慢（0. 3 m/s)，清理出的杂物采用直接坠入井筒的方式处理。

由于作业空间狭小、吊笼不稳、操作不便，加之越往下杂物堆积越多等原因，清理难度越来越大。13 日 8 时，井筒清障至 294 m，遇到局部罐道钢丝绳缠绕在一起，直至 15 时才处理完毕。14 日 6 时，井筒清障至 340 m，又遇到矿车、钢管、电缆等大量杂物堆积，清障再次遇阻。

14—15 日，工作组多次与指挥部会商清障方案，针对杂物提升难度大、周期长等现状，提出在一中段马头门搭建卸货平台，将杂物转至一中段；针对堵塞物中有金属物和非金属物混杂在一起，气焊切割有风险、难度大，尝试高压水切割等切割方式，并提请指挥部调成建制专业施工队伍。

15 日，中煤五建施工队伍到达现场，指挥部考虑吊笼小，为最大限度发挥吊笼作用，决定矿山救援人员不再参与井下清障切割监护工作，转为负责地面井口安全监护和救援装备保障，井筒杂物清理工作由电气焊工等工人实施。

20 时，井筒清障艰难挺进至 350 m 时，发现井筒全断面被钢管、电缆、玻璃钢板碎渣、矿渣堆实，一中段马头门里面即将堆满杂物，井筒清障工作陷入停滞。

16—17 日，指挥部反复论证了磁力吸引、激光切割、等离子切割等清障方式。调动山东黄金集团、中煤五建专业施工力量赶赴现场。清障组优化组织方案，山东黄金集团负责地面统筹，中煤五建负责井筒施工，研究并制作有顶双层吊盘，实现人员作业、吊桶提货互不冲突，实现 3 人切割、4 人装货同时作业等功能。

——调动一切力量，打通生命通道。12 日下午，钻井组根据事故发生时被困人员位置和钻机数量，决定布置 4 个钻孔进行施救，其中：1 号钻孔由山东煤田二队负责向六中段（13 人被困）水泵房施工生命探测通道，2 号、3 号钻孔分别由招金地勘队、山东地矿六队负责向五中段（9 人被困）巷道施工生命探测通道，4 号钻孔由大地特勘队负责向五中段巷道施工生命救援通道（图 4－4 和图 4－5）。

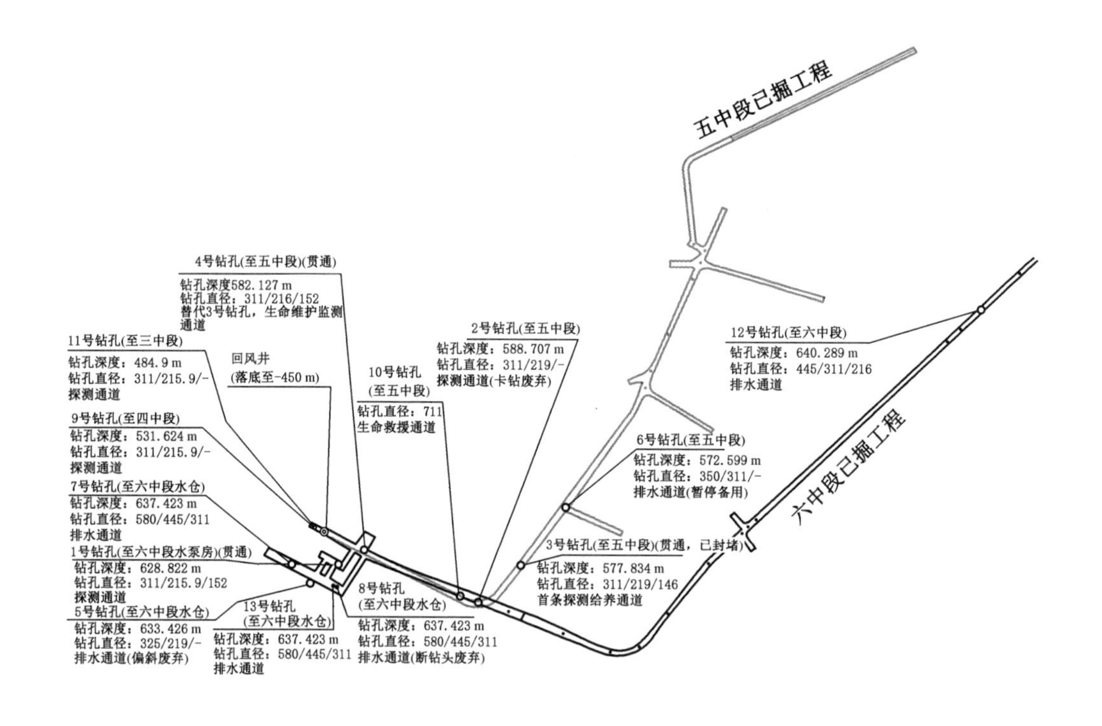

图 4－4　笏山金矿钻孔救援平面示意图

因该矿岩层地质条件复杂，有构造破碎带，2 号钻孔自 12 日 14 时开钻至 13 日 12 时卡钻废弃。

13 日，为消除井下涌水给被困人员生命安全带来的威胁，工作组建议指挥部实施钻孔排水方案，并提供满足钻孔排水需求的高扬程、小管径水泵信息。钻井组新布置 1 个钻孔，即 5 号钻孔向六中段水仓施工排水保障通道。

鉴于此，根据指挥部请求，工作组立即协调在现场的大地特勘队再增调一台高性能大孔径钻机和专业操作团队赶赴现场。

14 日，新布置 1 个钻孔，即 6 号钻孔由山东煤田一队负责向五中段巷道施工生命探测通道。

15 日 11 时，工作组在得知 3 号钻孔（13 日 2 时开钻）钻至 521 m 处时，井底偏移达 7.4 m，且钻孔涌水，该队已无法实现贯穿巷道，建议指挥部使用

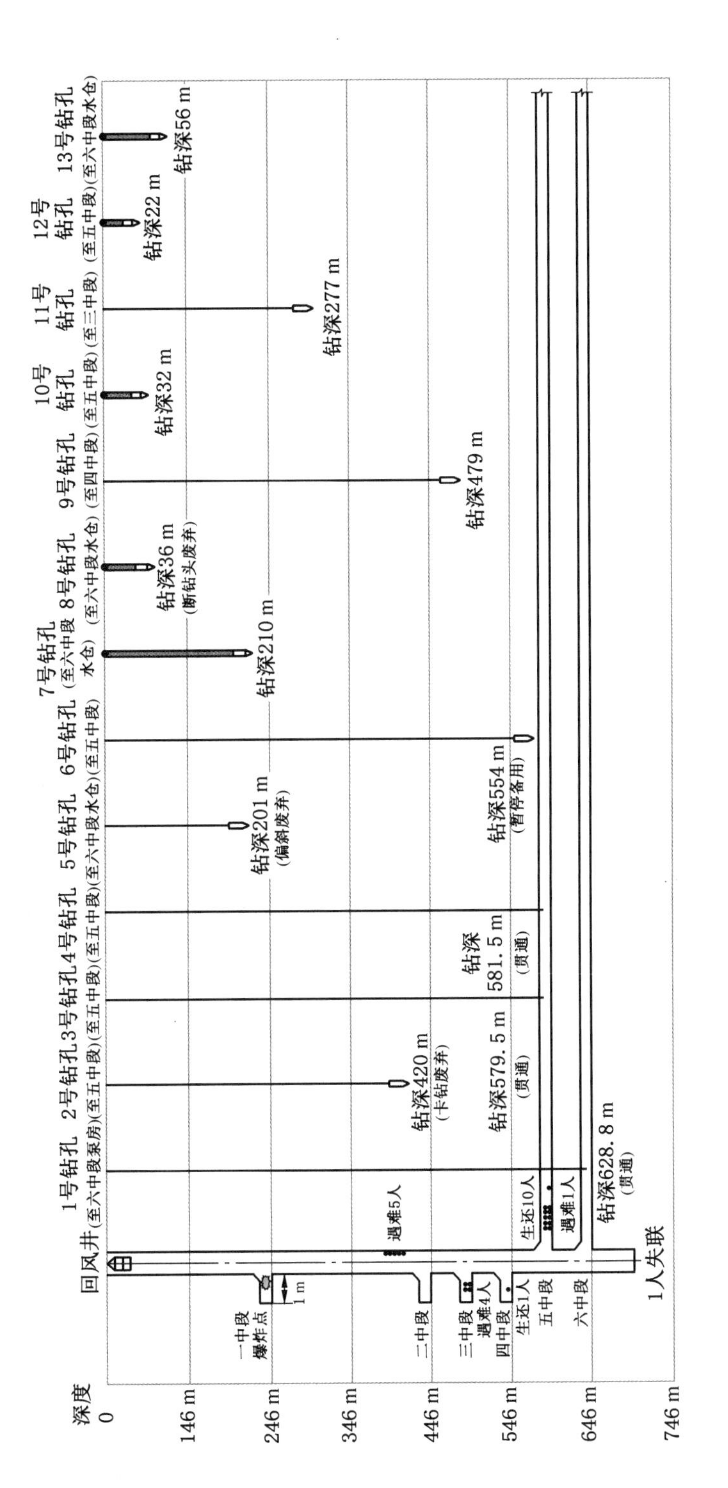

图4－5　笏山金矿钻孔救援剖面示意图

大地特勘队新调来的高性能大孔径钻机和定向技术，对3号钻孔进行纠偏透巷。17时30分，经专家组充分论证后，决定由大地特勘队接力3号钻孔，向井底目标点位定向钻井。原3号钻孔山东地矿六队钻机转至5号钻孔施工。

16日23时，3号钻孔由大地特勘队从521 m接力开钻，采用泥浆定向钻进；17日4时定向钻进至距巷顶5 m停钻。为确保安全透巷，提钻更换为空气钻钻进。17日10时，开始透巷钻进；13时56分，成功贯通五中段巷道。送风5 min后，救援人员地面敲击钻杆，得到井下敲击回应，确定巷道内有幸存者。

17日17时起钻完成，指挥部决定由山东地矿六队对3号钻孔下放套管堵水，因套管质量问题，下放进度缓慢；22时，指挥部决定停止下放套管，立即投放给养；22时15分，烟台消防支队开始下放营养液、手电筒、纸笔；23时40分，回收线缆完毕，营养液被取走，传回纸条："……我们在井下22人，但在五中（段）只有11人，六中（段）1人，4人受伤，另有10人情况不明……"至此，救援工作取得决定性的重大突破。

第二步，确立"3+1"总体救援方案，成功营救11名被困人员。

18日0时49分，副总指挥与井下被困人员实现语音通话，进一步了解被困人员身体状况、事故发生后人员活动情况，并得知通过3号钻孔向下淋水很大。指挥部决定向井下投放足量的给养和药品后，由山东地矿六队继续下放套管对3号钻孔实施堵水作业。14时完成下放套管，但因技术问题未堵住钻孔涌水。

5时3分，1号钻孔成功贯通六中段水泵房。9时45分，开始通过该钻孔下放音视频仪器，确认水泵房地面无水，空气能见度较好，向井下喊话没有回应。

18日，现场应急管理部领导和山东省委领导通过3号钻孔有线电话与被困人员进行了通话，通过1号钻孔未联络到被困人员。工作组与指挥部会商，建议将4号钻孔调整为3号钻孔的备用孔。结合17日5号排水钻孔钻进201 m发生偏斜3 m（已废弃），即使纠偏也难以确保顺利下放水泵的现状，建议指挥部尽快实施新布置的7号、8号六中段水仓排水钻孔，同时实施9号四中段探测钻孔、10号五中段救援钻孔。

经专家组充分论证排水钻孔实施方案，指挥部决定由大地特勘队2台钻机承担排水钻孔施工。3号钻孔钻机在下完套管后立即转至7号钻孔施工。

19日，明确了"3+1"总体救援方案，即3条主通道和1条辅助通道。3条主通道是生命维护监测通道（3号、1号、4号钻孔）、生命救援通道（井筒和10号钻孔）、排水保障通道（7号、8号钻孔），每条主通道都确保实施主攻与备用“双保险”；1条辅助探测通道（6号、9号钻孔）。

——完善生命维护监测通道。19—20日，通过3号钻孔每天3次定点向井下投放给养、药品及所需物资，指导被困人员恢复体力和自我救治；19日12时，向井下投放音视频探头，组织专家观测钻孔涌水情况、井下巷道积水情况，但该设备防水性能不足，下放到巷道时出现故障。

20日11时30分，经与井下被困人员联系，3号钻孔涌水在巷道积聚，水面已从工作面蔓延过钻孔下方，并通过导水槽流入井筒，巷道仅有从马头门向里50 m左右的长度未被水淹。工作组立即建议指挥部启用备用的4号钻孔（从马头门向里28 m）接替3号钻孔（从马头门向里104 m），承担生命维护监测通道功能。待4号钻孔贯通后，对3号钻孔实施固井止水，为救援工作争取更长“窗口期”。

15时52分，大地特勘队按照指挥部指令对4号钻孔（14日8时开始正式钻进，18日20时钻深555 m，距透巷27 m，已下完套管不漏水，待命）开始透巷。20日18时7分，4号钻孔成功贯通五中段巷道，井下被困人员转至4号钻孔下方，生存环境得以改善；该钻孔直至救援通道打通前，始终承担着生命维护监测通道功能。

21日2时，通过1号钻孔发现水泵房底板见水，工作组在与专家前期进行动态研判的基础上，建议现场总指挥部组织专家组进一步计算论证，将两者进行比对，科学判断涌水量，合理安排7号钻孔钻进和水泵安装时间进度，防止涌水对井下生存人员产生威胁。

截至21日18时，五中段有1人已无生命迹象，体力恢复的其他被困人员在五中段进行了水平搜寻，没有发现其他被困人员。同时，井下人员也尝试用敲击、激光笔投射、喇叭喊话等方式搜寻其余被困人员，但没有取得任何联系，六中段1名被困人员仍然失去联系。

22日，专家组计算论证，30日凌晨水位将上升至五中段底板，对五中段被困人员构成生命威胁，排水钻孔施工压力陡增。

——艰难推进排水保障通道。按照指挥部决定由大地特勘队2台钻机承担排水钻孔施工的方案，3号钻机转至7号钻孔，于19日4时30分开钻。20时，钻进36 m下放套管时，发现孔斜无法下放套管。经指挥部同意立即在原孔位顺水仓方向后移3 m重新开钻。

20日0时30分，7号钻孔重新开钻。上午，为确保钻孔打通排水保障通道和生命救援通道，指挥部请求工作组再调动2台高性能大孔径钻机，工作组立即联系应急救援中心，协调调动国家矿山应急救援大同队、河南豫中地质勘查工程有限公司大孔径钻机赶赴现场救援。

原计划在4号钻孔透巷期间，由6号钻机（下方巷道已被淹没，处于停钻待命）提前做好3号钻孔固井止水准备工作，待透巷后4号钻机立即投入8号钻孔施工，以形成高效衔接、最短时间止水，但因6号钻机队伍难以实施止水作业，改为由4号钻机承担。4号钻机透巷后，又转至3号钻孔施工，于21日20时成功固井止水后，转至8号钻孔施工，直至22日19时8号钻机开钻。

22日18时，河南豫中地质勘查工程有限公司大孔径钻机和操作团队到达现场待命。20时，接到指挥部命令，施工12号排水钻孔，23日15时8分开钻。

23日，7号钻机问题已解决，开足马力全力钻进。15时，8号钻机潜孔锤锤头断裂，掉入钻孔内，短期内难以处理，经指挥部同意立即在原孔位顺水仓方向后移2 m重新开钻；23时，8号钻机在新孔位重新开钻，编号13号钻孔。

24日11时，各钻机队接到指挥部命令，原地停工待命；生命救援通道有重大情况。

——争分夺秒打通生命救援通道。井筒和10号钻孔，是确保井下矿工升井的生命救援通道，重点是全力清理障碍物。19日，按照优化的清障方案，在井筒下放吊盘，架设井筒电缆、通信电缆和风筒，因吊盘尺寸（2.6 m×1.45 m）大于原先吊笼尺寸（直径1 m），需要在下放过程中再次清理井筒杂物，直到20日9时30分吊盘下放到350 m。为满足10号钻孔正常开钻要求，指挥部从青岛调动旋挖机，于20日15时40分开始对10号地面点位进行旋挖，于21日9时30分旋挖机完成旋挖18 m，下套管并进行固井。

20日17时，应急管理部领导再次与工作组视频连线，听取救援工作进展汇报，要求工作组指导指挥部尽快打通生命救援通道，重点是集中力量开展井筒清障工作，要稳妥可靠有序进行推进，绝不能对井下被困人员造成新的伤害；指挥部要根据现场情况变化不断优化救援组织方案，严格现场管理。

20日，中国矿业大学何满潮院士团队实地了解了井筒设计、清障方法、清障难度和进展情况，19时40分，工作组和总指挥参加了何满潮院士关于井筒清障的技术方案论证会，院士团队经科学论证指出，竖井堵塞厚度约100 m、体积约1300 m^3、质量约70 t（图4-6），同时提出了“中心瞬时胀扩+套管挤扩”救援方案，但由于没有现成的套管材料和施工队伍，会议一致认为采用“双层吊盘+气焊切割+液压切割”方式更加安全便捷易于操作。

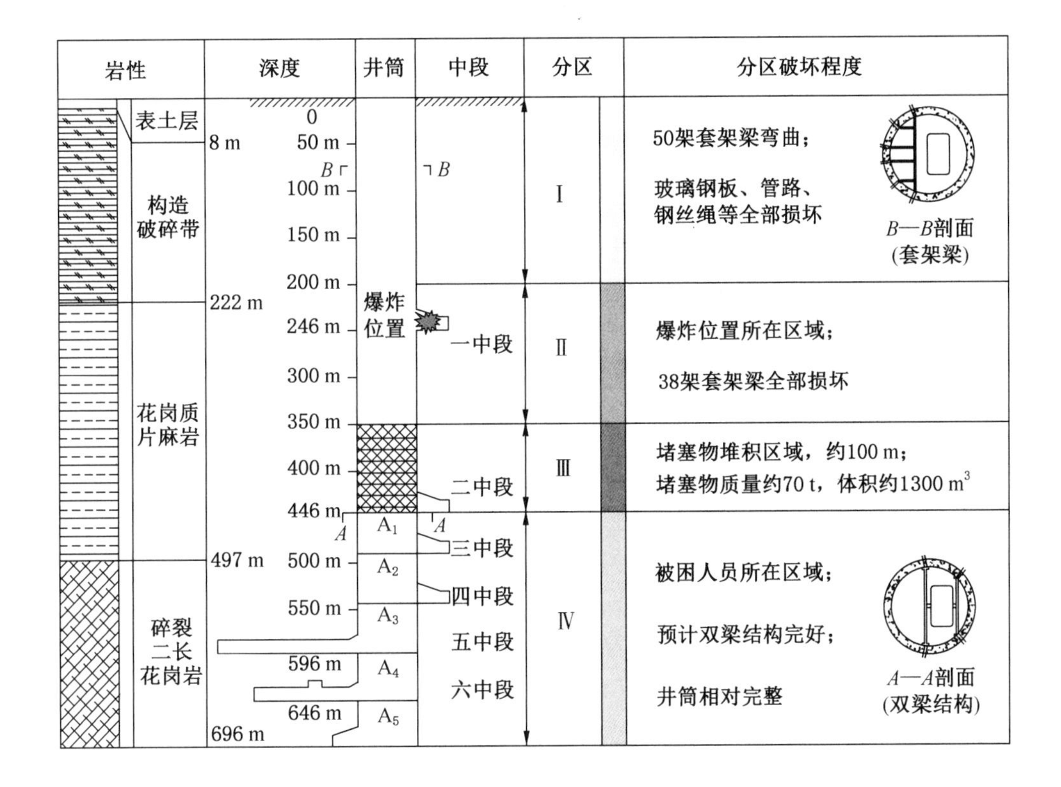

图4－6　栖霞金矿井筒破坏程度分区图

自20日9时30分吊盘下放到350 m后，作业面实现了3人同时切割，4人同时装货，提货与施工互不影响，一度陷入停滞的困局终于有所改变，至22日7时，清障已至361 m。

23日7时许，井筒清障至363 m，该断面出现局部空洞；24日5时许，井筒清障至367 m；8时许，井筒清障至377 m；9时许，发现井筒障碍物减少，下方有巨大的空洞，清障速度明显加快；10时20分，吊盘顺利下放至四中段，救援人员在马头门发现1名被困人员，身体极度虚弱；指挥部命令龙矿集团救护大队立即派救援人员下井救援，11时13分，第1名被困人员升井，送医院救治。

12时50分，随着清障，吊盘下放至五中段，龙矿集团救护大队3名救援人员下井营救，对10名被困人员进行安抚，并确定升井顺序后迅速组织升井，13—15时五中段10名被困人员分四批顺利升井，送医院救治。随后，21时五中段1名遇难人员升井，23时三中段4名遇难人员升井，25日4时二中段以上（约420 m）梯子间5名遇难人员升井。指挥部持续开展对最后1名被困人员的搜救，安排救援人员和潜水人员对六中段及以上巷道和井筒等区域进行反复搜寻，抽排井下积水、清理井筒堆积物，直至3月25日，在井底水仓平台找到最后1名遇难人员，已无生命体征。

五、总结分析

（1）救援方案目标明确、不断优化、科学有效。此次救援面临诸多难题，营救窗口期短暂，不确定性前所未有。应急管理部工作组会同指挥部坚持目标导向、咬定主攻方向，围绕科学救援，不断推进优化救援方案。救援之初，制定了采取井筒清障和钻孔施救“两条腿并行”的救援方案，在被困人员生命仅可维持7天的最后一刻，打通了生命探测维护通道，为救援赢得了更长的时间；发现生存人员后，优化形成了生命维护监测通道、生命救援通道、排水保障通道和辅助探测通道“3+1”的总体救援方案，每个通道都确保实施主攻与备用“双保险”，在“后有追兵”的紧要关头，成功营救出11名被困人员。

（2）各方力量齐聚笏山、昼夜奋战、同心救援。这次事故矿井为“独眼井”，井深近700 m，爆炸冲击毁坏竖井，形成大量堆积物，作业空间狭窄，同时面临井下涌水风险，各种情况复杂。指挥部先后调集中国黄金集团、中煤五建、山东黄金集团、山东能源集团、山东省地矿局、山东省煤田地质局、烟台市消防支队等救援队伍参与救援；应急管理部工作组帮助调动国家矿山应急救援大地特勘队、淮南队、大同队和河南豫中地质勘探工程有限公司等国内最好的钻孔救援装备、最有经验的技术团队驰援现场。整个救援21支救援队伍、690余人、420台（套）装备齐聚笏山，昼夜奋战、同心救援，既为井筒清障和钻孔施救提供了强大的资源保障和技术支撑，也为成功解救11名被困人员赢得了宝贵的时间。

（3）技术专家组科学论证、技术支撑。为认真贯彻落实各级领导指出的科学救援要求，本着“尊重科学、尊重实际”的原则，组织了涵盖采矿、水文地质、测量、通风、机电、钻探、排水等多学科、40余人的专家团队，科学分析、评估、研判救援方案、措施。针对井筒清障方案，反复论证和尝试磁力吸引、激光切割、等离子切割、高压水切割、聚能切割和“中心瞬时胀扩+套管挤扩”等13种办法，最终确定采用“双层吊盘+气焊切割+液压切割”方案；针对井下裂隙涌水，组织水文专家观察六中段水位上涨情况，及时测算井下涌水量和水位上涨淹没五中段时间，为指挥部决策提供依据；针对国内尚无通过钻孔实现700 m排水的先例，组织专家、施工队伍、水泵技术人员，先期开展抽水试验，完善排水方案。

（4）国家矿山应急救援大地特勘队技艺精湛、攻坚克难。该矿岩层地质大多为花岗岩，硬度高，有构造破碎带或裂隙密集带，含水性较强，打孔难度极大，2 号钻孔卡钻废弃，3 号钻孔进尺 521 m，偏斜 7.3 m。大地特勘队临危受命，采用定向钻孔技术，接力 3 号钻孔实现纠偏透巷，延续了被困人员的生命；之后又成功贯通 4 号钻孔，对 3 号钻孔固井止水，解决了 3 号钻孔涌水给被困人员生命带来威胁的问题，为救援工作赢得了更长“窗口期”。

（5）各项服务保障有力。一方有难八方支援，汇聚现场救援人员众多，为确保现场救援有力有序有效，指挥部成立了专门保障队伍，安排专人登记造册、协调联络，为每支现场施工队伍配设专门联络员，及时保障一线救援需求和人员食宿。现场紧急调运石子 1600 余吨，平整场地约 2.6×10^4 m^2；搭建简易板房 68 间、帐篷 87 顶，安装防潮板 650 张、电热板 540 片，固定床铺 640 张。调集警力 5400 余人、警车 950 余台次，严格控制与救援无关的人员和车辆，有效保障了救援现场秩序。从省、市、县三级抽调精干力量，分别在救援现场和驻地宾馆成立医护队伍，安排医护人员 341 人，提供医疗服务保障 2131 人次，发放药品 3215 盒。

（6）扎实做好被困人员井下给养、井上救治，心理疏导。第一时间由国家、省、市三级组成医疗专家组，全程参与救治工作，周密制定工作预案。与井下被困人员取得联系后，一方面，迅即成立由公安、消防、医疗、通信等部门参与的生命通道联络保障组，实行封闭管理、24 小时值班，为井下矿工提供良好的生存保障。另一方面，在国家卫生健康委专家指导下，对已联系到的 10 名被困人员，详细了解身体状况，逐一建立健康档案，优化医疗救助方案，有针对性地给予给养，并配备心理疏导专家实施心理干预。井下矿工升井后，实行“一对一”特护服务，精准实施分类救治。

专家点评

◆高扬程钻孔排水技术和成套装备有待研究。事故矿井自然涌水 16 m^3/h 左右，在救援通道未打通前，为防止井下水位上升威胁被困人员生命安全，钻孔排水是唯一方法，但是该矿井深近 700 m，满足钻孔孔径的高扬程、小管径水泵资源不足。该种泵体管径小、长度大，对钻孔垂直度要求高，泵体吸水口高，井下巷道高度不足，实现排水难度大。虽然在地热井等施工中经常使用钻杆连接水泵抽水，但最大排水扬程仅 350 余米，且不受吸水口高度限制，再有下海子煤矿透水事故钻孔排水也仅 200

多米，对于700 m以上扬程的，尚无先例，该技术及成套装备亟待研究、开发。

◆矿山应急救援高科技装备准备不足。该矿回风井爆炸造成井筒金属物和非金属物混杂在一起，局部井筒全断面塞满障碍物，在局部作业空间受限的情况下，难以找到一种切割工具全面应对各类障碍物。为观测3号钻孔涌水对被困人员所在巷道的影响情况，通过3号钻孔下放的音视频探测仪器因防水性能不强，在下放至巷道时突然损坏，未能达到最终目的。

案例三十二　本溪龙新矿业有限公司思山岭铁矿“6·5”炸药爆炸事故

2018 年 6 月 5 日 16 时 9 分，北京华夏建龙矿业科技有限公司（隶属于北京建龙重工集团有限公司）投资建设的本溪龙新矿业有限公司（简称龙新公司）思山岭铁矿基建期间，措施井井口发生炸药爆炸事故，造成 14 人死亡，10 人受伤。

一、矿井基本情况

（一）矿井概况

龙新公司思山岭铁矿于 2012 年 7 月 18 日开始探矿井（后改为措施井）工程施工。2013 年 11 月 6 日，经国家安全生产监督管理总局批复同意，实施“双超”实验井工程建设。2015 年 6 月 16 日通过了国家安全生产监督管理总局对该建设项目初步设计《安全专篇》审查，转入建设项目基建施工。2015 年 8 月 27 日停工，2017 年 9 月 13 日恢复施工，2018 年 4 月 12 日措施井竣工，2018 年 5 月 18 日转入平巷施工。

（二）事故巷道（区域）基本情况

事故发生地点措施井井口，爆炸产生的强烈冲击波使事故现场井口附近地面方圆约 150 m 范围内建（构）筑物和设施不同程度损毁，井下 -480 m 中段、-960 m 中段、-1010 m 中段人员被困。

二、事故发生经过

2018 年 6 月 5 日 13 时 30 分，爆破作业单位同鑫公司从本溪市溪湖区火连寨高程村民用爆炸物品库房领取 23 箱乳化炸药（522 kg）、385 发导爆管雷管。该公司驾驶员驾驶辽 E18189 号民用爆炸物品运输车辆，在 1 名押运员随车押运下，15 时 15 分运送至位于南芬区思山岭办事处思山岭村的龙新公司措施井井口。16 时 3 分，民用爆炸物品运输车停靠在措施井井口主提升吊桶附近，在现场未设置警戒线、未将无关人员清出现场的情况下，华煤集团员工 3 人（均无爆破作业人员资质）将 14 箱炸药（336 kg）先后从民用爆炸物品运输车搬运装入吊桶内。16 时 8 分 42 秒，按信号指示将装有炸药的主提升吊桶提升到井口，停落在井盖门上。16 时 9 分 43 秒，孙某波手提 1 袋雷管走到主提吊桶旁边，李某民手提 1 袋雷管紧随其后，孙某波将雷管抛入装有 14 箱炸药的吊桶内，随即做出欲爬上吊桶动作。16 时 9 分 46 秒，雷管爆炸，引爆吊桶内的 336 kg 乳化炸药。

三、事故直接原因

在思山岭项目部措施井地面井口处，准备用主提升吊桶向井下转运炸药时，华煤集团接班工人孙某波将一塑料袋雷管扔进装有炸药的吊桶内，雷管与吊桶内壁发生碰撞，产生的机械能超过了雷管的机械感度，导致雷管爆炸，进而引发炸药爆炸。

四、应急处置与救援

（一）企业先期处置

6 月 5 日 16 时 12 分，龙新公司副总经理向南芬区安全监管局报告。16 时 13 分，南芬区安全监管局向南芬区委书记、区长报告。16 时 30 分，南芬区安全监管局向本溪市安全监管局报告。本溪市安全监管局立即向市委、市政府报告。

（二）各级应急响应

事故发生后，国务院领导作出重要批示，对事故救援和善后处置提出明确要求。应急管理部对事故救援处置工作高度重视，主要领导进行现场视频调度，听取辽宁省政府相关负责人员工作汇报，对事故救援处置提出明确要求，连夜派出事故督导组到现场指导事故应急救援工作。辽宁省委书记、省长立即作出重要批示，省委、省政府有关领导赶赴事故现场，成立救援指挥部。调动沈煤集团、抚顺红透山矿、华冶集团、本溪市矿山救护队等专业救援队伍以及公安、消防、安全监管、医疗等救援力量进行抢险救援。

（三）制定救援方案

爆炸发生后，入井电缆炸断，供电系统短路，各大系统均陷入瘫痪状态，首先制订了恢复供电、通风、提升系统方案。利用电力系统增援的移动电源车为临时电源，作为提升、通风等系统动力电源。调用移动空压机、利用原压风管路作为临时通风系统向井下供风。提升系统使用原有主提升绞车及钢丝绳，安装临时吊桶用于提升人员。在具备入井条件后，搜救遇险人员。

（四）抢险救援过程

6 月 5 日 23 时左右抢通 10 kV 高压电，清理井架二层平台爆炸掉落物，连接临时吊桶和钢丝绳，并加装旋转连接器，对吊桶提升进行试验，6 日 4 时 40

分，临时吊桶提升系统准备就绪。4 时 45 分吊桶入井，入井救援人员使用对讲机与绞车房实时保持联系，报告吊桶旋转情况、井筒受损情况，并根据实际情况指挥绞车运行速度。由于旋转连接器平衡较好，吊桶未出现旋转问题。5 时 20 分，吊桶第一次升井，救出被困人员 6 名，其中 1 人小腿骨折（井下工作期间受伤，非事故或救援引起），其余人员未反映受伤，等候的救护车随即将升井人员送往医院检查。根据第一次救援经验，第二次入井绞车提升速度提高至 2 m/s，并分别于 6 时 14 分（6 人）、6 时 52 分（6 人）、7 时 25 分（5 人）将其余被困 17 人救出。截至此时，救援取得重大进展，仍有 2 人失联。

经现场分析，事故发生时失联 2 人可能正在吊盘上（约 -1003 m 水平）进行作业，由于爆炸 2 人极有可能随着吊盘跌落并被井筒落下的钢丝绳、电缆、风筒等埋压。组织人员入井搜救，井底坠落物堆积到 -1010 m 水平，高 5 ~ 5.5 m，巷道底板积水已达 0.4 m，测定涌水量 10 m^3/h，原井底（-1050 m 水平）已被料渣和坠落物堆满，水也已充满。尝试用钩机和铲车拖拽坠落物，但各类坠物缠绕较紧，机械无法完全拖动。救援人员通过拖拽出的缝隙向内进入，未发现失联人员。经过 2 个小时救援，救援人员感觉无风缺氧，立即升井。同时，供电系统恢复过程中出现短路，配电柜烧毁；地面绞车的运行受爆炸及供电影响出现不稳定情况。地面清理人员在爆炸残骸中发现多发未爆雷管及炸药等爆炸物品，情况十分危险。指挥部立即决定，对井架周边及事故现场进行封锁，全面排查地面残留雷管、炸药等爆炸物品。同时抓紧恢复供电、提升、排水等系统，防止井下水位上升等措施，确保救援人员安全，再入井清理救援（图 4 -7）。

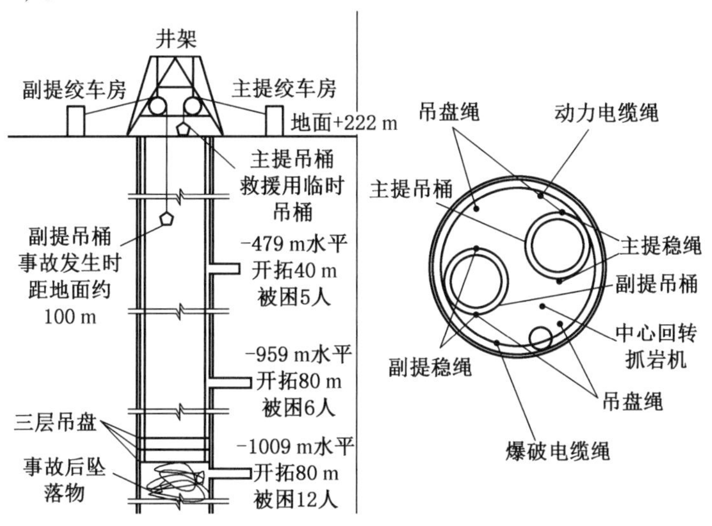

图 4 -7　思山岭铁矿"6·5"炸药爆炸事故救援现场示意图

五、总结分析

（1）违反规定在上下班和人员集中的时间内运输爆破器材，未在民用爆炸物品装卸现场设置警戒，导致民用爆炸物品装卸现场人员聚集，现场管理混乱，是造成事故群死群伤的主要原因。

（2）未按《爆破安全规程》要求将雷管和炸药分别放在专用背包（木箱）内，而是违规用塑料袋装雷管运输。

（3）人工搬运爆破器材时，起爆体、起爆药包没有由爆破员携带、运送，没有遵守“装卸爆破器材应轻拿轻放，码平、卡牢、捆紧，不得摩擦、撞击、抛掷、翻滚”的规定。

（4）从业人员的安全培训教育不到位，公司人员岗位职责不清，安全生产主体责任不落实。

专家点评

◆爆破作业单位要强化对民用爆炸物品的购买、装卸、运输、清退和爆破作业过程的管理，严格执行《民用爆炸物品安全管理条例》《爆破安全规程》的要求。

案例三十三 山西平遥峰岩煤焦集团二亩沟煤业有限公司“11·18”重大瓦斯爆炸事故

2019 年 11 月 18 日 13 时 7 分左右，山西平遥峰岩煤焦集团二亩沟煤业有限公司（简称二亩沟煤业）发生一起瓦斯爆炸事故，造成 15 人死亡，9 人受伤（其中 1 人重伤），直接经济损失 2183.41 万元。

一、矿井基本情况

（一）矿井概况

二亩沟煤业位于山西省平遥县段村镇文祠神村，隶属于山西平遥峰岩煤焦集团有限公司，低瓦斯矿井，水文地质类型中等，开采 4 号和 9 号煤层。4 号煤层平均厚度 0.83 m，9 号煤层平均厚度 1.79 m。4 号煤层和 9 号煤层自燃倾向性等级均为自燃，煤尘均有爆炸性。

（二）事故巷道（区域）基本情况

二亩沟煤业 9 号煤层布置有 9102 高档普采工作面及煤柱回收面、西回风大巷掘进工作面和 9101 外开切眼掘进工作面，煤柱回收面不在 2019 年采掘计划范围。9102 高档普采工作面北部与 9101 综采工作面相邻，南部与 9103 工作面采空区相邻。9101 综采工作面于 2019 年 5 月遇断层回采受阻，9 月底暂时停采密闭。9103 工作面于 2019 年 5 月开始回采，9 月底回采结束。9102 高档普采工作面和煤柱回收面于 10 月 15 日开始回采，截至事故发生前，总共回采约 70 m。

二、事故发生经过

2019 年 11 月 18 日 6—7 时，二亩沟煤业高档普采队队长、副队长在综合大楼二楼会议室召开班前会，对当班工作进行安排，高档普采队当班共 35 人，分为机采和炮采两个小组。炮采组在煤柱回收面作业 5 人，机采组在 9102 高档普采工作面作业 16 人，另有辅助工 14 人。13 时 7 分，炮采组工人在未执行“一炮三检”和“三人联锁爆破”制度的情况下违章爆破。爆破产生的明火引爆了 9103 工作面采空区涌入煤柱回收面的瓦斯，发生瓦斯爆炸。

三、事故直接原因

二亩沟煤业违法开采保安煤柱，贯通 9103 采空区，造成采空区瓦斯大量涌入煤柱回收面，违章爆破产生明火引爆瓦斯。

四、应急处置与救援

（一）企业先期处置

事故当班全矿共入井 105 人，其中 35 人在事故区域作业。事故发生后，81 人自行升井，24 人被困。11 月 18 日 13 时 56 分，二亩沟煤业总工程师接到当班带班矿领导、安全副矿长的事故报告后，立即通知所有矿领导、科室人员到矿调度室集中，启动应急救援预案，组织开展救援工作，先期救出 5 名受伤人员。

（二）各级应急响应

事故发生后，国家煤矿安全监察局副局长、山西省委常委、副省长及山西煤矿安全监察局、山西省应急管理厅、晋中市人民政府、平遥县委、县政府相关负责人第一时间赶赴二亩沟煤业，成立了由山西省委常委、副省长任总指挥的抢险救援指挥部，全力展开抢险救援。

（三）制定救援方案

一是灾区探查，探明人员遇险位置、巷道破坏程度及气体情况；二是积极救助遇险人员。

（四）抢险救援过程

16 时 57 分，介休中队从主斜井乘坐架空人车下到井底车场后前往第一采区 9102 工作面，从 9102 工作面运输巷进入，走到距顺槽口约 512 m 处（距 9102 外开切眼巷口 15 m），发现 1 名遇难者，头朝外俯卧。继续前行 15 m，巷道左侧的外开切眼巷口发现 1 名伤员，头朝外俯卧，不能说话，立即救出，气体 CH_4 浓度为 0.05%、CO 浓度为 25 ppm、O_2 浓度为 20.9%。外开切眼内杂物较多，密闭墙中部破坏，倒向回风侧，风流短路。继续前行 18 m 到达探水巷口，气体 CH_4 浓度为 0.08%、CO 浓度为 50 ppm、O_2 浓度为 20.5%，探水巷内同样杂物较多，两道密闭墙均倒向回风侧，中部破坏有漏风。再往工作面方向前行 24 m 发现 2 名伤员，1 人呈昏迷状态，头朝外俯卧，1 人神志清醒，面朝皮带靠煤壁而坐，不停呻吟，双手烧伤严重，将 2 人立即救出。在运输巷右侧有 3 条联络巷（巷道较低）通向 9103 工作面采空区，继续前行距工作面机头 13 m 处，发现一名遇难矿工，头发烧焦，头朝外俯卧。在距工作面机头 11 m 处，靠巷道右侧有一吹歪的局部通风机，局部通风机前方 15 m 处，有一黄色铁皮箱（装雷管），箱前 10 m 处有一煤电钻。到工作面机头处，发现 1 名遇难矿工，头向工作面方向俯卧。机头右侧为一炮采工作面（回收 9102 工作面与9103工作面之间的煤柱），超前9102工作面3 m，工作面内有三排单体液压支柱支护，排距1.2 m，靠煤壁有一运输机，有风筒通下机尾。在二、三排支柱中间距机采工作面机头2 m处有3人叠卧在一起，头朝机头方向俯卧，上面1人有呼吸，下面2人已遇难，立即将伤员救出。距此处1 m，有1人遇难，头朝外仰卧，在其右侧有一发爆器，并有爆破母线挂在靠煤帮一侧的单体液压支柱上通向炮采工作面里面，20 m处有爆破后落下的煤炭，该处气体CH_4浓度为2.3%、CO浓度为50 ppm、O_2浓度为19.8%。

17时29分，汾西队4个小队到达事故矿井，立即赶往指挥部了解事故情况，领取救援任务。17时43分，指挥部接到井下工人打上来的电话，发现1名伤员，需要派人抢救，榆次中队3小队下井增援，在9102工作面运输巷遇上救援人员抬着1名伤员向外撤离，后又遇上正在抢救的2名伤员，立即协助抬运到安全地点后由矿方工人向外抬运，然后继续前行到工作面机头处。17时52分，汾西队2个小队19名救援人员由大队总工程师带队入井救援，在9102工作面运输巷遇上工人们抬运着4名伤员向外撤离。18时48分，介休中队7小队、榆次中队3小队搜救探查到机头附近，发现机头处堆积大量煤炭，无法前行，绕过机头从落山侧爬行进入机采工作面，该工作面有三排单体液压支柱支护，排距1.2 m，有两个人行通道，进入后先后发现7名遇难矿工。19时25分，中队长派人到采区变电所汇报救出4名伤员，发现13名遇难矿工，请求指挥部派人增援抬运遇险遇难矿工。19时55分，第2~4名伤员先后抢救出井。

20时50分，指挥部根据监控显示回风巷CO监控探头显示过2次490 ppm（最高峰值）以上，为了防止发生再次爆炸造成次生事故，命令井下救援人员全部撤出矿井。21时55分，井下救援人员全部升井，同时运出了9名遇难矿工。22时35分，经专家论证确认无再次爆炸危险后，指挥部命令汾西队和晋中队各派一个小队再次入井继续救援，搬运剩余的6名遇难矿工。19日2时30分，剩余的6名遇难矿工全部搬运出井（图4-8）。

五、总结分析

（1）要加强瓦斯治理工作。坚持把瓦斯灾害治理作为煤矿安全生产的重中之重，狠抓矿井“一通三防”及监控管理、现场管理等重点环节，大力推进瓦斯“零超限”目标管理。要严格落实通风管理规定，完善矿井通风系统，采煤工作面必须实现正规开采，严禁违规串联通风，严禁微风、循环风作业。要按规定做好安全监控系统各类传感器的安设、校准和维护工作，有效防范瓦

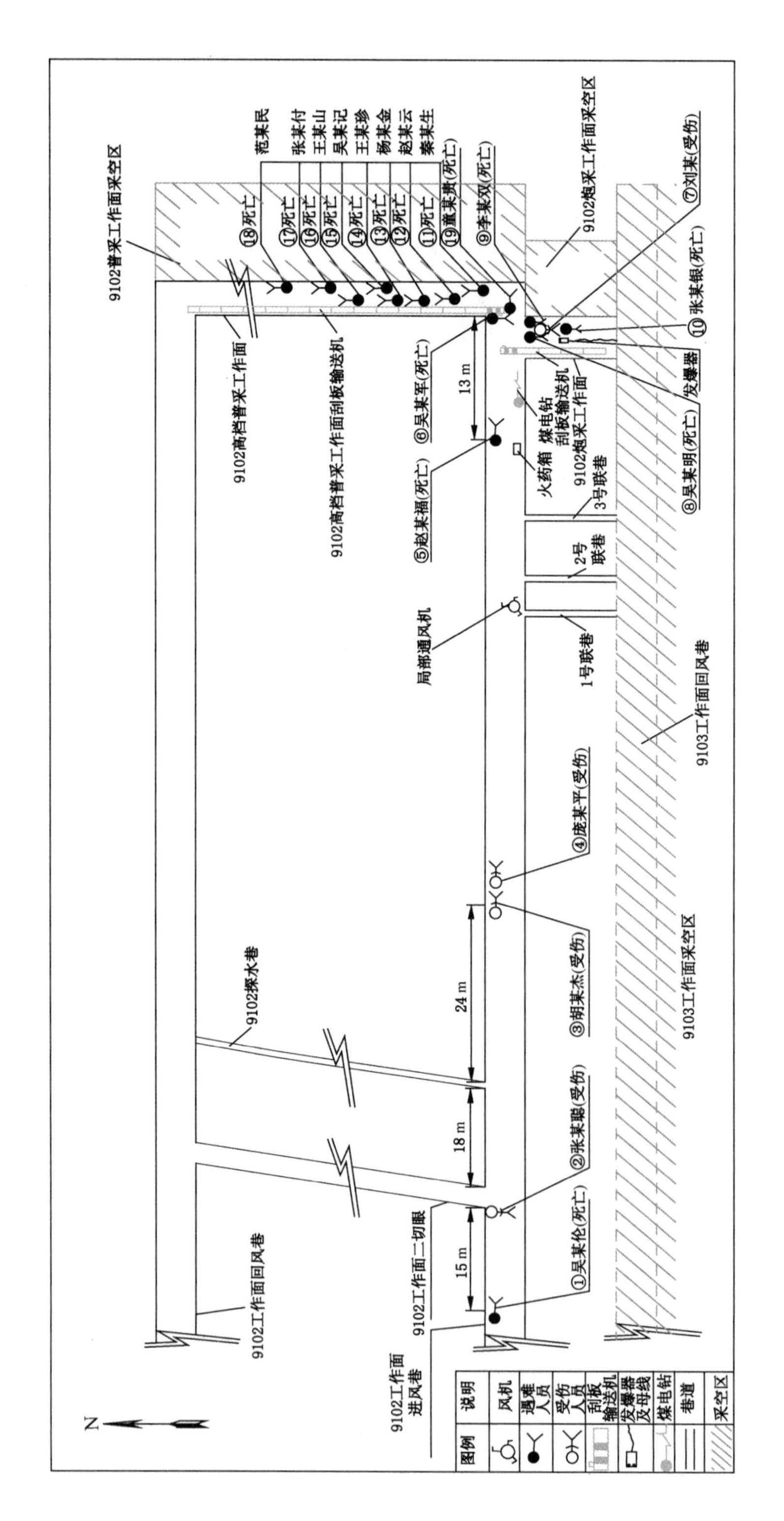

图4-8 二亩沟煤业有限公司“11·18”重大瓦斯爆炸事故救援现场示意图

斯事故的发生。

（2）要加强火工品和井下爆破作业管理。严格执行火工品的领用审核程序，严格落实火工品入库、保管、发放、运输、清退等管理制度，火工品必须由专人领取并如实编号登记，严禁违规管理和发放火工品。井下爆破作业必须严格执行“一炮三检”和“三人联锁爆破”制度。爆破作业必须由专职爆破工执行，严禁无证人员从事爆破作业。爆破前要按规定设置警戒，且工作面所有人员必须撤离警戒区域。严禁用煤粉、块状材料或者其他可燃性材料封堵炮眼，严禁裸露爆破。

专家点评

◆瓦斯管理不到位。二亩沟煤业违法开采保安煤柱，贯通 9103 采空区，造成采空区瓦斯大量涌入煤柱回收面，违章爆破产生明火引爆瓦斯。瓦斯来源 9103 工作面采空后，上下邻近煤岩层不断释放瓦斯，逐渐在采空区内形成高浓度的瓦斯流。二亩沟煤业违法开采保安煤柱，煤柱回收面与 9103 工作面采空区贯通，采空区的瓦斯向煤柱回收面运移，成为本次瓦斯爆炸的主要瓦斯来源。

◆爆破作业管理混乱。事故当班煤柱回收面封堵炮眼未使用水炮泥，封堵炮眼材质为煤粉和炭块，且封堵长度不足。爆破作业产生明火，成为瓦斯爆炸引爆火源。

案例三十四　神木市百吉矿业有限责任公司李家沟煤矿“1·12”重大煤尘爆炸事故

2019年1月12日16时20分，陕西省榆林市神木市百吉矿业有限责任公司发生一起重大煤尘爆炸事故，当班入井87人，66人安全升井，21人遇难。

一、矿井基本情况

（一）矿井概况

该矿位于神木市城区东北约15 km处，行政区划隶属于神木市永兴街道办事处，2016年2月核定生产能力为90×10^{4} t/a。井田东西长约4 km，南北宽约4.6 km，面积15.42 km^{2}，井田范围内仅5－1煤层可采，剩余可采储量574×10^{4} t。矿井采用中央并列式通风方式、抽出式通风方法，主、副平硐进风，回风平硐回风。煤层顶板岩性以厚层粉砂岩、细粒砂岩为主，底板岩性以粉砂岩、细粒砂岩和砂质泥岩为主。

（二）事故巷道（区域）基本情况

该矿采用三条平硐单水平开拓布置，沿5－1煤层布置三条大巷。全井田划分为一个盘区，采用长壁综合机械化采煤方法，全部垮落法控制顶板。有一个综采工作面507，一个非正规采煤工作面506（发生事故工作面）进行边角煤回采。矿井南翼506连采工作面原煤使用无轨胶轮车直接运至地面煤场。5－1煤层为Ⅰ类容易自燃煤层，煤尘具有爆炸性，为低瓦斯矿井，水文地质类型为简单型，地温正常，无冲击地压现象（图4－9）。

二、事故发生经过

2019年1月12日16时30分许，连采队队长主持召开班前会，当班任务是在506连采面三支巷回采3个采硐，并进行运输、放顶、支护工作，然后在二区掘进。13时50分，连采队开始爆破强制放顶，爆破结束后，班长和3名爆破工升井办理火工品退库手续，完成退库手续后，班长带领1名爆破工再次入井到506连采面作业，16时24分，主平硐驱动机房带式输送机司机发现主平硐口有黑烟喷出，电话汇报值班调度员。

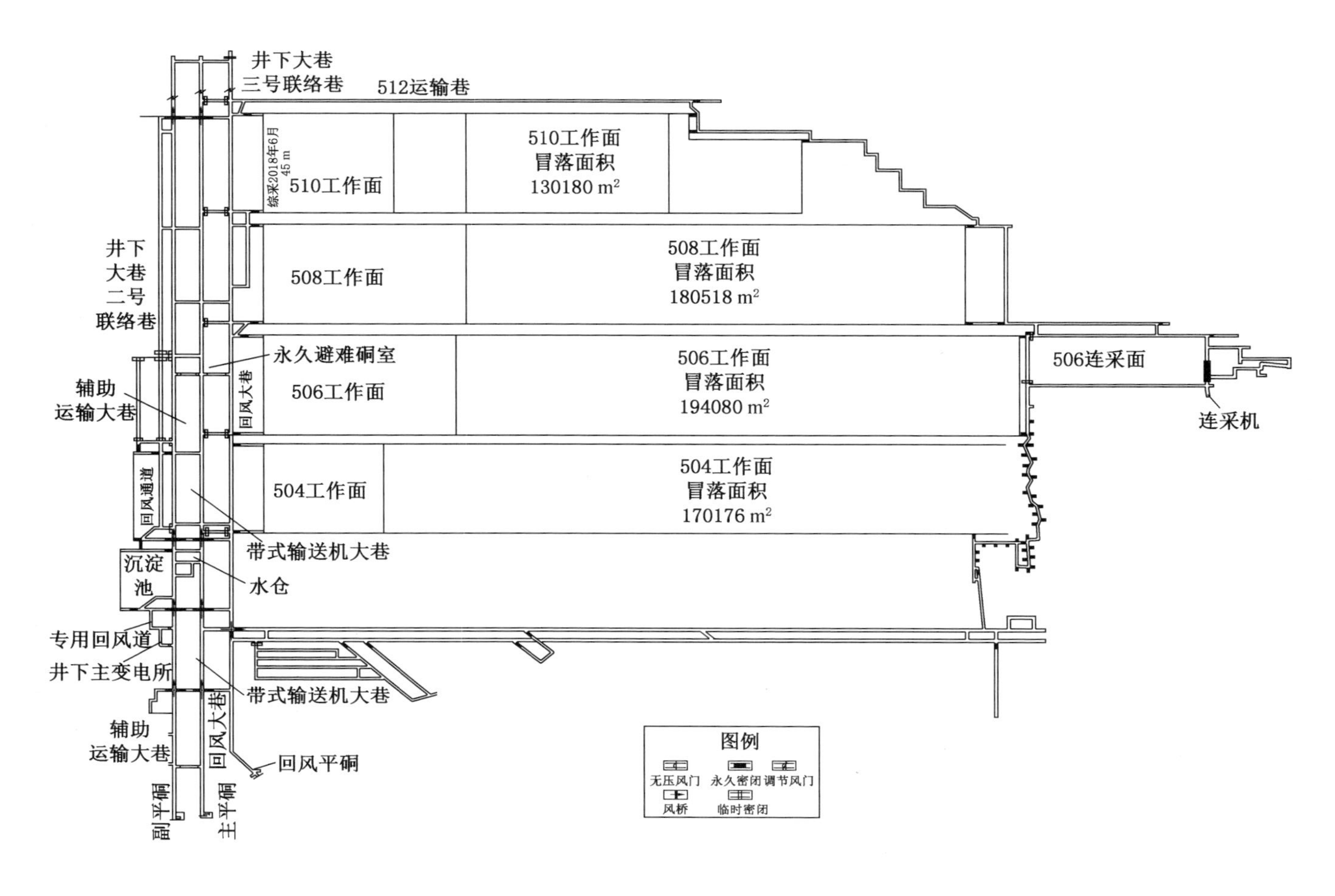

图4-9　李家沟煤矿矿井（隧道）示意图

三、事故直接原因

506 连采工作面和开采保安煤柱工作面采空区及与之连通的老空区顶板大面积垮落，老空区气体压入与老空区连通的巷道内，扬起巷道内沉积的煤尘，弥漫 506 连采面，并达到爆炸浓度，在三支巷中部处于怠速状态下的无 MA 标志非防爆 C17 号运煤车产生火花，点燃煤尘，发生爆炸，造成人员伤亡。

四、应急处置与救援

（一）企业先期处置

值班调度员接到汇报，查看发现安全监测监控系统和通信联络系统中 506 连采工作面信号中断，立即通知张某旭查明情况。张某旭安排蔡某某驾车入井查看，蔡某某约 16 时 40 分从副平硐入井，沿 506 回风巷向工作面前行，在 506 回风巷约 700 m 处，追上驾驶第 6 趟入井的 C09 号运煤车的余某某，二人均感到巷道内粉尘大、能见度极差，呼吸困难。二人停车熄火，弃车升井。16 时 25 分，井下带班矿领导发现 507 综采工作面风流逆转，粉尘较大，电话汇报调度室后，到 506 连采面查看情况，发现 506 回风巷有 2 处密闭墙损坏，烟尘较大，于 17 时 18 分将情况汇报调度室。17 时 35 分，总工程师到 506 连采工作面进风巷查看情况后汇报调度室：巷道烟尘大、无法进入、情况不明。17 时 40 分，矿调度室请示矿长后，通知井下所有作业人员撤离。

（二）各级应急响应

事故发生后，国务院领导高度重视，对事故抢险救援作出重要批示，应急管理部领导立即就落实中央领导批示作出安排部署，在部指挥中心与事故现场连线，指导事故救援，并派出工作组赶赴事故现场指导应急救援等方面工作。陕西省委书记、省长分别作出批示，要求省直部门和榆林市立即组织力量开展救援救治工作，采取措施防止次生灾害发生。省长亲临现场，召开专题会议，部署抢险救援和全省安全生产工作。榆林市主要负责人、分管负责人和神木市党政负责人及时赶到事故现场组织救援。

（三）制定救援方案

根据事故现场情况，指挥部决定分两组进入，分别探查 506 连采面进、回风巷道，检查探查区域气体、通风、巷道支护等情况，同时搜救、解救被困人员。

（四）抢险救援过程

12 日 19 时 40 分，先行到达的神木救护队分两组开展救援工作，一组 11

人从副井进入，前进至506连采面进风巷50 m左右，陆续发现19名遇难者，接近506连采面时因听到工作面方向有顶板垮落声，为防止次生事故发生，随即返回升井。另一组9人从512运输巷进入，前进到506回风巷发现1名遇难者，接近506连采面时工作面方向有顶板垮落声，随即升井。13日4时15分，神东救护队入井侦察，在连采机右侧发现1名遇难者，至此506连采面21名遇难人员全部找到。

现场勘查和分析情况：①爆炸冲击波及全矿井，主要破坏范围为506连采面和506连采面进、回风巷道。②根据506工作面及其进回风巷道受冲击破坏情况，爆炸源位于506连采工作面三支巷内的C17号运煤车处。③爆炸火源为停在三支巷中部怠速状态的无MA标志非防爆C17号运煤车产生火花。④爆炸物为煤尘，煤尘来源为506连采工作面采空区及与之连通的老空区顶板垮落，压缩采空区气体形成强冲击波，从与采空区沟通的五条巷道口冲出，吹扬起506连采工作面沉积的干燥煤尘，达到了爆炸浓度（图4－10）。

五、总结分析

（1）各级领导高度重视抢险救援工作。事故发生后，中央领导同志对事故抢险救援作出重要批示，要求抓紧做好搜救工作，妥为善后处置，查明事故原因，依法依规追责。应急管理部领导立即就落实中央领导同志批示作出安排部署，在部指挥中心与事故现场连线，指导事故救援，并派出工作组赶赴事故现场指导应急救援等方面工作。陕西省及榆林市、神木市领导第一时间赶赴现场指导救援工作，迅速成立现场救援指挥部组织抢险救援。

（2）矿山救援队伍协同配合、全力救援。本次救援调集了地方、省属企业和国家级4支救援队伍共计11个小队、120名救援人员参加救援，建立了联合救援机制，大队指挥员亲自带队到井下现场侦察和指挥救援，4支队伍科学排班、争分夺秒、克服困难、密切配合，发挥了专业优势和战斗精神，高效、安全完成救援任务。

专家点评

◆现场应急处置不够果断。按照有关规定，矿调度室在接到井下灾情报告后，有权直接进行应急处置，下达停产撤人指令。但该矿调度室在几次接到井下黑烟较大、密闭墙损坏、人员无法进入以及查看506工作面监测监控系统信号中断的情况下，仍要请示矿长后，才通知井下所有作业人

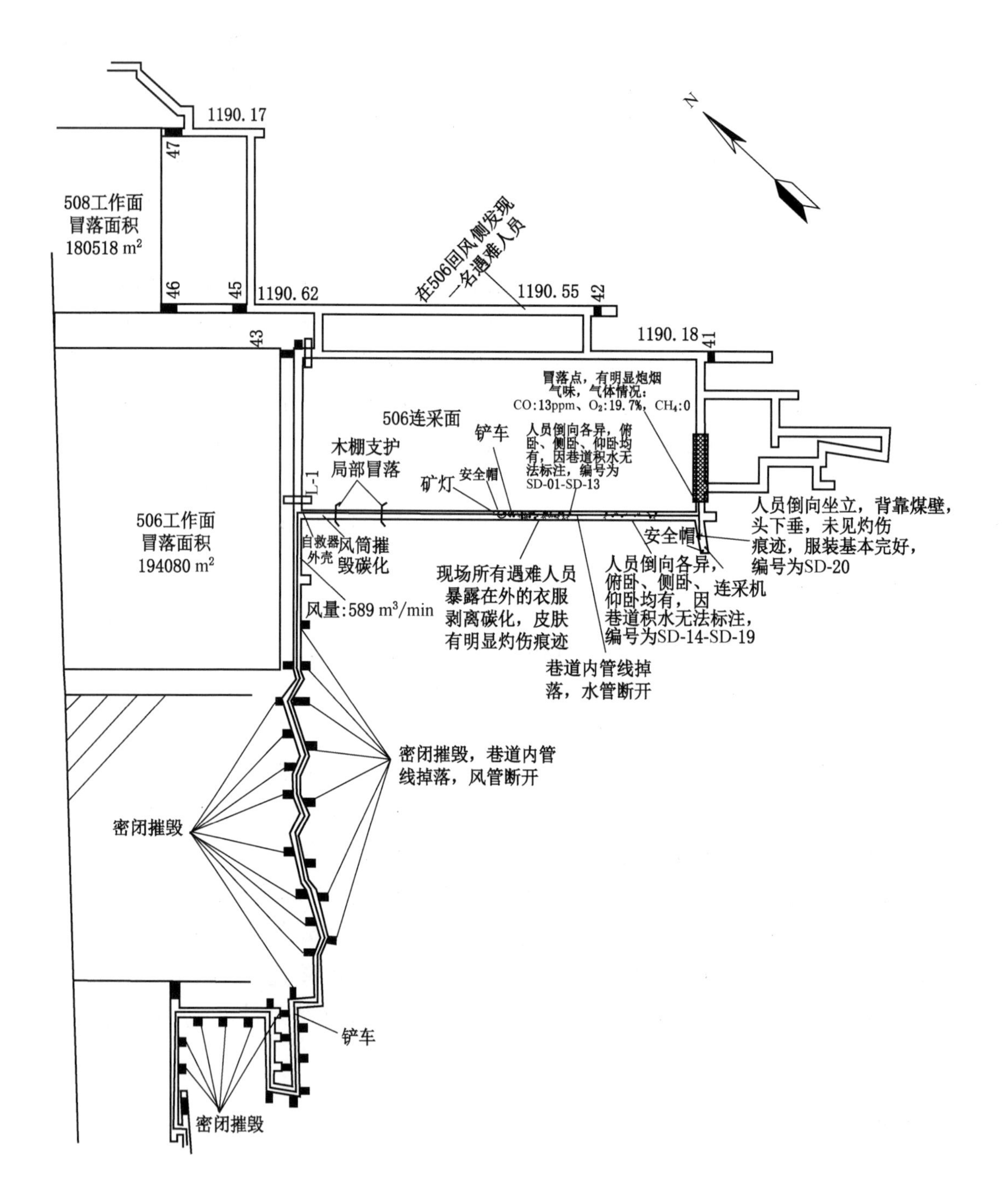

图4-10　李家沟煤矿“1·12”重大煤尘爆炸事故救援现场示意图

员撤离，说明该矿调度室值班员的应急意识还不够强，虽然在本次事故应急处置中可能未造成严重后果，但井下灾情瞬息万变，进一步提高调度室应急意识和明确处置程序非常必要。

◆法律意识淡薄。要坚守“发展决不能以牺牲安全为代价”这条红线。506连采工作面违法组织开采采空区煤柱，使用国家明令禁止的无MA标志的非防爆柴油无轨胶轮车设备，采用落后淘汰的巷道式开采工艺回采边角煤，以掘代采、以探代采。没有独立的进风巷，利用506进风巷作为进风巷，垂直于506进风巷掘进探巷，后退式单翼采硐回采，局部通风机通风，串联通风。506连采工作面采用每采2~3个采硐强制放顶方式，放顶后工作面只有1个安全出口，工作面风流通过冒落的采空区回风。

案例三十五　山西平定古州东升阳胜煤业有限公司阳胜煤矿“3·15”“6·3”瓦斯爆炸事故

2019年3月15日5时1分，山西平定古州东升阳胜煤业有限公司（简称阳胜煤业）阳胜煤矿15203综采工作面上隅角发生一起瓦斯燃烧事故，死亡3人，重伤1人，直接经济损失3019万元；6月3日0时46分，该矿在启封15203回风闭墙进行搜救过程中发生一起瓦斯爆炸事故，死亡2人，轻伤9人，直接经济损失355万元。

一、矿井基本情况

（一）矿井概况

阳胜煤矿位于阳泉市平定县张庄镇南阳胜村，为国有地方煤矿，隶属山西平定古州煤业有限公司（相对控股），证照齐全有效，井田面积12.8308 km^2，生产能力90×10^4 t/a。矿井开采15号煤层，属高瓦斯矿井，煤层瓦斯含量7.11 m^3/t，煤尘无爆炸危险性，煤层自燃等级为Ⅲ级不易自燃。矿井采用斜井开拓，单水平布置，中央并列式通风，分区开采，采煤方法为综采放顶煤。井下有1个回采工作面、1个备用工作面、3个掘进工作面。

（二）事故巷道（区域）基本情况

发生事故的15203综采工作面长180 m，顺槽长度680 m。15203工作面在掘进过程中，揭露一长轴约170 m、短轴约120 m的陷落柱，并开掘了第二切巷。15203综采工作面（第二切巷）于2019年1月26日安装完成，开始推进，至3月15日，工作面进风侧推进54 m，回风侧推进22 m。

二、事故发生经过

（一）“3·15”瓦斯燃烧事故

2019年3月15日5时左右，上隅角突然着火，翟某光被热浪灼伤摔了一跤，刚爬起来又被热浪灼伤摔倒，等热浪过去翟某光就赶紧往机头跑。100号支架附近的吴某平用井下语音广播喊“后面着火啦，伤着人啦，快来人。”郭某祥就叫上支架工、采煤机司机往机尾走，大概到110号架的时候郭某祥就听见翟某光喊：“快救救我”，几名工人过去就把他身上的火拍灭。这时刘某荣告诉郭某祥安排人把翟某光送到井上，同时安排安全员苏某玉向调度室汇报事故情况。刘某荣带着几名工人在工作面把压风管路改成水管用水灭火，同时安排工人去找灭火器，冲了一阵水，水压小作用不大，刘某荣就带着工人撤退到进风巷。救护队进入 15203 综采工作面灭火，现场人员先后从 15203 进风巷撤退到 15203 进风绕道、二部猴车巷、避难硐室，3 名人员被困。

（二）“6·3”瓦斯爆炸事故

3 月 27 日，灾区密闭完毕后，工作面火区全部封闭，阳胜煤业对封闭区域内气体每日进行人工检测和取样分析并持续注氮。5 月 29 日进、回风闭墙内取样分析结果：回风闭墙内，CO 浓度为 1 ppm、CO_2 浓度为 0.2514%、O_2 浓度为 0.48%、N_2 浓度为 78.39%、CH_4 浓度为 19.15%；进风闭墙内，CO 浓度为 1 ppm、CO_2 浓度为 0.3116%、O_2 浓度为 0.30%、N_2 浓度为 79.67%、CH_4 浓度为 17.57%。回风观察孔温度 5 月 14—30 日期间在 30 ℃以下。进风闭墙观察孔温度，保持在 14.5 ~ 15.5 ℃。针对 15203 火区内气体和温度的情况，5 月 30 日，抢险救援指挥部召开会议，指挥部全体成员、专家组共同研究 15203 火区侦察搜救方案和安全防范措施，决定于 6 月 1 日打开 15203 回风巷闭墙，实测回风巷冒落地点情况，再制定下一步搜救方案。

6 月 1 日 10 时 15 分，阳泉市矿山救护队在矿方配合下开始拆除闭墙。6 月 2 日 1 时 55 分，闭墙拆除完毕，原密闭区内气体情况：CH_4 浓度为 21%、CO 浓度为 0、O_2 浓度为 0。2 时，市矿山救护队开始排放 15203 回风巷瓦斯，3 时 40 分瓦斯排放完毕。6 月 3 日 0 时 20 分进入 3 号钻孔附近的冒落处 CH_4 浓度为 0.7%、CO 浓度为 0、O_2 浓度为 20.4%，T 为 25 ℃。0 时 40 分多功能检测仪（电子）显示有少量的 CO，浓度为 0 ~ 5 ppm，救护队员用多功能检测仪（手动）检测为零，张某松告诉矿方向指挥部汇报，此时接班的救护队员荆某刚和刘某鑫也到了，张某松告诉荆某刚，发现有少量的 CO，瓦斯浓度最高 0.7%。荆某刚说再查一下，接过李某手中的多功能检测仪（手动）。正在检测时，听到冒落区内一声闷响，随后一个火球从里向外扑出，现场人员慌忙撤离。救护队员荆某刚撤到轨道巷口，立即向地面救护队二中队中队长报告，15203 回风巷发生了瓦斯爆炸，请求支援。6 月 3 日 0 时 46 分矿调度室接到事故报告，立即下达撤人命令，事故发生后 52 名人员安全撤离，2 名人员遇难。

三、事故直接原因

（一）“3·15”瓦斯燃烧事故

经查瓦斯监测监控系统和瓦斯报表，“3·15”瓦斯事故前，15203 综采工作面未监测到 CO，排除了内因火灾导致发生瓦斯燃烧事故的可能。15203 综采工作面瓦斯涌出以邻近层瓦斯涌出为主。15203 综采工作面第二开切眼进风侧推进 54 m，回风侧推进 22 m，工作面前部已经经历了初次来压。本煤层高低位瓦斯抽采效果不理想，矿方在工作面上隅角采取煤袋封堵、埋管抽采、利用瓦斯稀释器、吊挂风障等方式处理上隅角瓦斯超限，造成上隅角瓦斯超限的隐患未从根本上解决。工作面前部已经经历了初次来压，工作面中部 65 架前后正处在顶板初次来压期间，工作面后部顶板初次来压滞后。高抽巷与采空区未形成有效通道，未能发挥抽采邻近层瓦斯的作用，致使采空区瓦斯大量溢出，工作面上隅角瓦斯超限。在隐患未彻底治理的情况下，煤矿继续组织生产，进一步加大上隅角瓦斯积聚的风险。生产期间，维护后端头的作业人员采用铁质工具敲打上隅角单体柱，产生火花引燃瓦斯，进而引燃煤体，导致事故发生。

（二）“6·3”瓦斯爆炸事故

6 月 2 日闭墙拆除后，局部通风机风筒布设在自回风巷口至冒落区，风筒口距离冒落区 5 m。排放 1 h 40 min 后巷道瓦斯浓度为 0.7%，但未测试冒落区上部以及冒落区以里巷道瓦斯浓度。根据调查取证情况，冒落区并未完全压实堵塞全部巷道，局部通风机的新鲜风流可稀释冒落区及以里巷道内瓦斯，使其处于 5% ~16% 的爆炸范围。15203 综采工作面密闭后，采用地面打孔注液氮进行灭火，有效地降低灾区内的氧气浓度，有效地控制了灾情，明火基本上熄灭。密闭前上隅角和回风部分煤体参与燃烧，密闭后 3 号钻孔附近区域有多处存在高温点。液氮气化后，主要降低了灾区中气体的温度，对煤体降温效果收效不大，局部通风机通风后，在 3 号钻孔附近因为火风压的作用，新鲜风流被送入 3 号钻孔以里，引起煤体复燃。灾区启封前，对灾区的复杂性认识不足，搜救方案不细致，防止复燃措施不到位，急于侦察搜救，违规启封火区，是事故发生的主要原因。

四、应急处置与救援

（一）企业先期处置

“3·15”瓦斯事故发生后，跟班矿长刘某荣带着几名工人在工作面把压风管路改成水管用水灭火，同时安排工人去找灭火器，冲了一会水不起作用，刘某荣就带着工人撤退到进风巷。

（二）各级应急响应

事故发生后，应急管理部、国家煤矿安全监察局、山西煤矿安全监察局、山西省应急管理厅及阳泉市委、市政府领导非常重视，作出了重要指示或批示。

（三）制定救援方案

第一步，直接灭火和侦察搜救。由于火势较大、巷道高温和顶板冒落，为确保救援安全，抢险救援指挥部研究决定撤出井下人员。第二步，采用地面打孔注氮方式灭火。对封闭区域内气体、温度进行取样检测。第三步，启封密闭火区，侦察搜救遇难人员。

（四）抢险救援过程

1."3·15" 火灾事故救援情况

2019 年 3 月 15 日 5 时 45 分，阳胜煤矿 15203 综放工作面发生火灾事故，造成 3 人被困。事故发生后至 3 月 27 日的 13 天内，抢险救援指挥部组织阳泉市矿山救护队多次入井直接灭火和侦察搜救，但由于火势较大、巷道高温和顶板冒落，为确保救援安全，抢险救援指挥部研究决定撤出井下人员，采用地面打孔注氮方式灭火。从 3 月 15 日至 26 日，抢险救援指挥部组织钻探队伍先后施工 3 个钻孔，向 15203 工作面采空区和回风巷注氮。截至 6 月 1 日，累计向井下注入液氮 7058.5 t。

3 月 22 日，抢险救援指挥部决定对 15203 工作面实施封闭，至 3 月 27 日 16 时 45 分，工作面火区封闭完成，4 月 1 日对工作面进、回风密闭墙进行了加固。火区封闭后，救护队每日对封闭区域内气体、温度进行取样检测。

5 月 14 日，15203 工作面回风密闭墙内温度由 45 ℃降至 30 ℃，氧气浓度降到 0.42%，一氧化碳、乙炔、乙烯浓度降为 0。5 月 20 日，救护队通过密闭墙预留孔进入 15203 回风巷进行侦察，发现距离回风巷口 140 m 处（3 号钻孔附近）巷道冒落，无法通过，该处巷道温度为 34 ℃，瓦斯浓度为 23%，一氧化碳和氧气浓度为 0。

2."6·3" 瓦斯爆炸事故发生及救援情况

针对火区封闭以来 15203 工作面火区内气体和温度的变化情况（密闭墙观察孔内一氧化碳、乙炔、乙烯浓度为 0，氧气浓度低于 1%，5 月 14 日开始温度稳定在 30 ℃以下）和尚有 3 名矿工未找到的实际情况，5 月 30 日，抢险救援指挥部召开会议，研究了"3·15"火灾事故被困人员搜救方案，决定在进一步完善方案后，于 6 月 1 日打开 15203 回风巷密闭墙，在密闭墙以里修筑 2 道风门，对回风巷冒落区进行清理，搜救被困人员。

6 月 1 日 10 时 15 分，在阳泉市矿山救护队监护下，矿方开始拆除密闭墙。6 月 2 日 1 时 55 分，密闭墙拆除完毕，巷道内气体情况：CH_4 浓度为 21%、CO 浓度为 0、O_2 浓度为 0。6 月 2 日 2 时，阳泉市矿山救护队开始利用局部通风机接风筒排放 15203 回风巷瓦斯，3 时 40 分 15203 回风巷口至巷道顶板冒落堵塞处的 140 m 巷道 CH_4 浓度为 0.7%、CO 浓度为 0、O_2 浓度为 20%，T 为 24.7 ℃。随后在救护队员监护下，进行清理搜救准备工作，主要工作是检查 15203 回风巷温度、气体等情况，修筑风门，搬运支护设备和维修巷道等。

6 月 2 日 20 时当班入井 54 人（阳泉市矿山救护队员 4 名，煤矿职工 50 名），其中 16 人（4 名救护队员、12 名工人）在 15203 回风巷进行修砌风门墙垛、监测巷道气体，清理巷道，其他下井人员在外围进行准备材料、检修维护和架空人车运输等辅助工作。6 月 3 日 0 时 42 分，15203 工作面采空区发生瓦斯爆炸，2 名修砌风门墙垛工人被倒塌墙体砸伤致死，其余 52 人自行升井（其中 9 人受伤），随后阳泉市矿山救护队 1 个小队下井将 2 名遇难人员运出（图 4－11）。

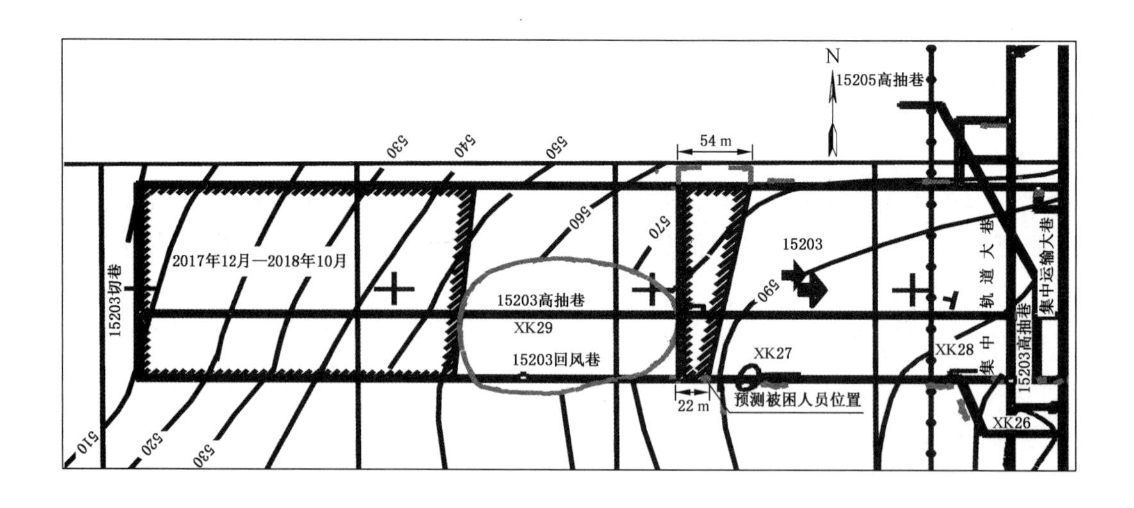

图 4－11　山西平定古州东升阳胜煤业有限公司“3·15”火灾事故现场平面示意图

五、总结分析

（1）安全意识不强，救援理念不牢。此次次生事故，是专业矿山救护队在执行辅助救援任务时发生的。阳泉市矿山救护大队在已经启封的火区巷道内执行监护任务过程中发生瓦斯爆炸，造成队员受伤。这项工作是矿山救护队最基本的、常态化的工作，是兼职矿山救护队都能胜任的工作。可就是这么普通的工作交给专业矿山救护队去做，不仅没有完成，还发生了自身伤亡。事故暴露出指挥人员安全意识不强，救援理念不牢，没有把救援人员的生命和安全放在重要位置考虑，没有把“生命至上、科学救援”的理念牢记在心间。特别是部分矿山救护指挥员，因自身理论水平、业务能力、实战经验所限，接受任务时不能提出正确的意见和建议，对个别领导的违章指挥没有本着对救援人员高度负责的态度而盲目服从，是导致矿山救护队发生自身伤亡事故的关键和根本。

（2）风险评估不够，救援指挥失误。事故救援中，现场指挥部将工作面回风巷密闭墙观察孔内气体浓度、温度作为判断火区情况的主要依据，在没有对巷道冒落区以里灾区的复杂情况进行分析、没有对启封火区后可能复燃并引爆瓦斯的风险进行科学估计、没有制定安全技术措施和救援行动计划的情况下，盲目组织人员实施火区启封，操之过急、指挥失误，导致事故扩大。事故暴露出：矿山应急救援指挥能力不足，决策水平不高，尤其是时至今日，在一些地方依然存在事故发生后不成立指挥部就开展救援的情况，将应急救援预案形同虚设，视应急救援法规如同儿戏。

（3）规程执行不严，救援方法不当。“3·15”火灾事故被困人员已经没有生还希望。这次启封火区，按照规定应在启封后72小时内，每班由救护队检查通风状况，测定水温、空气温度和空气成分，只有在确认火区完全熄灭时，方可结束启封工作进行其他作业。而现场指挥部和煤矿企业为了加快救援进度，不尊重科学，不执行《矿山救护规程》的有关规定，在局部通风机工作不到24小时的情况下，就违背客观规律，冒险组织突击队下井作业，致使火区复燃爆炸造成人员伤亡、事故扩大。事故暴露出：一些企业和地方应急管理部门，主体责任不落实、安全意识不强，没有摆正安全与发展之间的关系。在事故救援过程中，为了加快救援进度以便尽快恢复生产，思想上麻痹大意，方法上图快图省，忽视了救援人员的安全，没有摆正生命与生产、生命与矿井、生命与效益的关系。

（4）救援经验不足，保护意识不强。救援中，执行监护任务的新队员由于实战经验不足，在爆炸发生瞬间回头张望，致使受伤较重。事故暴露出：矿山救援队员的培训教育不到位，救援人员对事故现场的应急处置技能和自我保护意识缺失。特别是随着全国矿山安全生产形势的好转，矿山事故在逐年减少，矿山救护队出动的次数也在减少，客观上造成了救援人员缺乏实战经验，这就要求必须强化培训教育和救援演练，切实提高应急处置能力。

专家点评

◆现场指挥员业务水平低，主观行使权利，多次违章指挥，应该值得引起高度重视。抢险搜救前风险防控不充分，研判事故发展趋势以及可能造成的危害能力不足，对封闭火区打开搜救后可能造成的危害估计不足。科学救灾知识欠缺，应对灾区处置能力不足，在6月2日19时30分瓦斯异常，至23时降至安全浓度范围，未查清异常原因。

◆“生命至上，科学救援”的宗旨未落到实处。未严格按照《煤矿安全规程》第279条规定，在井下情况复杂多变，温度指标还没有达到稳定期一个月等的情况下冒险打开15203综放面回风巷火区闭墙。救灾期间，相互协调、情况通报不及时，15203综放工作面回风巷监控记录显示，在6月2日23时50分出现CO浓度震荡上升至10 ppm，时有时无，监控巡检时间为30 min，未及时发现，造成次生事故发生。

矿井火灾、爆炸事故应急处置及救援工作要点

一、事故特点

（一）矿井火灾事故

矿井火灾对救援人员的主要威胁是高温、有毒有害气体以及火灾引发爆炸的危险。矿井火灾救援是当前各类救灾中难度最大、最危险、技术要求最强、任务最艰巨的救援工作，矿山救护队在处理此类事故中出现的问题较多，在救援过程中特别是封闭有爆炸危险的火区时，容易发生瓦斯爆炸的次生事故，造成救援人员自身伤亡。

（1）矿井火灾分为内因火灾和外因火灾。内因火灾由煤炭自燃引起，主要发生在采空区、煤巷顶板、破碎煤壁、遗留煤柱等地点。外因火灾由明火电火花、机械摩擦、爆破等外部热源引起，主要发生在采掘工作面、井筒、井底车场、皮带巷、机电硐室以及其他有机电设备的巷道等地点。

（2）矿井火灾对遇险人员的主要威胁是产生的高温和火焰灼烧造成人员伤亡，产生大量 CO 等有毒有害气体造成遇险人员中毒伤亡。

（3）火灾产生火风压或烧毁通风构筑物，可能引起矿井或局部区域风流状态发生变化，造成风量变化和风流逆转、逆退、滚退等紊乱，导致高温有毒有害气体进入进风区域而扩大火灾影响范围，增加事故损失和灭火救灾的难度。

（4）在瓦斯矿井和有爆炸性煤尘矿井中，火灾产生的高温和明火容易引起爆炸事故。在井下低瓦斯或无瓦斯区域发生富燃料类火灾时，其生成的未消耗完的爆炸性气体也可能发生爆炸。

（5）发火地点很难接近，灭火时间长。特别是内因火灾，面积大、隐蔽性强、氧化过程比较缓慢，发火后长时间不易扑灭。

（二）矿井爆炸事故

矿井爆炸事故主要由瓦斯、煤尘、炸药引起爆炸导致事故发生。爆炸对遇险人员的主要危害是高温灼烧、高压冲击和有毒有害气体中毒窒息。爆炸会破坏巷道和通风构筑物，引起矿井、采区风流紊乱，导致高温有毒有害气体进入进风区域而扩大爆炸影响范围。爆炸还可能引发火灾和二次或多次爆炸。爆炸

后可能出现的二次或多次爆炸，是对救援人员安全的最大威胁。

（1）产生高温。爆炸会释放大量热能，其瞬时温度可达2300～2500 ℃，可引起矿井火灾、烧毁设备、烧伤人员，也是引发连续爆炸的主要热源。

（2）产生高压。爆炸的理论压力可达735 kPa但实际发生爆炸时往往超过此值，而且爆炸压力会随着离开爆源距离一定范围内呈跳跃式增大，可损坏设备，推倒支架，造成冒顶、人员伤亡。

（3）产生冲击波。冲击波的传播速度可达2340 m/s，使设备、支架、人员遭受损害，扬起落尘，被随之而来的火焰点燃，造成煤尘连续爆炸。

（4）气体成分发生变化。爆炸后会产生大量有害气体，尤其CO浓度一般为2%～3%，最高可达8%～10%，造成人员中毒。同时爆炸时大量耗氧，氧气浓度迅速降低。

二、应急处置和抢险救援要点

（一）现场应急措施

1. 矿井火灾事故

（1）发现火源时，现场人员应利用附近灭火器材积极扑灭初期火灾，并迅速向调度室报告。在难以控制时应立即佩戴自救器，按照火灾事故的避灾路线，迅速撤出灾区直至地面。

（2）在撤离受阻时应戴好自救器，选择最近的避难硐室或临时避险设施待救。

（3）带班领导和班组长负责组织灭火、自救互救和撤离工作。采取措施控制事故的危害和危险源，防止事故扩大。

2. 矿井爆炸事故

（1）现场人员在突然感觉到风流停滞、震荡，耳鼓膜有压力或者含尘气流冲击等爆炸冲击波传播迹象时，为减小随后燃烧波的威胁，应迅速采取以下自救措施：①立即屏住呼吸就地卧倒，用湿毛巾快速捂住口鼻，并戴好自救器；②用衣物盖住身体裸露部分，使身体露出部分尽量减少，以防止爆炸瞬间产生的高温灼伤身体；③在爆炸冲击波过后，按照避灾路线迅速撤离现场，并向调度室报告。

（2）现场人员在发现爆炸事故发生迹象时，如听到爆炸声响、看到含尘烟流等，要立即屏住呼吸佩戴自救器，按照最短的安全避灾路线，尽可能避免进入有毒有害气体入侵巷道，迅速撤至安全地点直至地面，并向调度室报告。

（3）带班领导和班组长负责组织撤离和自救互救工作，安排现场人员及时外运伤员，在撤离受阻时应紧急避险。在安全情况下，采取断电等措施，控制事故的危害和危险源，防止事故扩大。

（二）矿井应急处置要点

1. 矿井火灾事故

（1）调度室接到事故报告后，必须立即发出警报，通知撤出灾区和可能受威胁区域的人员。在判断受威胁区域时，要充分考虑到矿井外因火灾发展迅速、火焰蔓延速度快的特点，要估计到火势失去控制后可能造成的危害。严格执行抢险救援期间入井、升井制度，安排专人清点升井人数，确认未升井人数。

（2）通知相关单位，报告事故情况。第一时间通知矿山救护队出动救援，通知当地医疗机构进行医疗救护，通知矿井主要负责人、技术负责人及各有关部门相关人员开展救援，通知可能波及的相邻矿井和有关单位，按规定向上级有关部门和领导报告。

（3）要抓住火灾初期容易控制、容易扑灭的有利时机，尽快采取措施灭火和控制火势发展，防止灾情扩大。迅速组织开展救援工作，积极抢救被困遇险人员。

（4）保持风机正常运行，维护通风系统稳定。

2. 矿井爆炸事故

（1）启动应急预案，及时断电撤人。调度室接到爆炸事故报告后，立即通知撤出井下受威胁区域人员，按规定切断灾区及其影响范围内的电源（掘进工作面局部通风机电源除外），防止再次爆炸。严格执行抢险救援期间入井、升井制度，安排专人清点升井人数，确认未升井人数。

（2）通知相关单位，报告事故情况。第一时间通知矿山救护队出动救援，通知当地医疗机构进行医疗救护，通知矿井主要负责人、技术负责人及各有关部门相关人员开展救援，通知可能波及的相邻矿井和有关单位，按规定向上级有关部门和领导报告。

（3）采取有效措施，组织开展救援。矿井应保证主要通风机正常运转。矿井负责人要根据事故情况，调集企业救援力量，在确保安全的情况下，采取一切可能的措施，迅速组织开展救援工作，积极抢救被困遇险人员，防止事故扩大。

（三）抢险救援技术要点

1. 矿井火灾事故

（1）了解掌握火灾地点、火灾类型、火源位置、灾区范围、遇险人员数量及分布位置、通风、瓦斯等有害气体浓度、巷道破坏程度，以及现场救援队伍和救援装备等情况。根据需要，增调救援队伍、装备和专家等救援资源。

（2）应迅速派矿山救护队进入灾区侦察灾情，发现遇险人员立即抢救，探明灾区情况，为救援指挥部制定决策方案提供准确信息。救援指挥部根据已掌握的情况、监控系统检测数据和灾区侦察结果，进一步分析判断火源点、燃烧强度、温度及气体浓度分布状况、破坏范围及程度，判断被困人员的生存状况，研究制定救援方案和安全技术措施。

（3）采取风流调控措施，控制火灾烟雾的蔓延，防止火灾扩大，防止引起瓦斯爆炸，防止因火风压引起风流逆转造成危害，创造有利的灭火条件，保证救灾人员的安全，并有利于抢救遇险人员。采取反风措施处理进风井筒、井底车场及主要进风巷火灾时，必须详细制定和严格实施反风方案和安全措施，反风前，撤出火源进风区人员。

（4）根据现场情况选择直接灭火、隔绝灭火或综合灭火方法。当火源明确、能够接近、火势不大、范围较小、瓦斯浓度在允许范围内时，应采取清除火源、用水浇灭等直接灭火方法，尽快扑灭火灾，防止事故扩大。对于大面积或隐蔽火灾，直接灭火无效或者危及救援人员安全时，应采取封闭火区的隔绝灭火方法或综合灭火方法。封闭具有爆炸危险的火区，应采取注入惰性气体、注浆等措施惰化火区，消除爆炸危险，再在安全位置建立密闭墙进行隔绝灭火。

（5）组织恢复通风设施时，遵循“先外后里，先主后次”的原则，由井底开始由外向里逐步恢复，先恢复主要的和容易恢复的通风设施。损坏严重，一时难以恢复的通风设施可用临时设施代替。

2. 矿井爆炸事故

（1）了解现场情况，调集救援资源。各级领导和救援队伍到达现场后，首先要了解掌握以下情况：爆炸地点及其波及范围、遇险人员数量及分布位置、灾区通风情况（风量大小、风流方向、通风设施的损坏情况等）、监测监控系统是否正常、灾区气体情况（瓦斯、CO 等浓度和烟雾大小）、巷道破坏程度、是否引发火灾及火灾范围、主要通风机的工作情况（是否正常运转，防爆门是否被吹开、损坏，通风机房水柱计读数是否发生变化等），以及已经调集的救援队伍和救援装备等情况。根据需要，增调救援队伍、装备和专家等救援资源。

（2）组织灾区侦察，抢救遇险人员。首先要进行灾区侦察，组织矿山救护队选择最近的路线，以最快速度到达被困人员最多的事故区域，发现遇险人员立即抢救。要保持地面指挥部与井下基地、井下基地与进入灾区救护队之间的通信联系。侦察时要探明灾区火源、瓦斯和氧气浓度以及爆源点的情况，顶板冒落及支架、水管、风管、通信线路情况，电气设备、局部通风机、通风系统情况以及人员伤亡情况等。救援指挥部根据已掌握的情况、监控系统检测数据和灾区侦察结果，分析和研究制定救援方案及安全保障措施。

（3）分析恢复通风的安全性，采取相应措施。在矿井主要通风机已停止运行情况下，必须分析重启矿井通风对灾区影响及诱发再次爆炸的危险性。在无法判断灾区是否存在再次爆炸危险性的情况下，应隔离灾区后再重启矿井主要通风机；在灾区局部通风机已停止运行情况下，应检查灾区是否残存火源并分析恢复通风供氧引发瓦斯爆炸的危险性，恢复通风可能导致爆炸的危险未能排除时，不得随意开启风机。在矿井、灾区通风机尚未停止运行情况下，不得随意停风。

（4）恢复灾区通风，抢救遇险人员。在无爆炸危险的情况下应尽快恢复通风，抢救遇险人员，排除爆炸产生的烟雾和有毒有害气体，在保障安全的情况下积极抢救遇险人员。组织恢复通风设施时，遵循“先外后里，先主后次”的原则，由井底开始由外向里逐步恢复，先恢复主要的和容易恢复的通风设施。损坏严重，一时难以恢复的通风设施可用临时设施代替。恢复掘进巷道通风时，应将局部通风机安设在新鲜风流处，按照矿井排放瓦斯的规定和措施进行操作。不得随意停风，避免瓦斯积聚引发瓦斯爆炸。

（5）采取其他措施，抢救遇险人员。如果恢复灾区通风存在瓦斯爆炸危险或通风设施破坏，不能恢复通风时，在保障救援人员安全的情况下，应全力以赴抢救遇险人员。如果爆源点位于矿井、采区或工作面进风区域，在保证对应区域进风方向人员已安全撤退的情况下，可采取全矿、区域或局部反风措施。反风后，从原回风侧进入灾区实施救援。

（6）加强巷道支护，清理堵塞物。穿过支护破坏地区时，应架设临时支护，保证救援队伍退路安全。通过支护不良地点时，应逐个顺序快速通过，不得推拉支架。遇有巷道堵塞影响侦察抢救时，应先清理堵塞物。若巷道堵塞严重、短时间不能清除时，应考虑从其他巷道进入灾区侦察搜救。同时要恢复堵塞区外的通风，以保证其他救护队员的监护工作和做好进入灾区抢救遇险人员的准备工作。

（7）扑灭因爆炸产生的火灾，防止再次发生爆炸。在灾区内发现火灾或残留火源，应立即组织扑灭。火势很大，一时难以扑灭时，应设法阻止火焰向遇险人员所在地蔓延。有瓦斯爆炸危险，用直接灭火法不能扑灭，并确认火区内遇险人员已无生还可能，可考虑先对火区进行封闭，再采取其他灭火措施控制火势和扑灭火源，待火区熄灭后，再组织搜寻遇难人员。

三、安全注意事项

（一）矿井火灾事故

（1）加强对灾区气体检测分析，防止发生瓦斯、煤尘爆炸造成伤害。必须指定专人检查瓦斯和煤尘，观测灾区的气体和风流变化。当甲烷浓度达到2.0%并继续上升时，全部人员立即撤离至安全地点并向指挥部报告。

（2）救护队在行进和救援过程中，救护队指挥员应当随时注意风量、风向的动态变化，用以判断是否出现风流逆转、逆退和滚退等风流紊乱，并采取相应防护措施。还应注意顶板和巷道支护情况，防止因高温燃烧造成巷道垮落伤人。

（3）处理掘进工作面火灾时，应保持原有的通风状态，进行侦察后再采取措施。

（4）处理上、下山火灾时，必须采取措施，防止因火风压造成风流逆转或巷道垮塌造成风流受阻威胁救援人员安全。

（5）处理爆炸物品库火灾时，应先将雷管运出，再将其他爆炸物品运出。因高温或爆炸危险不能运出时，应关闭防火门，退至安全地点。

（6）处理绞车房火灾时，应将火源下方的矿车固定，防止烧断钢丝绳造成跑车伤人。处理蓄电池电机车库火灾时，应切断电源，采取措施，防止氢气爆炸。

（7）封闭火区时，为了保证安全和提高效率，可采取远距离自动封闭技术实施封闭。采用传统封闭技术时，必须设置井下基地和待机小队，准备充足的封闭材料和工具，确保灾区爆炸性气体达到爆炸浓度之前完成封闭工作，撤出作业人员。

（8）采取火区缩封措施减小火区封闭范围时，应采取注惰、注浆等措施有效惰化火区后实施缩封作业。

（二）矿井爆炸事故

（1）进入灾区时，加强灾区气体浓度检测，侦察是否存在火源，分析研判救援期间灾区状态变化，以及再次发生爆炸危险性，避免发生二次爆炸伤人。

（2）应注意在灾区缺氧环境下，现场检测瓦斯、CO等气体浓度可能产生的误差对灾区状态危险性判断的影响。

（3）在恢复通风前，必须组织查明有无火源存在，是否会再次引起爆炸。

（4）应由专人看守风门，不得随便开关风门，防止工作面产生压力波动引发再次爆炸。

（5）井下基地附近空气中的有毒有害气体浓度超过安全界限规定时，应撤离该基地，选择安全地点重新建立井下基地。

四、相关工作要求

（1）矿井火灾、爆炸事故救援应急处置中发现有爆炸危险、风流逆转或其他灾情突变等危险征兆，救援人员应立即撤离灾区。在已发生爆炸的火区无法排除发生二次爆炸的可能时，禁止任何人入井，根据灾情研究制定相应救援方案和安全技术措施。

（2）矿井火灾、爆炸事故救援应急处置中发生连续爆炸时，严禁利用爆炸间隙进入灾区侦察或搜救。现有技术无法对爆炸间隔时间进行准确预判，人员进入灾区还可能对风流状态产生扰动，存在引发再次爆炸的危险，严重威胁救援人员安全。

（3）矿井火灾、爆炸事故救援应急处置中，在独头巷道较长，有毒有害气体浓度高，没有消除火源，支架损坏严重，灾区无人或遇险人员已没有生存可能的情况下，严禁冒险进入灾区探险、强行施救。应在恢复通风、维护好支架，将有毒有害气体浓度降到安全范围内后，方可进入搬运遇难人员。

（4）封闭具有爆炸危险的火区时，必须保证救援人员的安全。应采取注入惰性气体等抑爆措施，加强封闭施工的组织管理，选择远离火点的安全位置构筑密闭墙，封闭完成后，所有人员必须立即撤出。已封闭的火区发生爆炸造成密闭墙破坏时，严禁派救护队侦察或者恢复密闭墙，应当采取安全措施，实施远距离封闭。

第二部分

隧道事故应急救援典型案例

第五章

隧道坍塌事故救援案例

案例三十六　云南省临双高速“4·11”天生桥隧道坍塌事故

2023 年 4 月 11 日 4 时 20 分，云南省临沧市双江县在建临双高速公路天生桥隧道出口左洞 ZK13 +746 处发生塌方，导致在掌子面施工的 7 名人员被困。国家隧道应急救援中铁二局昆明队（简称隧道昆明队）接警后立即出警，赶赴现场参加抢险救援，历经 47 小时连续奋战，7 名被困人员成功获救。

一、事故隧道基本情况

天生桥隧道全长 10447 m，其中左幅长 5200 m，右幅长 5257 m；左幅起讫点桩号为 ZK11 +090 ~ ZK16 +290，最大埋深 291 m；右幅起讫点桩号为 YK11 +073 ~ YK16 +320，最大埋深 297 m。天生桥隧道上覆残坡积层粉质黏土、含碎石粉质黏土，下伏基岩为元古界花岗混合岩及三叠系侵入花岗岩，天生桥隧道位于冈底期—念青唐古拉褶皱系—昌宁—勐连褶皱带—临沧勐海褶皱束、勐省东回褶皱束、勐统—南腊—西蒙褶皱束，从地质力学的观点分析位于滇西经向构造带（即三江经向构造带），地质构造复杂，位于澜沧江断裂—南汀河断裂之间区域。

二、事故发生经过

2023 年 4 月 11 日 4 时 20 分，天生桥隧道出口左洞掌子面 7 名工人正在工字钢立架施工，后方加宽带车行横洞处初期支护段突发坍塌，在 10 s 内坍塌体填满隧道，造成关门事故，洞内 7 名工人被困。

三、事故直接原因

天生桥隧道地处三江造山系，隧道地层岩性为印支期花岗岩，岩体受多期构造挤压影响，竖向构造节理发育，地表水易沿竖向构造节理下渗，导致岩体差异风化明显，风化层深度大，强～中风化层宽度和深度不均匀，最大强～中风化层深度可达数百米。坍塌段差异风化导致围岩呈中风化与强风化交替出现，软硬相间及破碎程度不均匀，差异风化带无规律；拱顶上方一定范围内存在明显差于开挖面围岩的竖向风化破碎槽，槽内围岩节理裂隙非常发育，岩体极破碎，但开挖面及幅身附近岩体具有一定自稳能力。随着开挖掘进及开挖爆破扰动、应力重分布、围岩松弛变形等影响，导致洞身周围岩体节理裂隙进一步发展，加剧幅周围岩隐性节理裂隙错动发展，节理裂隙未扩展至差异风化槽边界前，隧道支护结构监控量测变形速率及累计变形量不大。当节理裂隙发育松动圈扩展突破差异风化破碎槽边界后导致岩土体裂隙急剧扩张，应力急剧增加，超过围岩自稳能力及支护结构极限承载力，从而发生突发性塌方。

四、应急处置与救援

（一）应急响应

4 月 11 日 9 时 5 分，隧道昆明队接国家安全生产应急救援中心（简称救援中心）指令，通报险情并要求隧道昆明队立即赶赴现场开展救援工作，隧道昆明队立即启动应急救援预案，按照隧道坍塌救援出警清单，先后两批次出动 62 名救援人员，携大口径水平救援钻机、生命通道钻机、卫星指挥车等大型救援装备 37 台套、车辆 9 台，从昆明基地公路投送至临沧市双江县勐库镇，同时将救援需用物资清单和前置准备工作清单传递至事发现场。15 时 30 分第一批人员、装备抵达现场，22 时 30 分大口径水平钻机、生命通道钻机等救援装备抵达现场。

（二）信息上报、收集

在行进途中，隧道昆明队与指挥部建立联系，及时上报出警车辆车牌、行车路线、押车人员电话等信息，协调交管部门引导装备运输车辆，保证车辆快速通行，同时收集事故隧道的施工设计图纸、工作进展情况、坍塌范围与现状、周边地形环境、道路交通状况等信息。

（三）指导前期处置

隧道昆明队技术专家行进途中通过视频会议等方式远程指导施工单位开展前期处置，为后续救援作业提供条件，主要有：坍塌体反压回填，防止出现二次坍方扩大坍塌范围；填筑大钻机作业平台；提供大口径水平钻机及小导坑作业所需物资清单，现场提前做好物资保障；疏通施工便道，满足 17.5 m 拖车通行，同时清理隧道内施工车辆、机械，保持洞内交通顺畅。

（四）踏勘现场

隧道昆明队指挥员率第一批人员抵达现场后，第一时间向现场指挥部报到，会同指挥部专家进行现场踏勘及险情侦察，掌握隧道坍塌的详细信息。

天生桥隧道出口左洞洞口距坍塌体 2532 m，距开挖掌子面 2545 m，外坍塌面距掌子面 31 m，坍塌体长度约 25 m，坍塌段隧道埋深 200 m。隧道塌方处为Ⅴ级围岩，坍塌段地质表现为中至强风化花岗岩、土夹石，坍塌体约 3000 m^3，坍塌石块较小但硬度大，洞内人员在坍方时处于掌子面，初步判断被困人员具有安全空间。另左右洞间距 29 m，左洞剩余 28 m 贯通，右洞剩余 123 m 贯通，出口左洞掌子面开挖超前右洞 48 m。隧道正常段断面宽 11 m、高 8.5 m，隧道加宽段断面宽 14 m、高 9.5 m（图 5－1）。

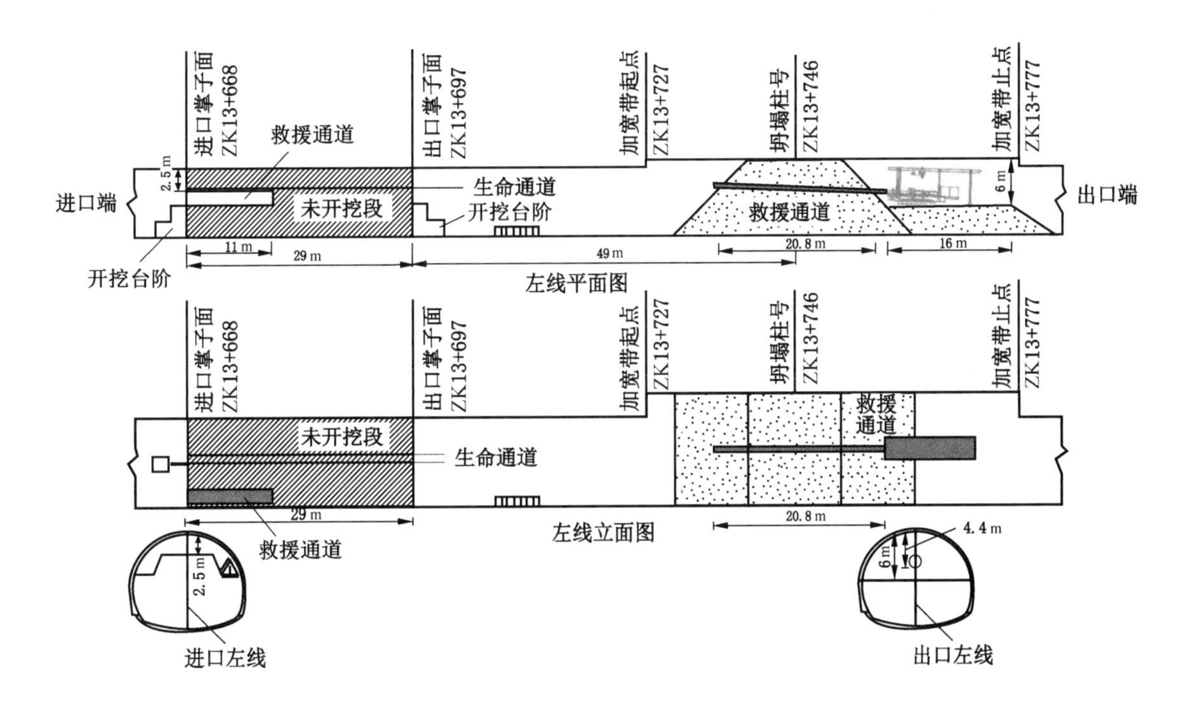

图 5－1　临双高速“4·11”天生桥隧道坍塌示意图

（五）制定救援方案

4 月 11 日 15 时 30 分，隧道昆明队会同技术方案组快速制定了综合救援方案，具体如下：

（1）首先打通生命通道，保障被困人员生命健康。事故发生后，项目立即组织自救，在进口左洞掌子面使用钻机施作生命联系孔。11 日 8 时，第一个生命通道打通，通过敲击钢管，与被困人员取得联系，同时向坍腔内间歇性通风送氧，第二个生命通道打通后立即向被困人员输送水、食品、药品等补给，与被困人员建立音视频连接，确定被困人员情况。

（2）多途径打通救援通道，安全营救被困人员。隧道昆明队参与现场指挥部，制定了“一主一辅一备”的救援方案。一是在隧道出口左洞使用620 mm 大口径水平钻机施作救援通道；二是在隧道出口左洞实施小导坑作业打通救援通道作为备用方案；三是同步在隧道进口左洞人工开挖三角支撑小导坑救援通道。

（3）做好应急保障措施，加快救援进程。一是保障洞内被困人员补给和通信，随时了解洞内情况；二是现场成立监控量测组，实时监控初支和坍体的变形情况，若有异常变形，立即通知现场人员撤离，保障救援人员安全；三是安排专职气体检测员，实时监测洞内空气质量，避免出现中毒事件；四是气象部门密切关注气象变化，及时公布天气预报信息；五是增加现场照明，保障现场场地内照明充足；六是对场地内的人员和车辆进行管控，救援物资及时供应补充，保障救援顺利进行。

（六）救援开展情况

1. 信息通信系统建立

11 日 16 时 39 分，隧道昆明队在出口左洞现场利用卫星指挥车与救援中心建立视频会议，将现场实景传输至中心值班室，同时将信息同步传输至救援指挥部，为现场救援指挥部提供全面的实时画面，为救援指挥部在救援过程中提供决策依据，方便救援过程中实时监控和指导纠偏。

2. 施作生命通道，与被困人员建立音视频连接

11 日 17 时，第二个生命通道打通，向被困人员输送食物、水、药品等补给物品后，隧道昆明队立即投送摄像头等音视频工具，与被困人员建立音视频连接，实时掌握被困人员情况。

3. 坍体反压回填

利用砂袋对出口左洞坍塌体进行反压回填，封闭坍体，防止再次坍塌。

4. 填筑钻机作业平台，钻机就位

利用运渣车运输弃土场渣土，填筑大口径水平钻机作业平台。作业平台距拱顶高度为 6 m，长度为 16 m，分层填筑并逐层压实。12 日 4 时 5 分，完成平台填筑，调运大口径水平钻机主机、辅助设备依次进场，根据现场情况研判选

择钻进位置，调整钻进角度。

5. 实施救援通道

按照救援方案分工，隧道昆明队组织实施出口左洞 620 mm 大口径水平钻机救援通道。

12 日 8 时 10 分，大口径水平钻机开始钻进第一根套管，9 时 16 分钻进第二根套管后进入坍体 0.8 m，17 时 5 分钻进第十根套管过程中钻头遇到坍体内的初支工字钢，钻机操作手沉着冷静地按照操作规程和既有经验，快速将工字钢推开穿越障碍物。12 日 23 时 14 分，隧道昆明队使用大口径水平钻机打通救援通道，钻进深度 20.8 m，通过音视频系统与被困人员确认钻杆已破土。13 日 2 时 58 分内钻杆全部撤出，形成救援通道。

11 日 21 时 30 分，在进口左洞上台阶右侧拱脚位置施作三角导坑救援通道，导坑尺寸为边长 2 m 的等边三角形，使用 ϕ89 mm 钢管作为支撑材料，钢管间距 50 cm，中间使用 5 cm 厚的木板密闭支撑。大口径水平钻机打通救援通道后停止三角导坑掘进，大口径水平钻机救援通道打通时，三角导坑累计掘进 11 m，还需掘进 17 m 才能打通救援通道。

6. 人员施救

隧道昆明队打通救援通道后，现场指挥员挑选心理素质过硬、综合技能强的 4 名队员进入坍塌体后进行人员施救。救援队员穿戴齐全个人防护用品，指挥员分配具体施救任务后，13 日 3 时 17 分 4 名队员依次进入坍塌体后展开施救。一是通过问询、观察的方式确认被困人员的健康情况；二是对被困人员进行心理疏导，告知对方简要的施救过程，取得被困人员信任，使被困人员保持冷静、听从指挥；三是根据被困人员身体情况采取不同的施救措施，经过问询和检查确定 7 名被困人员不需要担架救助，可自主从救援通道爬出；四是为被困人员穿戴护膝护肘和手套；五是确定出洞顺序，将被困人员出洞顺序排号，救援队员穿插其中协助被困人员顺利出洞。经过紧张、有序的救援，3 时 25 分，第一名被困人员获救，3 时 29 分最后一名被困人员成功获救。

五、总结分析

（一）上下一心、齐心协力

事故现场第一时间组建了由各级政府、参建单位和专业救援队组成的现场救援指挥部，救援中心派遣专家及工作组立即赶赴事故现场。现场救援指挥部统一部署、统一指挥，分工明确，协同作战；救援中心专家及工作组靠前指挥，隧道昆明队坚决服从命令，经过各方共同努力，最终圆满完成救援任务。

（二）超前谋划、保障得力

在出警行进途中，隧道昆明队主动收集项目技术资料，指导现场先期处置，提前推进救援作业。为救援行动节约大量时间，提高救援成功率。救援指挥部及时协调行车路线，相关交运部门对救援车辆提供车辆引导等交通保障，保证快速通行，缩短了装备投送时间。

（三）心理咨询、稳定身心

隧道昆明队派专人值守生命通道，定时、不定时与被困人员交流，使被困人员实时掌握现场救援推进情况，确保心理稳定；指导被困人员轮班值守、远离坍塌面、观察洞内情况并及时反馈，消除被困人员紧张感和急迫感。通过疏导和安抚，被困人员身体和心理状态良好。

（四）提前预警、及时处置

隧道昆明队按照大口径水平钻机操作规程合理分配各岗位人员迅速就位，对大钻机油料、水温、内外管旋转扭矩、钻进压力进行实时监测，针对钻进过程中机械可能会出现的问题提前预警、及时处置，克服洞内高温、空气质量差等不良作业环境，快速解决了钻机熄火、发动机高温、钻进速度慢等问题。

（五）强化思想、坚定信心

为确保战斗力，隧道昆明队第一时间成立救援现场临时党支部。以党委书记和队长为代表的党员同志冲锋在一线、战斗在一线，最早进、最晚出，最危险的地方党员先上，在困难时刻党员先锋队发挥示范作用和引领作用，极大地鼓舞了救援人员的战斗热情，保障各项救援工作高效推进，最终取得救援胜利。

专家点评

此次救援是应用大口径水平钻机的第四个成功案例，同时也是隧道关门坍塌救援用时最短的一次救援，主要有以下特点：

◆实现了救援中心“前方尽力、后方给力、专家助力”的救援工作机制。现场救援指挥部高效运转，救援中心专家及工作组全程参与救援，救援中心领导调度部署专业救援队现场工作，调遣相关救援资源支援现场，协调相关领域专家做后台技术支撑，是一次标准化、体系化的救援行动。

◆国家专业救援队规范化、标准化建设成效显著。隧道昆明队在快速出警、过程指导、制定方案、现场处置、心理疏导、后勤保障等方面体现了科学高效、专业安全的战斗力水平，用最快的时间成功营救了全部被困人员，发挥了国家专业队主力军作用。

◆救援方案科学冗余。现场救援指挥部及专业救援队坚持“两个至上”，制定了“一主一辅一备”救援方案，大口径水平钻机救援法、三角导坑救援法同步实施，梯形导坑救援法作为备选方案随时待命，最终大口径水平钻机最先打通救援通道，科学的救援方案是成功救援、安全救援的基础保障。

案例三十七　云南省元绿高速“8·23”哈达东隧道坍塌事故

2021年8月23日7时许，位于红河县的在建元绿高速公路哈达东1号隧道右幅K38+291~K38+321段发生冒顶塌方，导致正在隧道内施工的5名初衬喷浆作业人员被困。国家隧道应急救援中铁二局昆明队（简称隧道昆明队）接到救援指令，立即组织人员装备赶赴现场参与救援行动，历经77 h连续奋战，5名被困人员成功获救。

一、事故隧道基本情况

哈达东1号隧道位于红河县阿扎河乡阿者村委会哈达东村，起点里程K38+015.79，终点里程K38+345，隧道左右幅对称设置，全长329.21 m，最大埋深均为59.76 m，为双向四车道无中导坑连拱隧道。起点至止点位于$R=2300$ m、$i=2\%$的左转圆曲线上；隧道所在路段纵坡为-2.80%（元阳至绿春方向为下坡），为连拱隧道。

隧址区地层岩性为全~强风化砂岩、粉砂质泥岩，节理裂隙发育，岩体极破碎，围岩等级全部为Ⅴ级，水文地质条件中等复杂。元阳端明洞衬砌类型为SLmb，绿春端明洞衬砌类型为SLma，洞身衬砌类型为SL5a。隧道主洞采用$r_1=5.50$ m的单心圆曲墙式衬砌断面，内轮廓净空宽度为11.00 m、净空高度为7.10 m。

二、事故发生经过

2021年8月23日，哈达东1号隧道先行洞（右幅）开挖掘进至K38+170，2时40分许完成开挖出渣工作，3时50分许完成立架和挂网作业，4时50分许完成锚杆作业；5时许经报检合格，洞内5名当班工人开始实施初支喷射混凝土作业。7时许，喷浆机器和照明灯突然断电，班组长便持手电筒带领班组人员到隧道出口处查看，发现隧道口冒顶塌方堵住出口，班组长随即把班组人员带至二衬台车下方避险。约40 min后，通过隧顶108 mm注浆管与地面人员取得联系。

三、事故直接原因

该事故是气候、地质和隧道施工受力不利工况等多种因素叠加导致的，造成事故的因素具有隐蔽性和突发性。专家组意见分析后认为事故直接原因是：隧道垮塌段为斜坡浅埋区，事故发生时隧道处于一幅二衬成环、另一幅仅有初期支护的结构受力不利工况，因连续降雨导致围岩稳定性降低，围岩压力超过支护结构承载能力，支护结构破坏造成山体局部垮塌、隧道冒顶。

四、应急处置与救援

（一）企业先期处置

事故发生后，施工单位及时组织本单位人员、挖掘机、装载机、渣土车等开展救援。元绿高速公路土建八分部相关负责人分别向红河县交通运输、应急管理等部门报告险情，红河县应急管理局向州应急管理局电话报告了事发情况，州应急管理局接报后立即向州委、州政府和省应急厅电话报告了事故发生有关情况。

（二）各级应急响应

事故发生后，红河县委、县政府接报后及时启动应急救援预案，县主要领导和相关部门负责人第一时间全面开展事故救援处置工作。州政府接报后，州委、州政府高度重视，州委、州政府主要领导相继作出批示，委派州政府分管领导率州应急管理局、州交通运输局和有关专家赶赴事故现场开展救援处置工作。同时迅速调集隧道昆明队、就近消防、矿山等救援力量第一时间赶赴现场参与应急救援。

（三）制定救援方案

8 月 23 日 15 时 30 分，现场抢险救援工作指挥部召开第一次会议，成立了以州政府分管领导任组长，州应急管理局、州交通运输局、红河县委、县政府、隧道昆明队、云南建设集团等相关单位人员为成员的现场抢险救援工作指挥部，下设事故救援处置 8 个工作组。全面统筹调度应急救援力量，在确保不发生次生灾害的前提下，合力开展应急救援工作。17 时 10 分，掌握事发周边基本情况后，现场抢险救援工作指挥部召开第二次会议，科学制定救援方案。根据专家的建议制定了以人工开挖梯形导坑穿越坍体实施救援为主，大型旋挖钻机开挖竖井救援、大口径水平钻机穿越坍体实施救援三套科学救援方案同步组织实施。

综合坍塌位置、坍体长度、道路交通状况、隧道埋深、周边地形等方面情况，现场指挥部制定了3种方法并行的综合救援方案。一是小导坑救援方案：在右洞距拱顶2 m处开挖1.2 m×1.0 m×1.6 m梯形导坑，直接穿越坍体，需开挖约34 m。二是竖井救援方案：在距洞口约165 m处采用旋挖钻机开挖竖井救援，竖井深度约37 m；在距洞口约150 m处使用小型回转钻机钻孔，在多个孔的基础上扩孔开挖竖井。三是大口径水平钻机救援方案：先实施180钻机在左洞打水平探测钻孔，之后采用大口径水平钻机穿越坍体形成生命救援通道（图5－2）。

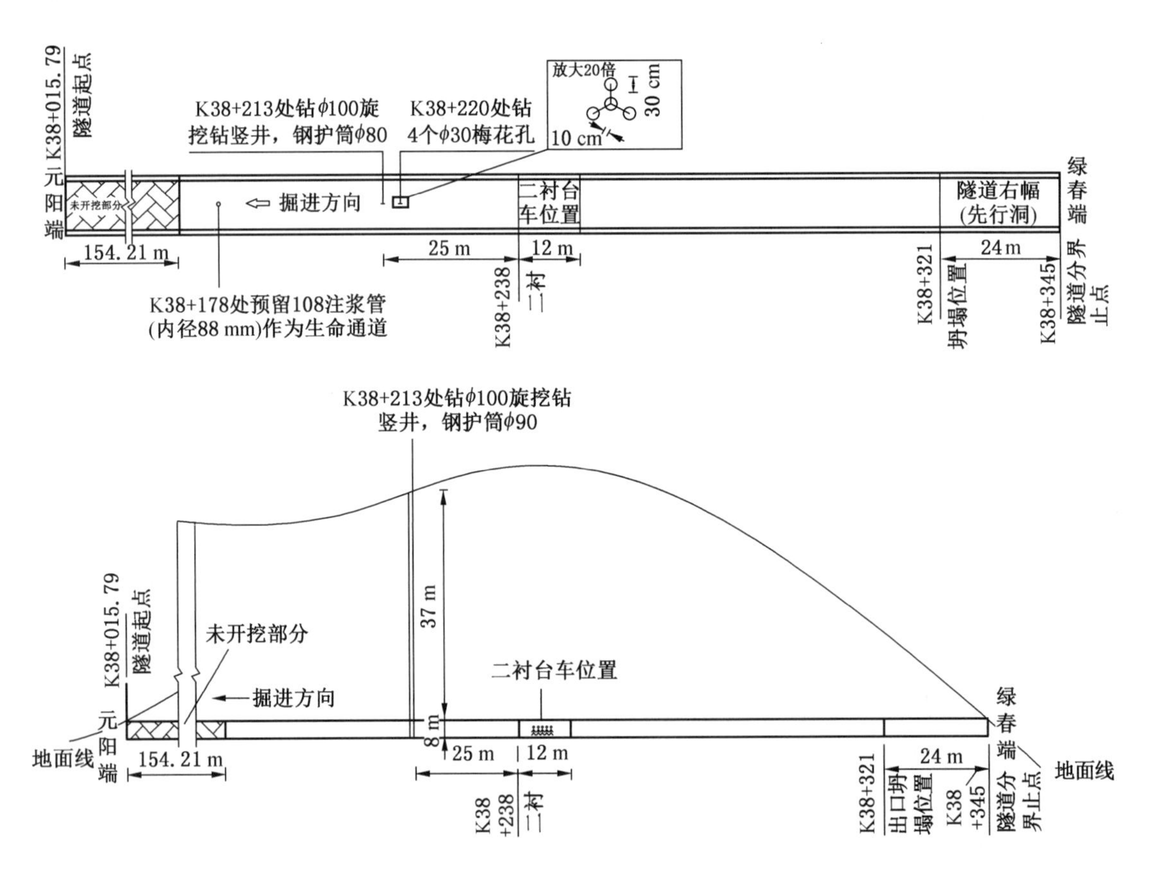

图5－2　元绿高速“8·23”哈达东隧道坍塌事故隧道及竖井救援纵断面示意图

（四）应急救援进程

三种救援方法同步推进，小导坑方案立即开展作业，组织力量落实道路开挖、钻机场地平整等救援准备工作，待钻机到位后立即实施钻机救援方案。

1. 小导坑方法实施情况

24日凌晨开始实施小导坑作业。下午，调整小导坑掘进的作业组织，掌子面全部由隧道昆明队负责，队员分组快速轮换，现场施工人员配合出渣。隧道昆明队队员适当缩小支护断面，减少出渣量，减轻方木重量，同时对底板进行调整和重新铺设，作业进度有所提升。因现场20 cm×20 cm 枕木过大，影响支护速度，安排项目部调集15 cm×15 cm 的方木。当天，小导坑救援实现进尺约7 m。

25 日2 时许，小导坑前方遇到混凝土，经打钻探测发现长度超过2.5 m，导致掘进受阻。隧道昆明队通过岩石劈裂机等设备破除混凝土约0.6 m，小导坑整体向右上方迂回掘进。鉴于旋挖钻机当天下午实施竖井开挖，小导坑掘进于当晚21 时停止作业，实现累计进尺约11.5 m。

2. 竖井救援方法实施情况

24 日，在洞口左侧开辟钻机进场道路。旋挖钻机由于自重60 t、全长16 m，30 余千米施工便道不具备通行条件，安排车辆探路同时协调调换拖车拖运进场。小型钻机实施梅花孔钻孔救援方案，开挖孔径271 mm 的钻孔，至25 日下午旋挖钻机到场，完成4 个钻孔后停止作业。

24 日晚至25 日9 时，旋挖钻机进场途中受阻，拖车8 个轮胎先后爆胎，遭遇设备笨重、道路狭窄、路况危险等困难，前进速度极为缓慢。距离事故现场约3 km 处拖车离合器坏掉，旋挖钻机依靠履带蹒跚爬行向现场挺进，于12 时艰难抵达事故隧道洞口。爬行至洞顶过程中，因维修发动机油料管路故障耗时1.5 h，于14 时到达山顶竖井施工平台。现场调试设备、布局场地后，于16 时许开始钻进作业，21 时钻进约37 m 至拱顶上方初支混凝土处。当晚23 时，因82 cm 外径护筒下放过程中在井筒卡住，提出护筒后对竖井进行扩孔作业，由90 cm 孔径扩为120 cm。

26 日4 时完成竖井扩孔，开始二次下放护筒。6 时许，护筒焊接下放完毕。9 时，隧道昆明队3 名队员进入37 m 深的竖井通道，通过电镐破除隧道拱顶初支混凝土。克服空间狭小、闷热、光线不足等困难，经过1 h 42 min 的艰苦作业，破除0.8 m 厚的钻孔沉渣和初支混凝土，形成0.7 m×0.6 m 的洞口，打通救生通道。26 日11 时38 分，第一名被困人员成功救出，最后一名被困人员于12 时52 分救出。5 人全部成功获救，事故救援工作胜利结束。

3. 大口径水平钻机方法实施情况

在隧道左洞入口区域开展了坡面反压、填筑180 钻机作业平台工作，使用180 钻机打探孔探测左侧坍体深度，计划使用视频探头探测左洞内部坍塌情况，如果破坏较轻则扩孔后安排人员进入，打通左右洞连接部位将被困人员救出。180 钻机钻进约10 m 后遇到钢梁等障碍物，进度缓慢。隧道昆明队的大口径水平钻机拖车长约17 m、重约62 t，施工便道难以通行。现场指挥部经慎重研判，确定以实施旋挖钻机竖井救援为主，不再执行水平钻机救援方案。

五、总结分析

（1）应急管理部党委的关心指导、明确目标、指明方向，工作组的现场督导确保了救援科学安全高效。事故发生后，应急管理部领导第一时间作出“科学安全救援，严防次生灾害”的指示批示，并调派国家安全生产应急救援中心工作组连夜赶赴现场并时刻关注救援进展，应急救援中心带班领导多次调度了解现场情况并给予技术专家保障。

（2）国家专业队是生产安全事故救援的主力和骨干。此次救援，隧道昆明队全程参与制订 3 个救援方案，并牵头负责救援方案的实施。在打通竖井的最后关头，隧道昆明队 3 名队员入井实施钢筋混凝土破碎作业，在直径 80 cm 的钢管狭小空间内战斗近 2 h，打通生命通道。48 名救援人员持续在现场奋战 70 余小时，关键时刻站得出、挺得上、打得赢，展示了隧道事故救援国家队、主力军的不可替代作用。

（3）科学救援多措并举，是高效救援的基本思路。此次救援，现场指挥部会同专家组很快确定了小导坑、竖井旋挖钻机、大口径水平钻机 3 套方案齐头并进的救援思路，尽最大努力创造条件同步推进方案实施。在旋挖钻机进场受阻时实施了回转钻机打梅花孔的子方案，在大口径水平钻机难以及时到位时实施了小口径 180 水平钻机探测的子方案，思路清晰、主次分明，克服困难、坚定推进，做到了科学施救、精准施救。

（4）大型旋挖钻机实施竖井救援，开创了隧道救援新战法。此次救援突破以往常用的小导坑和大口径水平钻机救援方法，根据隧道被困人员生存空间大、上方山体厚度薄硬度小的实际情况，大胆创新采用旋挖钻机竖井救援战法，隧道昆明队历经 24 小时就将被困山顶下方 40 余米隧道内的人员全部救出，是首次采用旋挖钻机实施竖井救援的成功案例，为隧道坍塌事故救援创造了新战法、积累了新经验。

（5）大型钻机运至救援现场存在难度。第一代大口径水平钻机对运输条件要求较高，整机总重达 42 t，标准拖车长 17.5 m，宽度在 3 m 以上。大型钻机在偏远山区救援时受进场道路限制，存在“最后一公里”问题。此次救援受制于装备运输、进场难度大，使得大口径水平钻机救援方案未能及时有效发挥作用。

（6）对救援困难估计不足，后勤保障不到位。此次救援的工作方案非常明确，小导坑方案是基础保障，两个钻机方案如顺利实施将会显著提升救援速度。但是，钻机进场道路狭长陡峭，蜿蜒曲折，拖车损坏，原预计 4 h 的路程实际耗时 20 h。现场救援保障物资不足，雨衣、雨鞋、折叠床、被褥等不足，部分救援人员工作和休整条件很差，影响精神和体力的恢复。对各环节困难和意外状况估计不足，实际救援进度大大滞后于预计进度。

专家点评

此次坍塌的是浅埋、偏压连拱隧道，地处偏僻山区且位于热带季风气候，时值雨季，救援环境复杂，极具代表性。

◆因地制宜地制定救援方案。隧道昆明队在行军途中获取“隧道安全段埋深仅为 35 m”这一关键信息，随即提出竖井救援方法，现场救援指挥部想方设法地调遣了一台旋挖钻机进场竖井作业，最终打通救援通道。

◆竖井作业要注意几点事项：一是浅埋隧道顶部承载力是否能承受竖井钻机及配套设备的重量要经过检算；二是竖井钻机钻至初期支护时要停止机械作业，避免较大扰动造成地质变形坍塌，通过人工作业破除初期支护；三是竖井成孔后必须配套钢护筒，保证救援全过程的安全。

◆目前中国很多基建工程地处偏远山区，交通条件落后，尤其是施工便道存在坡陡、弯急的问题，大型救援装备难以运抵现场，此次救援大口径水平钻机因运输受阻未能抵达现场。从基建行业考虑，要规范施工便道标准，尽可能地达到大型救援装备通行条件；从应急救援考虑，要研究解决大型救援装备分体运输、模块化、快速组装等技术。

案例三十八　陕西省316国道“8·30”酒莫梁隧道坍塌事故

2021年8月30日16时24分许，316国道凤县双石铺镇阴湾村酒奠梁隧道留凤关施工进口方向作业过程中发生坍塌，造成10人被困。国家隧道应急救援中交建重庆队接到救援指令后，赶赴现场参与抢险救援，9月1日21时43分，被困人员全部获救。

一、事故隧道基本情况

G316酒奠梁隧道建设项目由陕西省发展改革委批复工程可行性研究报告，陕西省公路局批准建设，全长共2195 m，为单洞双车道型式，净宽10 m、净高5 m，进出口均采用端墙式，最大埋深344.9 m。2019年11月开工至2021年8月30日，隧道施工共掘进1260 m，其中，事故标段SG-1标从KO+775向大里程方向掘进343 m，施工段落事发时掘进至K1+118处。塌方段K1+065埋深约120 m。

二、事故发生经过

2021年8月30日，316国道凤县段酒奠梁隧道内正常施工。16时24分许，K1+065处右侧洞身初期支护混凝土开始出现零星掉块，16时29分47秒，隧道右侧拱腰处初期支护开始翻卷掉落，背后土石倾下；16时30分30秒，拱顶塌陷，顶部土石塌方；16时36分，塌方处土石逐渐趋于稳定。塌方体将掌子面附近加固拱架的6名工人和在下台阶附近支立拱架的4名工人封堵在掌子面K1+118与塌方体K1+065中间并失去联系，距离洞口约340 m。

三、事故直接原因

隧址处于秦岭腹地，酒奠梁一板岩镇大断裂以南，出露地层为三叠系地层。隧道进口段施工岩性沿纵向变化频繁，岩性主要为泥硅质板岩夹杂碳质千枚岩，节理裂隙发育，围岩呈碎散状。塌方段围岩强度上软下硬，右侧极破碎，施工开挖易发生坍塌。事故发生前当地连续降雨，隧道内渗水量增大，影响围岩稳定性。项目施工过程中，监控量测结果反馈不及时，不能有效指导设计和施工；现场施工安全步距控制不严，仰拱和二衬距掌子面距离偏大。

专家组对相关地质和施工情况现场勘查、系统综合分析，确认事故的直接原因是：现场施工监控量测结果反馈不及时，不能有效指导设计和施工；安全步距控制不严，仰拱和二衬距掌子面距离偏大；加之施工段地质主要为泥硅质板岩夹杂碳质千枚岩，节理裂隙发育，导致施工段部分塌方人员被困。

四、应急处置与救援

（一）各级应急响应

事故发生后，党中央、国务院高度重视并作出重要批示。应急管理部领导多次连线现场指导救援，就科学组织、安全救援作出批示。国家安全生产应急救援中心调动国家隧道应急救援中交建重庆队（简称隧道重庆队），出动41人携带大口径水平钻机、生命探测仪、地质雷达等120台套设备赶赴现场参与救援，协调交通运输部门对救援车辆免费快速通行。同时，救援中心派出专家及工作组赶赴现场指导救援处置工作。

陕西省委、省政府主要领导作出重要指示，要求抓紧施救、科学施救，严防次生事故，副省长带队于8月30日晚赶到现场指导救援。现场成立了宝鸡市委、市政府主要负责同志任总指挥的救援指挥部，下设10个工作组。现场调集了隧道重庆队、陕西综合消防救援队、陕西省重型机械（中国水电三局）应急救援队、中铁十二局救援队、宝鸡机械救援队、铅峒山救援队和国家应急通信队等救援力量共计600多人，500多台套设备参与救援。宝鸡市从应急、交通、住建、卫健、公安、电力、气象、地质等部门单位抽调大量技术骨干、专家全力做好抢险救援和保障工作。

（二）制定救援方案

救援指挥部首先采取顶管技术措施实施救援。隧道重庆队到达现场后，制定了“一主一辅一备”的救援方案，即以大口径钻机为主、以小导坑为辅、以顶管机备用。救援中心专家及工作组到达现场后，经现场勘查和组织专家研究，会同救援指挥部制定了以下工作措施：一是针对台车附近隧道变形、隧道侧壁出现空洞的情况，采用型钢支护和湿喷的方式进行加固，防止发生二次坍塌。二是针对顶管施工6 m遇钢梁受阻、小导坑施工难度较大的情况，重点采用大口径水平钻机救援，小导坑作为辅助措施平行推进。三是加强现场救援施工组织，安排隧道重庆队、陕西建工机施集团和宝鸡市政府有关部门负责同志在现场协调指挥，保障各项工序高效衔接。四是精减坍塌体附近作业人员，安排专人进行安全监护，持续开展隧道形变监控量测，确保作业安全。五是持续向被困人员输送氧气、水和食品，安排专人疏导被困人员情绪。

（三）抢险救援过程

1. 快速建立生命通道

30日20时35分，救援人员打通生命联络通道，在坍塌体上方插入一根直径15 cm、长10 m的钢管，与被困人员取得联系，确切得知被困人员数量以及所有人员均未受伤、生命体征平稳，洞内基本安全；同时，通过隧道压风管路持续向内输送氧气、饮用水、食品，安排工作人员持续不间断向内喊话，做好被困人员情绪疏导工作。

2. 组织实施隧道加固

8月31日20时，陕西建工机施集团按照指挥部和工作组安排，根据专家制定的技术方案，对挂布台车及台车以内10 m隧道开展加固作业。一是立即采用湿喷工艺施工，喷射混凝土强度必须符合专家组给出的设计指标。二是钢筋网材料质量、直径和搭接长度应符合规范，每榀间距要小于设计指标，确保挂布台车至坍塌体间救援作业安全。三是喷射混凝土紧跟钻进工作面，使钢拱架与喷射混凝土形成一体，钢拱架与围岩间隙充填密实。四是按照施工规范，由隧道重庆队和陕西建工机施集团安排专人分别对隧道形变进行监控量测，确保量测数据真实准确。31日24时完成隧道加固工作，共铺设钢梁30根。

3. 全力实施钻孔救援

截至9月1日1时50分，小导坑累计掘进4 m。考虑到坍塌体极度破碎，大口径钻机钻进扰动会对小导坑作业造成安全风险，指挥部决定暂停小导坑施工，全力实施大口径水平钻机救援。9月1日2时，完成所有准备工作，大口径钻机开始钻进作业。钻进施工过程中，累计排出渣土60 m³，切碎坍塌体内7根工字钢、4块连接板，累计进尺23.33 m，历经19 h，于9月1日20时打通救生通道。救生通道贯通后，隧道重庆队立即派出2名作战经验丰富的救援人员进入隧道安抚被困人员，叮嘱安全注意事项，安排被困人员转移次序。9月1日21时29分，第一名被困人员通过大口径水平钻机救援通道撤出被困区域，截至9月1日21时43分，10名被困人员全部成功获救（图5-3）。

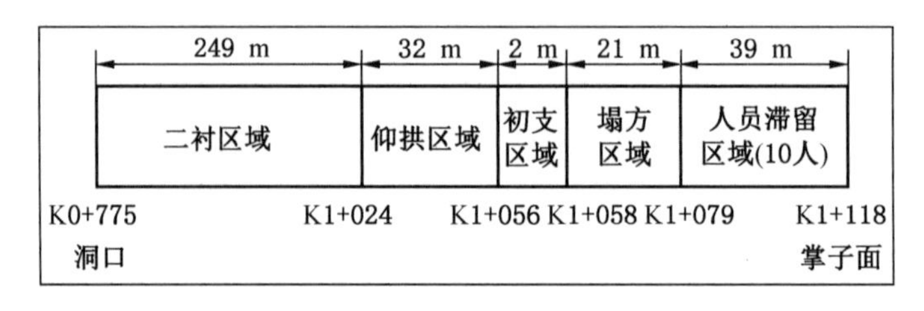

图5-3 316国道“8·30”酒莫梁隧道塌方情况分布图

五、总结分析

（1）现场救援组织指挥有序有效。陕西省委、省政府主要领导高度重视，第一时间作出批示要求，分管副省长带队赴现场指导救援。由宝鸡市委、市政府主要负责同志任总指挥的救援指挥部，有效组织快速建立了生命通道，与被困人员取得联系，及时输送新鲜空气和给养食品，对被困人员进行心理疏导，组织专家研究制定了“一主一辅一备”的救援方案，根据救援情况和工作组建议及时优化救援措施，加强救援现场秩序，组织分析救援困难风险，自始至终落实科学施救、安全施救，整体救援工作组织有序、指挥有效、保障有力。

（2）持续加强国家专业队先进装备配备和操作训练。从这次应用大口径水平钻机成功救援及以往一些典型案例看，先进救援装备是科学救援、安全救援、高效救援的关键。同时要开展大型装备应用训练，一旦发生事故能够拉得出、用得上、打得赢。

（3）研究总结大口径水平钻机装备应用技术。本次救援是隧道重庆队首次使用大口径钻机参加救援实战，虽然取得很好效果，但也遇到了开孔位置和钻进角度选择、距离增长后钻管下沉、遇钢构件钻头切削损坏等问题，影响了救援进度。要总结提炼大口径钻机操作经验和教训，研究解决上述有关钻机应用技术问题，进一步提升大口径钻机操作应用能力，形成一套更加实用有效的战法，真正做到打一次大仗有一次大的提升。

（4）增强调度指挥精准性和装备配套性，提升救援装备应用保障水平。隧道重庆队配备的大口径水平钻机动力站需要380 V电压和至少200 kW功率的电力供应，但是在调动装备和协调现场准备时未予以充分考虑，导致大口径钻机到达后发现隧道内供电电缆细、通过电流容量低，不足以启动大口径水平钻机，存在电力供应不配套的问题，隧道重庆队由于长距离行军，未携带发电机，因而临时在当地调动应急电源车进行电力供应。专业救援队要提前与事故项目取得联系，引导事故项目开展先期处置工作，保障救援装备到达现场后能够快速投入使用。

（5）开展适用于矿山井下的大口径水平救援钻机装备研发攻关。本次救援中，大口径水平钻机在隧道坍塌救援中显示出其技术先进、安全可靠、精准快速的特点。但现有的大口径水平钻机由于其长度和重量较大等原因只适用于隧道而不适合井下救援。组织和鼓励相关科研单位和企业攻关，研发适用于小断面隧洞事故救援并提供先进、安全的救生装备。

专家点评

此次救援是国家专业队跨区域救援的典型成功案例，有以下两点思考：

◆坚持安全救援。事发隧道坍塌后变形严重，救援区域存在二次坍塌的风险，现场救援指挥部制定了加固措施、加强了监控量测，有效消除和预警风险，保证救援现场的安全。

◆坚持国家专业队的核心作用。应急管理部通过政企共建等方式建设了一批装备精良、本领高强的国家专业队，在面对复杂的大型生产安全事故时，国家专业队攻坚克难，打通救援通道，营救被困人员，发挥了不可替代的作用。

案例三十九　云南省玉磨铁路“9·14”曼么一号隧道坍塌事故

2017 年 9 月 14 日 9 时 20 分，玉磨铁路第十八标段曼么一号隧道出口在掘进施工作业时发生冒顶坍塌，造成 9 人被困。国家隧道应急救援中铁二局昆明队（简称隧道昆明队）接警后立即启动应急救援预案，出动专业救援装备，赶赴现场参加抢险救援，经全力救援，被困人员全部获救。

一、事故隧道基本情况

（一）隧道基本情况

曼么一号隧道位于西双版纳州景洪市勐罕镇勐波村附近，橄榄坝至曼么区间，按旅客列车最高时速 160 km/h 标准设计，隧道进口里程 DK402 +373，出口里程 DK405 +396，全长 3023 m，隧道最大埋深 430 m。隧道洞内线路坡度为单面上坡，线路坡度按里程从小到大分别为 10.5‰、3‰。全隧道除 DK402 +373 ~ DK402 +623.3 段 253.36 m 位于半径 $R=2800$ m 的左偏曲线上，其余均在直线上。隧道内共设洞室 59 处，其中包括 18 个大避车洞，33 个小避车洞，6 个梯车洞，一个直放站和一个变压器洞室。曼么一号隧道于 2016 年 8 月 22 日开工，采用台阶法开挖。

（二）事故区域基本情况

发生事故时，隧道已掘进 459 m，坍塌处位于 421 m 处，塌方段属浅埋滑坡地段，设计埋深 23.7 m，地表出现一个直径 10 m，深约 6 ~ 7 m 的塌坑，塌方量预估 700 m^3，推测坍塌体在 DK404 +960 ~ 982 范围，溜坍体小里程端距掌子面约 44 m，坍塌体填满整个隧道断面。

二、事故发生经过

2017 年 9 月 14 日 9 时 20 分，玉磨铁路第十八标段曼么一号隧道出口处，9 名风枪工人在掌子面 DK404 +927 处进行凿岩作业，作业点后方 DK404 +975 位置，拱顶初期支护发生坍塌，造成在掌子面作业的 9 名风枪工人被困。坍塌时，在坍塌位置有一台挖掘机正准备移动栈桥，发现险情后，挖掘机司机迅速撤离现场，挖掘机被掩埋。

三、事故直接原因

根据《铁路建设工程施工企业信用评价暂行办法》(铁建设〔2008〕160号）和《关于进一步明确软弱围岩及不良地质铁路隧道设计施工有关技术规定》（铁建设〔2010〕120号）文件规定，Ⅴ级围岩段仰拱的步距不得超过40 m，二衬步距不得超过70 m。事故发生当天，掌子面距仰拱距离已达到61 m，距二衬达到93 m。施工过程中，仰拱与掌子面、二衬与掌子面间的间距均超过了安全步距；在仰拱、二衬未施做，步距过大情况下，初支在较长时间段内承受较大的围岩压力产生的荷载；下台阶404 +958.8线路（事故发生地段）左侧10榀拱架悬空，右侧2榀悬空，违反新奥法施工原理中关于充分利用围岩的自承能力和开挖面的空间约束作用，采用以锚杆和喷射混凝土为主要支护手段的技术要求；拱架上方悬空表明上方围岩已被地下水冲刷带走，失去了自承能力，导致拱架无法承受上方围岩的巨大压力；加之本隧道施工期正值雨季，地表水下渗、地下水增多，发生塌方的段落为反坡施工段，抽排水措施落实不够，拱脚位置工字钢的基底软化，积水侵蚀拱脚，减弱垂直支撑抗压能力。

综上所述，安全步距超标，拱架上方围岩被地下水冲刷失去自承能力，初支在较长时间承受巨大荷载，拱脚位置工字钢基底软化和施工扰动是造成冒顶坍塌的直接原因。

四、应急处置与救援

（一）企业先期处置

2017年9月14日9时25分，景洪市公安局110指挥中心接到中铁二十二局第五工程有限公司玉磨铁路项目部现场施工人员报警，称第十八标段曼么一号隧道发生坍塌事故。110指挥中心立即将信息通知消防、120急救中心、政府应急管理办公室等单位和部门。12时50分，4辆消防车、9辆救护车赶至现场。

（二）各级应急响应

事故发生后，国务院领导高度重视，国务院领导作出重要批示，国家安全生产监督管理总局派出工作组于9月14日22时20分到达事故现场，指导地方开展排险救援工作。工作组同志现场传达了国务院领导的重要批示以及国家安全监管总局相关领导的批示精神，对抢险救援、人数核查、新闻发布等方面提出了建议。根据国务院领导同志批示精神，云南省委、省政府主要领导立即指示，迅速启动事故应急救援预案，要求西双版纳州和有关部门组织力量做好救援救治等工作，查明事故原因并依法问责，要进一步督促各地严格落实安全生产责任，强化监管和防范措施，切实堵塞安全漏洞，严防此类事故再次发生，确保人民群众生命和财产安全。9 月 14 日 21 时，副省长率省政府办公厅、省安全监管局、省发展改革委和相关部门与专家到达事故现场，组织调集精干的救援队伍和先进救援设备，使抢险救援工作紧张有序、务实高效顺利开展。铁路总公司、隧道昆明队相继赶赴现场，组织专家研究救援方案，开展现场救援工作。

事故接报后，西双版纳州迅速启动应急预案，州政府有关领导带领公安、安全监管、发展改革、卫生计生、景洪市政府等单位负责人赶赴事故现场，开展救援处置工作，并及时向省委办公厅、省政府应急管理办公室和省安全生产委员会应急办报告事故情况和信息。现场成立了应急救援临时指挥部，下设现场救援、专家技术、安全保卫、医疗救护、后勤保障等 7 个小组。明确了工作职责，组织开展事故先期救援工作。

（三）制定救援方案

救援指挥部就近调集玉磨铁路 9 家施工单位 700 余人，调用挖掘机、装载机、大型吊车和其他车辆、设备 66 台套，参加现场救援处置。救援指挥部通过现场研究，科学制定救援方案。一是利用高压风管保持断续式压风，确保洞内氧气充足；二是对塌方体进行加载反压，对邻近塌方段的初支开裂段进行横撑加固，防止二次坍塌；三是在线路左侧拱腰处进行钻孔，打通生命通道；四是对塌方段对应的地表位置铺设彩条布，并在冲沟上游砌筑临时挡墙，设置临时排水沟，防止地表水渗入塌方体；五是由隧道昆明队在塌方体中上部用大口径水平钻机打通救援通道，同时在隧道侧方开挖小导坑向掌子面方向掘进施救。

（四）抢险救援过程

1. 打通“生命通道”

根据救援指挥部的统一安排，隧道昆明队在洞内采用多功能快速钻机纵向打通生命通道，2017 年 9 月 15 日 10 时 35 分采用多功能水平钻机施钻，11 时 28 分成功打通长 24 m 的“生命通道”，通过与洞内被困人员联系，确认 9 名作业人员生命体征正常，并将水、食物和药品送入被困人员手中。

2. 建立音视频监控系统

隧道昆明队在现场布设音视频监控系统，实时对被困人员进行监控，随时掌握被困人员的生存状态和坍腔情况。

3. 实施小导坑救援通道救援

现场采用大口径水平钻机救援法+小导坑救援法同步实施救援，救援方案以大口径水平钻机救援为主，小导坑救援为辅实施掘进，在坍体右侧开挖迂回小导坑，采用风镐、电镐进行破碎掘进，使用方木进行框架支护，进度约1 m/h，当大口径水平钻机打通救援通道时，小导坑停止作业，此时掘进深度约6 m。

4. 实施大口径水平钻机救援

2017年9月15日14时30分，隧道昆明队大口径水平钻机及配套设备到达现场，9月16日4时30分完成大口径钻机辅助配套设备设施安装。9月16日5时45分大口径钻机开孔钻入坍体，历时4 h 50 min，于9月16日10时35分顺利打通24 m的救援通道。

经过全体救援人员51 h的昼夜奋战，9月15日12时43分成功将第一名被困人员救出，12时51分被困人员全部救出，经现场医务人员检查，9名获救人员生命体征平稳，确认9名被困人员存活，9月16日13时15分，救援指挥部现场通报总结了事故救援和相关工作处置情况，9月16日14时2分，救援指挥部宣布现场救援工作结束，响应终止（图5－4）。

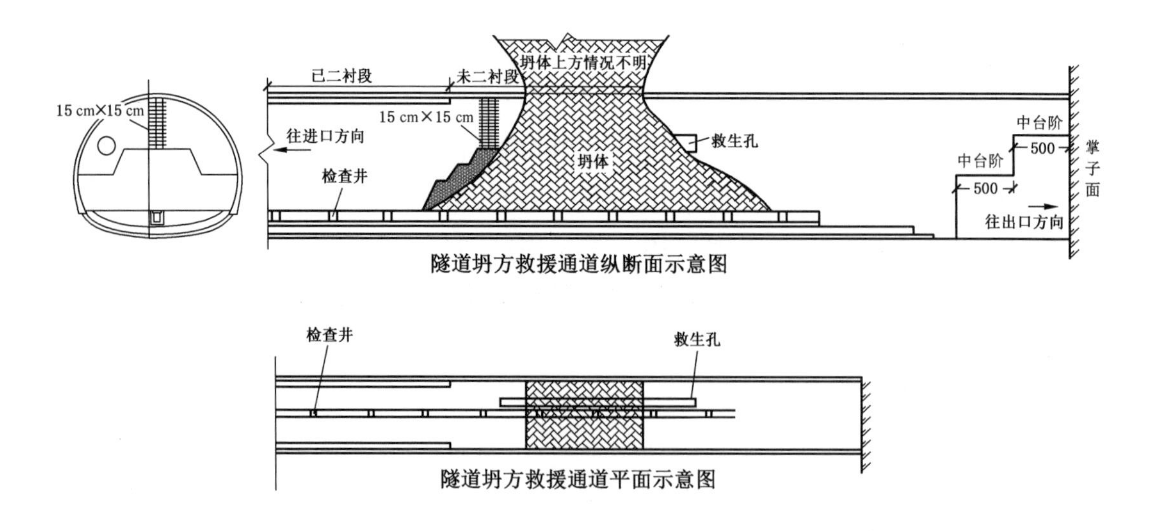

图5－4　玉磨铁路“9·14”曼么一号隧道坍塌事故现场大口径水平钻机救援示意图

五、总结分析

（1）应急响应迅速，组织有序。隧道昆明队14日10时20分接到出警命令，11 时首批救援人员出发，17 时 50 分到达救援现场；12 时 40 分第二批人员和装备出发，23 时 30 分到达救援现场。从接警响应、队伍集结、装备起运、抵达现场开展救援，用时 13 h，隧道昆明队实现了快速集结，做到组织有序。

（2）救援方案科学有效。隧道昆明队参与制定的地表处理和洞内救援方案科学有效，为快速、成功救援奠定了坚实基础，并积累了宝贵的经验。

（3）大口径钻机吊装系统改造成果得到了充分展示。2017 年 9 月 16 日 10 时 35 分成功打通救援通道。此救援方法为大口径钻机吊装系统升级改造后实施隧道坍方救援的首例，救援流程标准、方法科学，被国家安全生产应急救援中心作为“典型的科学救援案例”，在全国隧道应急救援座谈会上作专题报告。通过本次救援，收集到了大口径钻机吊装系统升级改造后的技术参数，锻炼了队伍，积累了经验。特别是大口径钻机吊装系统升级改造后的成功运用，与传统的龙门吊相比优势突出，主要表现在速度快、安全风险小、机械化性能更高。

（4）服从指挥，团结协作。隧道昆明队到达现场后，一切行动听从现场救援指挥部和上级领导安排，得到了各方的高度关注与肯定，被困人员成功救出后，全体人员按照统一安排，分批有序地撤离现场，从 9 月 16 日 14 时首批队员和装备撤离至 9 月 17 日 19 时 30 分最后一批队员和装备撤离，整个工作历时约 1 d 时间。

专家点评

此次隧道坍塌是典型的浅埋隧道失稳冒顶，也是大口径水平钻机第一次成功救援案例，主要有以下特点：

◆国投专业救援装备发挥关键作用。隧道昆明队配备的大口径水平钻机是中央专项资金购置的全球第一台隧道坍塌专用救援水平钻机，在此次救援中，大口径水平钻机就位后用时 5.5 h 打通 24 m 的救援通道，相比传统人工小导坑方法效率提升了 6 倍以上，且作业工程更加安全。

◆隧道坍塌救援技战术成熟可靠。隧道昆明队作为首支国家隧道专业队，此次救援采用了生命探测仪探测生命迹象、水平快速钻机打通生命通道输送救生物资、大口径水平钻机打通救援通道、卫星指挥车和应急平台终端进行远程指挥和现场监控的综合战法，成功营救人员。

◆冒顶坍塌要防水。现场救援指挥部在洞内加固的同时，还采取措施对山体冒顶区域进行防雨覆盖，对地表的水沟进行疏导，防止地表水流入冒顶区域而引发二次坍塌，确保救援环境安全。

案例四十　贵州省安江高速“8·10”两天窝隧道坍塌事故

2014 年 8 月 10 日 19 时 49 分，贵州省石阡县安江高速石阡段两天窝在建隧道发生坍塌事故，13 名施工人员被困。国家隧道应急救援中铁二局昆明队（简称隧道昆明队）接到指令后，立即启动应急救援预案，出动专业救援装备，赶赴现场参加抢险救援。经全力救援，13 名被困人员全部获救。

一、隧道事故基本情况

该隧道为上下行分离式结构形式；左洞全长 1128 m，进口已掘进 260 m，出口已掘进 570 m；右洞全长 1165 m，进口已掘进 513 m。左洞与右洞掌子面相差 45 m。隧道最大埋深 133 ~ 143 m，隧道进口线间距 20 m，出口线间距 15 m。隧道设置 2 个人行通道、1 个车行通道。隧道围岩级别分为Ⅴ、Ⅳ两种围岩，Ⅴ级围岩采用预留环形核心土进行开挖，Ⅳ级围岩地段采用台阶法开挖，全断面衬砌。Ⅴ级围岩断面为 107.6 m^2；Ⅳ级围岩断面为 96.9 m^2。

两天窝隧道坍塌处位于右洞进洞处 480 m，属于Ⅴ级围岩浅埋段，埋深为 19 m 左右，估计坍塌长度约为 50 m。

二、事故发生经过

2014 年 8 月 10 日 18 时 20 分左右，贵州安江高速公路第一总承包第 6 合同段两天窝隧道进口右洞，开挖班组 2 人在上导进行开挖打炮眼作业，同时 2 名支护班组工人在下导进行喷浆支护作业，洞内有 1 名现场负责带班人员，1 名电工，3 名杂工在洞内辅助施工，2 名电焊工焊修支护台车，1 名装载机操作手和 1 名挖机操作手在下导辅助施工，距离施工掌子面约 80 m 处突然发生坍塌。

三、事故直接原因

（1）隧道位于贵州东部 NS 向构造带、NNE 向构造带和 NE 向构造带的交会地区，经过多次构造运动，塌陷区岩体破碎，节理裂隙发育，强风化层厚度较大。右洞进口端 YK71 +918 ~933 段为Ⅴ级浅埋段，洞身穿越冲沟，冲沟常年流水，流量约 70 ~90 L/s，洞身围岩为强风化板岩，围岩自稳能力较差，该段不良地质是发生坍塌事故的客观不利地质条件。

（2）隧道地处石阡县甘溪乡境内，当地气象资料显示：2014 年 5—8 月期间，某隧道所在区域持续降雨，其中 5 月 24—25 日降雨量达 129.7 mm，7 月 14—17 日累计降雨量达 264.7 mm，事故发生前的 8 月 8 日该地降水量也达 30.2 mm。由于地表水下渗量大，软化围岩，使其力学强度降低。自稳能力减弱，同时水的大量入渗增大了围岩的自重，加剧了拱顶下沉。甘溪乡境内连降暴雨是诱发坍塌事故的外界环境主要因素。

（3）该段初期支护设计为 $\phi25$ 中空注浆锚杆，$L=3.5$ m（纵）60 × 120（环），20b 工字钢间距 60 cm，双层超前导管。经检测，该隧道内已施作的初支偏弱，大部分工字钢型号及间距不符合设计要求，工字钢与垫板的焊接不牢固，未实施系统锚杆，岩体与初期支护不能形成共同受力体，有超欠挖现象，初支后面存在空腔，降低了初期支护的承载能力，围岩失稳后冲击和挤压破坏切支，从而造成坍塌。

四、应急处置与救援

（一）事故报告

2014 年 8 月 12 日 12 时 20 分，隧道昆明队接到出警命令，立即启动应急救援预案，组织人员和装备开赴现场参与抢险救援行动。

（二）预警、响应启动

事故发生后，国务院高度重视，国务院领导作出重要批示；国家安全生产监督管理总局立即派出工作组赶赴事故现场，指导开展抢险救援工作；贵州省委、省政府迅速启动应急预案，成立了由省委常委、副省长任组长的现场救援指挥部，组织开展事故先期救援工作。

隧道昆明队接到出警命令，立即启动应急救援预案，第一批队员 20 人在队长率领下，携卫星通信车、宿营车、工具车于 12 日 12 时 20 分出发。与此同时，在宝兰项目参与“平战结合”的 17 名助勤队员接到通知后第一时间火速赶往现场。行进途中，救援队工程部通过电话与事故现场负责人进行了联系沟通，了解隧道坍塌情况，并对坍体坡面加固措施和救援方案提出了建议，得到了对方的认可。同时，隧道昆明队到达现场后顺利开展救援工作，向现场提交了小导坑方案所需的材料、设备和工具清单，并要求立即着手进行准备。13 日 0 时 30 分第一批人员先行到达现场，随即赶往隧道事故现场进行勘查，并与施工单位负责人、技术人员进行沟通，了解相关情况和收集数据。第二批救援队员 17 人于 13 日 21 时 25 分到达救援现场。

（三）应急处置

1. 应急救援准备

事故发生后，地方政府会同施工单位成立了救援指挥部，统一指挥救援行动，指挥部下设指挥协调、技术方案、抢险救援、监测评估、物资供应、警戒保卫、医疗救护、后勤保障、安置维稳、新闻舆情等工作小组，明确各组工作职责和工作任务，相互协作，有序开展救援作业。

2. 救援技术方案

13 日 1 时 20 分，副省长主持召开救援工作会议，隧道昆明队队长通过现场研判，评估现场风险，向指挥部提出了小导坑救援方案，得到了与会领导和专家的肯定。5 时 50 分，隧道昆明队依托企业技术专家到达事故现场，就救援方案进行讨论细化，确定在隧道掌子面右侧紧贴初支面采用上宽 1 m、下宽 1.2 m、高 1.2 m 梯形小导坑救援方案打通救援通道。同时，小导坑救援方案所需材料及机具准备完毕。

3. 救援实施情况

救援方案制定后，救援人员疏通施工用风水管路，联络到被困人员，建立音视频监控系统，为被困人员输送生命保障物资。

隧道昆明队组织现场救援：一是对小导坑洞口段采用 ϕ42 钢管进行锁脚加固，并将 ϕ22 钢筋加工成 1 m×0.1 m 的“L”筋，对钢管进行焊接连接；二是对原洞口接长 3.8 m，同时采用砂袋对小导坑接长明洞进行回填反压；三是对作业人员进行分工。根据坍体情况，将人员分为三班作业，每班 30 人，隧道昆明队 10 人为主力，中交二公局提供 20 人配合，4 h 轮换一次。

13 日 9 时 30 分，小导坑进入暗洞掘进，由于坍体松散，掘进采用了 $L=3\sim5$ m 的小导管进行超前支护，14 日，当掘进到 4 m 左右时，坍体内大块孤石增加了导坑掘进的难度，同时，初期支护型钢拱架及钢筋网片等给小导坑掘进带来了极大的困难。对此，救援人员利用救援队配备的快速破拆设备，辅以风镐、氧割等手段逐一进行破拆切割处理，并在过程中不断调整作业方案。经过全体队员坚持不懈的努力，16 日 14 时 15 分，打通了 26.6 m 的小导坑救援通道，成功将 13 名被困近 150 h 的作业人员营救出来。

（四）响应终止

经过全体救援人员 86 h 的昼夜奋战，8 月 16 日 14 时 15 分，打通了 26.6 m 的小导坑救援通道，成功将 13 名被困近 150 h 的作业人员营救出来，经现场医务人员检查，13 名获救人员生命体征平稳，8 月 16 日 15 时，救援指挥部现场通报总结了事故救援和相关工作处置情况，宣布现场救援工作结束，响应终止。

五、总结分析

（一）救援出警快速

此次救援出警，严格按照应急预案，体现了组织有序、行动迅速、重点突出、统筹兼顾出警机制的有利作用，与以往比较，极大提高了出警效率，同时，救援队根据掌握的现场坍方体情况，做出了极具针对性的措施，避免了不必要装备的运输。

（二）救援过程有序

本次救援克服了以往一到救援现场，不充分分析客观情况，一哄而上的做法，从到达救援现场就科学分工，保证了救援快速有序。如根据小导坑作业的强度和难度，合理安排队员轮班作业，充分保持了队员体力，进而保证了救援进度的连续性。

（三）后勤保障有力

强有力的后勤保障，充分保证了作战队员的体力。由于具有了隧道救援后勤保障工作的宝贵经验，在救援期间，出色的后勤保障工作解决了前线队员的后顾之忧，使得队员专注于救援工作。

专家点评

此次救援是小导坑方法救援的典型案例，有以下几点思考和建议：

◆小导坑救援方法是最基础的、最可靠的传统救援方法，无论今后配置什么样先进的专用装备，都不能抛弃小导坑救援方法，不仅国家专业队要掌握，隧道施工企业也应掌握。

◆小导坑开挖的同时，要严禁爆破和打水钻，爆破易引发二次坍塌，水钻作业导致坍塌体流动性加大，且影响小导坑内部的作业环境和作业人员的心理。

◆小导坑出洞时如遇破碎的流动性坍塌体，出洞不易成形，开挖时小导坑内部不断溜坍可能引发险情，需要作为一项难题去攻关。

案例四十一　河北省荣乌高速“9·30”营尔岭隧道坍塌事故

9月30日16时，位于河北省保定市涞源县的荣乌高速21标段在建营尔岭隧道工程发生坍塌，造成9人被困。国家隧道应急救援中交建重庆队接到救援指令后，立即组织人员装备赶赴现场开展救援，经过100 h的紧张救援，10月4日19时58分，救援通道成功打通，被困人员成功获救。

一、事故隧道基本情况

荣乌高速21标段全长9.53 km，营尔岭隧道是其中一座上下行分离式的6车道特长隧道。发生坍塌的隧道右洞设计全长5677.3 m，截面为半圆形，高约8 m，宽约15 m。事故发生时，已掘进1909 m。

二、事故发生经过

2017年9月30日16时许，营尔岭隧道右洞在距掌子面约280 m段落进行二次衬砌的换拱工作时，该段上部突然发生坍塌，换拱的3名工人及时安全撤离。此时，隧道内掌子面位置有9人正在施工，全部被困。

三、应急处置与救援

事故发生后，党中央、国务院高度重视，国务院领导作出批示。国家安全生产监督管理总局相关领导立即作出指示批示和工作部署，要求迅速贯彻落实国务院领导批示精神，立即派工作组赴现场指导救援。监管二司及矿山救援指挥中心派出工作组赶赴事故现场指导救援。

（一）先期处置情况

中国交通建设集团在事故发生后立即调集中国交建10余名救援专家、40余名隧道抢险救援队员以及300余名救援人员参与救援，并安排调集救援物资和设备，全力以赴组织救援。

（二）各级应急响应

事故发生后，河北省委、省政府主要领导立即作出批示，要求全力以赴救援被困人员，确保人员生命安全，同时严防发生次生灾害。河北省副省长率省公安厅、交通厅、安全监管局等相关部门负责同志赴现场指导救援等相关工作。同时调遣国家隧道应急救援中铁二局昆明队及太原队、国家矿山应急救援大同队、涞源县建投公司非煤矿山应急救援队，有关专家共60余人协助救援工作，做好技术支持，增加救援力量。

（三）制定救援方案

河北省政府在事故现场成立了应急救援指挥部，由河北省副省长任组长，省政府相关部门，保定市、涞源县地方政府，事发企业等相关单位参加，现场制定了以小导坑救援为第一套救援方案，在隧道左洞打通横向救援通道为第二套救援方案，利用水平顶管钻机打通救援通道为第三套救援方案，现场救援分为施工救援、技术保障等7个组，分头有序开展工作。

（四）抢险救援过程

10月1日6时50分，直径为108 mm的第一条生命保障通道打通，与洞内人员取得了联系，14时左右，第二条生命保障通道也已施作完成，并通过生命保障通道持续输送食品、水、衣物等，保证了救援期间被困人员身体状态良好。在第一条生命通道的高度处塌方体长度约22 m，采取梯形导坑掘进的方式实施救援，中交隧道抢险救援队采取了三班倒的方式连续作业，平均掘进速度30 cm/h。经过紧张救援，10月4日19时58分，经过100 h的连续奋战，9名被困人员通过小导坑救援通道全部获救。

四、总结分析

（1）领导的高度重视、科学决策是成功救援的重要保障。险情发生后，领导高度重视，第一时间赶赴现场并靠前指挥，高效组织、联动指挥，专家组确定了科学救援方案。救援队队长始终坚持亲自带领队员全程开展救援工作。

（2）科学合理的抢险救援方案是成功救援的前提。在救援指挥部的统一指挥下，由地质、隧道、结构等各方面专业专家组成的专家技术组为抢险救援提供了强大技术支撑，制定了思路明确、科学规律的救援方案，同时准备多套备用方案，救援过程中，技术专家全程参与、现场咨询，确保了救援工作科学有序的实施。

（3）专业精湛的救援队伍是成功救援的中坚力量。中交集团下属的中交建重庆隧道抢险救援队有一批专业技能过硬的隧道抢险专业人员，应急预案系统成熟，险情发生后实现了科学组织、出警迅速、快速施救、救援高效，为救援工作的顺利开展提供了坚实保障。

专家点评

此次救援是国家专业队跨区域救援和多支队伍协同救援的案例，有两个特点：

◆专家组的技术支撑作用。要充分发挥专家组的作用，进一步论证救援方案的科学合理性，在保持安全的前提下，按照救援方案，争分夺秒科学施救。

◆安全救援的保障措施。救援过程中，要加强隧道内的监控量测，提前做好危险部位的加固排险工作，保障救援人员安全，严防次生灾害。

案例四十二　云南省大临铁路“10·24”中村隧道冒顶事故

2016 年 10 月 24 日 5 时 58 分，大临铁路站前四标项目部三工区中村隧道发生冒顶事故，6 名施工人员被困隧道内。国家隧道应急救援中铁二局昆明队（简称隧道昆明队）接到指令后，立即赶赴现场参与抢险救援，10 月 25 日 12 时 58 分，成功营救 4 名被困人员。

一、事故隧道基本情况

中村隧道全长 3104 m，位于云南省临沧市云县境内。罗闸河车站伸入隧道出口三线段 233 m，其余 2871 m 为单线隧道。隧道以Ⅳ级、Ⅴ级围岩为主，最大埋深 198 m，地质条件复杂多变，围岩破碎，属于高风险隧道。

二、事故发生经过

2016 年 10 月 24 日凌晨，项目部三工区施工队立架班班组长带领 6 名立架人员进洞开始仰拱二衬立架作业，5 时 58 分，立架作业区域拱顶突然发生冒顶，致使当班 6 名工人被困，导致事故发生。

三、事故直接原因

由于中村隧道所处区域地形起伏大、横向沟槽发育、岩体破碎疏松、节理裂隙发育、风化层较厚、差异风化严重，岩层为花岗岩全风化带（W4），呈松散沙粒状，附近地表发育一横向沟槽，洞身局部偏压，埋深 13. 2 m，且存在明显的垂直岩层界面；据云县气象局资料证实，2016 年 5—9 月，离中村隧道最近的气象监测点草皮街东岳宫山的降雨量为 659. 5 mm，比去年同期偏多 120. 9 mm，10 月降雨量为 106. 4 mm，比去年同期多 3. 9 mm，加之事故发生前，施工所在区域降雨量集中，掌子面上方地表冲沟积水渗透后导致围岩软化，直接导致隧道冒顶事故发生。

四、应急处置与救援

（一）企业先期处置

事故发生后，施工项目部迅速按规定向相关单位报告，同时，迅速组织相关人员赶至事故现场，通过实地勘查和询问现场值班人员后，初步确定加强围岩监控量测、继续出方案，抢救被困人员。安排2台侧翻装载机，6辆自卸车不间断连续出碴，安排1组监控量测人员连续开展围岩监控工作。同时调集项目部各部门、各工区人员、机械参与抢险救援。

22时30分左右，施工企业负责人带队赶赴现场，配合省、市、县、滇西指挥部等组成的救援领导小组开展救援工作。23时20分左右，根据监控量测数据结果和现场初支观测，发现塌方面附近初支出现裂缝，经现场救援领导小组共同商议，决定洞内进行反压回填，然后采取竖向支撑，稳固初支稳定，保证救援人员的安全。在救援领导小组的指挥下，调集挖掘机6台，自卸车6台进行洞内回填作业。

（二）各级应急响应

接事故报告后，省委、省政府高度重视，并作出重要批示。副省长10月24日19时率省安全监管局、省铁建办有关负责同志赶至事故现场，指导组织开展抢险救援工作。市县党委政府及有关部门领导在深入现场察看、组织听取情况报告后，迅速成立由市委常委、政府常务副市长任指挥长，滇西指挥部、县委书记等领导为副指挥长的事故抢险救援临时指挥部，下设现场救援、医疗服务、善后处置、信息材料、事故调查、后勤保障共6个工作组，每个组分别由一名领导任组长，积极开展抢险救援工作。现场救援指挥部迅速组织省安全监管局、省国土厅、隧道昆明队、滇西指挥部、中铁二院的现场救援专家，研究制定救援方案。各级各有关部门全面调动各方力量，制定科学有效的现场救援方案，千方百计抢救被困人员，只要有一线希望，就尽百分之百的努力，科学组织施救，坚决防止次生灾害发生，及时向新闻媒体公布施救进展情况。

25日8时，省领导再次深入事故救援现场，并主持召开会议，要求：一是全力搜救被困人员；二是严密组织，科学搜救，有序推进搜救工作；三是各工作组夯实责任，合力推进各项措施；四是积极主动做好被困人员家属的思想安抚工作，研究制定细致可靠的善后处置方案；五是要认真开展好事故原因分析、定性等各项工作，杜绝此类安全事故发生；六是主动回应社会关注，主动通报抢险救援情况；七是抢险救援工作务必做到有痕迹、有档案，翔实反映抢险救援全过程。

（三）制定救援方案

24日上午，经过现场踏勘和风险研判，确定继续采取出碴救援的方法开展救援工作。经过6 h连续出碴，出碴方量约2000 m^3，但塌方段清理进尺推进较慢，经现场救援领导小组会商，决定洞内停止出碴，采取洞内打通救生通道，洞外明挖卸载的方案进行救援。一是滇西指挥部调集在附近施工的钻机到场施作生命联系孔，由隧道昆明队和消防同步利用生命探测仪和生命搜救犬对被困人员进行搜索；二是对地表坍腔周围松散体开展清方减载，项目部安排3台挖机在坍腔顶部位置进行明挖卸载作业，同时开挖洞顶截水沟，对坍坑采用混凝土回填封闭，并采用彩条布覆盖，防止雨水进入；三是采用钢支撑对救援空间进行加固。

25日8时，现场救援领导小组召开会议，研究调整救援技术方案，安排现场工人30余名，进行现场初支加固作业。制定了“掌子面边墙小导坑掘进”的救援方案，由隧道昆明队负责指导，项目部负责实施。同时搭设竖向钢管支撑以保证拱顶及边墙初支稳定，两套方案同时进行，并做好水、电、气等物资保障。

（四）抢险救援过程

10月25日12时58分，4名被困人员获救，经检查确认获救人员生命体征平稳，神志清醒，等候多时的救护车迅速将4名伤员送到县人民医院组织抢救。22时，完成塌体掌子面反压填筑，小导坑完成洞门搭设并在掘进6 m时，发现另外2人（已遇难）被困于台架上方。26日3时，小导坑掘进至被困人员位置附近，发现台架下方存在空洞，对钢架进行切割时发现台架不稳且前方溜砂严重情况，营救人员在实施救援时存在安全风险，于是救援指挥部立即组织召开救援方案专家研讨会，确定通过小导坑，将开挖台架下方高度约2 m的空洞采用C15充填，固定开挖台架，减小掌子面高度，为切割和支撑钢架、营救人员创造条件并开始组织施工。

27日0时50分，救援人员将第一名被困人员从掩体中救出，但不幸遇难。最后一名被困者因被困位置处于拱架及开挖台阶受压变形位置，变型钢架交错穿插，加大了施救难度，经过近10 h的奋力营救，于27日13时25分，最后一名被困人员救出，但不幸遇难。

五、总结分析

（1）强化培训与训练，提升救援能力。专业救援队要加强关键科目的培训与训练。按标准化流程开展现场踏勘、方案制定、生命探测、联系孔施作，以及救援通道实施过程的培训与训练，提高全体队员的现场应急处置能力，提升整体救援水平。

（2）完善训练战法，增强实战能力。救援队到达救援现场后首次进行生命探测，结果成像不稳定且信号未连续显现，疑似存在生命迹象，最终探测人员在没有对仪器的适应性和图像进行认真分析的情况下，作出了与真实情况相反的结论，最终事实证明 4 名被困人员存在生命体征。专业救援队要完善相关的技战术训练方法，熟悉掌握专业救援装备的性能参数，了解其适用场景及范围，最大程度发挥救援装备作用。

专家点评

此次坍塌是采用 CRD 施工方法克服复杂地质的隧道，坍塌段伴随着流沙层，对今后的救援提出以下几点思考和建议：

◆生命探测意义重大。面对 CRD 施工方法的掌子面坍塌处置，生命探测和定位尤其重要，当时采用雷达生命探测仪、生命通道钻孔、搜救犬等手段都没有准确探测到生命迹象，在今后类似救援过程中，救援人员要充分融合生命通道钻孔、雷达生命探测仪、红外生命探测仪等装备手段，耐心探测生命迹象，为后续救援提供有效信息参考。

◆救援不能轻易放弃。面对复杂的救援环境，不能丧失救援的信心，不到最后一刻不言放弃，要采取充分的技术手段搜救被困人员。

◆如何保障救援人员的安全。此次救援生还 4 人，遇难 2 人，遇难人员解救需进入坍腔内部切割钢构件，当时坍体极不稳定，伴随着流沙溜坍风险。救援队员冒着再次坍塌的风险抢救了遇难人员遗体，过程非常惊险。今后遇到类似情况，要充分考虑保证救援人员的安全。

案例四十三　福建省厦蓉高速“12·5”后祠隧道坍塌事故

2014 年 12 月 5 日 0 时 30 分许，龙岩新罗区适中新祠村，正在施工中的厦蓉高速公路扩容项目 A3 标段后祠隧道出口段，发生初支塌方，塌方地点桩号 K131 +881，21 人被困。经各级各方的共同努力，历经 35 h 连续奋战，6 日 11 时 30 分许，21 名被困人员全部安全获救。

一、事故隧道基本情况

后祠隧道是龙岩厦蓉高速扩建工程控制性工程，位于新罗区适中镇，是在原漳龙高速公路后祠隧道右线原位上由二车道扩建为四车道，隧道长 1002 m，属于中长大跨度隧道，宽度由 9 m 扩至 20 m，扩建后净空 17.75 m ×5 m（宽 × 高），隧道长 1002 m，是全国、全省山区首条二扩四隧道。

二、事故发生经过

2014 年 12 月 4 日 20 时 30 分许，施工项目部开挖班工人 17 人进洞作业（其中：8 人钻孔、3 人清孔、4 人安装风管及水管、1 人为装载机驾驶员、1 人为带班人员），到 22 时 30 分许，又有支护班工人 4 人进洞进行喷浆作业，现场专职安全员、兼职安全员在洞口位置进行安全监控。12 月 5 日 0 时 20 分左右，专职安全员在洞口处听到洞内石块掉落的异常声响，并和兼职安全员返回洞里查看情况。到达掉块处，专职安全员留在现场查看，兼职安全员跑出去跟分管安全工作的副经理和项目总工程师报告。整个塌方过程大概 10 min，最后将整个隧道堵死，专职安全员返回项目部出口处维持车辆秩序。位于洞内掌子面处上台阶钻孔、喷浆等作业的 21 人被困。

三、事故直接原因

（1）坍塌段地质条件差，坍塌前遭遇连续降雨。坍塌段为浅埋偏压段，工程地质条件差，为全、强风化花岗岩，结构松散，力学性质差，围岩自稳能力差，且存在偏压现象。加上 2014 年 11 月 29 日至 12 月 4 日连续降雨（累计降雨量为 43.0 mm，与常年同期相比多 6 倍），雨水渗入土体，加大土体自重，进一步削弱围岩的自稳能力，增加对初支的压力。

（2）违规进行换拱作业。一是施工单位对换拱工作不重视，换拱方案不合理，措施细化不到位；施工操作不规范，在未采取有效临时加固措施的情况下实施换拱作业，导致拱部围岩变形增大，进一步减弱土体自稳能力，加大初支受力，最终导致初支失稳而产生坍塌。二是监理单位对换拱方案的审查把关不严，未经认真会审即予批复；对现场作业监控不到位，对违反施工方案和操作规程的行为没有制止。

（3）其他导致坍塌的原因。一是二衬距掌子面的距离过大，初支承受围岩压力的时间过长，初支的有效支撑能力降低。二是施工单位违规擅自改变开挖施工方法，致使土体扰动变大，减弱围岩自稳能力，增加初支的受力。三是换拱前后相关各方均没有对坍塌段落进行监测，未能发现异常现象并及时采取应急措施。

四、应急处置与救援

（一）企业先期处置

接到项目总工程师和分管安全工作副经理的报告后，项目经理于5日0时40分左右到达隧道，组织事故现场警戒，清查被困人数；5日2时左右报告业主单位和政府部门。5日3时40分左右，当地政府相关部门和业主到达后，马上联系设备开展抢险救援，通过高压风管间断地往内送风，确保被困人员空气供应正常。

（二）各级应急响应

事故发生后，中央和省委、省政府领导高度重视。国务院、国家安全生产监督管理总局分别作出批示和指示，要求全力科学组织施救，千方百计营救被困人员。国家安全监管总局、交通运输部、国资委等国家部委立即指派相关领导和专家赶赴事故现场指导施救工作。省长第一时间带领省安全监管局、省交通运输厅、省高指主要负责人和龙岩市领导赶赴事故现场，同时在现场成立了以副省长为组长的现场救援工作小组和龙岩市市长为总指挥的现场救援指挥部，领导指挥救援工作，先后调运了17台（套）大型救援设备，组织了600多人专业救援队伍，迅速展开救援。

（三）制定救援方案

现场救援指挥部多次召集专家组和相关单位现场会商，确立了在确保原通风管道畅通的基础上先打通生命通道再打通逃生通道的施救方案。

（四）抢险救援过程

根据专家的意见，5日10时45分左右开始使用 $\phi160$ mm 的潜孔钻在塌方体左下方实施打孔作业，于12月5日15时40分左右贯通生命通道，17时与被困人员取得联系，及时传送给养和通信照明工具等。

在确认被困人员生命安全后，针对较为复杂的地质条件，根据专家意见，现场救援指挥部确定并组织实施液压顶管和矿山法小导洞掘进作业同时并进的措施打通逃生通道：一是调集就近的液压顶管装备开展施救，在洞内塌方体底部中间位置铺设ϕ800 mm钢管，用挖掘机采用液压顶进，5日20时30分开始实施。二是采用在隧道右侧边墙中部沿壁人工开挖梯形小导洞的方案掘进逃生通道，5日21时开始实施。梯形小导洞率先于6日11时35分全部贯通17 m坍塌体。11时40分左右，21名被困人员通过此逃生通道成功获救。

五、总结分析

（1）组织坍塌段落的处置工作。建设单位应认真组织设计、施工、监理等单位提出本次坍塌段落的专项处置方案，经专家会审后，施工单位据此制定专项施工组织设计及安全施工方案，经批准后方可按方案实施，避免发生次生灾害，确保工程顺利实施。

（2）施工单位要严格按照有关规定编制切实可行的施工方案，并使之有效运行。要严格按照设计、规范及专项施工方案施工，规范开挖和衬砌施工，避免掌子面距仰拱、二衬的距离过长，对超前小导管、锚杆、拱架、初喷、仰拱等隐蔽工程应按设计施作到位并留有影像资料。要进一步细化技术交底，加强对施工班组的技术指导和操作控制，危险作业时应撤出其他无关作业人员，在危险源没有确定解除前不得进洞施工。要强化应急救援预案的编制和演练，对项目危险源进行分级动态管理，严格执行安全检查制度，及时掌控安全生产形势。要加大安全设施投入，严格按相关规定设置救生通道及应急包等应急救援设施，加强安全教育培训，切实增强安全防范意识，培养作业人员的风险意识和应急反应能力，加强对职工的劳动保护，改善作业场所的安全条件。

专家点评

此次坍塌是一起典型的隧道关门事故，对今后的救援提出以下几点思考和建议：

◆快速建立生命联系孔，第一时间与被困人员取得联系，同时需要进行生活物资的输送保障和进行心理疏导，同时预判坍塌体长度，为后续方案制订提供指导。

◆实施救援过程，需要严格控制救援人员数量，依托专业救援组织实施，过程中注意安全风险评估，防止次生灾害发生。

案例四十四　四川省江油市武都引水工程“5·22”永重支渠隧洞垮塌事故

2020年5月22日11时57分，四川省江油市厚坝镇香龙村武都引水工程永重支渠在建隧洞发生垮塌事故致3人被困。事故发生后，省委、省政府和应急管理部领导高度重视。应急管理厅立即视频调度会商，选派专业人员协调指导抢险救援工作。经过全体救援人员176 h的艰辛奋战，5月29日20时，3名被困人员全部获救生还。

一、事故隧道基本情况

事故隧洞位于江油市厚坝镇与重华镇交界处，龙门山断裂带前缘，地质构造复杂，裂隙发育，岩体破碎。工程隶属绵阳市武都引水工程建设管理局，由绵阳市水利规划设计研究院设计，四川洲桥水电工程有限公司施工，四川腾越建设监理有限公司监理。隧洞全长1075 m，已掘进240 m左右（其中永久支护210 m，临时支护约30 m），垮塌点距离洞口约218 m，垮塌体量不明。隧洞设计为半圆拱，宽2.2 m，高2.15 m，采用工字钢六边形临时支护。

二、事故发生经过

5月22日8时许，1名耙岩机司机、1名辅助员、1名三轮车司机进入隧洞作业。11时57分，工程负责人在洞口发现电源开关跳闸，反复合闸无效后进洞查看，发现约218 m处出现垮塌，3名作业人员和工程机械全部被埋。12时，施工单位技术负责人向当地政府报告并请求救援。

隧道地质结构复杂，为浅表层土质，泥土碎石混合物。经侦察，隧道断面面积小，坍塌堵塞严重，作业空间受限，大型机械快速掘进无法展开。垮塌冒顶面积大，冒顶区域与原冒顶区域相互影响，造成支护应力集中叠加，安全风险性高。隧道口及内部山体不稳定，顶板破碎，支护垮塌、巷道变形严重，不断有矸石坠落，现场救援条件恶劣，救援难度很大。

三、抢险救援经过

（1）闻警快速反应。接到事故报告后，省应急管理厅立即向省委、省政府报送事故信息并派出前方工作组赶赴现场。四川省应急管理厅迅速调集广元市、内江市 2 支矿山救护队赶赴现场参加抢险救援，并成立了由地质、水电工程、勘察、救援等方面专家组成的专家组。按照应急管理部要求，国家安全生产应急救援中心持续跟踪指导事故救援工作。

22 日 13 时许，省应急厅指挥中心调遣广元市专业矿山救援队 11 人携侦测搜救、破拆起重等装备赶赴现场。广元、内江矿山救护队接到指令后，立即派出抢险救援经验丰富的救援人员 31 名，由主要负责人带队，携带生命探测仪、破拆、支撑等专业救援装备，第一时间迅速赶赴事故现场开展救援。调派扒渣机 2 台、运渣车 4 台、装载机 1 台、挖掘机 1 台，2 支矿山救护队 31 人和 3 支施工队 44 人采取 24 小时轮班作业的方式，边掘进边支护，全力打通救援通道，营救被困人员。事故发生后，5 月 29 日 20 时许，经过救援人员 7 天 7 夜 176 小时艰苦奋战，成功将 3 名被困人员安全救出，被困人员生命体征平稳，并送医院观察治疗。

（2）精准调集力量。据企业相关人员告知，隧洞永久支护 210 m 以里，临时支护只有 20 余米。经现场侦察分析认为，长近 5 m 的耙岩机、3 m 左右的三轮车和 3 名被困人员应在 10 m 左右的垮塌隧洞内。现场指挥部决定：一是立即开启空压机向隧道内送风，为被困人员营造生存条件。二是立即调整安设局部通风机位置，保证施救作业面形成正常通风。三是监测现场气体浓度，铺设灾区电话。四是立即采用人工掏小巷的方式，快速向里推进营救被困人员。

22 日 19 时 36 分，省应急厅指挥中心再次命令广元出动 1 小队 7 人增援事故现场。22 日 22 时 48 分，支架受力出现变化，厢出现异响，上部矸石不断滑落，现场救援人员被迫撤出。现场指挥部决定对隧道临时支护部分整体加固后，继续掏小巷推进。22 日 23 时 25 分，省应急厅指挥中心派出 2 名救援专家，命令内江市专业矿山救援支队 13 名救援人员，携带雷达生命探测仪、破拆顶撑等装备增援事故现场。绵阳市 15 名医护人员已做好救治准备，20 名公安民警在现场维护秩序，武警二支队 50 人在外围待命。

（3）科学制定方案。事故发生后，省应急厅指挥中心咨询了国家隧道应急救援中交建重庆队、北京新铁斯达公司、四川路桥集团等隧道救援队和部分设备经销商。由于隧洞垮塌处离地表较浅，周边有断层通过，受“5·12”地震和上部水体影响，被困点上方悬空体积大，裂隙发育、岩体破碎，被困人员可能生存的空间狭小，施工方无隧洞上、下对照图，隧洞断面小等原因，无法使用水平钻机和竖井钻机进行施救。现场指挥部采纳了专家组建议，为了抢时间、提工效，在先期支护联排加固的基础上，采用“小断面，掏小巷，快掘进”的方式，快速通过垮塌冒顶区域，营救被困人员。

按照现场救援指挥部22日方案，救援人员分组作业，从塌方处实施支护掘进和小断面开挖作业，但施工作业难度较大、推进较慢。23日17时，在小巷掘进至3 m左右时，由于遇到倒塌的工字钢和钢管堆积较多，上部漏空面积大，冒落不断，支护困难等情况，营救工作受阻。截至5月23日18时，共向前掘进小断面11 m，未发现被困人员。经现场专家、救援队伍研究后，前方救援指挥部决定采用工字钢格栅连接支护，在保证安全的前提下实施全断面机械作业，提高掘进效率。5月24日3时左右开始作业，同时采用辅助机械钻进探洞，勘测情况，现场抢险指挥部果断将“小断面、掏小巷、快掘进”调整为“小进度、全断面、强支护、稳推进”的工作方案，将六段工字钢支架改为梯形支架，使用机械装运矸石，起重葫芦拨出支架，有效地保障了现场施救人员的安全，大大地提高了推进速度。5月25日，省应急厅指挥中心再次协调四川省冶勘设计集团、中国水利水电第五工程局、中国安能集团第三工程局及四川煤田地质局物探院，涉及水利施工隧洞专业、地质专业、应急救援3个领域的专家队伍赶赴现场。采用高密度电法实地勘测隧洞，通过专家对垮塌体空间电阻成像分析，增强了抢险指挥部坚持原方案，取得必胜的信心和决心。25日晚，前线指挥部组织召开第一次新的专家会商会，到会专家对目前采取的“小进度，全断面，强支护，稳推进”的救援工作方案表示完全赞成，更进一步坚定指挥部的信心，丰富细化具体的行动措施。会议要求，务必安全施救，优化工作措施，细化救援规程，加强现场管控和隐患排查工作。

29日18时15分，在清运矸石达148.5 m^3，梯形支架推进到13架棚时，听到3名被困人员的声音，1名救援队员爬入被困地点，安抚被困人员、评估伤情。19时35分，3名救援队员进入被困地点，用担架将3名被困人员逐一运出。29日20时5分，3名被困人员全部运出，抢险救援结束（图5-5）。

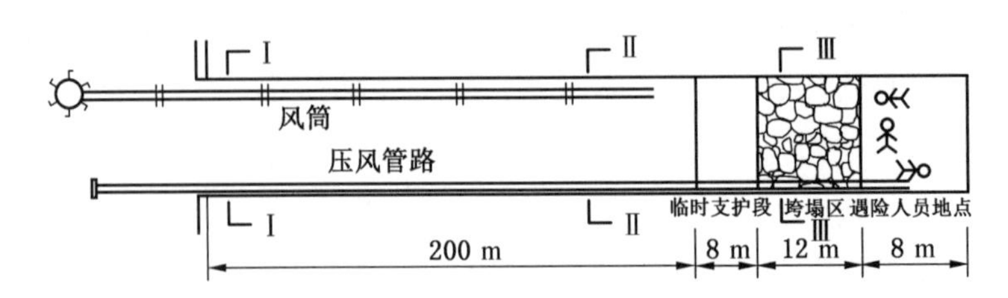

图5-5 武都引水工程“5·22”永重支渠隧道垮塌事故救援巷道平面图

四、总结分析

（1）领导重视是根本。事故发生后，应急管理部领导专门作出批示，要求科学施救，严防次生灾害。省委、省政府和绵阳市委、市政府高度重视、迅速作出部署，省委、省政府主要领导对抢险救援和应急处置工作分别作出指示批示，要求坚持“生命至上、安全第一”原则，严防次生灾害，全力做好现场救援工作，尽快救出被困施工人员，尽快查明事故原因，举一反三抓好各类在建工程项目的隐患排查整治，严防此类情况再次发生；要求做好家属安抚工作，确保社会大局稳定。厅长立即调度绵阳市和江油市应急局了解相关情况，并作出工作安排，确定抢险救援方案后，又受常委副省长的委托，赶赴现场，深入隧洞事故救援现场指导应急处置工作，要求厅应急指挥中心随时向上报告事故研判和应急处置的情况，按照指挥部救援需要，全力指导协调救援队伍和专家。

（2）科学调度是关键。省应急厅接到事故报告后，根据掌握的事故基本情况和全省救援队伍能力情况开展会商研判，优先考虑调度救援精干队伍当排头兵，命令广元市专业矿山救援队派出先遣队赶到现场侦察排险，为抢险救援赢得时间。随即内江市安全生产专业救援支队陆续赶赴现场参与救援。同时协调省煤田地质局、省冶金勘查局、省水利设计院、川西北气矿、909 地质队等相关领域专家 20 人全程给予技术支持。指挥部又调派应急、消防、公安、卫健、自然资源、水利、民兵等救援力量配合开展应急救援。整个救援力量调度主次分明，既充分发挥各方专长又紧张有序施救，实现了队伍与部门共同参与、协同作战、有序有效、执行有力的科学调度。

（3）专业救援是保障。事发隧道地处龙门山断裂带前缘，地质构造复杂，塌方岩体比较破碎，支护垮塌、巷道变形严重，不断有矸石坠落，不断出现冒顶、渗水等危险。隧道断面小，作业空间受限，大型机械快速掘进无法展开。根据面临的不利形势和救援困难，水利、地质等领域专家和专业救援队伍反复会商，提出科学、专业救援方案，持续解决抢险救援过程中的技术难题，确保救援安全。在救援环境十分恶劣，条件极为复杂的情况下，从确定的第一方案到第二方案的调整，从救援队伍千方百计克服岩石滑落、救援作业面狭窄等实际困难艰难掘进，到打通被困区域救出被困人员，都体现了救援的专业性，充分说明专业救援是成功救援的重要保障。

（4）矿工自救是基础。这次救援能够创造 3 名被困人员生还的奇迹，不仅是抢险救援得力，被困人员的团结互助和顽强坚持也是重要因素。在长达 176 h 的时间里，3 名被困人员相互鼓励、相互照顾，靠良好的心理素质和对生存的强烈渴求，靠对党对政府的信任和期望，战胜了黑暗、恐惧、饥饿，突破生理极限，以顽强抗争的精神赢得了生存，共同创造了这一救援奇迹。

（5）精准救援是方向。此次救援行动，我们始终把保护救援人员安全和抢救被困人员生命摆在第一位；坚持底线思维，做最坏的打算，争取最好的结果；72 h 黄金救援时间之后，依然争分夺秒开展人员搜救，昼夜不息寻找生命迹象。事故现场应急、公安、消防、卫健、自然资源、水利、政法、民兵、志愿者等 350 余人，一起与时间和死神赛跑，特别是 31 名专业矿山救援队员、44 名施工人员，他们在一线不畏艰险、不眠不休、不离不弃、顽强拼搏，面对隧洞支离破碎的顶板，随时塌陷的地表沙泥岩，稳步推进，寸土必争，实现了精准救援，经过 176 h 连续作战，最终取得了生死大营救的最终胜利。

专家点评

◆此次救援是狭小洞室坍塌的典型救援案例，引水隧洞等地下工程开挖断面小，常用的隧道救援装备如大口径水平钻机、生命通道钻机空间受限不能作业，如何处置狭小洞室坍塌救援、搜救被困人员还须进一步攻关。此次救援采用洞内施工机械设备、正面小型巷道掘进的方式打通了救援通道，是一次成功的救援。

案例四十五　云南省玉磨铁路“8·17”王岗山隧道坍塌事故

2020 年 8 月 17 日 10 时 10 分，玉磨铁路站前 8 标王岗山隧道在掘进施工过程中发生塌方涉险事故，导致 4 人被困。8 月 19 日 9 时 30 分，救援人员打通救援通道，成功营救全部被困人员。

一、事故隧道基本情况

王岗山隧道位于新建玉溪至磨憨段铁路墨江站—他郎河站区间，进口里程为 DK144 +500（ = DK144 +499.714，短链 0.286 m），出口里程为 DK158 +008，全长 13508 m，左右线线间距为 4.2 ~ 5.118 m，出口为三线隧道，三线车站进 1124 m。隧道洞身最大埋深约 520 m，最小埋深约 2 m，洞身有 2 处浅埋段。隧道本次塌方段 DK155 +914 ~ DK155 +897 埋深约 450 m。

为满足施工工期、施工通风、防灾救援、弃碴等需要，全隧共设 1 座横洞、2 座斜井、1 座平导，横洞长 243 m，采用单车道无轨运输；1、2 号斜井分别长 943 m、941 m，均采用双车道无轨运输；出口平导全长 1300 m，采用单车道无轨运输。

二、事故发生经过

2020 年 8 月 17 日 10 时 10 分，玉磨铁路站前 8 标王岗山隧道出口在施工过程中发生“关门式”塌方，塌方里程段落探测为 DK155 +914 ~ DK155 +897，长度约为 17 m，塌体完全堵塞了隧道横断面范围；事故造成作业面上准备作业的 2 名装载机司机、2 名渣上车司机被困于塌方体和掌子面之间。塌方发生后，现场值班人员立即向项目负责人报告，项目部经理立即启动应急预案，同时立即将事故情况上报墨江县应急管理局及建设单位，并及时组织人员设备准备营救，11 时 30 分地方政府有关部门和建设单位到达现场，13 时 20 分集团公司领导到达现场。

事故发生当日 3 时，爆破支护班组进入事故地点掌子面准备开始掌子面爆破作业，中间发生过两次停电故障，故障排除后作业至 7 时左右，隧道架子三队于 7 时开始进行仰拱 DK155 +914 ~ DK155 +911 段开挖作业，9 时接到值班人员通知，前方掌子面即将进行爆破作业，所有人员和设备撤离工作面。9 时

23 分掌子面进行爆破作业，此时值班人员同时通知机械工班派 2 辆装载机和 2 辆渣土车做好进洞准备，准备时间 20 ~ 30 min，等隧道通风排烟结束后 4 辆机械进入隧道准备出渣作业，10 时 10 分隧道 DK155 + 915 ~ DK155 + 897 突然发生塌方。据现场因爆破作业准备撤离的人员描述，在撤离经过塌方地段时并未发现任何异常情况。

经核对图纸和现场勘查，塌方段设计埋深 450 m，塌方量预估 1800 m，推测坍塌体在 DK155 + 914 ~ DK155 + 897 约 17 m 范围，溜坍体小里程端距掌子面约 64 m。塌方时，在坍塌位置无施工人员及机械设备被掩埋。

三、事故直接原因

（一）地质构造对地应力的改变

一是受区域构造影响，王岗山隧道测段次级构造极为发育，发育 1 个向斜、1 个背斜及 9 条断层；与王岗山隧道本次塌方段最邻近的发育构造为滑苔寨 2 号断层（相距约 820 m）和冲头背斜（相距约 750 m）；隧道穿越区的这些构造对围岩改造作用极大，局部基岩完全被扭碎而后又发生重胶结，离构造稍远的部分段落受断层影响岩体节理发育，围岩较差断层规模是影响断层附近应力场的重要因素，应力场扰动范围与断层几何尺寸密切相关，断层规模越大对地应力大小和方向影响越大，特别是在复合或群状发育断层的叠加作用下，大断层对于地应力分布状态将起着支配作用。由于断层干扰，断层周边一定范围内的应力分布随空间位置而异，断层及其附近应力方向变化明显，与区域主应力相比变化幅度为 10° ~ 90°，断层端部和几何形状拐点处应力方向变化剧烈，应力大小变化较复杂且应力高度集中，塌方区域距滑苔寨 2 号断层 820 m，该区域存在应力集中的情况（水平方向），重力应力等于上覆岩层容重乘以埋深，但由于板块运动、地震、地层温度和地下水压梯度等因素影响，隧址区域自 2020 年 7 月以来由于受到长时间强降雨影响，地表水逐渐渗入地下，垂直应力将大于上覆岩体的自重。二是围岩中含辉绿岩夹碎裂岩属于膨胀性围岩，也就是能产生膨胀性地压的围岩，此类围岩特点为随着时间的延长，围岩长期的位移和土压增大，产生使支护结构破损的压力。分析其原因：①单纯的吸水物理膨胀；②围岩上覆荷载的塑性变形；③地壳运动时潜在的能量释放。蚀变辉绿岩因隧道周边破碎（塑形化）沿着一定厚度的断面吸水膨胀而软化，形成膨胀性地压。有关资料显示，容易发生膨胀性地压的都是围岩强度较小的岩石，如软弱的黏土层、破碎带、强风化石。塌方体上方有可能存在膨胀性围岩。

（二）地震发生对隧址区地应力的改变

王岗山隧道隧址区位于云南省普洱市墨江县境内，该县区域近两年曾发生多次构造地震，其中最大的一次为2018年9月8日，震级5.9级，震源深度11 km；最近的一次为2020年8月1日6时53分53秒，震级3.5级，震源深度10 km；前述两次地震与隧道塌方段直线距离为16 km。根据施工方提供的监控量测报表中地表测点数据，截至2020年8月16日因隧址段地震活动影响，DK155 +900地表已产生位移和沉降。

地震之后，地下断裂位移的岩块在后继应力作用下调整位态以达到新的平衡，所以在较长时间内还会不断发生较小地震；受其影响的地面变形变位和地下水位也有一个调整过程。地震作用往往导致地下的含水层受到强烈的挤压，或将导致地下水压力增大，地应力随之加大。

（三）地下水对隧址区地应力的改变

隧道测区地下水以大气降雨补给为主，其补给条件与降雨量、地形地貌及岩性等条件密切相关（摘自原设计文件），地下水对岩体地应力的大小具有显著的影响。岩体中包含有节理、裂隙等不连续层面，这些结构面中又往往含有水，地下水的存在将导致岩体地应力增大。尤其是深层岩体中，渗透水对地应力的增幅影响更大。

隧址区连续多天下雨，导致地下水富集，通过查阅施工过程照片等影像资料，以及现场踏勘塌方发生后塌方段邻近段落的情况，塌方段初期支护表面曾有淋雨状滴，塌方邻近段初期支护表面正在淋雨状滴水。

隧址区塌方段落在内的DK155 +914 ~ DK155 +897（17 m）段围岩位于蚀变破碎带（据第三方超前地质预报单位提供的超前地质预报资料），该破碎带段落较其前后邻近的非破碎带段落更易于地下水的汇集和富集；另一方面（据第三方超前地质预报资料），该段围岩结构面有绿泥石泥化现象，该泥化现象又将降低围岩的透水性，不利于地下水在围岩中的排导，将引起围岩含水率增加。根据气象统计（详见墨江县气象局资料附件），墨江县及王岗山隧道隧址区附近联珠镇高寨村2020年6月19日至8月19日两月间降水量明显多于历年同期水平，其中8月上旬全县的降水较往年偏多94.6%。

（四）现场施工情况分析

本次事故调查过程中，查阅了《王岗山隧道施工组织设计》《施工方案》《技术交底》《安全技术交底》《施工日志》《检查监理日志》。《检查监理日志》中未记录有施工不规范事项和施工整改指令下达事项；询问工程监理人员，根据本人讲述，其本人在塌方发生前8月17日6—9时，进行了常规巡检和旁站工作，塌方发生段内的 DK155 +914 ~ DK155 +911 段施工方在进行仰拱基坑开挖作业，仰拱开挖未见有不规范的施工步序和行为，仰拱上部初支均已落脚于实处，且边墙钢架锁脚锚杆、喷射混凝土均已施工完成并已达到设计强度。

询问掌子面开挖施工队队长，根据施工队队长讲述，8 月 17 日 9 时塌方发生前，掌子面 DK155 +833 已完成爆破前的各项准备工作，本次采用的是控制爆破，实际炸药装药量较上一循环少用 12 kg。

隧道施工过程中（截至塌方发生时）掌子面与二衬间的距离为 198 m；通过查看施工方提供的监控量测报表数据，塌方段及邻近测点/断面 DK155 +910、DK155 +915 周边收敛、拱顶沉降均满足要求、小于允许值，截至 8 月 16 日，两断面周边收敛最大值分别为 17. 7 mm、43. 9 mm，速率分别为 0. 65 mm/d、0. 9 mm/d，拱顶下沉最大值分别为 17. 3 mm、43. 7 mm，速率分别为 0. 35 mm/d、0. 8 mm/d，且从时态回归曲线看均已趋于稳定。本次塌方段为未施做二次衬砌的初期支护段落，初期支护在受到强降雨后地下水渗透以及地震偶然荷载的作用，围岩周围地应力的急剧变化，掌子面正常爆破施工等因素对围岩的扰动影响，围岩压力超出初支的承载能力极限时，造成突发性塌方。

四、应急处置与救援

（一）企业先期处置

事故发生后，事故单位立即恢复现场风水电保障，对洞内进行长期通风，保持洞内空气的充足，在作业面提供 380 V、200 kV · A 的动力电源，用于大口径水平钻机的动力源；在隧道内通行道路转弯处、会车处和掌子面设置良好的照明条件，以保障施工安全；组织人员对坍体进行反压回填和初支加固等措施，为救援通道作业创造条件。

（二）各级应急响应

2020 年 8 月 17 日 10 时 41 分，墨江县应急管理局接事故项目部报称，玉磨铁路墨江段王岗山隧道出口发生塌方涉险事故，疑似 4 人失联。

接报后，县应急管理局及时向县、市领导电话报告，县、市、省各级领导即刻作出相关批示。墨江县县长立即作出指示：“由常务副县长带队，带领县应急消防、交通运输、自然资源、公安、卫健等部门人员前往事发地全力开展应急救援”，且第一时间在事故现场成立“王岗山隧道‘8 · 17’事故抢险救援联合指挥部”；普洱市委、市政府分别作出指示批示：“要求认真贯彻落实副省长的批示要求，组织力量全力救援被困人员，在全市范围内深入细致开展安全大检查，全面排查安全隐患，坚决防止类似事故再次发生”；云南省副省长立即作出批示：“要求全力搜救，避免次生灾害”。

普洱市迅速成立玉磨铁路王岗山隧道出口“8·17”事故抢险救援联合指挥部，由市委常委、市政府常务副市长任指挥长，率应急、公安、消防、卫健、矿山救护队等部门迅速奔赴现场，与铁路建设单位共同开展抢险救援工作，墨江县和雅邑镇党政领导第一时间到达现场开展救援工作。普洱市矿山救援队、国家隧道应急救援中铁二局昆明队（简称隧道昆明队）也于当日到达事故现场。

（三）制定救援方案

救援指挥部制定塌方抢险救援方案：在确保安全的前提下，一是采用现场多功能钻机打通直径108 mm生命通道；二是采用620 mm大口径水平钻机打通救援通道；三是采用侧壁小导坑法开辟救援通道；大口径钻机和小导坑方案同步实施。

（四）抢险救援过程

1. 施作生命联系通道

救援队在全面排查现场时发现施工用高压风管完好，便立即通过高压风管输送新鲜空气，保证塌方体至掌子面人员被困段空间的供氧。同时，敲击高压风管，联系被困人员，初步判断被困人员暂时安全。当日19时40分完成救援第一阶段生命通道贯通，及时同被困人员通过喊话方式取得联系，确认4名被困人员安全，并输送水、食品、手电等给养物资。

2. 建立音视频监控系统

2020年8月17日18时26分，隧道昆明队通过卫星指挥车与国家安全生产应急救援指挥中心建立卫星通信，并上报相关情况。

3. 反压回填，加固初支

17日22时50分，开始钻机作业平台填筑。隧道昆明队现场组织、指导现场施工单位平整场地，快速实施反压回填和平台填筑，于18日3时20分完成平台填筑。填筑好平台后及时组织人员采用堆码砂袋的方式对坍体进行反压，18日6时50分完成砂袋堆码反压作业，接着安排人员对坍体坡面喷射混凝土进行加固，保障救援安全，于18日8时50分完成喷射混凝土作业，最后在砂袋堆砌成的第二个平台上用方木搭设灯笼架以支撑顶部初支，于18日12时10分完成。

4. 实施救援通道

随后立即按照大口径水平钻机钻进和侧壁小导坑掘进两个救援方案组织施

工，经过 47 h 紧张救援，8 月 19 日 9 时 30 分，被困 4 人通过率先打通的侧壁小导坑被成功营救，随即被困人员被立即送往墨江县人民医院进行救治。8 月 24 日入院治疗的获救人员康复出院（图 5 –6）。

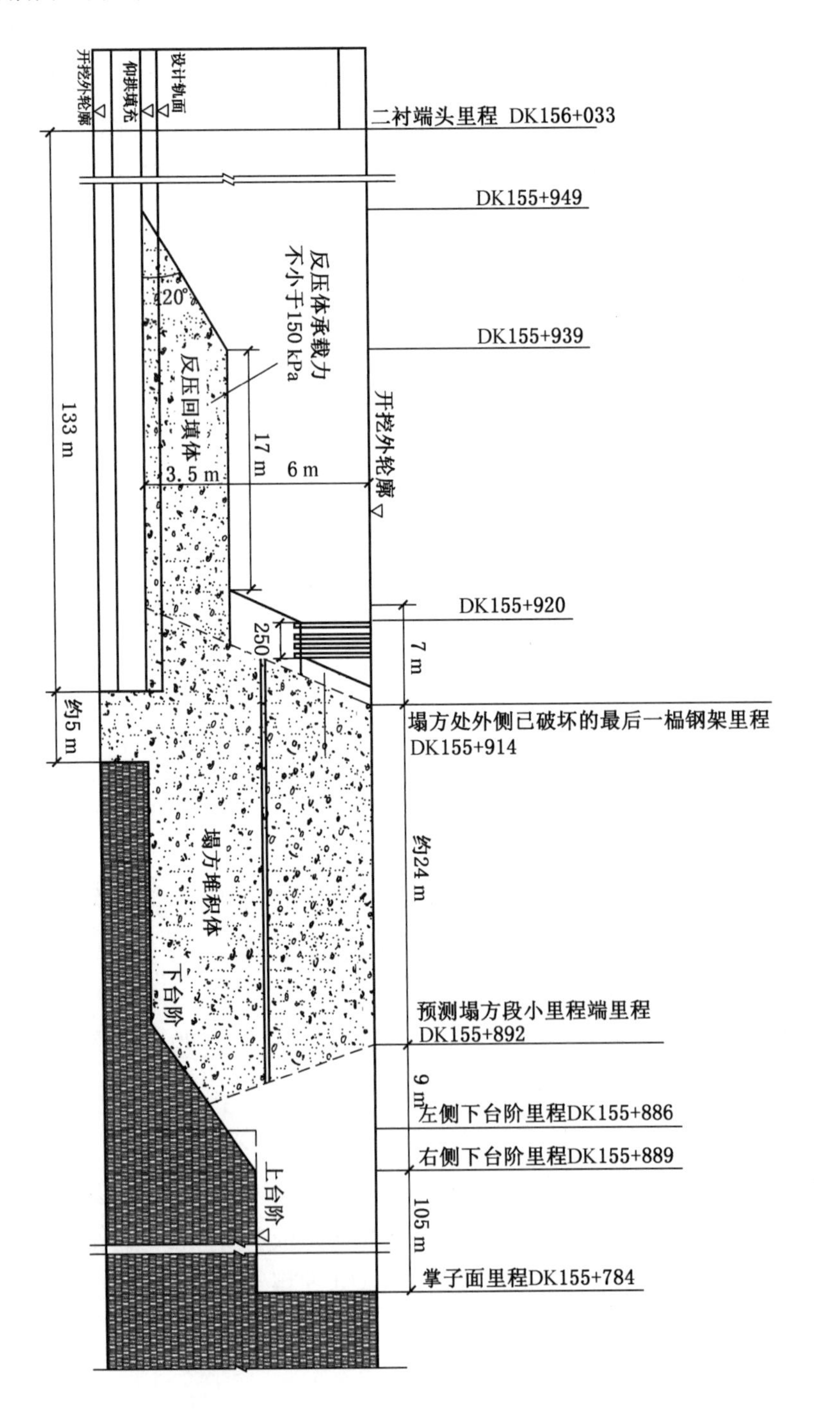

图 5 –6　玉磨铁路“8・17”王岗山隧道坍塌事故现场救援示意图

五、总结分析

(1) 隧道坍塌段围岩比较差，二衬至开挖掌子面较长，且因雨季施工和隧道洞身区域水系发育，大大增加了施工风险。施工单位在施工时严格按照施工标准进行施工，控制好工程质量，科学组织、把控安全防线是施工安全的必要保障。

(2) 核心救援装备大口径水平钻机过程中出现卡钻现象，要求重新评估钻机性能可靠性，隧道昆明队计划邀请外部专家、厂家技术代表共同评估分析钻机性能，考虑对大口径水平钻机及其配套设备进行升级，增强可靠性和适用性。

(3) 考虑加强队伍人员配置，根据现场救援作业的要求，继续培养一专多能型操作人员，实行定人定机定岗制度，现场落实分班作业，提升队伍连续作战能力。

专家点评

此次坍塌的是单线铁路隧道，断面较小，救援有以下几点思考和建议：

◆此次救援侧壁小导坑率先打通救援通道，隧道从左侧坍塌，隧道右侧初支破坏较轻，这种情况下，利用完好的右侧初支采用三角小导坑方法掘进，较快地形成了救援通道，值得借鉴和参考。

◆大口径水平钻机适用条件有一定局限性，尤其是遇到特殊地质或者主机地基不密实时，钻进可能会发生卡钻现象，如不能脱困，则应重新处理地基后再次开孔钻进。

案例四十六　四川省九绵高速“10·24”白马隧道坍塌事故

2017年10月24日23时37分，九绵高速公路C2标白马隧道（四川省平武县白马镇）由于地质不良的原因导致K46+951处已施工加宽段初支发生坍塌，造成3名施工作业人员被困。经过80余小时的奋战，成功救出3名被困人员。

一、事故隧道基本情况

九绵高速C2标段白马隧道口位于阿坝州九寨沟县浦南村，处于高海拔地区，属于高原作业施工并且隧道属于低瓦斯隧道，五级围岩占73%，而且岩性变化频繁，涌水量大，地质环境复杂，施工过程中容易发生地质灾害。

白马隧道为双线分离式，左线隧道全长13013 m、右线隧道全长13000 m，其中绵阳境内平武C2项目施工隧道左线6056 m，右线6000 m。

二、事故发生经过

2017年10月25日白马隧道出口端左洞突然发生坍塌，造成正在立架作业的3名工人被困，施工单位立即启动应急救援预案，并向上级单位汇报有关情况，同时寻找外部救援力量参与抢险救援。

三、应急处置与救援

（一）应急响应

事故发生后，施工企业迅速作出反应，立即启动安全事故救援应急预案并第一时间向上级和逐级向有关部门报告事故相关情况。四川省、市、县各级相关单位迅速组织各方力量赶赴事故现场开展抢险救援工作，千方百计营救被困人员。在四川省安全监管局、省应急办、绵阳市、平武县和相关单位和领导的指挥下，国家矿山救援芙蓉队、中交隧道救援队、四川省煤炭设计院、广旺集团矿山救援队、国家隧道应急救援中铁五局贵阳队（简称隧道救援贵阳队）先后抵达事故现场，在指挥部的统一指挥和调度下，全体救援队员不顾身体疲惫和天气寒冷，争分夺秒，奋力施救。

（二）救援经过

25日10时26分，隧道救援贵阳队接到国家安全生产应急救援中心救援指令，立即组织人员装备火速赶往事故现场参与抢险救援。

25日13时37分，大口径水平救援钻机及配套设备共计6辆运输车辆先后赶往救援现场。此次参与救援人员共36人、指挥车5辆、皮卡车1辆。

26日14时45分，6车救援设备依次抵达，同时，隧道救援贵阳队工程技术人员根据现场情况，紧急研究钻机营救方案。27日中午决定启用大口径钻机救援设备，救援队立即着手设备安装、平整场地、钻机调试等工作，19时30分正式开钻。在钻进过程中，救援队克服了拱顶掉块、处理加固，钻机不均匀沉降等困难因素，于28日10时22分顺利打通逃生通道，12时23—45分，3名被困人员被营救出来，送往医院进行救治（图5－7）。

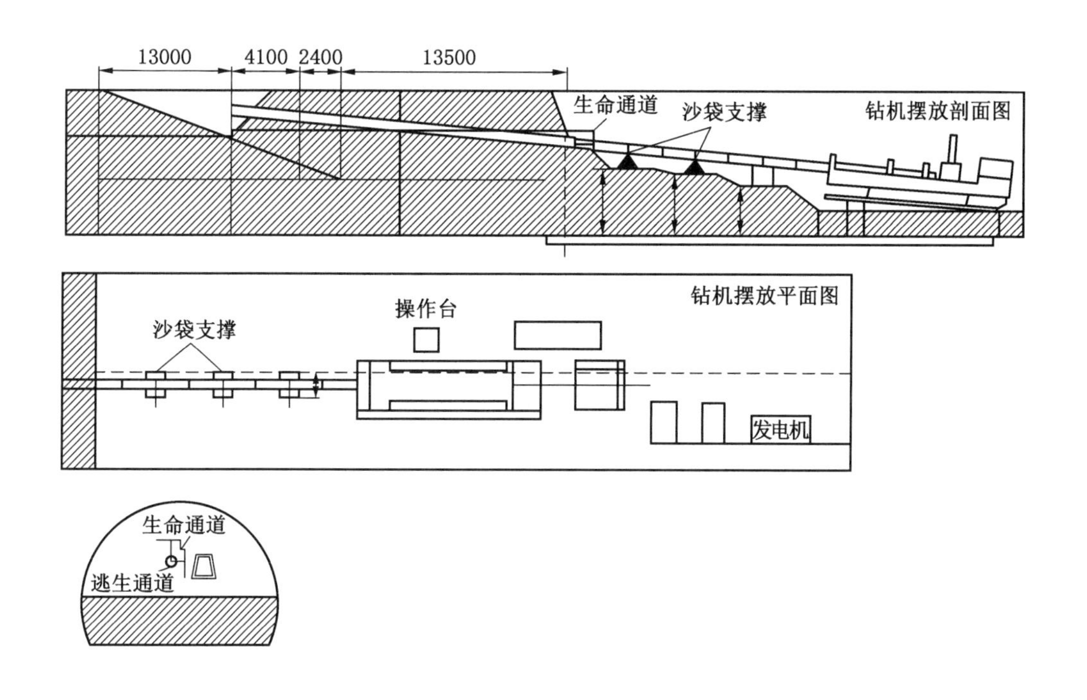

图5－7　九绵高速“10·24”白马隧道坍塌事故救援方案图

四、总结分析

（1）先期做好防护措施。在确认事故现场坍塌体及拱部掉块加固稳定并初步确认无次生灾害威胁后，立即组织人员开展人机配合、砂袋堆载反压坍塌体正面、至拱顶高度，在拱部初支掉块处采用I20临时支撑加固等工作，以确保作业面稳定，为后续抢险作业安全创造条件；同时提前搭设和填筑钻机进场操作平台，检查和修复现场风、水、电管线等，为现场实施提供保障。

（2）做好监控测量、安全巡视与警示。现场安排4名专职测量人员，对作业区域、不同角度进行连续监控量测，一旦发现拱部破碎段变形速率加剧，立即组织人员撤离；安排4名专职安全巡护人员，对救援区域加强警戒及拱部观察；并在事故现场设定安全警戒告示牌、设定警示黄线。

（3）打通生命保障通道。在发生坍塌事故后，施工单位利用隧道多功能钻机打通了生命通道，向被困人员输送水和食品，建立通话系统，并通过生命通道了解到了空腔体内的结构、尺寸、坍体长度，为下一步编制大钻机救援方案提供了基础技术数据，为救援赢得宝贵时间。

（4）大口径水平钻机自身没有任何角度调节功能。此次救援，需要从位于第三台阶处的高度向第一台阶打通一条逃生通道，将位于第一台阶处的3名被困人员救出。在制作救援方案时，角度的计算及钻机放置高度的确认非常重要，稍有偏差，极有可能会错开被困人员所在空腔，导致救援任务的失败。在机械就位的过程中，千枚岩地质遇水成泥的特性（底板少量渗水）也给救援带来了极大的考验。由于钻机自重较大，在作业过程中不可避免会发生沉降，一旦沉降超出预先设计的仰角，也会导致救援失败。在实际摆放过程中，结合现场实际，将方案原定的6.3°仰角增加至8°，同时钻机的前后点各抬高了10 cm，预留了充分的沉降空间，事实证明是正确的。

（5）在救援过程中，救援装备的完好是救援的关键。此次钻机等各类配套设备在长时间使用中均无异常，说明日常保养和长途运输中的防护至关重要。

（6）救援设备长时间使用，尤其是进口设备的易损件应当适量存储，防止在救援过程中因零配件损坏而造成救援中断。

专家点评

此次坍塌是采用大口径水平钻机成功救援的一次案例，对今后的救援提出以下几点思考和建议：

◆充分发挥国投先进救援装备优势，加强装备的训练演练。

◆结合救援实战经验，完善先进救援装备的相关配套设施，提升救援装备的现场适应能力。

案例四十七　云南省云桂铁路“7·14”富宁隧道坍塌事故

2014 年 7 月 14 日 16 时 15 分许，在富宁县板伦乡境内，在建云桂铁路云南段富宁隧道 1 号横洞正洞南宁（进口）方向 D4K341 +608.3 ~ D4K341 +626 段发生坍塌事故，导致正在洞内施工作业的 15 名工人被困。经过救援，被困的 14 名人员成功获救。

一、事故隧道基本情况

富宁隧道位于平安至富宁区间，双线隧道，全长 13.625 km，共设进口、1 号横洞、斜井、2 号横洞 4 个工点计 6 个隧道作业面。1 号横洞位于富宁县板伦乡境内，坍方段里程为 D4K341 +626 ~ D4K341 +608.3，长度 17.7 m，设计围岩为硅质岩夹泥质粉砂岩、泥质灰岩，中薄层状，岩体破碎 ~ 较破碎。隧道埋深 170 m。该坍方段开挖过程中所揭示的岩性为硅质岩、泥岩、泥质砂岩互层，灰黑色，层理清晰，产状近似直立，岩层走向与线路相交呈 80° ~ 85°角，右侧受挤压揉皱发育，受构造影响强烈，岩层风化差异大，呈强风化 ~ 弱风化状，泥岩、泥质粉砂岩呈强风化，呈干硬土状，污手，遇水易软化。硅质岩呈弱风化，质硬、破碎，呈四方形细块及颗粒松散状，完整性较差，自稳性差，掌子面潮湿。

二、事故发生经过

2014 年 7 月 14 日 16 时 10 分许，掌子面（里程）上台阶正准备进行立拱作业，自卸车运送拱架至中台阶靠近上台阶处；测量组在距离掌子面约 30 m 处架设全站仪；下台阶准备开挖作业；挖掘机上台阶工作结束后，撤退至中台阶边缘处。

2014 年 7 月 14 日 16 时 15 分许，D4K341 +616 处掌子面方向右侧（线路左侧）拱腰及边墙突然崩塌并向前、后延伸。塌方体将洞身断面全部堵死，导致 15 人被困，具体如图 5 - 8 所示。经过现场确认，塌方段落为 D4K341 +608.3 ~ D4K341 +626，总长度为 17.7 m。坍塌体 D4K341 +626 处距离原正常施工掌子面 D4K341 +581.6 距离为 44.4 m。

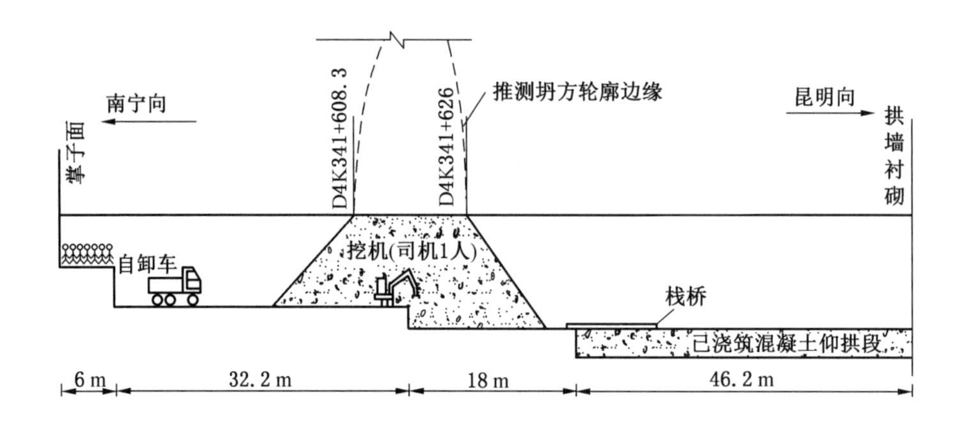

图5-8　云桂铁路“7·14”富宁隧道塌方后被困人员位置示意图

三、事故直接原因

（一）地层岩性方面

富宁隧道本次坍方段隧道洞身地层岩性为泥盆系下统坡折落组（D2p）硅质岩，其呈灰黑、灰白、灰黄色，局部夹紫红、棕黄色泥质粉砂岩及深灰色泥灰岩，薄层状构造，层厚一般1～3 cm，岩质硬脆，节理、裂隙发育，多为张节理，无充填或少充填，自稳性差，工程性能差。围岩等级一般为Ⅳ～Ⅴ级，易发生掉块、坍塌等病害。

（二）地质构造方面

本次坍塌段处于下林色2号断层与下林色3号断层之间。受富宁断裂等区域构造及其次级构造等长期多次构造作用，走向节理以及沿倾向上的横向张节理特别发育，两组节理贯通性好，延伸较远，节理面呈闭合～微张开型，无充填或泥质半充填，节理走向变化大，与测区弧形旋扭构造走向基本相吻合，倾角40°～80°、局部直立，岩体在这套共轭节理的切割下常呈碎块状，在节理密集带常形成碎裂结构岩体。

（三）水文地质条件及气象方面

本次坍塌段处于坡折落组（D2p）硅质岩夹粉砂岩和泥灰岩地层中，该地层透水性较差，属地下水弱发育地层，该地层总体富水性弱。在该段隧道地表中线附近发育有3条冲沟，是雨季表水主要汇集地带，沟水丰富，流量较大，有利于地表水的下渗。云南省最近几年连续干旱，地下水位下降严重，而2014年雨季云南省降雨明显增加，特别是坍塌发生之前的半个月之内，出现了连续性降雨。据富宁县气象局资料，2014 年 5 月、6 月降水量均比历年同期平均值偏多，7 月比历年同期平均值特多。大量地表水下渗使隧道区地下水位上升明显，地下水增多，造成该段洞内出现了渗水、滴水现象，地下水的渗流、浸泡及软化作用明显。

综上所述，富宁隧道坍塌段岩性较特殊、复杂，主要为薄层状硬脆的硅质岩夹泥质粉砂岩、泥灰岩等，隧道距区域性活动断裂富宁断裂较近，受区域构造运动的影响强烈，次生断裂发育，节理、裂隙密集，岩体被挤压、切割呈碎石角砾状，岩体破碎至极破碎，完整性极差，近期降雨频繁，地表地形有利于表水的汇集及下渗，加上施工震动耦合作用，造成地表水下渗至隧道周围岩体，隧道周围岩体受浸泡及软化作用明显，受水的作用破碎岩体层间及节理裂隙间的黏聚力不断下降、强度降低，隧道开挖后，造成松动圈不断增大，松动圈围岩对隧道支护结构产生的压力也不断增大，在岩体压力（重力）的作用下，岩体沿软弱结构面突然发生整体脆性破坏，呈碎石、角砾土状坍落、崩解，最终形成本次坍塌。多种不利地质条件及气候等因素的偶合作用是造成该段岩体整体脆性破坏并发生坍塌的主要原因。

四、应急处置与救援

（一）企业先期处置

2014 年 7 月 14 日 16 时 15 分坍塌事故发生后，事故项目部立即启动应急预案，第一时间向富宁县政府相关部门、业主和施工企业上报坍塌事故情况，并及时准备救援物资、设备，并喷混凝土封闭坍方体，堆载反压，对受影响段初支搭设支撑，防止二次坍塌的发生。

（二）各级应急响应

事故发生当日，国务院领导立即作出重要批示，要求全力搜救被困人员，防止次生灾害，同时，要落实安全措施，切实防止安全事故再次发生。国家安全生产监督管理总局和国家安全生产应急救援指挥中心派出有关领导和专家赶赴现场指导应急救援工作。省委书记、省长要求认真落实国务院领导的批示精神，把抢救人的生命放在第一位，采取科学有效方法实施抢险救援，省长和副省长率员赶赴事故现场指挥救援工作。接到报告后，州委书记、州长及时作出批示，并亲自赴事故现场指挥救援工作。州委、州人民政府和富宁县委、县人民政府立即启动应急预案，州委副书记、文山市委书记，州委常委、常务副州长，州委常委、副州长率安监、公安、消防、交通运输、卫生、铁建处等有关部门负责人和救援队员第一时间到达事故现场组织指挥救援工作。

国家安全生产监督管理总局、国家安全生产应急救援指挥中心及中国铁路总公司领导于15日6时45分抵达救援现场，指导抢险救援工作。

国家隧道应急救援中铁二局昆明队（简称隧道昆明队）于15日凌晨到达现场，参与抢险救援工作。

（三）制定救援方案

现场救援指挥部制定了综合救援方案：探测被困人员生命迹象、施作“生命通道”并向被困人员输送食物等物品、开挖小导坑和采用FS-120CZ大口径水平钻机钻进同时施作救援通道。为保证现场救援信息及时反馈到现场救援指挥部，救援全过程实施了音视频监控，并尽可能通过卫星通信车将救援现场实时画面传送至国家应急救援指挥中心。

（四）抢险救援过程

1. 打通生命通道

7月15日5时10分，隧道多功能钻机打通坍体（22~23 m），经敲击钻杆确认，被困人员有生命迹象。15日19时15分打通生命通道，确认有14名被困人员安全，生存空间较大，无二次坍塌风险，现场组织输送营养液及食品，随后与被困人员建立了视频通话系统。

2. 打通救援通道

（1）实施大口径钻机救援。第一次大口径钻机作业：2014年7月15日20时，在兄弟单位配合下开始大口径钻机平台填筑，7月16日6时20分基本完成场地、行走轨道和龙门吊作业准备，2014年7月16日7时30分，FS-120CZ大口径水平钻机正式开钻，2014年7月16日17时，大口径钻机在钻入坍体18 m时，因作业场地下沉等因素影响导致FS-120CZ大口径水平钻机水平失衡，传导动力下降，救援指挥部决定FS-120CZ大口径水平钻机暂停救援。

第二次大口径钻机作业：2014年7月16日，指挥部决定再次启用大口径钻机救援方案。救援队立即着手场地平整（钻机平台改造）和装备就位，2014年7月19日11时40分，FS-120CZ大口径水平钻机马达再次响起，2014年7月20日2时25分，成功打通救援通道。

（2）小导坑救援通道。小导坑开挖原起点设在坍方体掌子面左侧上台阶底板标高处，采用三角形断面开挖。由于在坍体中实施，虽采用小导管超前，但经过数小时开挖，小导坑掌子面溜坍严重、无法成型，基本无进尺，小导坑开挖受阻。救援队根据现场情况，建议在小导坑施作同侧、距离小导坑起点后退5 m处且初期支护未发生明显变形的拱架上开孔，开挖迂回小导坑，小导坑沿坍方体边沿绕行，全部采用非爆破技术开挖，绕过坍方体形成救援通道；并建议小导坑由原先的三角形改为梯形，断面尺寸为上口 90 cm，下口 100 cm，高 120 cm。20 日 2 时 58 分，迂回小导坑成功打通（图 5－9）。

（3）营救被困人员。经过全体参加抢险救援人员 131 h 的艰苦努力，大口径水平钻机和小导坑通道几乎同时打通救援通道，救援指挥部综合考虑，14 名被困人员通过迂回导坑成功解救。

8 月 12 日 9 时，最后一名被困人员找到，已遇难。

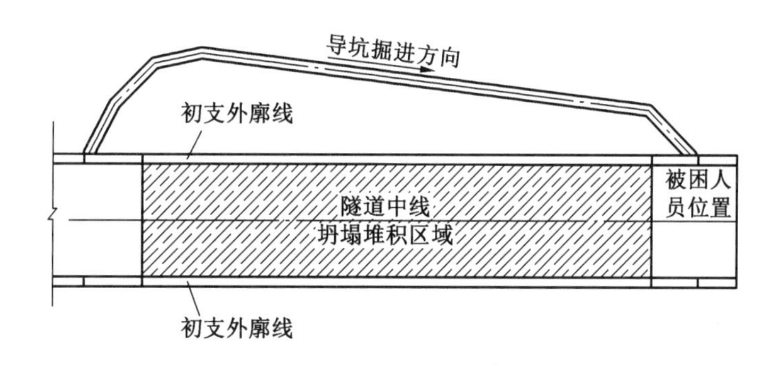

图 5－9　云桂铁路“7·14”富宁隧道事故隧道及迂回导坑方案平面示意图

五、总结分析

（1）应急响应迅速，组织有序。救援队 14 日 16 时 58 分接到出警命令，全部装备和队员 7 月 15 日 11 时全部到达抢险救援现场，并立即开展救援工作。接警、队伍集结、设备装运到主要骨干队员及装备到位参与救援，用时 11 h，实现了快速集结，真正做到了行动迅速、组织有序，充分体现了平时训练和演练的效果。

（2）救援方案得当，方案优化合理。参与制定的生命探测、生命通道实施、救援小导坑开挖和大口径钻机施作、现场视频系统安装等方案编制合理得当。优化后的小导坑方案和第二次大口径钻机钻进实施效果明显，为快速、成功救援奠定了坚实基础，并积累了宝贵的经验。

（3）规范训练科目，特别是大型装备大口径水平钻机和卫星通信装备的训练。围绕大口径水平钻机快速打通救援通道，从钻机配套设备的堆码、装备维护保养到作业场地形成、轨排安装、龙门吊组装、钻机就位、设备检查、内外管安设、钻进和通道打通后拆管等工序着手，从实际操作训练中逐步完善并形成大口径水平钻机的训练科目；从通信装备的工器具、线材开始，认真学习研究；从布线、器材安装、连接、信号（图像）接收、正常工作和收尾拆除等工序着手，在实际操作训练中逐步完善形成通信装备的训练科目。

专家点评

此次救援是国家隧道专业队列装国投装备后的第一次救援行动，暴露了一些问题，也积累了丰富的救援经验，对隧道专业队以后的发展具有深远的意义。

◆装备适应性问题。隧道坍塌后，边缘初支破坏，存在裂缝，为保障救援环境安全，现场采用大面积的钢柱顶撑初支，导致大口径水平钻机就位位置距离坍体约10 m，且大口径水平钻机当时未配置一体化钻具吊装系统，钻机就位需先设置好分离式龙门吊，钻机就位耗费了大量时间。

◆作业流程标准化问题。当时大口径水平钻机自重33 t，现场指挥比较混乱，在未夯实回填土的情况下，大口径水平钻机就位开钻，钻进一定深度后主机发生下沉位移，导致卡钻现象。此次救援后，隧道昆明队制定了队伍预案，完善了出警清单，编制了技战术手册，规范了救援作业流程，为打造标准化、规范化、专业化的救援队打下了坚实基础。

◆迂回导坑救援方法。采取小导坑救援方法时，如遇到坍体正面掘进、遇到流动性大的坍体地质或极难穿越的困难时，可以采用迂回变向的方式避开障碍，此次救援迂回小导坑绕过流沙地质，打通了救援通道。

隧道坍塌事故应急处置及救援工作要点

一、坍体快速加固

坍体加固是为了防止坍塌体坡面因救援作业扰动而发生二次滑移，同时防止因坍塌造成的初支结构开裂等持续发育而导致初支整体失稳，降低再次发生坍塌的风险，为救援人员及设备提供安全保障。

在事故现场确认无次生、衍生灾害威胁后，现场救援指挥部应及时开展隧道围岩变形监测工作，并对坍体进行加固。坍体加固形式有：喷射混凝土封闭、洞渣和砂袋反压、钢支撑加固、方木井字架支撑、管棚注浆加固。隧道坍塌事故发生后应根据现场实际情况选用其中一种或多种方法相结合进行坍体加固。

喷射混凝土封闭：采用 C25 及以上等级的喷射混凝土封闭加固坍体表面。

洞渣和砂袋反压：从洞外运渣配合挖掘机从坍体坡脚自下而上回填反压坍体，然后采用砂袋沿着坍体坡面分层错缝堆码反压至隧道拱顶，砂袋反压分为上下两个台阶，砂袋尺寸宜采用 40 cm × 70 cm 的编织袋，每袋装砂量不得少于半袋。

钢支撑加固：宜采用 I20 工字钢或 ϕ18 mm 圆形钢管斜向支撑隧道初支工字钢，根据现场条件确定斜撑长度，人工破除初支工字钢表面混凝土后与斜向支撑焊接连接，斜向支撑底部使用强度不低于 C20 的混凝土垫块支垫稳定。当设置斜撑占用救援设备操作空间时，可设置临时环形护拱，护拱钢拱架尺寸应根据现场初支内侧尺寸确定。钢拱架安装两侧拱脚应置于牢固基础上，并设置强度不低于 C20 的混凝土垫板，钢拱架应与初支表面密贴，如有间隙应用混凝土垫块楔紧。

方木井字架支撑：采用 15 cm × 15 cm 的方木在砂袋反压的第二个台阶按照井字型搭设方木架支撑初期支护，方木间使用扒钉连接固定。

管棚注浆加固：采用 RPD－180CD 多功能快速钻机施作 ϕ146 mm 套管，成孔后插入 ϕ108 mm 大管棚注浆加固坍体。

二、生命通道快速打通

使用多功能快速钻机快速钻进打通生命通道，生命通道位置一般选择在大口径水平钻机钻孔、导坑洞口、顶管位置上方，钻进过程中专人负责记录钻进数据以确认塌方体总长度、坍体岩层及有无障碍物等情况。穿越坍体后立即撤出内钻杆形成生命通道，通过“5432”法确认被困人员状态和位置，同时通过管道送入音视频系统与被困人员建立通信，并向被困人员输送食物、水、空气、药品等生活保障物资。打通生命通道后应安排专人对被困人员开展心理疏导工作，随时了解被困人员需求。

三、大口径水平钻机救援

（一）设备性能参数

大口径水平钻机在隧道塌方关门事故救援任务中，可运用套管钻进作业快速形成直径约600 mm的逃生管道。

（二）适用范围

大口径水平钻机救援技术适用于因不良地质、施工管理、外部环境等原因造成的隧道关门事故，具体适用范围如下：

适用坍体地层：强风化板岩、全～中风化砂岩、全风化粉砂质泥岩。

适用坍塌形式：隧道初期支护垮塌导致人员被困、隧道二次衬砌垮塌导致人员被困、洞口边坡滑移导致人员被困。

适用断面尺寸：隧道衬砌断面满足18 m（长）×5 m（宽）×5.3 m（高）的净空空间。

适用坍体长度：隧道坍体长度不大于50 m。

（三）操作要点

大口径水平钻机救援操作要点主要有4步：确定钻孔位置、搭建钻机作业平台、打通救援通道、营救被困人员。

1. 确定钻孔位置

隧道坍塌发生后在隧道纵向形成一个类似于等腰三角形的断面，越靠近隧道拱顶位置，坍体长度越短，在保证大口径水平钻机作业净空间尺寸的前提下，应适当提高钻孔位置且靠近隧道中线。

2. 钻机作业平台

根据钻孔位置高度确定钻机作业平台填筑高度，作业平台距钻孔底部为1.5 m，距隧道拱顶高度不宜小于6 m，平台长度为18 m。作业平台采用外运洞渣分层填筑，每层填筑厚度小于300 mm，并逐层压实，平台地基承载力大于10 MPa。钻机作业平台与仰拱填充或行进路线坡度应小于15°，便于钻机自行走就位。

3. 打通救援通道

作业平台填筑完成后，根据预定位置依次安装履带钢结构垫板、渣土传送带、操作单元、液压动力站，操作手按照垫板位置驶入大钻机并调整钻机位置，使钻机轴线与隧道中线重合或平行，通过前后液压支腿高度调节钻机钻进角度，使钻进角度为2°~3°，以抵消部分钻杆下扰度，防止因钻杆下垂导致的卡钻。

大钻机钻进采用内外钻具同时钻进，外管超前内管30~50 cm的方式钻进。钻进过程专人实时记录钻孔进度，遇到旋转扭矩、压力数据异常时，及时报告抢险救援组组长采取相应处理措施调整后继续钻进。实施钻孔进度看板管理，在救援现场使用黑板等及时公开钻进进度。钻头破土后，及时与被困人员联系并结合坍体内视频信号，确定钻具伸出坍体合理的长度，便于救援人员进入和被困人员转移。

四、梯形导坑救援

（一）尺寸参数

梯形导坑断面分为洞口断面和进洞断面两种尺寸。导坑支护材料选择方木和木板，立柱方木规格为15 cm×15 cm，顶梁方木规格为10 cm×10 cm，底板规格为5 cm×25 cm；采用方木密排的支护方式；立柱与顶梁接头采用缺口连接并用扒钉扒紧。

洞口断面尺寸：上净宽为120 cm，下净宽为140 cm，净高为150 cm。

进洞断面尺寸：上净宽为100 cm，下净宽为120 cm，高为130 cm。

（二）适用范围

梯形导坑支撑体系为方木密排式支撑，稳定性高，支护性能较好，救援成功率和可靠性高，采用人工开挖支护机械化程度低，打通救援通道的时间较长。适用于隧道坍塌救援现场无法判断初期支护破坏情况，或能够判断初期支护全部破坏不可利用时，优先选择梯形导坑救援；当大口径水平钻机等大型专业救援装备因运输便道等原因限制无法抵达救援现场时，优先施作梯形导坑开展救援。

（三）操作要点

梯形导坑救援操作要点主要有4步：确定导坑位置、导坑洞门加固、导坑开挖、营救被困人员。

1. 确定导坑位置

梯形导坑洞门位置选择应尽量避开坍体中的钢支撑及混凝土块，并尽量靠近坍体中上部，以缩短开挖长度，同时顶部预留施作超前支护的空间。洞门位置确定后使用探地雷达或超前钻孔的方式对坍体内部地质及障碍物进行探测，如遇坍体内部存在钢构件、大块岩石、混凝土块，需重新选择梯形导坑洞门位置。

在救援现场设置材料加工区，救援人员使用油锯根据导坑尺寸参数切割加工方木，加工时应严格控制尺寸，以防止加工后的方木尺寸与设计尺寸不符而影响救援进度。

搭建洞门时，应先对洞门掌子面进行修整，将其立面修刮平整，然后紧贴坍体掌子面按洞门断面尺寸加工木料紧密排列向外延伸 3 ~4 m，采用 10 cm × 10 cm 的方木一端与洞门立柱顶部连接固定，另一端插入地面，与洞门立柱形成三角形支撑，保持洞门稳定性，保证洞门木排架不发生偏移、扭曲。

2. 导坑洞门加固

洞门搭建完毕后，采用砂袋从洞门两侧对称、自下而上逐层进行反压固定洞门，砂袋反压应水平错缝堆码。当反压至导坑顶部上 50 cm 时同步施工超前支护，利用多功能快速救援钻机 RPD－180CD 沿梯形导坑洞门框架外侧平行于顶面、侧面分别打入钻杆进行超前支护，以防止坍方体发生二次坍塌，同时减少开挖排渣量。采用 ϕ57 mm、ϕ89 mm 等直径的钻杆施作，两钻杆间距不宜大于 15 cm，先施作顶部超前支护，再施作侧向超前支护，侧向超前支护从导坑底部上 55 cm 打设第一根钻杆后依次从下往上隔孔施作。

3. 导坑开挖

梯形导坑开挖过程中，掌子面处应一人开挖，一人时刻注意观察开挖安全，防止开挖过程中掌子面失稳滑塌或导坑顶部石块掉落致使救援人员受伤。开挖中如遇孤石、混凝土块可采用风镐、岩石劈裂机人工破碎或绕避；如遇钢结构等可采用乙炔－氧气切割或剪切装备剪除。导坑掌子面应开挖一榀立即支护一榀，先安装导坑两侧立柱，然后安装顶梁，最后安装底板，支护过程中应保证相邻两根立柱、顶梁和底板贴合，相对高差小于 5 mm，不得留有过大缝隙，保证导坑的稳定性。

两相邻立柱上部、下部及两底板之间使用扒钉连接，扒钉应钉入方木 2/3 以上。导坑开挖应对救援人员进行分组编排，轮班作业，每班工作 4 h，掌子面开挖立架人员连续工作时间不宜超过 30 min，以保持充足体力从而加快救援进度。

导坑开挖长度超过 10 m 时应采用机械强制通风，风管采用 ϕ50 mm 橡胶管并沿顶梁底布置至开挖掌子面。

梯形导坑出渣应在底板上安装导轨，导轨靠近立柱一侧设置，另一侧留出空间方便救援人员操作。导轨采用两根 ϕ42 mm 无缝钢管首尾连接从掌子面后1 m 位置连续设置至洞门，两钢管间距宜为 15 cm，使用扒钉固定在底板上，装渣工具选用塑料簸箕以减小与导轨间的摩擦力。采用钢导轨与塑料簸箕结合出渣的方式可提高出渣效率，节省救援人员体力，提高救援效率。重复上述步骤开挖、出渣、立架支护，直至导坑贯通整个坍体形成救援通道。

五、三角导坑救援

（一）尺寸参数

三角导坑支护材料选择方木，方木规格为 15 cm × 15 cm，采用方木密排的支护方式。斜三角形导坑断面尺寸：净高为 1.5 ~ 1.8 m，下底净宽为 1.5 m。

（二）适用范围

三角导坑一般沿隧道轮廓线而行，选择在初期支护保留较好的一边，以利用部分既有初期支护作为导坑支护。适用于能判定塌方隧道的初期支护一侧未被破坏，能利用部分既有初期支护作为导坑支护时，可优先采用三角形断面导坑。

三角导坑相较梯形导坑具有出渣量少、支护结构简单的优点。但适用条件比较严苛，救援时应根据现场实际情况具体分析选用。

（三）操作要点

三角导坑救援操作要点主要有 4 步：确定导坑位置、导坑洞口加固、导坑开挖、营救被困人员。

1. 确定导坑位置

三角导坑洞门应选择在隧道初期支护破坏较小、保留较完整一侧，以利用部分既有初期支护作为导坑支护，并尽量设置在坍体中上部，同时使用探地雷达进行探测以避开坍体中的钢结构及大块岩石。

在救援现场设置材料加工区，救援人员使用油锯根据导坑尺寸参数切割加工方木，加工时应严格控制尺寸，以防止加工后的方木尺寸与设计尺寸不符而影响救援进度。

搭建洞门时，应先对洞门掌子面进行修整，将其立面修刮平整，然后紧贴坍体掌子面，按导坑断面尺寸加工木料，紧密排列向外延伸 3 ~ 4 m，三角导坑洞门与洞身断面尺寸相同，使用 15 cm × 15 cm 的方木密排支护。

2. 导坑洞口加固

三角导坑洞门搭建完毕后，采用砂袋沿立柱一侧自下而上逐层进行反压固定洞门，砂袋反压应水平错缝堆码。反压完成后利用多功能快速救援钻机 RPD -

180CD 沿立柱外侧平行打入钻杆进行超前支护，以防止坍方体发生二次坍塌，同时减少排渣量。

3. 导坑开挖

三角导坑开挖过程中，掌子面处应一人开挖，一人时刻注意观察开挖安全，防止开挖过程中掌子面失稳滑塌或导坑顶部石块掉落致使救援人员受伤。开挖中如遇孤石、混凝土块可采用风镐、岩石劈裂机人工破碎或绕避；如遇钢结构等可采用乙炔 - 氧气切割或剪切装备剪除。三角导坑开挖先安装侧向立柱，然后安装底板，立柱底部超挖应用砂石回填密实，立柱底与底板使用扒钉连接固定，立柱顶支撑在初支混凝土上并在初支上钻孔打入钢筋进行固定，支护时应控制相邻方木的缝隙和高差不超过 5 mm。

三角导坑开挖应对救援人员进行分组编排，轮班作业，每班工作 4 h，掌子面开挖立架人员连续工作时间不宜超过 30 min，以保持充足体力从而加快救援进度。导坑开挖长度超过 10 m 时应采用机械强制通风，风管采用 ϕ50 mm 橡胶管并沿导坑顶部布置至开挖掌子面。

六、竖井救援

（一）设备性能参数

使用 RTK 或全站仪测量钻孔位置标高，计算地表与隧道初支间的距离，确定钻孔深度范围，根据施工便道通行能力和钻孔深度选择钻机的型号和功率。根据扭矩、发动机功率、钻孔直径、钻孔深度及钻机整机质量、尺寸，以中联重科旋挖转机为例，选取小、中、大型三个机型参数，根据救援现场情况灵活选用。

（二）适用范围

竖井救援适用于洞口浅埋段因山体滑移、洞口边仰坡垮塌造成的隧道二衬、初支坍塌关门事故救援，坍塌隧道埋深不超过 50 m，且隧道围岩为砂岩、粉质泥岩等具有一定自稳能力。当大口径水平钻机等大型专业救援装备因运输便道等原因限制无法抵达救援现场时，可就近调用旋挖钻机优先施以竖井救援法开展救援。

（三）操作要点

竖井救援操作要点主要有 5 步：稳定性评估、钻机作业平台、钻孔作业、井下破拆、营救被困人员。

1. 稳定性评估

通过现场踏勘洞外观察的方法初步判断隧道地表的稳定性，对隧道顶地表周边环境进行评估，在坍体正面已打通生命通道的情况下，可采用多功能快速钻机快速钻进 ϕ146 mm 套管进行超前探孔，钻孔位置应选择在隧道二次衬砌未施作且仰拱已施作成环段，安排专人记录钻孔数据以分析围岩条件、地表至初支的钻孔深度，钻孔贯通初支后应根据隧道净空尺寸再向下钻进一定距离，撤出内钻杆后形成备用生命通道。

2. 钻机作业平台

根据隧道实际施工情况，竖井救援通道钻孔位置应选择在初期支护封闭成环、二次衬砌未施作段且尽量靠近二次衬砌端头，同时避开二衬钢筋、防水板已施作段。防止因钻孔导致初期支护失稳发生二次坍塌，同时地表应满足旋挖钻机钻孔施工的作业面要求。

首先确定旋挖钻机的型号参数，根据设备的最小通行宽度、爬坡能力、转弯半径等修建至隧道顶钻机作业平台的临时便道，便道通行宽度不小于 4 m，转弯半径不小于 16 m，坡度小于 15°，便于钻机自行走就位。钻机作业平台工作面最小需满足 10 m × 10 m 的空间，使用挖掘机进行平整压实，作业平台地基承载力大于 10 MPa，合理划分作业平台区域，保证钻机回旋、排渣顺畅。

3. 钻孔作业

旋挖钻机开孔孔位应准确，钻机钻具选择应少破坏和不扰动围岩，宜选择直径为 100 ~ 120 cm 的钻具，采用全护筒跟进钻孔施工。开钻时应慢速钻进，待导向部位或钻头全部进入地层后，方可正常钻进。钻头升降速度不宜太快，应保持在 0.4 m/s 左右以预防缩孔塌孔。钻孔过程中应对钻孔垂直度进行监测，钻机在钻进施工时不应产生位移或沉陷，当钻孔垂直度和钻机发生沉陷时应及时处理。钻孔作业至初期支护上方 1 m 时应慢速钻进，减少钻孔对初期支护的压力和荷载，同时使用测绳符合钻孔深度。当钻进至初期支护 0.5 m 时应停止钻孔作业，及时跟进护筒。

4. 井下破拆

钻孔作业至设计深度，全护筒跟进施作完毕后，救援队在孔口使用三脚架搭建绳索救援系统，救援人员穿戴好全身式安全带，佩戴呼吸面罩、执法记录仪、对讲机，携带手动凿岩机等破拆工具通过绳索下降至孔底，对孔底剩余围岩和初期支护混凝土进行破除，使用剪切钳剪除初支钢筋网片，初支破拆完成后应形成一个 0.6 m × 0.6 m 以上的救援通道。

七、营救被困人员

救援人员穿戴齐全个人防护用品，佩戴对讲机、执法记录仪，携带担架、绳索、医疗急救用品、护膝护肘等通过救援通道进入坍体后营救被困人员。出救援通道前应先观察初期支护状态是否稳定，特别是上方是否存在大块危石，在确认无危险后方能出救援通道。被困人员营救应秉承“先重后轻、先易后难”的原则，先营救受伤的被困人员，询问观察其受伤情况和部位进行简单处理后使用担架将伤员从救援通道转移至安全地带。对未受伤且能自主行动的人员为其穿戴护膝护肘手套等防护用品，在救援人员的引导下按顺序从救援通道撤离。营救过程中应时刻与坍体外指挥员保持联络，随时汇报救援进展，同时对被困人员开展心理疏导工作，保持镇静。

第六章

隧道突水突泥事故救援案例

案例四十八　广东省珠海市石景山隧道 “7・15” 重大透水事故

2021年7月15日3时30分，位于珠海市香洲区的兴业快线（南段）一标段工程石景山隧道右线在施工过程中，掌子面拱顶坍塌，诱发透水事故，造成14人死亡，直接经济损失3678.677万元。

一、事故隧道基本情况

（一）隧道基本情况

石景山隧道段为双洞六车道，隧道采用三心圆断面，断面外轮廓高10.997 m，宽15.107 m。该隧道采用矿山法沿3%纵坡向下施工，事故发生时，隧道左线施工长度1162 m，右线施工长度1157.6 m。透水事故发生在右线隧道掌子面处，位于吉大水库下方，该段隧道埋深约19 m。吉大水库总库容267.11×10^4 m^3，事故发生时，该水库水位30.67 m，库容量68.77×10^4 m^3。

（二）事故区域基本情况

事故发生段隧道透水区域主要为燕山三期花岗岩地区，无可溶岩分布，不具备形成溶洞、地下暗河的条件。事故发生段隧道拱顶上方地质构造复杂，节理裂隙密集带发育，具有导水性，地下水类型主要为块状花岗岩裂隙水，局部发育有构造裂隙含水带，裂隙带与水库有水力联系，基岩裂隙水接受吉大水库水的补给。事故发生后，隧道内的水主要为水库水体通过塌腔涌入，持续对隧道补给，地下水补给占比较小。

事故发生时，右线隧道开挖至RK2+017.6，其中初期支护完成至RK2+015.8，长度约102.8 m；二次衬砌完成至RK1+913，长度约1053 m（图6-1至图6-3）。

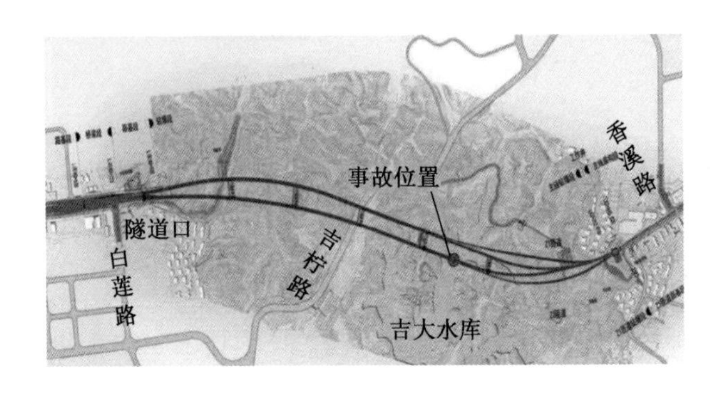

图6-1　石景山隧道及事故位置平面图

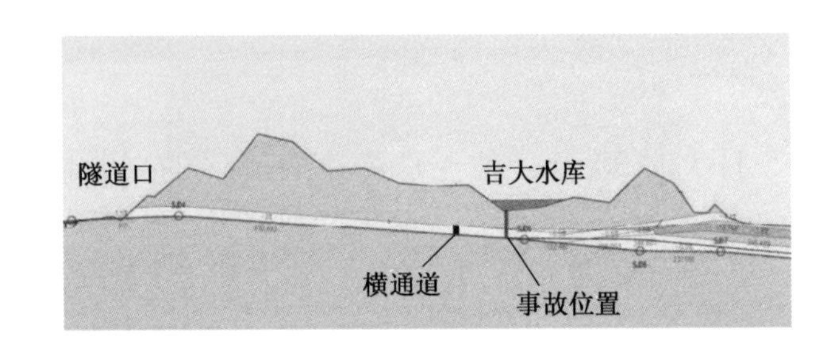

图6-2　石景山隧道及事故位置剖面图

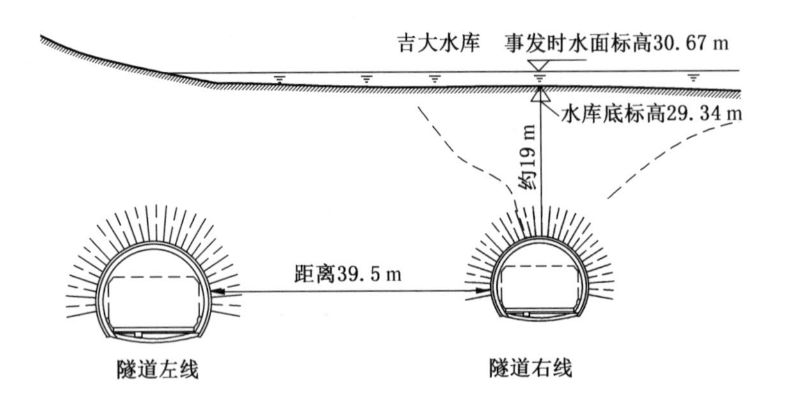

图6-3　石景山隧道事故发生段横断面图

二、事故发生经过

2021年7月15日3时30分，珠海市兴业快线（南段）一标段工程石景山隧道右线施工至RK2+017.6时，右线隧道内发生坍塌透水，右线进水通过

LK1 +860 处 1 号车行横通道倒灌至左线隧道，导致往里 162 m 处左线隧道 LK2 + 022 掌子面 14 名作业人员被困。

事故发生前，石景山隧道内共有 26 名作业人员（图 6 -4 至图 6 -7），包括右线隧道掌子面 2 人、左线隧道掌子面 16 人、左线隧道 1 号车行横通道附近 3 人、左线隧道 1 号排风机房处 5 人。

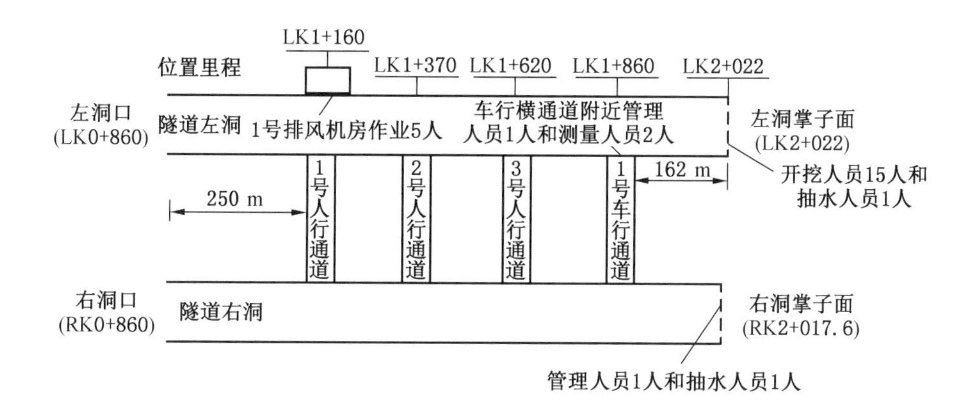

图 6 -4　石景山隧道作业人员平面分布图

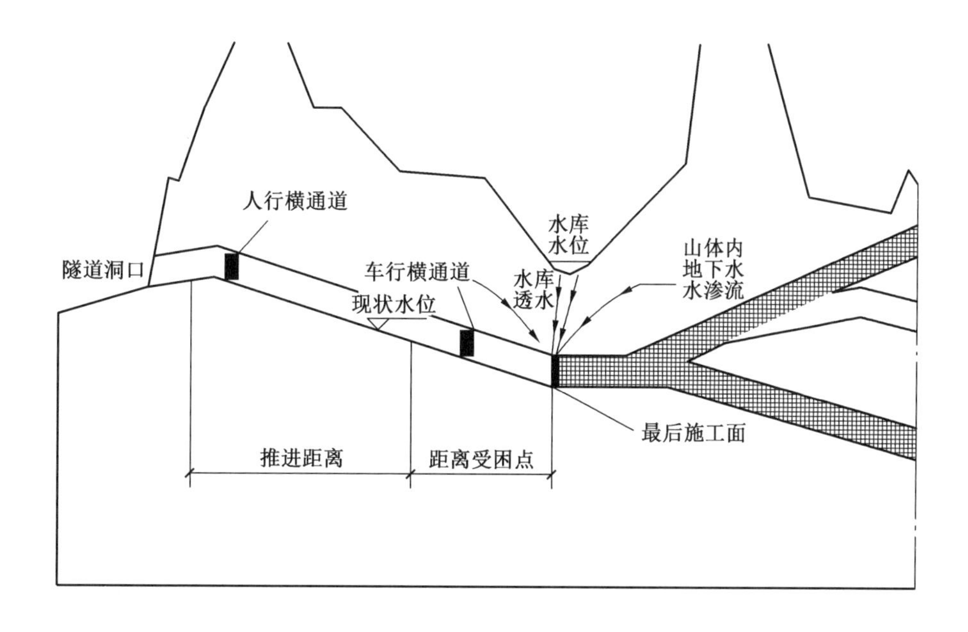

图 6 -5　石景山隧道平面图

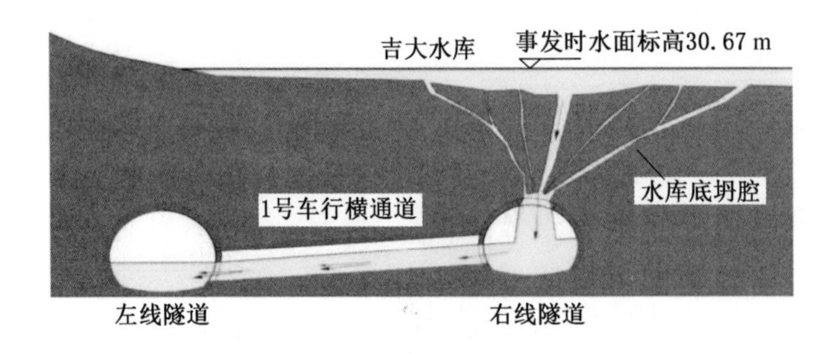

图6-6　石景山隧道掌子面拱顶坍塌透水示意图

事故发生的具体经过如下：

7月14日18时29分，爆破公司作业人员在右线隧道掌子面RK2+015.8处进行爆破施工，作业完成后离开隧道。18时55分开始清渣出土，后因21时10分至22时35分停电而停止，7月15日1时52分恢复，2时35分清渣完毕。至事故发生时，长达9 h未进行喷锚支护。

7月15日2时35分，右线隧道掌子面清渣完毕后，作业人员离开，仅剩1名劳务杂工袁某在洞内抽水。其间，袁某发现掌子面拱顶位置出现少量掉渣滴水现象。

3时23分，劳务带班人员欧某进入右线隧道。欧某、袁某2人发现掌子面拱顶位置持续掉渣滴水，同时水量变大。

3时28分，右线隧道掌子面拱顶位置突然一次性掉落大量砂石土（约0.5 m^3），欧某、袁某2人紧急撤离。

3时30分，右线隧道拱顶发生坍塌冒顶，水库水开始大量涌入右线隧道，并通过1号车行横通道涌入左线隧道。

3时34分，现场管理人员陈某驾驶电动车进入右线隧道。

3时35分，在左线隧道掌子面作业的宋某、熊某等人发现有大量水涌入，立即呼喊大家紧急撤离。当时，左线凿岩班组共有16人在左线隧道掌子面作业。

3时37分，袁某驾驶电动车驶出右线隧道洞口。

3时38分，在1号车行通道处作业的左线带班人员林某和2名测量人员驾驶电动车驶出洞口。

3时40分，陈某、欧某2人分别驾驶电动车驶出右线隧道洞口。欧某随即又进入左线隧道，试图通知左线隧道人员撤离，但因水位上涨无法继续进入而

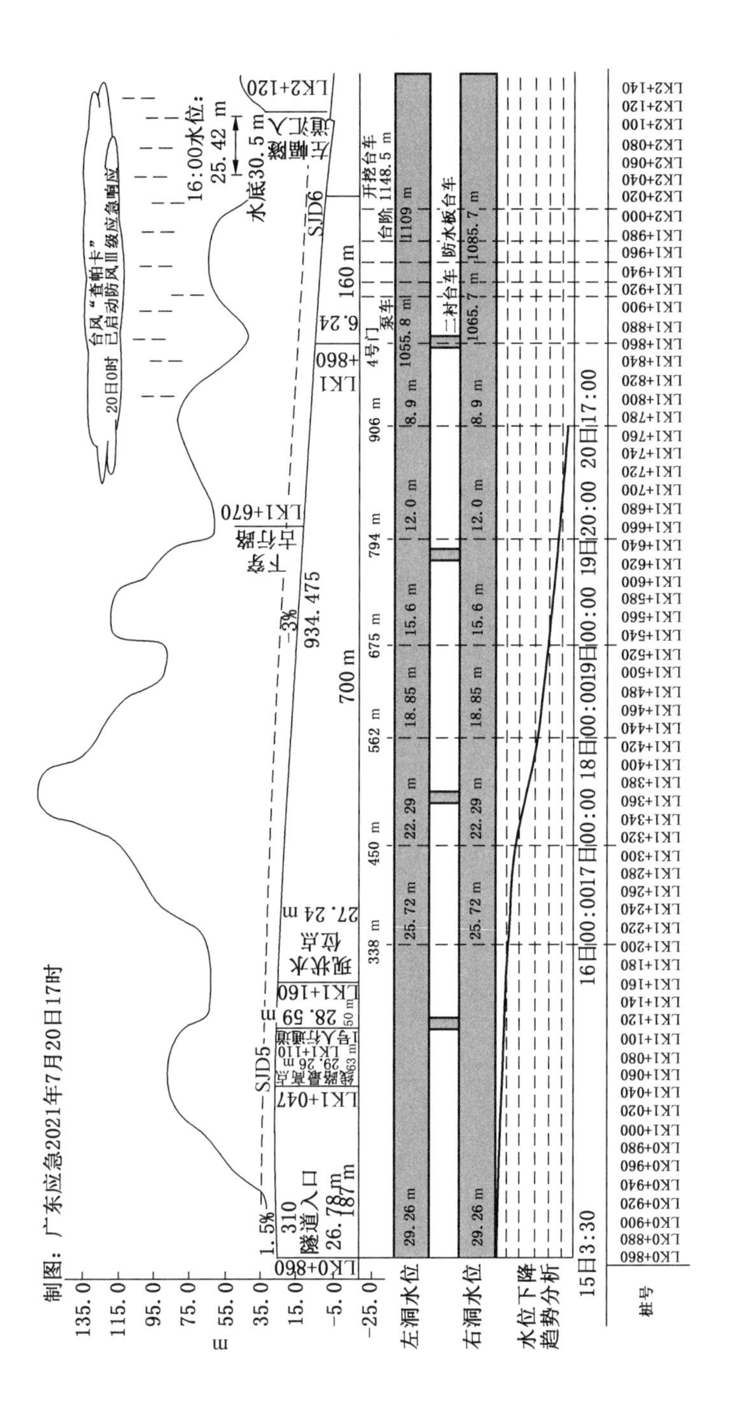

图6-7　石景山隧道"7·15"透水事故现场示意图

退出。

3 时 42 分，为防止洞内发生触电，项目人员切断洞内电源。3 时 47 分，在 1 号排风机房作业的 5 名作业人员步行或驾驶电动车相继撤出左线隧道洞口。

3 时 49 分，项目部救援人员驾驶装载机进入左线隧道救援。

4 时 12 分，左线隧道的宋某、熊某 2 人抓着通风管游到距隧道洞口约 300 m 处脱离水面，被项目部救援人员发现，由装载机接应运送到隧道洞口附近，自行走出洞口，装载机返回继续救援。

至此，右线隧道作业人员 2 人安全撤离，左线隧道作业人员 24 人中 8 人安全撤离，2 人逃生，14 人被困。

事故发生后 1.5 h 内，隧道上方的吉大水库水位下降 1.93 m，库容减少 $22.059\times10^4\ m^3$，减少水量主要通过坍塌处涌入隧道内，给救援工作造成了极大困难。

经过持续不间断搜救，7 月 19 日救援人员发现 2 名遇难人员；7 月 20 日发现 1 名遇难人员；7 月 21 日晚，发现 10 名遇难人员；7 月 22 日，发现最后 1 名遇难人员。至此，14 名被困人员已全部找到并确认遇难。

三、事故直接原因

隧道下穿吉大水库时遭遇富水花岗岩风化深槽，因工程措施不当导致右线隧道掌子面拱顶坍塌透水，涌入左线隧道致作业人员溺亡。

四、应急处置与救援

（一）企业先期处置

7 月 15 日 3 时 40 分，现场管理人员向现场施工负责人报告隧道内有施工人员被困。3 时 48 分，现场施工负责人报告项目经理，项目经理组织项目部开展救援工作。4 时 6 分，项目经理向施工企业上级单位报告。施工企业立即成立应急救援领导小组，调集珠海周边救援队伍赶赴珠海参与抢险救援。

（二）各级应急响应

4 时 10 分，香洲区吉大街道接到项目部报告。4 时 11 分，珠海市消防救援支队接到现场施工人员电话报警。4 时 29 分，吉大消防救援车到达现场。4 时 29 分，珠海市应急管理局接到电话报告。5 时 16 分，珠海市政府值班室接到电话报告。5 时 32 分，省消防救援总队接到电话报告。6 时 20 分，省应急管理厅接到市应急管理局报告。6 时 28—45 分，省应急管理厅向省委、省政府和应急管理部上报事故情况。

7 时，珠海市成立现场救援指挥部，全面指挥协调现场应急救援工作。珠海市各支救援力量陆续抵达现场。11 时，广东省现场救援总指挥部成立，统筹指挥现场救援各项工作，下设救援组医疗组、水文地质综合监测组、新闻舆论组、信息综合组、善后工作组和联勤办公室等 7 个组。15 时 30 分，省应急管理厅协调的广州、深圳、佛山、韶关、东莞、中山、清远等周边 8 支救援力量到达事故现场，广东消防救援总队调集的救援力量也相继到达事故现场。17 时，应急管理部紧急调动国家隧道应急救援中铁二局昆明队（简称隧道昆明队）、湖南邵阳矿山救护队增援。

（三）制定救援方案

针对事故特点和现场情况，现场总指挥部作出了“上堵下抽”的总体救援决策，制定了详细的救援方案，救援队伍认真落实各项措施，科学救援、安全施救。主要采取 5 项措施：

一是迅速封堵透水点。通过采取对 3 个透水点进行围堰、强抽与涵管放水相结合等措施降低水库水位。围堰合龙后采取往水库内回填、帷幕注浆等措施迅速封堵，共注浆 1933 m^3。

二是全力开展抽排水工作。使用专用抽排水管超过 22 km，实施“用二备一”，采取“龙吸水”排涝车串联接力方式，调动 31 支队伍、部署 10 套 14 台设备按“一套设备一个专班”接替推进，持续开展抽排工作。

三是全面开展搜救。坚持“数据化、机理化、模型化”的科学搜救理念，组织 7 支专业潜水队伍，持续开展声呐（河床）探测、水下机器人下水探测、蛙人潜水作业、无人船探寻等搜救方式，不断尝试扩大搜救面，千方百计搜救被困人员。

四是充分发挥科技支撑作用。快速搭建可视化指挥大平台，运用应急指挥通信车、侦察无人机、建模无人机、移动图传单兵、卫星便携站等应急通信保障设备，为现场救援提供科技支撑。同时发挥专家技术力量，为抢险救援提供技术支撑。

五是做好救援现场安全监测和风险管控。围绕“四防”（防结构、防漏电、防渗水、防中毒），启动地质、水文、气象等应急预警机制，严防次生灾害发生。加强巡查监测，落实隧道内空气、水样、卫生防疫每 30 min 检测通报机制。有力应对台风“查帕卡”和暴雨袭击，启动应急预案，部署事故现场救援防汛防风应急工作，确保救援安全、不间断。

珠海市政府积极做好善后工作，针对 14 名遇难人员成立 14 个专责工作小组，为遇难者家属提供一对一服务，解决家属合理诉求，善后工作进展顺利。

至7月24日，14名遇难者家属已全部签署赔偿协议，完成后事处理。

（四）抢险救援过程

事故发生后，应急管理部部长多次视频连线并派出工作组现场指导救援处置工作。省政府成立了由常务副省长任总指挥的现场救援总指挥部，迅速调集多方面力量参与救援和现场处置。常务副省长、副省长坐镇指挥部现场，连续多日不间断指挥救援，每隔2～3 h召开一次现场救援指挥部会议，听取进展、分析问题、部署救援工作。珠海市委、市政府也举全市之力开展抢险救援工作。

在省委、省政府统一领导，现场总指挥部统一指挥下，来自珠海、周边地市和兄弟省份的69支救援队伍、6968名救援人员携带了500余套大型设备和260余辆救援车全力开展搜救工作。

由省消防救援总队牵头，消防救援队伍、南海救助局、广州打捞局以及社会救助力量共同成立搜救组，科学制定并根据现场情况和水位变化实时调整搜救方案，持续开展声呐（河床）探测、水下机器人下水探测、蛙人潜水作业、无人船探寻等搜救，尽最大努力做好搜救工作。

每次进入隧道的搜救队，由3艘橡皮艇、10名左右救援人员组成。救援人员从涉水线驾驶橡皮艇向前推进200 m左右，水面与隧道顶部空间只剩下约50 cm，橡皮艇无法继续前行，再由蛙人潜到9 m多深的水中，踩着隧道底部约40 cm的淤泥，向前推进100 m左右，每天都是通过这种方式进行持续不间断搜索。最终14名被困人员全部找到。

五、总结分析

（一）救援主要难点

石景山隧道处在地质裂隙带和水库正下方，加之被困人员位于隧道下坡段底部，导致现场救援工作困难重重。

1. 透水量大且补给丰富

隧道掌子面透水点位于水库正下方，岩体裂隙高度发育，形成了库体水、山体水、隧道水相连通的水网结构，透水初期涌入隧道内水量超过16×10^4 m^3，水库水和裂隙水持续向隧道内渗漏，成倍加大隧道内排水量，抽10 m^3水只有1 m^3是隧道内水。另有水库中53.8×10^4 m^3存水、难以预计的山体裂隙水和台风强降雨为补给水源。

2. 坍塌和滑坡风险叠加

事故区域岩体裂隙发育达到破碎至极破碎状态，事故造成地表坍塌漏斗面积达1000余平方米，掌子面附近100 m隧道没有完成永久支护，坍塌风险高。透水点周边山体出现裂缝，存在滑坡灾害风险。

3. 隧道救援作业环境恶劣

搜救、排水、封堵、清淤等作业在狭窄的隧道内同时推进，工作面窄，抽排设备无法最大化发挥作用。隧道内通风条件差，温度湿度大，“龙吸水”排涝车等内燃机设备产生的CO等有害尾气浓度高，浓度一度达520 ppm，严重超标。

4. 水下搜救困难

被困人员位于隧道最深处的掌子面附近，工作台架和设备等障碍物多，泥砂厚度达50 cm，水质浑浊、能见度低，救援环境非常复杂。

5. 台风暴雨等新增风险

台风“查帕卡”登陆带来强风暴雨，增大了水源补给量和周边山体滑坡风险，进一步加大了救援工作难度，影响救援人员安全。

（二）主要救援经验

（1）领导高度重视，组织领导有力。事故发生后，国务院副总理、国务委员作出重要批示，对事故救援工作提出要求。应急管理部书记通过视频连线指导现场救援，并就预防台风暴雨风险、确保救援安全作出批示。应急管理部工作组及时传达领导同志重要批示和工作要求，会同现场救援指挥部研究救援方案措施，多次提出建议措施，切实发挥指导作用。广东省委书记作出批示并到现场指挥督导，省长赶赴现场作出具体部署，救援期间，省委、省政府领导每天过问进展情况。常务副省长、副省长靠前指挥，全面领导现场救援工作，组织分析救援困难风险、优化调整救援方案、研究部署工作措施，自始至终落实科学施救、安全施救，整体救援工作组织有力、指挥有力、统筹有力、执行有力。

（2）加强救援力量，投入先进装备。先后调集省内外46支消防、水务、三防、矿山、隧道等专业救援队伍和社会救援力量参加救援，现场一线救援人员达到2500余名。其中，应急救援中心调动隧道昆明队及广东分队39人、邵阳市矿山救护队（邵阳排水站）22人参与救援，发挥了重要作用。邵阳市矿山救护队的电动水泵稳定性好、排水效率高，自7月16日开始排水直至22日救援结束，始终保持长时间连续稳定排水作业。隧道昆明队利用隧道救援经验，在搜救出最后1名遇难者中发挥了关键作用。本次救援投入大量先进排水和搜救装备，使用了“龙吸水”大型排涝车进行强力排水，大大提高了排水能力；持续开展利用水下机器人、无人船、声呐、雷达、微光可视系统、便携式水下录像设备等装备，实现精准定位、专业搜救。

（3）科学制定方案，调整优化措施。现场救援指挥部组织消防救援总队、广东省应急厅、中铁二局等单位专业技术人员和专家组，制定了“上堵下排、抽放结合、涉水搜救”的总体救援方案以及排水、通风、监测、清淤、搜救、回填注浆等10余项专项抢险救援作业工作方案，为抢险救援提供技术支撑。并且根据救援进展和新出现的问题不断调整优化方案，隧道排水设备先后采用移动排水车、“龙吸水”排涝车提高排量，排水方式采用“串联接力”和“用二备一”方式提高扬程和效率，泄水地点由先期直接排出隧道调整为后期由左侧隧道（有人）排往右侧隧道（无人）；人员搜救中制定最后100 m搜救方案，潜水搜救由长距离、大班次调整为短距离、多轮次密集探测搜救；注浆加固由透水点回填土注浆扩大至隧道透水点上部周边地表注浆，进一步加固了隧道上方岩体，提高隧道搜救的安全性。

（4）加强现场管理，有序开展救援。一是优化现场救援人员编队，统筹力量布局、合理有序利用各类救援资源。隧道排水采用“一套设备一个专班”全过程负责进行接替作业，解决移泵时间长影响有效排水时间问题。人员搜救合理安排打捞、消防、公安、卫生、法医等方面人员进行潜水搜救、水上转运、隧道转运、医学救治、法医鉴定等各环节。二是控制进洞内人数、设备，防止“救援打乱仗”的问题。成立协调指挥小组，对进入隧道搜救方案等重大事项严格把关。建立“洞长制”，严禁无关、非必要人员进入隧道。设立“安全官”对隧道内隐患进行实时监督排查，重大险情迅速撤出人员，确保隧道内救援安全有序。

（5）防范化解风险，保障救援安全。实行山体、库体、水体、围堰、隧道口挡土墙等62处风险点24 h监测；多点不间断监测隧道内CO等有毒气体，一旦超标立即撤人；组建了由19名专家组成的强大专家团队，凡重大行动必须制定方案并经专家论证，围绕“防坍塌、防漏电、防渗水、防中毒”，制定专项方案20多个；构建防坍塌地下水文系统分析模型、防渗漏模型、横通道封堵模型，对可能出现的透水、坍塌、有害气体浓度超标等问题作出预判和预案。针对台风“查帕卡”即将登陆珠海附近海域，迅速制定防汛防风应急预案，于7月20日夜间果断将指挥部转移至安全区域，同时密切监测降雨对库区、围堰及洞内的影响，严防风险叠加。落实疫情防控各项措施，对救援现场人员开展两次核酸检测，每天对救援现场和隧道排出水进行消杀灭活，确保了防疫无死角。

（三）总体评价

本次事故应急救援处置总体有力、有序、有效，应急响应程序合法，符合应急处置措施程序及要求。

此次事故救援面临水文地质条件复杂、透水量大且补给丰富、隧道坍塌风险高、受困点处在隧道下坡段、隧道作业环境恶劣、台风暴雨叠加等诸多困难，救援难度高、现场情况复杂，在国内同类事故中罕见。事故发生段隧道拱顶上方地质构造复杂，节理裂隙极发育，具有导水性，基岩裂隙水与水库水体有水力联系，拱顶土体坍塌后，水库水通过塌腔不断涌入隧道，水量补给充分且难以阻断，再加上左右洞工作面窄，洞内通风条件有限，受困点处在隧道下坡段，作业环境极其恶劣。在持续 176 h 的救援工作中，在洞内长时间段存在 200 人以上，最高峰 1000 多人同时救援作业的情况下，实现了未发生次生灾害，未发生衍生事故，未发生疫情，没有因处置不力造成不良社会影响。

领导重视，多方协作。此次事故救援过程中，省领导靠前指挥、科学决策，现场指挥部组织协调省内外有关单位、武警和专业队伍等各方面力量开展科学救援、安全施救。各方救援力量日夜奋战，现场救援处置措施得当，信息发布及时，善后工作有序，完成了一次“合力不合眼”的救援。对今后面对同类型事故应急处置具有很大的参考意义。

专家点评

◆本次救援中，制定了“上堵下排、抽放结合、涉水搜救”的总体救援方案十分合理，通过“上堵下排、抽放结合”迅速封堵透水点，减少补给水源，降低隧道坍塌和滑坡风险，为搜救、清淤工作开展提供了更加安全的环境和更有利的条件。

◆“龙吸水”大型排涝车、水下机器人、无人船、声呐、雷达、微光可视系统、便携式水下录像设备等先进救援装备在本次救援中起到了关键作用，极大加快了事故处置与被困人员搜索进度，高科技救援装备在应急救援行动中扮演着越来越重要的角色。

◆救援设备厂家与专业救援队伍配合在本次救援中发挥了积极作用。救援过程中矿山专业排水队伍表现突出，但也存在排水装备流量和扬程不够大及配套管路、电缆不足等问题，救援中紧急调用湖南厂家的设备和管路予以补充，体现了在紧急状态下设备厂家的设备保障的重要性。同时也说明充分掌握救援资源分布情况以及救援装备、物资灵活调度使用的重要性。

◆本次救援不但现场环境恶劣，外部气候变化直接影响着救援人员的安全，各种风险因素叠加，救援难度极大。通过指挥部周密部署，科学决策，本次救援环境安全监测全面，多种监测手段并行，救援安全保障到位。保证了本次救援行动未发生次生灾害，未发生衍生事故，未发生疫情，没有因处置不力造成不良社会影响，值得广泛借鉴和学习。

◆本次救援行动时间长，参与队伍多，洞内长时间段存在200人以上（最高峰时1000多人）同时开展救援作业情况，有力的指挥以及各队伍的密切配合、高效协同是本次救援行动的亮点，也是本次救援任务圆满完成的关键。

案例四十九 云南省云凤高速公路安石隧道“11·26”重大涌水突泥事故

2019 年 11 月 26 日 17 时 21 分许，云南省临沧市凤庆县在建云凤高速公路安石隧道发生涌水突泥事故，共造成 12 人死亡，10 人受伤，直接经济损失 2525.01 万元。

一、事故隧道基本情况

（一）隧道基本情况

发生事故的安石隧道属云县至凤庆高速公路第二合同段。安石隧道隧址区地质条件复杂，属低中山地貌，地形起伏较大；区域构造上位于前奥陶系变质岩岩体与燕山早期花岗岩岩体接触区带内，隧道轴线上无区域性断裂、褶皱分布。水文情况为松散层孔隙水、基岩构造裂隙水两类（图 6-8 至图 6-11）。

图 6-8 区域地质地貌三维图与安石隧道出口段地貌

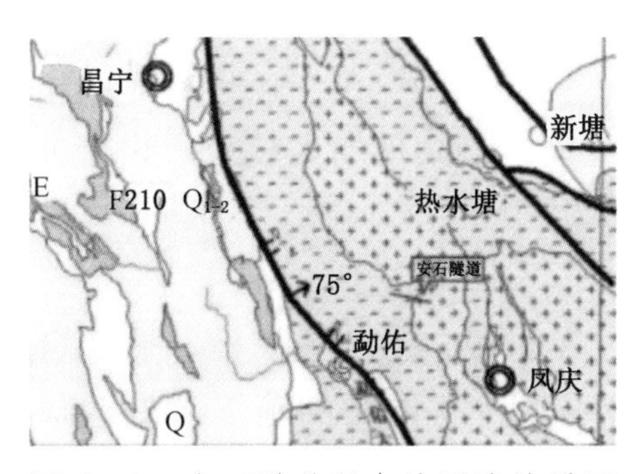

图 6-9 安石隧道所在地区域地质图

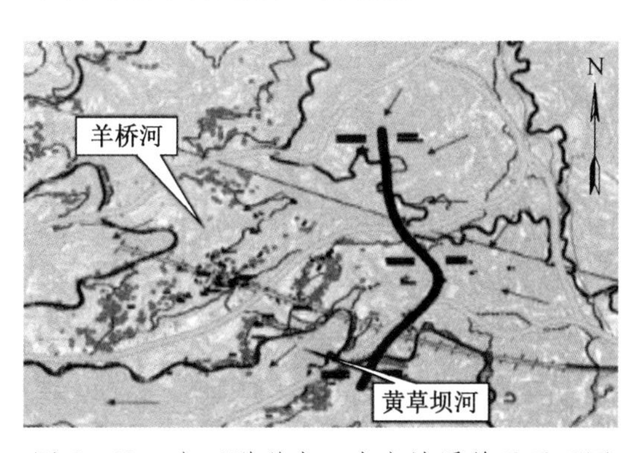

图 6-10 安石隧道出口水文地质单元平面图

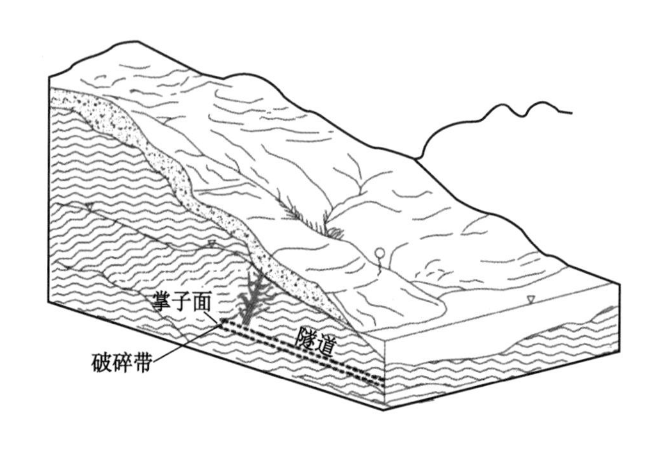

图6-11　安石隧道隐伏含水断面示意图

（二）事故区域基本情况

事故发生地的安石隧道位于凤庆县凤山镇安石村至动佑镇中和村。隧道左洞起止桩号ZK38+255~ZK43+605，洞身全长5350 m；右洞起止桩号YK38+330~YK43+595，洞身全长5265 m，安石隧道左、右洞平面设计线间距为24.7~27.9 m，隧道最大埋深449.81 m。隧道进口端于2017年12月8日开工建设，隧道出口端于2018年3月27日开工建设，为云凤高速公路主要控制性工程之一。至2019年11月26日，安石隧道右洞出口端已开挖641.4 m。

二、事故发生经过

（一）第一次涌水突泥

2019年11月26日17时21分许，云凤高速公路安石隧道出口端右洞距掌子面5 m左右隧道右上方突发涌水突泥，造成距掌子面42 m处在仰拱作业区的5名人员被埋，1名施工人员被卡在防水板台车端头，9名施工人员跑出洞外（图6-12）。

因一名施工人员被卡在防水板台车端头，其父、其兄（施工人员）和当班工友自发组织现场救援。在第二次涌水突泥前，事故现场人员来回频繁进出隧道，救援现场处置工作较为混乱（图6-13）。

（二）第二次涌水突泥

18时22分许，在第一次涌水突泥口处，发生第二次涌水突泥，造成自发参与救援的7人和第一次涌水突泥被卡在防水板台车端头的施工人员遇险失联，9人被冲出洞外（受伤）、3人跑出洞外（图6-14、图6-15）。

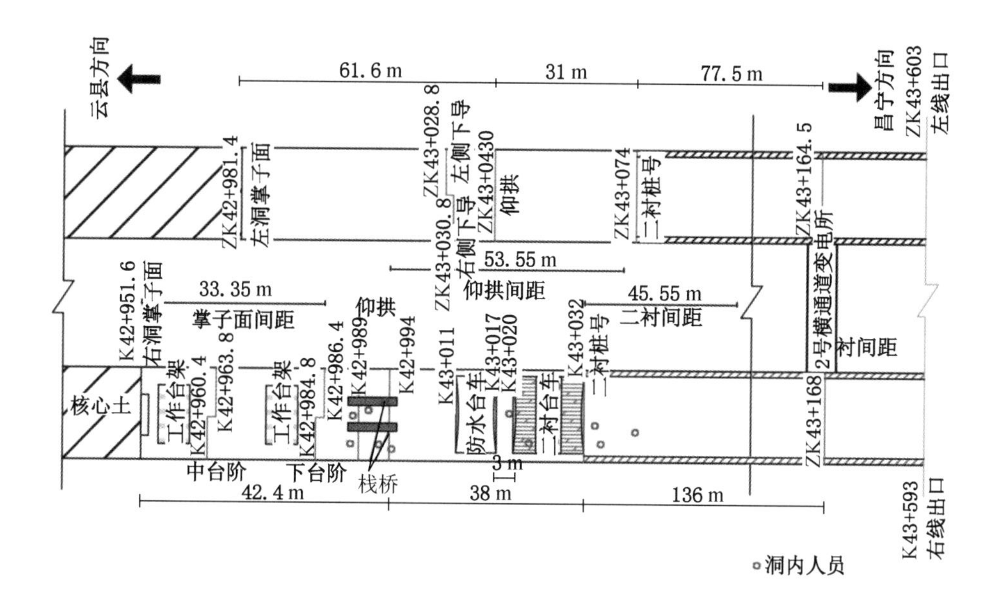

图 6－12　安石隧道右洞出口端涌水突泥前平面图

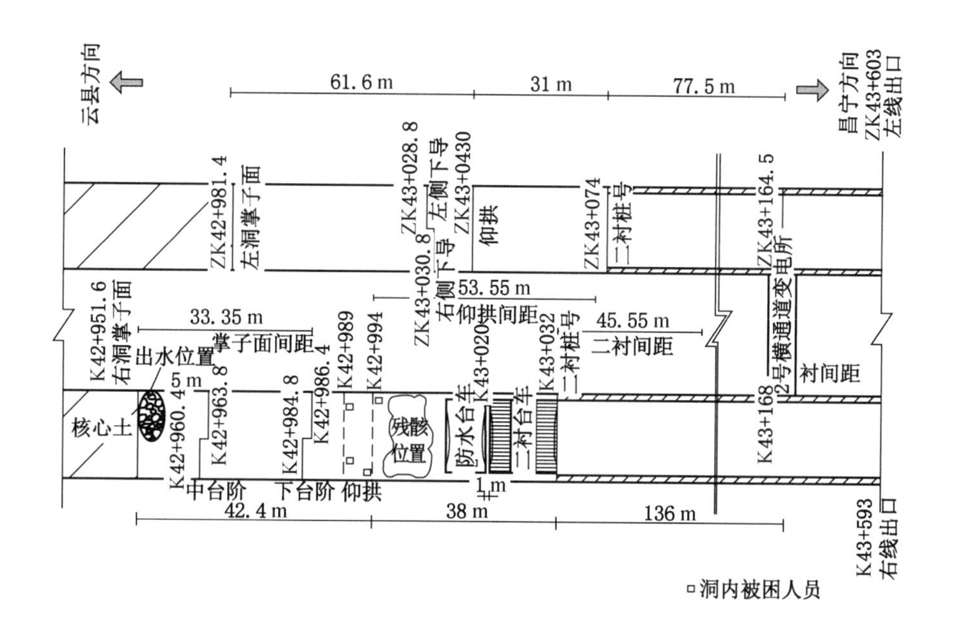

图 6－13　安石隧道右洞出口端第一次涌水突泥后平面图

两次涌水突泥共造成 13 人遇险失联。经测算，现场涌水量为 800 m^3/h，突泥约 1.5×10^4 m^3，涌水突泥速度约 13 m/s。涌水突泥残余堆积体中分布较多岩块，最大块径达 2 m×2 m×3 m，涌水突泥十分猛烈，造成仰拱施工部位

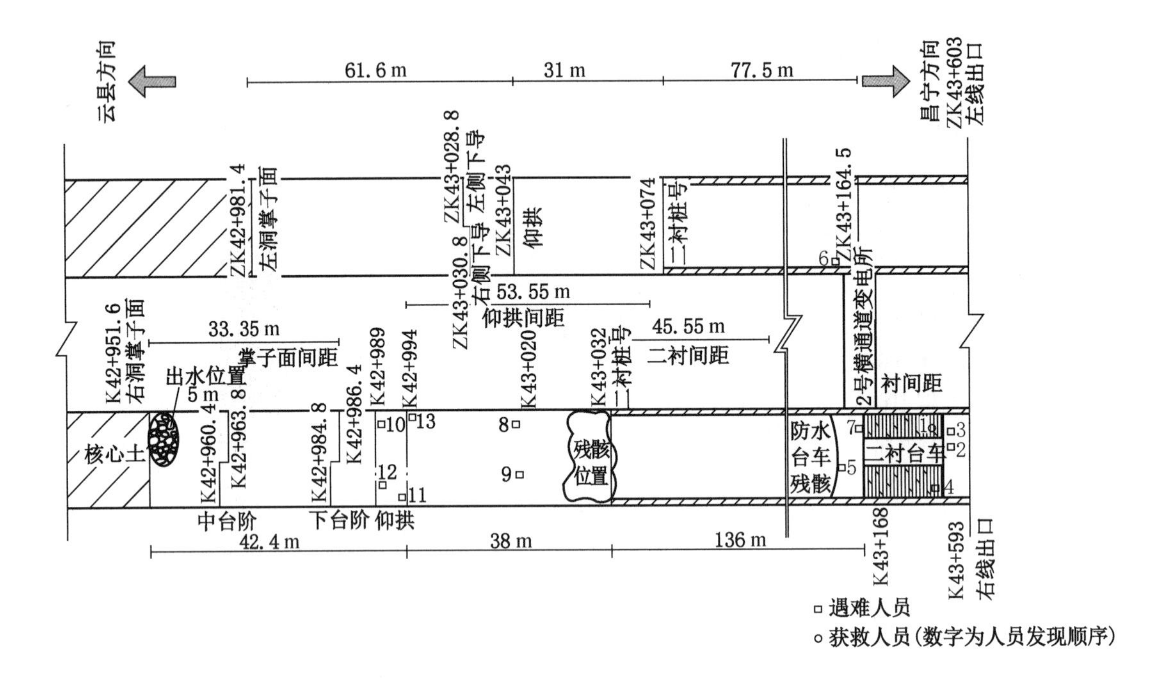

图6－14　安石隧道右洞出口端第二次涌水突泥后平面图

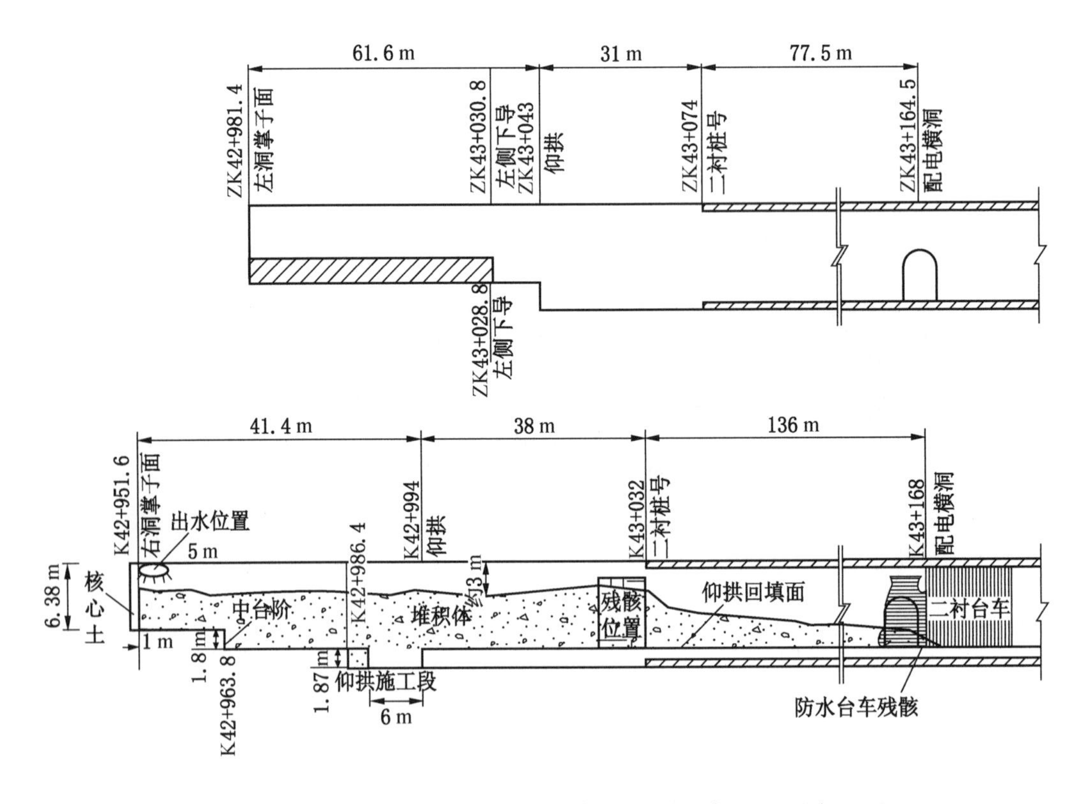

图6－15　安石隧道右洞出口端第二次涌水突泥后纵断面图

一台挖掘机被掀翻推移 48 m 后掩埋，重约 110 t 的二衬台车被推出 148 m，形成的泥砂堆积层最薄处约 2.5 m，最厚处约 5.5 m。

三、事故直接原因

（1）安石隧道右洞 K42 +955 右上方存在一隐伏含水破碎带，该破碎带呈不规则风化囊形态，体积约 $1.53\times10^{4}\ m^{3}$，该风化囊底部距隧道拱顶约 3 m，按现行公路建设勘察、施工标准难以发现。

（2）掌子面通过该风化囊时，由于隧道拱顶石英片岩处于相对完好状态，没有明显的涌水突泥前兆，但随着时间推移和隧道施工扰动产生的裂缝逐步贯通、渗流通道扩张，当隧道拱顶围岩强度达到极限临界状态时，突发第一次涌水突泥。第一次涌水突泥后，大量物源迅速淤积在局部堵塞点，涌水突泥暂时中止，随着补给水的不断涌入汇聚，其势能急剧增高，压力增大，造成第二次涌水突泥。

（3）第一次涌水突泥后，现场施工人员自发盲目实施救援，事故现场失去控制，导致伤亡人员进一步扩大。

四、应急处置与救援

（一）企业先期响应

施工企业在第一次涌水突泥后，应对措施不力，现场指挥和管控措施不到位，事故现场人员来回频繁进出隧道，救援现场处置工作较为混乱，工人救人心切，自发盲目施救导致事态扩大，企业先期响应控制不足。

（二）各级应急响应

2019 年 11 月 26 日 17 时 56 分，临沧市凤庆县消防救援大队接报后，立即出动 3 辆消防车 12 名消防救援人员赶赴事故现场救援。凤庆县委、县政府接报后，立即启动应急预案，并成立由县委主要领导任组长的事故处置工作指挥部，全面展开事故救援和善后处置工作。临沧市政府接报后，迅速调集武警临沧市支队临沧市矿山救援队，并组织市消防、公安、民政、应急、卫生交通等部门赶赴事故现场，临沧市政府主要领导及时召开现场会议研究部署救援处置工作，并成立事故救援、医疗保障、秩序维稳等 8 个小组，开展事故救援和善后处置工作。

省政府接报后，副省长带领省交通运输厅、省应急管理厅、省卫生健康委、省自然资源厅、省水利厅等有关部门负责同志组成的工作组，及时赶赴事故现场，指导事故救援和善后处置工作。并迅速调遣云南省消防救援总队、大理州消防救援支队、国家隧道救援队中铁二局昆明应急救援队、大理祥云矿山救援队等救援力量赶赴事故现场参与救援。应急管理部、交通运输部有关领导和专家及时赶赴事故现场指导督促应急救援处置工作，立即成立统筹国家、省、市、县四级救援力量的现场应急抢险救援联合指挥部，下辖专家指导、灾害救援、医疗卫生、善后处置、事故调查等9个组，全面统筹调度国家有关部门和省、市、县应急抢险救援力量，确保不发生次生灾害的前提下，合力开展应急救援工作。

（三）制定救援方案

针对现场复杂的地质环境及救援中出现的左、右隧道初支变形、开裂等不确定因素，按照“积极稳妥、科学有效，不发生次生灾害”的要求，经专家组反复研究论证，确定三个阶段救援工作方案。第一阶段按“确保不发生次生灾害，将救援工作与涌水突泥治理工作一体化推进”原则，积极稳妥推进救援工作；第二阶段针对现场险情形势，以涌水突泥治理为重点，严格按照排水、加固、封堵、清淤工序实施救援施工；第三阶段按“边清淤、边量测、边加固、边搜寻”的原则，在确保救援人员安全的前提下，全面开展救援施工和失踪人员搜救工作。

（四）抢险救援过程

（1）调集精锐力量投入救援。11月26日17时56分，临沧市凤庆县消防救援大队接到报警迅速出动3辆消防车28名消防救援人员赶赴现场，同步向支队请求增援；临沧市消防救援支队出动全勤指挥部3车16人，特勤中队5车27人2只搜救犬赶赴现场。总队接报后，总队长及时电话要求全力做好救援工作，政委、总工程师、主任第一时间到指挥中心调度指导救援工作，命令大理州消防救援支队应急通信保障分队1车4人前往事故现场做好应急通信保障，保山市消防救援支队特勤中队，昌宁大队做好增援准备。

总队总工程师率总队全勤指挥部3车12人，从昆明出发前往事故现场指挥救援工作。

18时30分凤庆县消防救援大队3车28人到达事故现场。

现场侦察和抢险救援同步开展，了解到隧道里面被困人员情况危急、亟待救援后，现场指挥员当机立断，决定由大队长带领一组救援人员沿右边隧道搜救，教导员带领二组救援人员沿左边隧道进行搜救，两组救援人员穿戴好个人防护装备后迅速向隧道内部挺进。

救援一组很快就在右洞二衬台车附近，发现1名被困人员，大队长迅速下达作战命令，营救被困人员，消防救援人员做好顶撑支护后，采用人工挖掘的方式成功将右洞被困人员救出，随后接力将被困人员背出隧道，交由现场医护人员。

救援二组随后在隧道横洞位置发现第二名被困人员，经过近 15 min 的营救，被困人员也被顺利救出。

（2）竭尽全力，为救援创造有利条件。21 时 25 分，支队增援力量到场，发现 1 名被困人员位于右洞二衬台车下方，身体被泥浆杂物掩埋至颈部，只露出头部，周边涌水量很大，情况十分危急，在综合分析各方信息后，支队全勤指挥部决定由参谋长带队，组织一个攻坚队全力营救。为避免救援过程中对被困人员造成二次伤害，攻坚队队员跳进泥浆用自己的身体护住被困人员的头部，由于操作空间有限，消防员只能采取用手刨挖的方式救人，时间一点点流逝，被困人员体力也越来越弱，攻坚队全程安抚被困人员情绪。指挥员决定在救援同时由医务人员进行现场输液，历经 4 个多小时的生死救援，最终成功将被困人员救出，交由现场医护人员。

（3）协同作战。国家队与专业队密切配合，在现场救援过程中，除消防救援队伍外还有国家隧道应急救援中铁二局昆明队及临沧市矿山救援队、祥云矿山救援队 3 支专业救援队。

所有专业救援力量在救援指挥部的统筹指挥下建立了“统一指挥、分工协作轮班作业、聚力攻坚”的协作机制。统一研究救援战术、统一评估作战风险、统一制定救援方案、统一接受调度指令，先后 15 次会商研究技战术难题，共同绘制 20 余份作战示意图，科学划分 8 个救援行动小组，明确救援职责分工，24 小时不间断轮班作业，所有救援力量密切配合、并肩作战，多次编队协同作业形成了国家队与专业队，灾情共商、优势互补、行动统一的救援协作局面。

（4）保障到位，搭建应急通信“高速公路”。指挥部第一时间调足宿营车、炊事车，救援器材、医疗卫生防疫药品等保障物资，联系照明设备、油料供给等地方供应商跟进保障，同步协调移动、电信、联通等通信运营商，助力现场通信保障服务，有效解决了现场公网信号弱的问题。协助应急通信保障分队，第一时间打通了应急管理部到事故现场的通信通道，现场调用卫星遥感图、无人机航拍，制作二维影像图和三维模型，布设隧道 4G 专网，实时回传隧道内现场影像，迅速搭设预警监控平台，确保了整个搜救行动的高效开展。

随着救援的不断深入，12 月 4 日，最后 1 名遇险失联人员已找到，至此，搜救工作全部完成。

整个救援过程中，出动救援人员 1000 余人、13 辆救护车辆、39 名医护人员、18 辆施工机械、1 套应急通信基站、2 只搜救犬参与救援。截至 12 月 4 日 15 时，共搜寻、搜救出 13 名遇险失联人员（其中生还 1 人，12 人遇难），现场救援工作结束。

五、总结分析

一是应急救援处置及时有力。省、市、县三级政府及相关部门负责人到达现场后立即成立抢险救援工作指挥部，组织开展救援。应急管理部、交通运输部领导连线指导现场救援，分管副省长全程调度指挥。

二是科学合理开展救援。现场地质环境复杂，险情不断发展变化，开展搜救十分困难。经专家组反复研究论证，根据险情变化适时调整救援方案，确保稳妥救援、安全救援、有效救援。

三是强化现场统一管理。及时成立统一指挥部，全面领导国家和省、市、县三级政府和有关部门、专家及专业救援队伍有力、有序参与应急抢险救援。在整个救援行动中，由于组织有力，情况研判科学准确，没有发生次生灾害和救援人员及其他人员伤亡情况。

但施工企业在第一次涌水突泥后，应对措施不力，现场指挥和管控措施不到位，事发后现场管理混乱，工人救人心切，自发盲目施救导致事态扩大。

专家点评

◆水是隧道突水突泥事故发生的最大根源，隧道埋深大、水压力大、存在不良地质也是形成隧道突泥突水的主要因素，隧道施工打破原有平衡压力产生泥水突涌，所以突泥突水事故一般发生迅猛，会在瞬间释放压力，产生极大的破坏力。在隧道突泥突水事故中，距突出点较近人员逃生困难。

◆突泥突水处地质具有多期性、次级构造发育、岩性成分复杂等特点，如压力释放不完全，极易发生二次突涌，因此如遇突泥突水事故，不能盲目施救，避免造成人员伤亡扩大。

◆此次事故中，由于施工企业应对措施不力，现场指挥和管控措施不到位，事发后现场管理混乱，施工人员盲目施救，造成了人员伤亡扩大。这次事故给人们敲响了警钟，施工企业不但要做好事故发生后的前期应对与处置，在日常安全管理中也要加强项目一线工人的应急处置能力和安全教育培训。

◆本次救援过程中，专业救援力量出动迅速，搜救及时，发现存活的被困人员后，迅速组织攻坚队实施救援。救援过程中指挥员指挥得当，救援队员奋不顾身，与时间赛跑，在十分危急的情况下，成功营救被困人员，体现了救援人员的专业素质与英勇顽强作风。

◆本次救援行动中救援力量与救援设备调度迅速，保障有力，通信设备、监测预警平台、遥感卫星等高科技设备与技术的应用确保了整个搜救行动的高效、安全开展。

案例五十　湖北省广水市宝林隧洞“7·14”较大突水突泥事故

2018年7月14日0时30分左右，鄂北水资源配置工程广水宝林隧洞发生突水突泥事故，造成6人失联。经过一年多的现场除险清理，6名遇难者的遗体已全部找到并完成DNA比对。

一、事故隧洞基本情况

（一）隧洞基本情况

宝林隧洞为鄂北地区水资源配置工程第16标段控制性工程，全长13.84 km（244 km+650 m～258 km+490 m），进口位于广水市宝林乡下彭家湾村北侧，上游接宝林明渠，出口位于广水市武胜关镇余家沟，出口接余家沟渡槽。隧洞最大埋深647 m，平均埋深239 m。

隧洞围岩主要为片麻岩，进口底板高程为101.74 m，出口底板高程为100.06 m，底部纵坡为1：9600，沿程输水流量为3.5 m^3/s。隧洞横断面型式为城门洞型或圆型，过水断面净宽3.2～6.0 m、高度6 m左右。隧洞采用两种断面型式，进口采取钻爆法施工，出口采取TBM施工，事故发生工段为钻爆法施工工段，地点在F31断层附近。

（二）事故区域基本情况

事故发生工段为钻爆法施工工段，地点在F31断层附近。对F31断层隧洞围岩采用小导管超前支护，利用小导管钻孔作为先导孔进行超前预报，初衬采用顶拱小导管注浆超前支护，二衬采用钢筋混凝土衬砌。隧洞每10 m设环向缝，采用橡胶止水，隧洞顶拱120°范围进行回填灌浆。事发地6月累计降水量为20.1 mm，最大日降雨量为9.2 mm（6月28日）；7月1—13日，累计降水量为55.1 mm，最大日降雨量为35.1 mm（7月5日）。除大气降水外，地表无其他补给水源。

二、事故发生经过

2018年6月11日，宝林隧洞进口钻爆开挖至DK247+395.8后，掌子面在出渣过程中出水，颜色浑浊、流量较大。设计代表至现场查看，由于积水较深，无法靠近掌子面进行查勘，遂要求施工单位加强抽排水措施，待条件允许后进行现场查勘。结合区域地质资料、前期地勘成果、已开挖洞段素描成果及掌子面出水状况，设计、施工等单位初步分析掌子面前方为 F31 断层。6 月 19 日，隧洞内积水已基本排完，出水量趋于基本稳定，已具备清淤出渣条件。20 日上午开始清淤，参建单位依据现场情况拟定于 21 日组织参建四方人员到现场进一步查看情况并确定处理方案。

6 月 21 日 9 时左右，施工单位先行进洞查看现场情况，发现已清淤至掌子面约 5 m 位置。当日 11 时左右隧洞发生涌水突泥，并导致掌子面前方约 15 m 长洞段填满，约 400 m 长洞段范围内积水。因积水较多，无法进入涌渣前沿查勘，业主单位要求施工单位加强排水、清淤，待条件允许后再通知四方人员现场查勘。

6 月 25 日，参建四方人员进行现场联合查验后商定，加强抽排和清淤至能看到堆渣体起坡点时，再到现场进一步观察。6 月 29 日，清淤已至堆渣体起坡处，积水基本排尽。业主组织监理、设计、施工单位人员进洞检查，设计单位根据渗水量、堆渣体形态等因素初步判断堆渣体基本稳定。经现场讨论确定，先清渣至掌子面 18 m 左右，再研究确定下一步处理方案，并要求施工单位在清渣期间，注意观察渗水量变化和堆渣体稳定情况。

7 月 4 日，渗水已基本稳定。下午施工单位清渣至掌子面约 21 m 处，发现一块巨石（长约 4 m，厚约 1 ~ 2 m，宽度不明），遂暂停清渣作业。7 月 5 日上午，监理单位组织参建各方人员到现场再次进行了检查，确认堆渣体形态稳定、渗水量稳定，已支护洞段围岩无异常。四方人员在现场会议室召开专题会议，经会议讨论一致认为，应停止清渣，在 DK247 + 374 的位置采用管棚从堆渣体范围外开始超前支护，并利用管棚钻孔探明掌子面地质情况，管棚长度暂定 30 m。业主方要求施工时，注意观察堆渣体变形及渗水变化情况，若发现情况异常应及时汇报。方案确定后，施工单位开始组织人员，准备设备和管棚材料。期间，施工、监理人员进洞检查，堆渣体、渗水量无异常。

7 月 9 日、10 日，施工方联系爆破公司在离掌子面 26 m 左右的位置进行爆破扩挖，以方便打先导孔进行管棚支护。7 月 9 日爆破用炸药 14. 4 kg，雷管 20 发。10 日爆破用炸药 15. 6 kg，雷管 22 发。爆破后于 13 日上午，开始管棚倒数第二个先导孔（编号为 18 号孔）钻孔，16 时，崔某等 6 人进洞交接班时无异常情况。18 时 30 分、20 时 30 分，安全管理人员先后两次进洞巡视，工作面未见异常。

7 月 14 日 0 时 30 分，接班人员进洞接班时，发现洞内距掌子面约 450 m 处积水、积淤已深达 1 m，据估算，突泥量约 5500 m^3，突水量约 1200 m^3。前方6名管棚钻孔施工人员被困，且呼叫无回应。

7月14日16时30分洞内现场情况坡面示意图如图6－16所示。

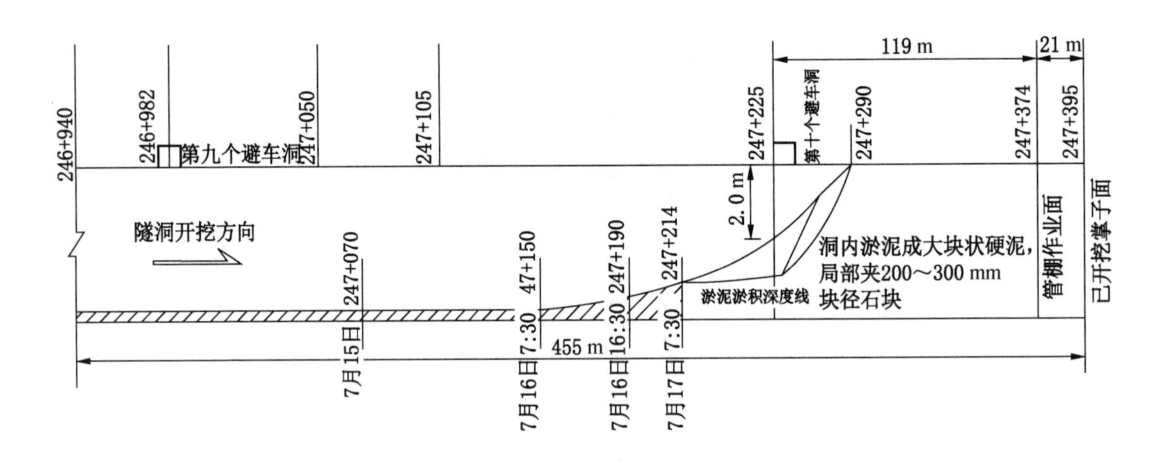

图6－16　2018年7月14日16时30分洞内现场情况坡面示意图

三、事故直接原因

宝林隧洞F31断层局部导水性强，补给较好，造成断层带地下水汇集，地下水水位高、水压大。在高压地下水渗透压力的作用下，破碎带易产生渗透破坏，发生突水突泥，形成洞内泥石流，其发生具有突发性和不可预见性。

四、应急处置与救援

（一）企业先期处置

事故发生后，施工项目负责人迅速组织2台装载机和11名救援人员进洞搜寻，进洞后发现现有设备和人员无法开展救援，随即向施工企业领导、业主、监理方相关人员报告情况，并于2时19分分别拨打119、120急救电话。施工企业立即启动应急响应，逐级汇报。同时成立了应急组织机构，并立即组织相关人员赶赴现场。之后，业主、监理等单位也及时赶赴现场，119、120、抢险队伍及地方公安部门相继于2时50分赶到现场。3时15分，广水消防大队在了解洞内情况后开展了第一次搜救，前进至洞内约2000 m处，装载车无法继续前行，开展人工搜寻约150 m后，仍未发现失联人员。搜救人员返回洞外重新整理装备后再次进洞搜救，前进至洞内约2400 m处，淤渣深度约1 m，又向前开展人工搜寻约150 m，仅发现失联人员的安全帽和一只雨鞋，仍未发现失联人员。

（二）各级应急响应

接到事故发生报告后，随州市委、市政府及广水市委、市政府主要领导和分管领导及相关部门负责人立即赶赴现场，迅速成立了应急救援指挥部和工作组，统一协调指挥抢险救援工作。指挥部根据应急管理部、水利部和省委、省政府各级领导批示的“科学施救和严防次生事故”的指示精神，在抢险救援的同时，组织国内权威的地质、隧洞、物探专业相关专家商定应急救援对策。

应急救援指挥部先后组织国家矿山应急救援平顶山队、省消防总队、武钢资源矿山救护队、湖北省地质局第八地质大队、大冶有色救护队、鄂东南救护队、松宜救护队等7支专业应急救援队、60余名消防救援人员、200余名当地干部群众、250余名参建单位抢险人员、多名突水处理方面的地质和物探专家参与现场应急救援。

（三）制定救援方案

专家组在查看现场进行实地探测后，就涌水突泥事故继续救援的风险性、可行性、必要性进行了论证。主要意见及后续措施如下：

（1）经过涌水突泥后，F31断层带空腔形态、水位等情况不明确，前期已发生过3次涌水、突泥情况，贸然继续向前清渣，在断层带内可能存在高水位作用下，淤渣体突然失稳，引发次生灾害的可能性极大，因此应谨慎清渣。

（2）清理淤渣至DK247+214位置，泥渣高度约1.6 m（含垫路石渣0.45 m）时，指挥部分批次组织专家，开展洞内及地表查看，发现淤积体呈饱和状态（图6-17），淤积体表面有细小水流。结合两次对断层带物理勘探结果，专家组认为断层带地质结构异常复杂，空腔形态及水位无法准确判断，极易再次发生地质灾害。

图6-17 宝林隧洞被淤泥堵严处

（3）基于上述判断，专家组再次讨论认为，在做好供电、供风、通信、技术交底及培训、安全监测、人员撤离预案等 17 项安全保障措施的基础上，清理淤渣和搜寻只能向前再推进 20 m。随后，抢险救援队伍按照专家组意见，继续向前推进了 20 m，到达了判定的安全极限位置。

（4）7 月 25 日，事故发生已超过 240 h，省内外专业救援队多次使用侦测搜寻仪器对失联人员受困区域进行仔细探测，均未发现生命迹象。

（5）由于洞内敏感区地质情况非常复杂，搜寻已达到预定的极限，继续实施“排水、清淤清渣”的应急救援方案风险性极大，按照“应急救援和稳妥善后相结合、当前抢险和永久除险相结合、场内应急处置和场外信息发布相结合”的原则，现场应从应急搜救转变为工程除险加固后再搜寻。

（四）救援方案实施

2018 年 9 月 5 日，省设计院完成了《宝林隧洞 247 + 395 突水突泥洞段抢险处置设计报告》（简称《设计报告》）编制工作，提出采用超深孔固结灌浆加固方案，在山顶分环分序施工 79 个固结灌浆孔进行不良地质段加固。9 月 18 日省水利厅对《设计报告》进行了初审，基本同意固结灌浆加固处理方案，要求进行灌浆试验，完善《设计报告》。施工单位于 10 月 6 日开始灌浆试验，12 月 13 日鄂北局组织专家对灌浆试验成果进行检验后，决定全面实施灌浆施工。

2019 年 1 月，省水利厅对《设计报告》进行了复审，并于 3 月下达了正式批复，基本同意报告内容，根据专家意见固结灌浆孔由 89 个调整为 126 个，顶部灌浆高程从 165 ~ 85 m 调整为 130 ~ 85 m，设计钻孔长度增加至 26.48 km，设计灌浆长度增加至 5.67 km，方案明确根据检查孔芯样强度、压水试验及声波检测情况判定灌浆效果，除险加固设计总工期为 11 个月。

由于在极为破碎的不良地质带进行 200 m 深度钻孔十分困难，同时在该深度进行固结灌浆国内尚属首次，施工前期推进极为缓慢。从前期施工来看，洞顶上方岩体异常破碎，断层上下盘均为坚硬角砾岩，多个区段存在全风化片麻岩（该岩体遇水成砂），被扰动的部位存在深厚砂层（部分区段超过 10 m），地质条件极为复杂，钻进过程出现了塌孔、卡钻、埋钻及不返浆（地质钻施工中不返浆将无法进行泥浆护壁，极易卡钻）等一系列问题。

通过参建各方的不断努力、相关单位反复试验和摸索，对地层的认识更加深入，逐渐解决了灌浆过程中遇到的一系列问题，空腔的大致位置也得到了验证，灌浆效果比较明显，截至 2019 年 9 月 5 日已完成了全部灌浆工作。设计灌浆孔 126 个，顶部灌浆高程为 130 ~ 85 m，钻孔长度为 26.59 km，灌浆长度为 5. 78 km。实际完成灌浆 126 孔，钻孔长度为 26. 62 km，灌浆长度为 6. 05 km，灌浆使用水泥及加固材料合计 9919. 2 t，均达到设计要求。通过 7 个检查孔的压水试验、声波检测、岩芯强度试验及芯样 RQD 值等项目检测，结果合格。同时，结合灌浆过程中的吸浆量、灌浆孔水位、洞内出水量三项指标变化的统计分析，设计单位判定灌浆效果良好，满足设计要求。

2019 年 9 月 18 日，鄂北局广悟部组织开展了地表灌浆分部工程的四个关键部位单元工程验收工作，鄂北工程质量监督项目站列席并全程监督，四个单元工程均评定为合格，并完成评定结论核备。9 月 23 日，鄂北局组织开展了地表灌浆加固分部工程验收，鄂北工程质量监督项目站列席并全程监督，该分部工程评定为合格。

地表灌浆通过验收后，施工单位编制了《宝林隧洞突水突泥洞段除险加固工程洞内清渣及加固专项施工方案》，并组织了专家论证。随后，施工单位恢复了供水、供风、供电、排水设施，并完成了地表水位观测、洞内围岩监测、视频监控和通信设备建设工作，为进洞施工做好了准备。

2019 年 10 月 15 日，施工单位完成了失联人员搜寻处置实施方案编制工作，并对施工班组进行了技术交底与安全交底，组织开展了应急演练。搜寻方式采用机械配合人工，对洞内渣体进行清理外运，聘请专业搜救队伍进行失联人员遗体搜寻工作，为确保搜寻工作有序、顺利完成，地方政府成立了专班协调小组，积极配合施工单位参与失联人员遗体的搜寻、现场处理、善后处置等工作。为确保此次搜寻工作的安全、人身健康及不发生次生灾害，施工单位安排专职人员对洞内渣体稳定性、渗水量、有害气体和岩体内水位进行监测，及时对洞内堆渣体运渣车辆进行消毒防疫，泥渣运至指定弃渣场进行消毒掩埋。

2019 年 10 月 16 日，施工单位正式开展洞内清渣及搜寻工作，清渣严格按照设计方案和专项施工方案执行。自桩号 247 + 133 处向前进行排水、清渣、搜寻，10 月 28 日上午，搜寻人员在桩号 247 + 250 处发现第一位遇难人员遗骸，至 11 月 6 日 6 位遇难人员遗骸全部搜寻完成。

五、总结分析

（一）救援难点

宝林隧洞 F31 断层工程地质、水文地质条件复杂，地下水出水量始终不大，但突泥规模大，且具突发性，在片麻岩地区极为罕见，超出了现有工程经验和认知水平，从而导致救援过程中安全风险极大，救援过程中极易造成次生灾害。

（二）救援经验

一是应急响应迅速高效。施工单位在事故发生后第一时间报告业主单位和监理单位，并拨打120、119报警电话。接到事故消息后，随州市政府、鄂北局和施工单位立即启动应急预案。专业救援队、公安、消防、医疗急救部门及工程邻近标段在接到事故报告后及时赶赴现场参加救援，保证了事故的快速有效处置。

二是抢险组织有力有序。应急管理部、水利部和省委、省政府领导高度重视、高位推进、现场指挥是抢险救援顺利开展的坚强保证，宝林隧洞突水突泥事故救援指挥部的高效运转为整个抢险救援工作提供了有力组织保证。抢险救援的人力物力调集和投入及时充分，参与抢险队伍人员分工明确、责任落实，现场救援管控科学有序，整个抢险救援安全顺利开展。

三是抢险救援方案科学合理。在抢险救援过程中，严格按照科学施救和严防次生灾害发生的要求，根据抢险救援和洞内水位、淤泥、渣土、地质等实际情况，组织权威专家及时会商，研判制定不同阶段抢险救援方案，切实保证技术方案的科学性、安全性、有效性，整个救援过程中未发生二次灾害。

四是信息报送及时准确。在事故发生后，地方政府及有关部门迅速建立信息采集报送和新闻发布工作机制，组成工作专班，及时、准确掌握事故救援进展的各方面情况，安排专人每日开展信息收集、编辑和报送工作，保证重要信息不漏报、不瞒报，以开放姿态及时发布有关新闻信息，给社会各界和新闻媒体一个真相，保证新闻信息传播的主动性、及时性和阳光透明。

专家点评

◆事故项目未对隧洞内外建立有效联系，施工作业面未设置监控、预警等设施，导致事故发生处置不及时。

◆本次救援行动，组织了多名突水处理方面的地质和物探专家参与现场应急救援，保证了救援方案的科学有效。

◆本次救援行动指挥部、专家组根据现场实际情况，在搜寻已达到预定的极限，判定被困人员无生还可能，继续实施“排水、清淤清渣”的应急救援方案风险性极大的情况下，将应急搜救转变为工程除险加固后再搜寻，依据充分，决策合理。

◆工程除险加固程序合法，保障到位，措施得当，推进有序，达到除险加固效果。

◆本次事故从发生到6位遇难人员遗骸全部搜寻完成历时1年零3个多月，救援行动分阶段有序进行，并在过程中以开放姿态及时发布有关新闻信息，保证新闻信息传播的主动性、及时性和阳光透明，处置得当，未对社会造成负面影响。

案例五十一　广东省佛山市轨道交通2号线“2·7”隧道透水坍塌重大事故

2018年2月7日20时40分许，佛山市轨道交通2号线一期工程土建一标段（简称TJ1标段）湖涌站至绿岛湖站盾构区间右线工地突发透水，引发隧道及路面坍塌，造成11人死亡、1人失踪、8人受伤，直接经济损失约5323.8万元。

一、事故隧道基本情况

（一）隧道基本情况

事故线路佛山市轨道交通2号线是佛山市东西走向的骨干轨道线路，计划分两期建设，其中一期工程规划由佛山南庄出发，跨东平水道、陈村水道，至广州南站。项目总投资约200亿元，计划2019年底建成投入使用。

（二）事故区域基本情况

湖涌站至绿岛湖站区间西起湖涌站、东至绿岛湖站，区间线路呈东—西走向，双线隧道，沿季华西路下穿季华立交、澳边涌公路小桥等，区间隧道为单线长度约1932 m，采用盾构法施工（图6-18）。区间沿线地表下5 m深度内敷设有大量各类管线，对隧道施工有一定影响。

图6-18　湖涌站—绿岛湖站区间隧道位置平面图

二、事故发生经过

2018年2月7日晚事发前，右线盾构机完成905环掘进后，位于隧道底埋深约 30.5 m 的淤泥质粉土、粉砂、中砂交界处且具有承压水的复杂地质环境中，在进行管片拼装作业时，突遇土仓压力上升，盾尾下沉，盾尾间隙变大，盾尾透水涌砂。经现场施工人员抢险堵漏未果，透水涌砂继续扩大，下部砂层被掏空，使盾构机和成形管片结构向下位移、变形。隧道结构破坏后，巨量泥砂突然涌入隧道，猛烈冲断了盾构机后配套台车连接件，使盾构机台车在泥砂流的裹挟下突然被冲出 700 余米，并在隧道有限空间内引发了迅猛的冲击气浪，隧道内正在向外逃生的部分人员被撞击、挤压、掩埋，造成重大人员伤亡。

事故发生时左右线盾构机平面位置如图 6－19 所示。

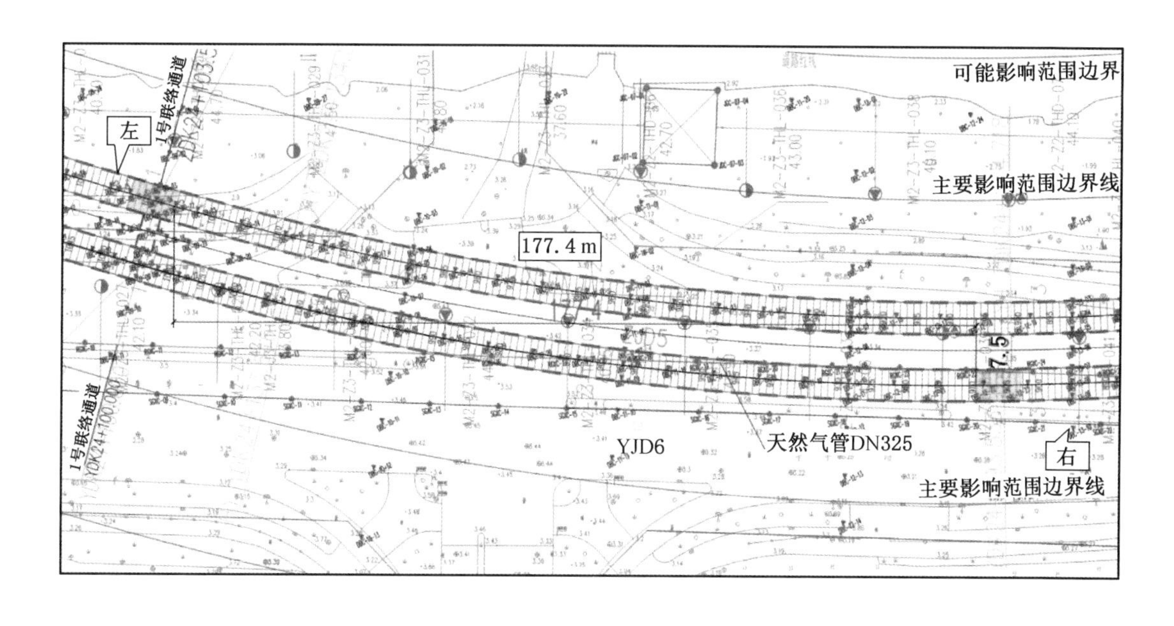

图 6－19　事故发生时左右线盾构机平面位置关系

事故过程如下：

2 月 7 日 18 时 10 分，右线隧道 905 环完成掘进，随后进行管片拼装前的盾尾清理、冲洗。

18 时 52 分，右线 905 环第 1 块管片拼装完成，管片吊机起吊第 2 块管片时，土仓压力突然上升约 43 kPa，即由 233 kPa 上升至 276 kPa（图 6－20），盾体后部俯仰角开始增大，盾尾出现下沉，与此同时盾尾内刚拼装好的第 1 块管片（A2 块）右侧（约盾尾 6 点钟位置）附近突发向上冒浆，旁边打螺杆的作业工人立刻尝试去封堵冒浆点，但浆液上升很快，18 时 53 分浆液即漫过了已安装的第 1 块管片，盾尾附近工人开始撤离迅速被浆液漫过的拼装作业区域；18 时 54 分浆液完全漫过并排放置在拼装区的其余 4 块待拼装管片表面。

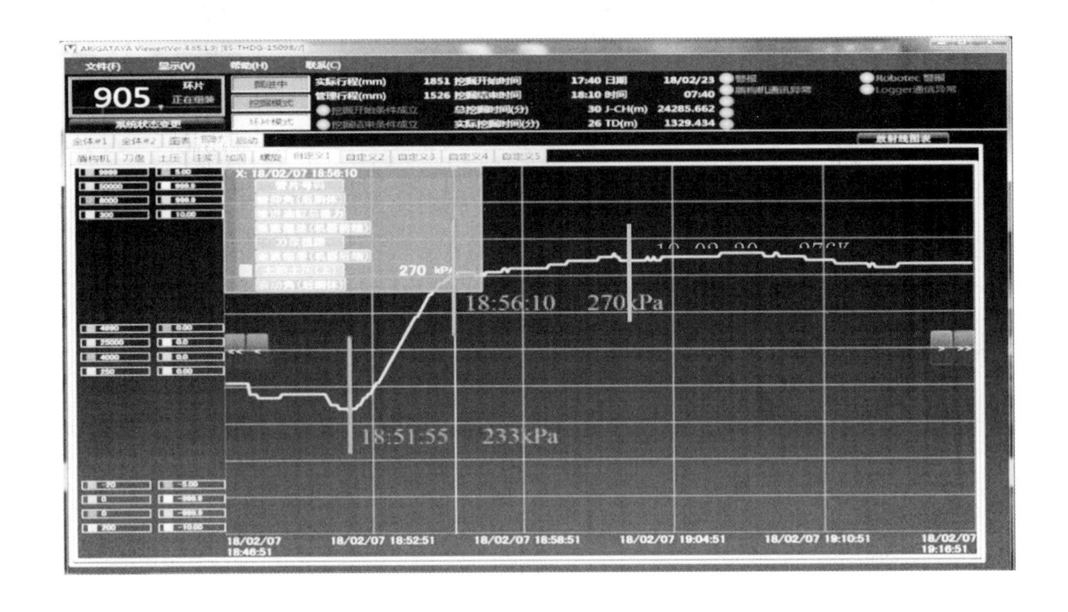

图 6 - 20　905 环土压力异常升高曲线

19 时 3 分，作业人员采取应急堵漏措施，向盾尾密封内打入油脂，并采取向盾尾漏浆处抛填砂袋的反压措施，同时将盾尾漏浆险情向地面监控室报告，当时正在监控室的项目部盾构分部经理陈某接报后一方面安排洞内人员采取堆砂袋堵漏，另一方面安排人员巡视盾构机上方地面情况，并安排人员向交警、燃气、供水等单位报告，对道路、燃气管线、供水管线等进行封闭预警。

19 时 47 分，陈某在与隧道内人员通话后，立即组织相关人员赶赴隧道内查看险情，组织抢险，继续采取向盾尾透水涌泥涌砂区域抛填砂袋等抢险措施，但仍未能有效控制涌泥涌砂险情。

20 时 3 分，盾尾竖向偏差达 - 460 mm，相对停机时盾尾位置下沉了 417. 5 mm，此后激光导向系统无法监测到盾尾竖向偏差。

20 时 35 分，隧道内人员开始撤退。

20 时 36 分，大约 899 环管片环缝 4 点钟位置出现泥砂流持续剧烈喷射而出，盾尾方向流出的泥砂流明显加大。此时盾体后部俯仰角已增加至 2. 7°，据推算盾尾相对停机时下沉了约 463. 5 mm。

20 时 38 分，盾构机高压电断电，井下监控录像视频信号中断。

20 时 40 分许，地面出现大面积坍塌，洞内突然涌出的大量泥砂推动盾构机台车向后滑冲约 700 m，隧道内泥砂流和伴随涌起的气浪将正在向外撤离的部分逃生人员击倒或掩埋。最终造成10人当场死亡，1人经抢救无效在医院死亡，1人失踪，8人受伤。地面坍塌范围东西向约65 m，南北向约81 m，深度约6～8 m(图6－21)，地面塌方面积约4192 m^2，坍塌体方量接近2.5×10^4 m^3(图6－22)。

图6－21　路面塌陷处现场（长60 m、宽30 m、深6～8 m)

图6－22　地面塌陷区航拍照片

三、事故直接原因

（1）事故发生段存在深厚富水粉砂层且邻近强透水的中粗砂层，地下水具有承压性，盾构机穿越该地段时发生透水涌砂涌泥坍塌的风险高。

① 事故段隧道底部埋深约 30.5 m，地层由上至下分别为人工填土、淤泥质粉土、淤泥质土、淤泥质粉土、粉砂、中砂、圆砾以及强风化泥质砂岩。大部分土体松散、承载力低、自稳性差、易塌陷，其中粉砂层属于液化土，隧道位于淤泥质土和砂层，总体上工程地质条件很差。

② 隧道穿越的砂层分布连续、范围广、埋深大、透水性强、水量丰富，且上部淤泥质土形成了相对隔水层，下部砂层地下水具有承压性，水文地质条件差。

③ 事发时盾构机刚好位于粉砂和中砂交界部位，盾构机中下部为粉砂层，中砂及其下的圆砾层透水性强于粉砂层并且水量丰富、具有承压性，一旦粉砂层发生透水，极易产生管涌而造成粉砂流失。

在上述工程地质条件和水文地质条件均很差的地层中，盾构施工过程具备引发透水涌砂坍塌的外部条件，盾构施工风险高。

（2）盾尾密封装置在使用过程中密封性能下降，盾尾密封被外部水土压力击穿，产生透水涌砂通道。

① 事故发生前，右线盾构机已累计掘进约 1.36 km，盾尾刷存在磨损，盾尾密封止水性能下降。在事故发生前已发生过多次盾尾漏浆，存在盾尾密封失效的隐患。

② 管片拼装期间，盾尾间隙处于下大上小的不利状态，盾尾底部易发生漏浆漏水。

③ 盾构机正在进行管片拼装作业，管片拼装机起吊 905 环第 2 块管片时，盾尾外荷载加大，同时土仓压力突然上升约 40 kPa，对盾尾密封性不利。

上述因素导致盾尾密封装置在使用过程中耐水压密封性下降，导致盾尾密封被外部压力击穿。

（3）在涌泥涌砂严重情况下，隧道内继续进行抢险作业，撤离不及时。

① 19 时 3 分盾尾竖向偏差已达 307 mm，19 时 8 分大约 899 环管片 4 点钟至 5 点钟位置出现涌泥涌砂，隧道内已有大量泥砂堆积，20 时 3 分盾尾下沉了 417.5 mm，激光导向系统已无法监测到盾尾竖向偏差。上述现象可判断出隧道已处于危险状态。

② 19 时 3 分，作业人员向盾尾密封内打入应急堵漏油脂，并向盾尾漏浆

处抛填砂袋反压，但盾尾透水涌泥涌砂现象仍在持续，表明抢险措施难以有效控制险情。

上述情况下，不及时撤离抢险人员属于险情处置措施不当。

（4）隧道结构破坏后，大量泥砂迅猛涌入隧道，在狭窄空间范围内形成强烈泥砂流和气浪向洞口方向冲击，导致部分人员逃生失败，造成了人员伤亡的严重后果。

盾构机所处位置为上坡段，盾构机距离井口距离较远（约 1.36 km），人员逃生距离长，隧道周边地层被掏空后，上部地层突然下陷，隧道结构破坏，地下水和泥砂流瞬间倾泻而入，形成的冲击力直接冲断了盾构机后配套台车连接件，使盾构机台车在泥砂流的裹挟下突然被冲出 700 余米，并在隧道有限空间内引发了迅猛的冲击气浪，隧道内正在向外逃生的部分人员被撞击、挤压、掩埋，造成重大人员伤亡。

四、应急处置与救援

（一）企业先期处置

2 月 7 日 18 时 52 分，佛山市轨道交通 2 号线一期工程 TJ1 标段湖涌站至绿岛湖站盾构区间右线 905 环发生渗漏。

19 时 3 分，白班掘进班班长张某通过盾构机操作室有线电话向地面监控室报告渗漏情况；在地面监控室的盾构分部经理陈某电话向项目部总工马某报告要求封路，同时指派盾构分部总机电长郑某立即下隧道组织堵漏。

19 时 5 分，马某安排项目部工程部部长向某组织现场封路并电话向项目部经理陈某某报告。同时，掘进班长张某在操作室与晚班掘进班长郑某进行交接，交代渗漏情况。郑某随后组织人员用砂袋实施封堵，并安排人员到隧道最低点抽排水。

19 时 16 分，向某先后向燃气、供水等单位报告，请求关闭相关管线。

19 时 20 分，项目部经理陈某某电话向 EPC 项目总经理部总经理戴某报告，并电话通知项目部书记刘某到现场组织封路。

19 时 22 分，项目部书记刘某向公安交警部门报告，请求封路。

19 时 25 分，交警到达现场封路。

19 时 40 分，EPC 项目总经理部总工程师杨某、安全总监胡某、工程部经理张某某、TJ1 标段现场工程师吴某进入隧道查看情况（于 20 时 23 分左右出隧道）。

19 时 47 分，盾构分部经理陈某电话向项目部经理陈某某报告后，带领相关人员进入隧道指挥抢险堵漏。

20时，供水管理单位抢修人员开始关闭阀门（于20时50分完成关闭）。

20时5分，燃气管理单位抢修人员开始关闭阀门，随后降压放散（于21时28分放散完毕）。

20时35分，陈某通知地面监控室切断洞内高压电，并向隧道内人员发出了撤退指令，隧道内人员开始撤退。

20时40分许，地面突然发生坍塌。

（二）各级应急响应

20时47分，佛山市委、市政府总值班室收到佛山市公安局110指挥中心报告称："2月7日20时40分，禅城区季华西路一环桥底东往西方向的路面出现约200 m^2 的下陷，该路段已双向封闭，已通知交警、国土等相关部门赶往现场处置，人员伤亡情况不明"，佛山市委、市政府总值班室随后立即向禅城区核实相关情况。

20时50分，戴某电话向中交佛投执行总经理报告。21时10分，佛投执行总经理到达现场。

21时32分，佛山市委、市政府总值班室向佛山市有关领导发送手机短信报告简要情况。21时34分，佛山市委、市政府总值班室接到市委书记电话指示，要求禅城区和有关部门迅速察看处置，将佛山市委书记指示传达市有关领导。

21时39分，盾构分部安全总监王某拨打电话119，请求消防队伍救援。

21时50分，佛山市副市长到达现场勘察实地情况，并研究下一步工作措施。随后，佛山市委书记、市长和副市长以及禅城区委、区政府主要领导先后赶到现场组织指挥救援善后处置工作。

21时52分至22时25分，消防队伍陆续到达现场展开救援。

23时50分，佛山市委书记、市长在事故现场召开紧急会议，决定成立由副市长为总指挥的现场临时救援指挥部，下设救援、专家、支援、宣传、善后5个工作小组，全力开展救援工作。

8日2时许，省安全监管局副局长赶到事故现场指导救援工作。

8日7时21分，受省委书记、省长委托，常务副省长带领省政府副秘书长、省安全监管局局长、省住房城乡建设厅党组书记等赶到事故现场指挥协调救援处置工作，在现场召开会议，研究布置事故救援与处置工作。

8日10时43分，中国交建重庆隧道抢险救援队26名队员到达事故现场，协助消防队伍救援。

8 日 18 时，国家安全生产监督管理总局监管二司司长率工作组赶到现场指导救援工作。

（三）制定救援方案

主要救援方案采用塌陷区域回填砂土，塌陷区域洞内封堵注浆，洞内注水等措施。

（四）抢险救援过程

（1）事故应急处置总体情况。事故发生时，隧道内共有 39 人，其中：晚班当班人员 17 人、白班当班工长 1 人、参与抢险人员 12 人，另有 9 人正在进入隧道查看、协助抢险途中。事发后，19 人自行逃生，企业自救 7 人。

截至 2 月 8 日 2 时 1 分，消防救援人员陆续搜救出 2 名生还者（其中 1 名在医院经抢救无效死亡）；至 8 日 19 时 8 分，消防救援人员又陆续搜救出 10 具遇难者遗体，尚有 1 人失踪（图 6－23）。

图 6－23　隧道内救援现场（距隧道进口约 500 m）

（2）事故善后处置情况。事故发生后，经过反复排查和确认，确定有 13 人被困。经全力搜救，共有 12 人（2 人生还、10 人遇难）被成功救出。9 名伤员（包括企业自救 7 人、消防搜救 2 人）送医院救治，其中 1 人于 2 月 9 日 6 时 3 分经抢救无效死亡，截至 7 月 27 日已有 7 名伤员治愈出院，尚有 1 名伤员仍住院治疗、病情稳定。

2月12日，塌陷区域砂土回填完毕。2月13日，塌陷区域洞内封堵注浆工作完成；2月16日，洞内注水完成。2月24日16时，塌陷区恢复三车道自西向东单向通车。

佛山市委、市政府按照“一对一”的要求，成立了12个工作组妥善做好11名遇难者及1名失踪人员的善后处理工作。至3月4日，全部11名遇难者及1名失踪者善后工作完成。

五、总结分析

（1）参建各方没有牢固树立安全发展理念，真正把安全放在首位。

相关参建单位在项目施工过程中，没有正确处理安全与工期、效益的关系，总是把工期、效益放在第一位，反映出相关参建单位没有牢固树立以人民为中心的发展理念，没有坚守“发展决不能以牺牲人的生命为代价”的安全生产红线，生命至上的安全发展意识不强。如在盾构机选型上过多考虑经济效益，而没有优先选用更适合该地质条件的泥水平衡盾构机；盾构施工采取白班、夜班“两班倒”的工作模式、每班12 h，工人连续工作时间过长、易出现脱岗等违章行为。

（2）参建各方对复杂地质条件下的地铁盾构施工安全风险意识淡薄、措施不力。

参建单位普遍认为盾构施工是相对于矿山法而言更为安全的施工工艺，也认为盾构施工过程中堵漏是较为常见的情况，但造成如此重大人员伤亡是始料未及、前所未有的。据了解，国内地铁盾构工程的管片结构失稳坍塌事故几乎全部与富含水的粉细砂层流失有关，但相关参建单位对地质复杂性引起的风险认识不足，未能充分吸取近年来国内多起粉砂层中发生的盾构施工事故教训并采取有效的预防措施。

（3）风险处置不科学，现场指挥不当。

湖涌站至绿岛湖站区间右线从532环开始已多次出现渗漏，施工单位虽然研究过采取更换盾尾刷等措施，但直至事发前一直未能落实。第三方监测单位于2017年6月1日至2018年2月7日共发送19份橙色及红色预警报告给参建各方，特别是2017年11月5日右线盾构机螺旋机泄漏导致地面塌陷，项目因此停工了1个月，施工单位依然边掘进、边堵漏。当盾构机下沉已超过监控范围，形势非常危险的情况下，没有及时下令撤人，还组织人员冒险抢险，造成重大人员伤亡。

（4）项目部对盾构分部安全管理体制不顺，统一管理流于形式。

施工企业成立项目部及各分部对 TJ1 标段进行统一协调管理，但各分部的人财物实际由负责组建的施工企业管理，项目部并没有决定权。事发区间所在的盾构分部，其隐患整改方面所需的安全生产投入由施工企业的装备分公司决定，但该公司对现场情况并不完全掌握，而掌握情况的项目部又没有决定权。盾构分部和施工企业装备分公司均设置有监控室，可及时掌握右线盾构机监控数据及视频信息，而项目部却没有。发生险情后，项目部的管理层到达现场却并不掌握应急处置程序，没有第一时间在地面监控室根据盾构机监控数据及时下达撤人指令，反而是在地面开展疏导，贻误了撤离时机。项目部对盾构分部的安全管理缺乏有效的手段，导致项目部统一协调管理事实上流于形式，项目安全管理混乱。

（5）城市轨道交通盾构施工技术标准、规程和管理规定滞后。

城市轨道交通工程建设具有投资大、技术复杂、施工难度大、风险高等特点，目前盾构施工技术标准、规程和管理规定建设相对滞后。如目前国内盾构法施工相关规范中尚无关于盾构机盾尾刷设计、制造、验收方面的内容，也无盾尾密封耐水压密封性能的测试方法和检验标准；盾构工法没有制订相关危险预警标准；没有要求建立覆盖参建各方的监控信息共享平台；没有要求制订紧急撤离指引等。

（6）职能部门安全监管缺乏行业针对性。

轨道交通建设工程技术性强，给职能部门安全监管带来很大的难度。日常安全监管过程中，职能部门更多的是从立项审批、施工报建、竣工验收等程序合法性及隐患排查治理台账资料齐全性等方面检查发现问题、提出整改要求，对地铁施工安全的特殊性认识不足，缺乏有针对性的监管措施，特别是忽视了对复杂地质条件下施工安全措施的制定及落实、紧急情况下撤人的应急预案及演练等情况的监督检查，通过严格安全监管进而有效防范遏制重特大事故的作用不明显。

专家点评

◆此次事故发生段存在深厚富水粉砂层且临近强透水的中砂层，地下水具有承压性，盾构机穿越该地段时发生涌水透砂涌泥坍塌的风险高。

◆事故发生时盾尾密封装置在使用过程中密封性能下降，盾尾密封被外部水土压力击穿产生透水涌砂通道。

◆隧道结构破坏后，大量泥砂迅猛涌入隧道，在狭窄空间范围内形成强烈泥砂流和气浪向洞口方向冲击，导致部分人员逃生失败，造成了人员伤亡的严重后果。

◆施工企业安全风险认识研判不足，应急处置不当，涌泥涌砂严重情况下冒险组织抢险堵漏，造成事故进一步扩大，希望各施工单位引以为戒。

◆此次事故属于透水引起的地铁坍塌事故，地铁由于多处于城市之中，坍塌的同时可能会引起地面塌陷，会对周边建筑物或者交通设施造成影响，救援时应加强对周边地面以及建筑设施的监测工作。由于地铁周边管线较多，坍塌可能会造成燃气管道、供水管道、电力管道等损坏，应第一时间通知相关部门进行紧急处置，避免事态进一步扩大。

◆地铁相较于山岭隧道，断面尺寸较小，救援时大型机械设备无法进入，实施救援比较困难。

◆此次事故抢险救援环境十分复杂，属于密闭、狭小、泥水空间作业。救援队员在进行破拆搜寻作业时，行动不便，散热性、空气流通比较差，作业体位不科学，视线受阻、通信不便、操作受到限制、轮换不方便等不利因素限制了搜寻被困人员的进度。救援队在后期的训练中，应针对密闭空间的搜寻破拆作业探索针对性较强的训练，配备适合地铁隧道断面尺寸的救援机械设备。

案例五十二　鹤剑兰高速公路工程鹤剑 1 号隧道“7·29”较大涌水突泥事故

2022 年 7 月 29 日 21 时 10 分许，鹤庆县鹤剑兰高速公路工程鹤剑 1 号隧道进口左幅发生较大涌水突泥事故，共造成 4 人死亡、4 人受伤，直接经济损失约 2508.98 万元。

一、事故隧道基本情况

（一）隧道基本情况

鹤剑兰高速公路鹤剑 1 号隧道为分离式特长隧道，其中，左线长 11060 m，右线长 11130 m；隧道进口端设鹤庆端斜井，出口端设剑川端斜井。隧道左洞起止桩号 ZK1 +730 ~ ZK7 +200，洞身全长 5470 m，最大埋深 1067 m；右洞起止桩号 K1 +684 ~ K7 +200，洞身全长 5516 m，最大埋深 1064 m；隧道左洞和右洞平面设计线间距为 35 m。隧道进口于 2020 年 3 月 20 日开工建设，整个隧道为鹤剑兰高速公路主要控制性工程之一。鹤剑 1 号隧道进口左幅于 2022 年 5 月 15 日复工建设。截至 2022 年 7 月 29 日，隧道进口左幅已开挖 2079 m，进口右幅已开挖 2041 m。

（二）事故区域基本情况

突发突泥涌水发生在鹤剑 1 号隧道进口左幅 ZK3 +814 处附近（距掌子面 8 m），ZK3 +814 附近隧道围岩为三叠系下统（T1）砂岩，岩质较软，力学强度较低，受区域性活动构造断裂影响，岩体极破碎，三叠系中统北衙组上、下段（T2b2、T2b1）为强富水层，富含岩溶溶洞水，岩溶现象极发育。

二、事故发生经过

（一）7 月 21 日涌水突泥发生经过

2022 年 5 月 15 日，鹤剑 1 号隧道进口复工建设。

7 月 21 日，鹤剑 1 号隧道进口左幅开挖至 ZK3 +814 处。3 时左右，ZK3 +814 掌子面处拱顶偏右侧出现坍塌。3 时 30 分，右腔坍塌体中开始有大量涌水带泥出现，涌水量约 400 m^3/h，水流冲刷围岩引发掌子面前上方的塌腔尺寸不断扩大；坍塌体上方堆积至 ZK3 +806 拱顶处，将 ZK3 +806 ~ ZK3 +814 段已施工完成的初支完全埋没。9 时左右，ZK3 +796 处出现一道宽约30 cm 的裂缝，致使 ZK3 +796 ~ ZK3 +814 段钢拱架下沉。因围岩破碎，遇水后形成涌泥现象，涌泥堆积至 ZK3 +744 仰拱端头，涌泥量约 3500 m^3。涌水突泥发生后，掌子面处施工人员立即撤离，未发生人员伤亡。土建第一工区和监理单位随即将涌水突泥情况上报鹤剑兰高速公路总承包部和建设单位。会同参见各方制定处置方案。

（二）“7·29”较大涌水突泥事故发生经过

7 月 29 日 18 时起，鹤剑兰高速公路土建第一工区晚班施工人员相继进入隧道开展涌水突泥处置作业。事故发生前，鹤剑 1 号隧道进口左洞掌子面附近共有管理人员和施工人员 12 人，其中：白班和晚班施工负责人 2 人、晚班安全管理人员（吹哨人）1 人、二衬支护工人 4 人、挖掘机司机 1 人、装载机司机 1 人、抽水工人 1 人、施工顾问 1 人及其他工作人员 1 人。4 名二衬支护工人在进行二衬架模、浇灌混凝土及挂防水布等作业，挖掘机司机和装载机司机在进行清淤出渣，抽水工人在进行抽排水，2 名施工负责人和施工顾问、安全管理人员、工作人员共 5 人在掌子面附近巡视检查和观测掌子面围岩、渗水等情况。事故发生前，仰拱距掌子面约 37 m、二衬距掌子面约 83 m。

21 时 10 分左右，鹤剑 1 号隧道进口左幅 ZK3 +814 处附近（距掌子面 8 m）突发突泥涌水，突泥量约 14000 m^3，大量泥土瞬间涌至 ZK3 +670 附近，造成在掌子面附近的白班负责人、晚班安全管理人员和工作人员共 3 人被掩埋，夜班负责人 1 人遇险失踪；施工顾问 1 人重伤，挖掘机司机和 2 名二衬工人共 3 人轻伤，后被抢险救援人员救出洞外；装载机司机、抽水工人和另外 2 名二衬工人共 4 人经过自救互救，退到隧道内安全区域，后经抢险救援人员帮助撤至洞外。事故还造成重约 45 t 的液压栈桥被冲出 112 m，重约 7.5 t 的防水板台车被冲出 71 m，重约 80 t 的二衬台车被冲出 76 m。

三、事故直接原因

（一）涌水突泥原因分析

通过对鹤剑 1 号隧道前期勘察设计、施工等资料收集和分析，使用三维网络分布式电磁勘探系统（EM3D）对发生涌水突泥的 ZK3 +500 ~ ZK4 +500 段隧道进行物探探测，结合鹤剑 1 号隧道工程、水文地质、突泥物质等调查情况，认定本次涌水突泥有以下原因：

（1）F169 区域性活动断裂构造致使节理裂隙发育，一方面切割破坏了围岩的完整性，另一方面提供了导水、储水的空间及通道。鹤剑 1 号隧道进口

ZK3+814 位于背斜轴部附近，拉张裂隙及软弱夹层发育。

（2）鹤剑 1 号隧道进口 ZK3+814 附近隧道围岩为三叠系下统（T1）砂岩，岩质较软，力学强度较低，受区域性活动构造断裂影响，岩体极破碎，为突泥提供了物质来源。

（3）三叠系中统北衙组上、下段（T2b2、T2b1）为强富水层，富含岩溶溶洞水，岩溶现象极发育，可充分接受大气降水及地表水补给，为突泥涌水提供水源。

（4）地下水和地表水具密切的水力联系，岩土体达到高度饱水状态，增加围岩自重，同时浸泡软化岩土体。

（5）砂岩中存在炭质页岩等软弱夹层，起隔水作用，突水前连续数天暴雨，使地下水形成极高的储藏势能。

（6）隧道施工开挖扰动围岩并且产生新的临空面，进一步降低了围岩的稳定性。

（7）隧道提供了涌水突泥地质灾害的唯一有限通道。

（二）直接原因

（1）在各种因素的综合作用和共同影响下，鹤剑 1 号隧道进口 ZK3+814 处在暴雨后岩溶水位急剧升高，使地下水达到充盈状态，不断浸泡软化围岩的同时，形成了极高的储藏势能，砂岩为裂隙性中等透水地层，因软弱夹层受构造挤压泥化起隔水作用，当揭穿隔水层遇到极破碎岩体时，隧道围岩顶板及初支强度不足以抵抗高强度的势能释放，地下水裹挟着泥砂、碎石等固体物质沿薄弱部位瞬间突出，形成不易查明的隧道涌水突泥地质灾害。

（2）本次涌水突泥具有隐蔽性、突发性，涌水突泥发生后，正在隧道内进行巡查观测、清淤出渣、二衬作业的管理人员和施工人员未能及时发现险情，未能及时进行撤离，造成人员伤亡。

四、应急处置与救援

（一）企业先期处置

事故发生后，事发单位立即启动应急救援预案，向相关单位报告了事故情况。

（二）各级应急响应

7 月 29 日 21 时 35 分，鹤庆县消防救援大队接到县公安局 110 指挥中心转警后，立即出动 3 车 16 名消防救援人员并携带 1 只搜救犬前往现场抢险救援。鹤庆县委、县人民政府接报后，立即组织救援力量赶往现场进行救援处置，并成立由县委主要领导任组长的事故应急处置工作指挥部，全面开展应急救援和善后处置工作。

接到事故报告后，大理州委、州人民政府立即启动应急救援预案，大理州委、州人民政府有关领导第一时间率领公安、交通运输、卫生健康、应急管理、消防救援等部门领导及人员赶赴事故现场，开展抢险救援和善后处置工作。大理州委、州人民政府及时成立了由州县委、县政府主要领导、州县有关部门负责人、各相关企业负责人组成的鹤庆县“7·29”事故应急处置指挥部，下设综合协调组、抢险救援组、医疗救治组、善后处置组、安保维稳组、事故调查组、新闻报道组、后勤保障组共8个工作组，全面开展抢险救援、善后处置和应急保障等工作。云南省交通运输厅及时派出专家组赶到事故现场，指导抢险救援。云南省应急管理厅在派出工作组的同时，同步调派国家隧道应急救援中铁二局昆明队两批次共计10车42名救援队员赶到事故现场，参与抢险救援。国家安全生产应急救援中心及时调度、指导抢险救援工作。

（三）制定救援方案

针对现场复杂环境条件及抢险救援工作中出现的不确定因素，应急处置指挥部按照“积极稳妥、科学有效，不发生次生灾害”的要求，经专家组反复研究论证，确定了人员搜救工作与涌水突泥治理一体化推进的救援工作方案。

（1）设置涌水导流沟，避免流水影响突涌堆积体。

（2）在突涌堆积体上铺设木板形成通道，避免前置作业人员陷入淤泥。

（3）突泥涌水处置与人员搜救一体化推进总体方案分为三个阶段的“人工+机械”组合推进。

第一阶段在ZK3+545~ZK3+665处，环境较为安全，正面清淤搜救，积极稳妥推进抢险救援工作。

第二阶段在ZK3+665~ZK3+767处，为二衬保护段，以涌水突泥治理为重点，严格按照排水、加固、封堵、清淤工序实施抢险救援施工。

第三阶段在ZK3+777~ZK3+796处，为未施作仰拱段，按照“边清淤、边量测、边加固、边搜寻”的原则，随时动态监控，保证安全措施，全面开展救援施工和失踪人员搜救工作。

（四）抢险救援过程

坚持安全救援原则，进行救援。一是设安全员哨岗和紧急撤离警报，利用装载机作为逃生运输工具，紧急情况立即组织人员撤离。二是控制进入隧道消防救援人员数量，每次进入隧道不超过5人。三是全过程监测有毒有害气体，防止气体中毒。四是常态化监测洞内涌水量和水质变化，有异常变化第一时间撤人。

在抢险救援工作中，国家隧道应急救援中铁二局昆明队使用无人机对隧道顶部山体进行侦察，无异常情况。使用气体检测仪检测隧道内有毒有害气体，未发现气体超标，并使用生命探测仪在坍塌体进行搜救。整个事故应急处置指挥部累计投入600余人、运输车辆80余辆、施工机械20余台、应急通信基站1套、搜救犬1只，参与现场抢险救援。截至8月5日16时，现场抢险救援结束，所有遇难和失踪人员遗体全部找到，受伤人员得到及时救治，遇难人员善后工作妥善开展。

五、总结分析

本次事故救援难度大，风险高。在进行隧道内抽排水，清淤时，会降低隧道内静水压力，加之隧道掌子面基底受水浸泡，极易导致隧道发生二次涌水、坍塌事故。在进行抽排水清淤和救援过程中应设置安全员哨岗和紧急撤离警报，同时加强监控量测，常态化监测洞内涌水量和水质变化，有异常变化第一时间撤人。

专家点评

◆事故应急救援迅速有力。州县委、县政府及相关单位负责人赶到现场后立即成立事故应急处置指挥部，全力开展抢险救援和善后处置。省交通运输厅专家组、应急管理厅工作组、国家隧道应急救援中铁二局昆明队到达现场后，及时指导、调度现场抢险救援工作。

◆事故救援方案思路清晰，目的明确。在保证突涌堆积体稳定的前提下，分区域、分阶段推进救援工作，三个区域的界限划分、三个阶段的执行措施都需要结合现场实际情况，通过丰富的救援经验划分与制定，排水、加固、封堵、量测、清淤等措施都是为了搜寻工作的安全持续推进。最终，通过逐步推进搜索范围，找到全部遇难和失踪人员遗体。

◆本次救援行动中，安全保障措施周密。通过对突泥涌水外部水源补给进行侦察、对隧道内有毒有害气体进行监测、常态化监测洞内涌水量和水质变化、设安全员哨岗和紧急撤离警报、利用装载机作为逃生运输工具、加固封堵及排水等方式，为救援行动的安全提供了可靠保障。

◆现场管理统一有序。参与现场抢险救援单位多、人员多、设备多，管理协调难度大。在事故应急处置指挥部的统一领导下，政府部门人员、专业救援队伍、企业救援力量有力有序开展抢险救援。在整个应急救援工作中，组织领导及时有力，现场研判科学准确，没有发生次生灾害，没有出现抢险救援人员伤亡情况。

隧道突泥突水事故应急处置及救援工作要点

一、事故特点

（1）隧道是埋置于地层内的工程建筑物，是人类利用地下空间的一种形式。突水突泥灾害是由于人为施工导致应力释放，使得围岩裂隙扩展，引起隧道中突然进入地下水。突水突泥过程中，由于夹带大量的泥砂，随着隧道的开挖，使地下水排泄有了新通道，破坏了原有的补径，加速了径流的循环，同时加速了地下水对岩体的改造作用。隧道内一旦发生突泥涌水会形成一股强烈的冲击流，一旦爆发，人员和设备基本来不及撤离，一般都会带来极大的人员伤害及大量财产损失。

（2）地下水的力学作用有静水压作用和劲水压作用，这两种作用都能使岩体发生水力劈裂，使裂隙连锁增加，张开度增大，从而增加渗透力，使局部隔水屏障作用被突破，地下水位高出，从而形成涌水突泥。因此，水是涌水突泥灾害发生的最大根源，其次是压力高，隧道一般埋深都比较大，通过爆破开挖之后，打破原有平衡压力，处于高压状态。还有就是不良地质，隧道一般存在长、大、深等特点，沿途经历围岩变化繁多，隧道在穿越溶洞、断层破碎带或接触带、地下河、老空区、出水钻孔点以及与河床、湖泊、水库等相近的地点，特别容易发生涌水突泥灾害。综合来看，“富水、高压、不良地质”三者不利组合是诱发涌水突泥灾害的主要地质条件。对不良地质围岩的盲目不合理开挖，开挖进尺过大，是造成涌水突泥的主要原因。

（3）在地下工程施工中，一般突泥突水通常具有一定的前兆特征，通过超前地质预报、观测钻孔出水情况或者对开挖揭露围岩的变化情况进行分析，可以获取一定的突水前兆信息，从而避免突水灾害。如：当采用超前钻孔探测时，若钻孔在作业过程中有突然钻进的趋势，且开始向外喷水，若喷距比较大，且呈浑浊状态或时喷时停；在开挖过程中，发现开挖面附近围岩出现斑斑锈状，且开始出现环状滴水或渗水现象者；在开挖中发现黏土量增多，而涌水量却有减少的趋势，或者出现大量的剥落碎块，而开挖面却几乎没有涌水；在开挖过程中，揭露岩体的岩性发生突变者，如由弱可溶岩进入强可溶岩的边界部位时，黑色岩体进入白色或花斑状岩体时等；在开挖时，突然遇到断层破碎带、褶曲向斜处、裂隙密集带或岩溶管道不良地质，且开挖面围岩出现变潮现象。

（4）隧道突泥突水的特点是水量大、水压大，且多伴随大量泥砂，一般会形成较大的冲击流。隧道发生突泥突水时，台车、挖机等机械设备均会被强大的冲击流推走，人员遇到冲击流直接会被冲走或者被掩埋，被冲走的人员大概率会被钢筋、台车或机械设备等阻挡而造成窒息死亡，生还概率较小。

二、应急处置和抢险救援要点

（一）主要方法

（1）发生事故后，应立即切断洞内电源、启动抽水和通风设备。

（2）查找透水点并迅速封堵。通过采取围堰、强抽与涵管放水相结合等措施降低透水点水位。采取回填、帷幕注浆等措施迅速封堵。

（3）全力开展抽排水工作及清淤工作。

（4）针对涌泥涌水现场情况，具体制定侦测搜寻方案，全面开展搜救。使用声呐、水下机器人下水探测、蛙人潜水作业、无人船探寻等搜救方式，不断尝试扩大搜救面，千方百计搜救被困人员。

（5）根据突泥涌水情况：水量较小时，可使用工程机械如装载机等进入洞内施救；水量较大时，待水情稳定后，组织救援人员乘橡皮艇进入洞内施救，当发生小规模突泥或突水并伴随大量砂石、淤泥沉积时，可采用搭设脚手架、铺垫木板或竹胶板等方法迅速开辟救援通道，进入洞内搜救。

（二）技术装备

隧道突泥突水事故救援中主要应用的技术装备：

（1）抽排水设备。主要是各种水泵，抽排泥水混合物需使用渣浆泵，大型抽排水设备有抢险排水车如龙吸水等。

（2）清淤机械：装载机、挖机、运渣车等。

（3）侦检设备：各类生命探测类仪器、水下机器人、气体检测仪、侦察无人机等。

（4）通风设备：压入式通风机等。

（5）破拆工具：各类剪切、扩张、顶升、支撑、水下切割类仪器设备。

（6）个人防护装备：空气呼吸器、氧气呼吸器等。

（三）处置要点

（1）进洞救援时应提前了解涌水点、涌水量、事发前人员分布、可能有生存条件的地点及支护结构受损情况等。

（2）救援时有毒有害气体应符合标准。

（3）进洞救援人员应按小组配置，并按规定佩戴个人防护装备。

（4）救援人员应用探险棒探查前进，用联络绳联结。

（5）快速搭建可视化指挥大平台，运用应急指挥通信车、侦察无人机、建模无人机、移动图传单兵、LTE 通信、卫星便携站等应急通信保障设备，为现场救援提供科技支撑。同时发挥专家技术力量，为抢险救援提供技术支撑。

（6）做好救援现场安全监测和风险管控。围绕“四防”（防结构、防漏电、防渗水、防中毒），启动地质、水文、气象等应急预警机制，严防次生灾害发生。加强巡查监测，落实隧道内空气、水样、卫生防疫检测定时通报机制。

三、安全注意事项

（1）发生事故后，应立即切断洞内电源，防止发生触电事故。

（2）救援人员在处理隧道突泥突水事故时，必须带齐救援装备，应特别注意检查气体（CH_4、CO_2、H_2S 和 O_2 等）浓度，以防止缺氧窒息和有毒有害气体中毒。

（3）在遇到突泥突水造成台车、机械设备以及现场杂物因为压力挤压形成封堵类似墙体的结构时，不能轻易破坏封堵物形成“墙体”的受力平衡，防止墙体失稳，墙后泥水混合物再次发生突出造成人员伤害和设备损失。

四、相关工作要求

（1）严禁任何人以任何借口在不佩戴防护器具的情况下冒险进入隧道，防止发生次生事故造成人员伤亡。

（2）进洞搜救人员必须以组为单位，严禁单独冒险进洞搜救。

（3）在进行突泥突水救援时一定要加强巡查及监测，严防山体滑坡等其他灾害发生，密切关注天气状况及降雨情况。

（4）救援过程中，可就近调集项目机械设备进行排水清淤等工作。

第七章

隧道爆炸事故救援案例

案例五十三　贵州省成贵铁路七扇岩隧道“5·2”重大爆炸事故

2017年5月2日14时48分许，成都至贵阳铁路乐山至贵阳段CGZQSG13标段在建的七扇岩隧道进口平行导洞发生瓦斯爆炸事故，造成正在隧道主洞内施工作业的12人死亡、12人受伤，直接经济损失1475.103万元。

一、事故隧道基本情况

（一）隧道基本情况

成（都）贵（阳）铁路全长515 km，贵州境内177 km。项目总投资744.6亿元，开工时间2014年1月，建设工期为6年。

发生爆炸的七扇岩隧道长2548 m，进口为高瓦斯工区，进口正洞已开挖826 m，隧道主洞开挖采用钻爆法施工工艺。在施工期间，为勘探隧道地质情况，正洞附近设有一平行导洞，在事故发生前，导洞与正洞的横向通道已通过钢筋混凝土进行封堵。

（二）事故区域基本情况

事发区域为七扇岩隧道进口平导。为解决隧道高瓦斯段的施工通风及超前地质预报问题，设计在隧道进口方向左侧30 m处设置平导一座（里程PDK406 + 044 ~ PDK406 + 694，对应主洞里程段D3K406 + 044 ~ D3K406 + 694），平导长650 m，净空尺寸为3.5 m（宽）×4.9 m（高），并有1号、2号、3号横通道与主洞交叉连接，平导内设4个加宽的错车道。施工前根据现场情况，建设单位组织施工单位、监理单位、设计单位、咨询单位进行会商并形成纪要，经专家评审后，将平导有轨运输变更为无轨运输。根据揭煤需求，设计对平导进行了延长，平导掌子面里程为PDK406 + 731，平导实际长687 m。按照设计，施工中采用巷道式通风。

二、事故发生经过

5 月 2 日下午，主洞隧道掌子面爆破作业完成后，施工单位安排工人进洞进行立架、出渣、检测等作业，洞内共有 29 人。14 时 50 分左右，封闭导洞突然发生爆炸，冲击波将导洞与主洞之间的钢筋混凝土封闭击破，造成主洞内 12 人死亡、12 人自行逃离，均受伤但无生命危险。停放于导洞入口的挖掘机被冲击波震退约 20 m，如图 7 – 1 所示。

图 7 – 1 停放于导洞入口的挖掘机被冲击波震退约 20 m

三、事故直接原因

平导内应力变化导致底板隆起开裂，爆炸前瓦斯冲破底板大量异常涌出，瞬间产生高压瓦斯气流，局部达到爆炸浓度，瓦斯气流致使喷溅的矸石或混凝土块砸在金属件上产生火花引起瓦斯爆炸。

四、应急处置与救援

（一）企业先期处置

事故发生后，5 月 2 日 15 时 19 分企业启动应急救援预案，向大方县政府报送了事故情况。

（二）各级应急响应

接到事故报告后，省、市、县三级领导高度重视，立即启动省、市、县应急救援预案，组织有关单位开展抢险救援；省委常委、省委宣传部部长、副省长，省政协副主席、毕节市委书记立即率省、市相关单位赶赴现场指导救援。先后投入矿山救护队 3 支共 51 人、消防救援人员 51 人、民兵预备役部队 55 人、中铁五局救援队 30 人参与抢险救援，事故单位组织了由瓦斯检查员、安全员、通风管理员及各类机械操作人员 100 人参与救援，投入救护车 20 辆、专业抢险救援车 17 辆、消防车 17 辆。

（三）救援方案

结合事故现场侦察情况制定以下救援方案：

（1）立即恢复主隧道内的通风，为救援创造条件。

（2）加强对隧道内 CO、瓦斯等气体的检查。

（3）搬运遇难人员。

（4）继续侦察，搜索人员直至 12 名被困人员全部找到，并成功救出。探查辅助隧道（平硐）内情况，如果辅助隧道不具备探查条件，所有人员禁止入内。

（四）抢险救援过程

17 时 40 分，在救援开始时，事故现场由于隧道内风筒破坏严重，不能正常供风，井下有毒有害气体积聚，指挥部根据应急救援预案，在保证安全的前提下和防范次生灾害情况下，由兖矿贵州能化救护大队 6 人从主隧道进入事故现场侦察，经检测，主隧道口 CO 浓度为 3700 ppm，无 CH_4，温度为 22 ℃。

救援队在距主巷道口约 500 m 位置发现第一名被困人员，东南方向，无生命体征，此处 CO 浓度为 1300 ppm，CH_4 浓度为 0.3%；600 m 位置靠左侧发现 3 辆摩托车，已倾倒，摩托车附近发现一辆大货车，车窗玻璃损坏。

在距主巷道口 700 m 位置发现第二至第六名遇难人员，此处 CO 浓度为 3500 ppm，CH_4 浓度为 0.45%，二衬台车倾斜严重，且上部顶板破碎不能保证搜救人员安全，救援队停止搜救（图 7－2）。

18 时 24 分，救援队在返回时将第一具遇难者遗体搬运出地面。

救护队向指挥部汇报隧道内的相关情况后，经专家初步论证，隧道内存在发生次生事故的可能，指挥部决定，先排除隧道内有毒有害气体后再搜寻遇难者遗体。

22 时 10 分，事故隧道恢复供风后，在确保安全的前提下，救护队再次进入隧道展开搜救，先后将 11 具遗体搬运出隧道。

截至 5 月 3 日 4 时 43 分，现场搜救全部完成，事故救援历时 14 h。

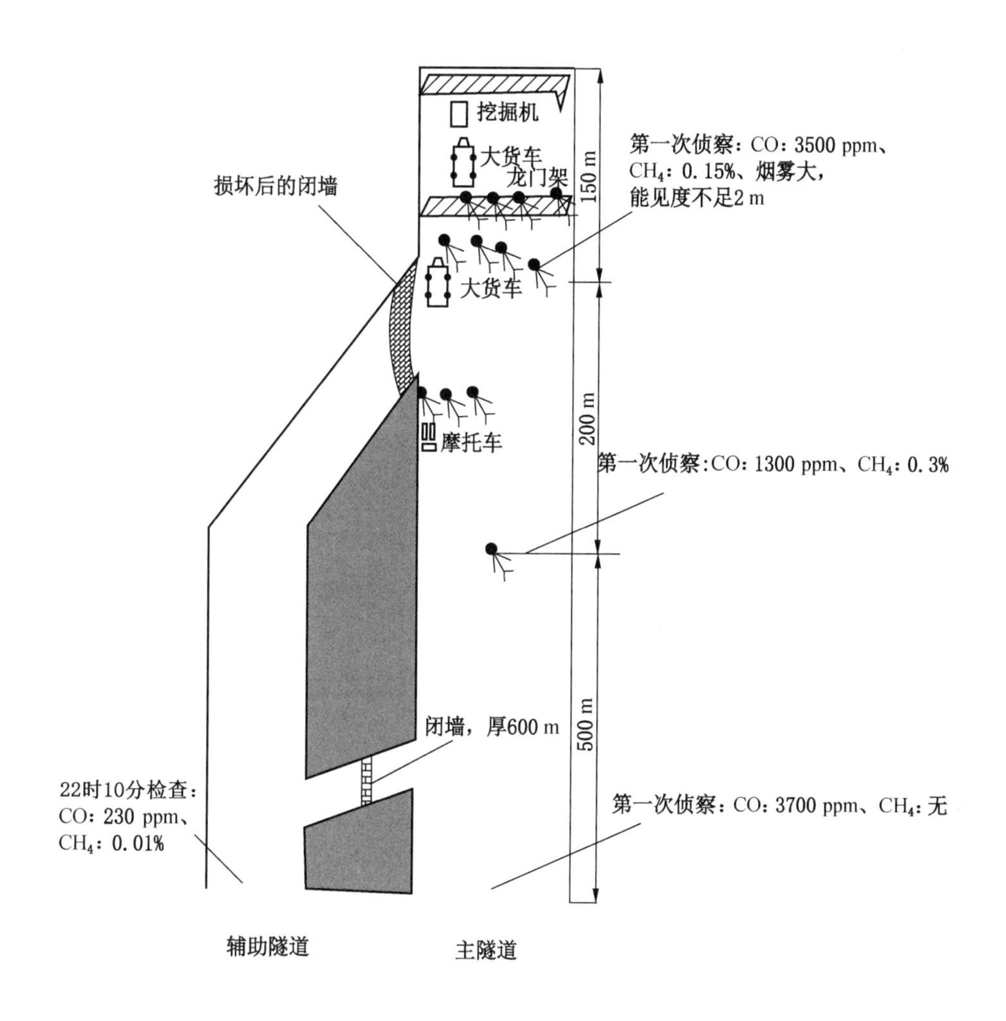

图7－2　成贵铁路七扇岩隧道“5·2”重大爆炸事故现场示意图及遇难人员位置

五、总结分析

这是一起在节假日期间发生的生产安全事故，针对瓦斯隧道节日停工期间应做好以下几点：

（1）节前做好对高瓦斯隧道的安全检查。

（2）对值守人员进行安全教育和书面的技术交底。

（3）施工单位应在隧道洞口外设置针对高瓦斯隧道的有效警示标志，制定并落实严禁人员进入停工停风高瓦斯隧道作业的有效措施。

专家点评

◆本次救援行动救援力量调度迅速，处置迅速，充分体现了专业应急救援队伍对于隧道瓦斯爆炸事故高效的处置能力。

◆救援人员在进入隧道处理瓦斯爆炸事故时，首先要通过隧道内既有的监控、监测设备或其他侦测设备确定隧道内有无火源，监测瓦斯等有毒有害气体浓度，判断是否有再次发生爆炸的风险，在确定安全的情况下方可进入。

◆救援人员进入隧道前，有条件的情况下，需要先对隧道进行通风，降低瓦斯以及其他有毒有害气体浓度。

◆隧道瓦斯爆炸后要降低瓦斯浓度时，谨慎使用隧道既有电源恢复通风，防止因爆炸导致的电路损坏引起二次爆炸。可以采取外用通风设备进行通风降低瓦斯浓度。

◆在节假日开展应急救援行动，更能体现专业应急救援队伍的应急处置能力，救援队伍要加强节假日期间的战备战训，合理安排应急救援人员休假，避免在节假期间出现战斗力减弱，应急救援人员大量减少的情况。

案例五十四　四川省成都市龙泉驿区五洛路1号隧道“2·24”较大爆炸事故

2015年2月24日13时36分左右，四川省成都市龙泉驿区五洛路1号隧道发生瓦斯爆炸事故。25日8时，国家安全生产监督管理总局工作组接到中心领导下达赴现场指示后，立即赶往机场搭乘10时航班，于14时到达事故现场指导应急救援工作。经过全力救援，事故共造成7人遇难、19人受伤。

一、事故隧道基本情况

（一）隧道基本情况

五洛路1号隧道（又名洛带古镇隧道）是成洛大道东延线项目重要组成部分，隧道穿越龙泉山脉的浅层天然气富集区，为高瓦斯隧道，隧道长2915 m，设计坡度2.5%，最大埋深152 m。采取左右洞同时掘进方式施工，隧道内间隔300 m，设有联络通道。

（二）事故区域基本情况

隧道发生事故时，左右洞分别掘进900 m和895 m，项目处于春节放假停工阶段。

二、事故发生经过

2月24日13时10分左右，孙某、常某、吴某、任某4人翻越洞口隔离栅栏进入隧道右洞，孙某等4人进入隧道约20 min，隧道内发生瓦斯爆炸。经事后对事故现场冲击波造成的痕迹和现场勘验情况分析，起爆点位于隧道右洞约582～588 m处，常某在检修车辆时产生火花引爆积聚的瓦斯，产生爆轰，爆轰火焰经隧道顶部聚积的瓦斯层迅速往右洞和左洞（经600 m处的联络通道）的掌子面蔓延，分别在右洞和左洞的初支和二衬之间引发瓦斯爆炸，造成行走到距洞口约670 m的孙某和位于距洞口约250 m附近车内的吴某、任某死亡。爆炸产生的冲击波沿洞口30°夹角向外冲击，将半径200 m扇形范围内的房屋、设施设备等炸毁，造成正在材料室休息的薛某、隧道外公路上的行人林某当场死亡，吴某某、邓某以及在工棚和长龙砖厂内休息娱乐的共20人受伤。事故发生后，魏某、高某等人从坍塌的板房下爬出，立即拨打119和120急救电话，市、区医疗机构及时对事故伤员进行了救治。2 月 25 日 21 时 35 分左右，伤员吴某某经抢救无效死亡。

三、事故直接原因

五洛路 1 号隧道春节放假期间停工停风，隧道内瓦斯大量积聚，并达到爆炸极限；2 月 24 日，施工单位 4 名运渣车驾驶员违反安全操作规程，翻越栅栏进入未通风的隧道内检修车辆，产生火花引爆了隧道内瓦斯，导致事故发生。

四、应急处置与救援

（一）企业先期处置

事故发生后，魏某、高某等人从坍塌的板房下爬出，立即拨打 119 和 120 急救电话，市、区医疗机构及时对事故伤员进行了救治。施工单位进行了事故情况上报。

（二）各级应急响应

接到事故报告后，市委、市政府高度重视，省委常委、市委书记，市委副书记、市长立即作出重要批示，就事故处置工作和立即组织开展安全生产大检查作出系列安排，并亲自赶赴事故现场，指挥抢险救援工作，精心安排部署伤员救治、善后处理、事故调查等事宜。市政府立即启动应急预案，成立了以分管安全生产工作副市长为指挥长的事故应急抢险指挥部，全程指挥事故应急抢险工作。国家安全生产应急救援指挥中心、省安全监管局相关领导到场指导救援工作。龙泉驿区委区政府、市安全监管局、市交通委相关负责同志及安全生产专家立即赶赴事故现场，迅速成立抢险救援处置现场指挥部，展开事故救援和应急处置工作。

省、市安全监管部门迅速调集成都市安全生产应急救援彭州中队、江中队和眉山救护队、内江救护队等 4 支应急救援队 55 名救援队员赶赴事故现场，开展应急处置工作。抢险救援阶段，4 支应急救援队伍共 27 次进入洞内开展现场侦察、瓦斯监测、人员搜救和部分现场清理工作，铺设通风风筒 1800 余米，搜寻发现 4 名遇难人员遗体。至 2 月 27 日，左右洞内空气恢复正常，事故得到有效控制，未发生次生事故，事故应急救援结束。

（三）制定救援方案

制定了“全面侦察灾区隧道、分别排放左右洞有害气体、消除隐患后进入隧道全面搜寻失踪人员、隧道外围同时搜寻伤亡人员”的救援方案，组织救援人员迅速开展抢险救援工作。

（四）抢险救援过程

24 日 17 时 17 分，矿山救护队到达事故现场。自 24 日 17 时 30 分至 25 日 1 时 34 分，先后 4 次组织矿山救护队进入灾区侦察，在右洞发现 1 名遇难人员；25 日 21 时至 26 日 4 时，左洞通风排放气体，CH_4 浓度由 10% 降到 0. 18% ，CO 浓度由 10000 ppm 降到 42 ppm；26 日 15 时至 27 日 7 时，右洞通风排放气体，CH_4 浓度由 10% 降至 0. 5% 、CO 浓度由 10000 ppm 降至 30 ppm；27 日 8 时 40 分，救护队再次进入隧道全面搜寻失踪人员，至 27 日 15 时 27 分，最后 3 名失踪人员在右洞内找到。从事故发生到救援结束，历时 74 h。事故共造成 7 人遇难、19 人受伤。在遇难人员中，隧道施工人员 5 人（4 人在洞内、1 人在洞口外），另 2 人为周边群众；受伤人员中，隧道施工人员 15 人，附近砖厂工人 4 人（图 7 －3）。

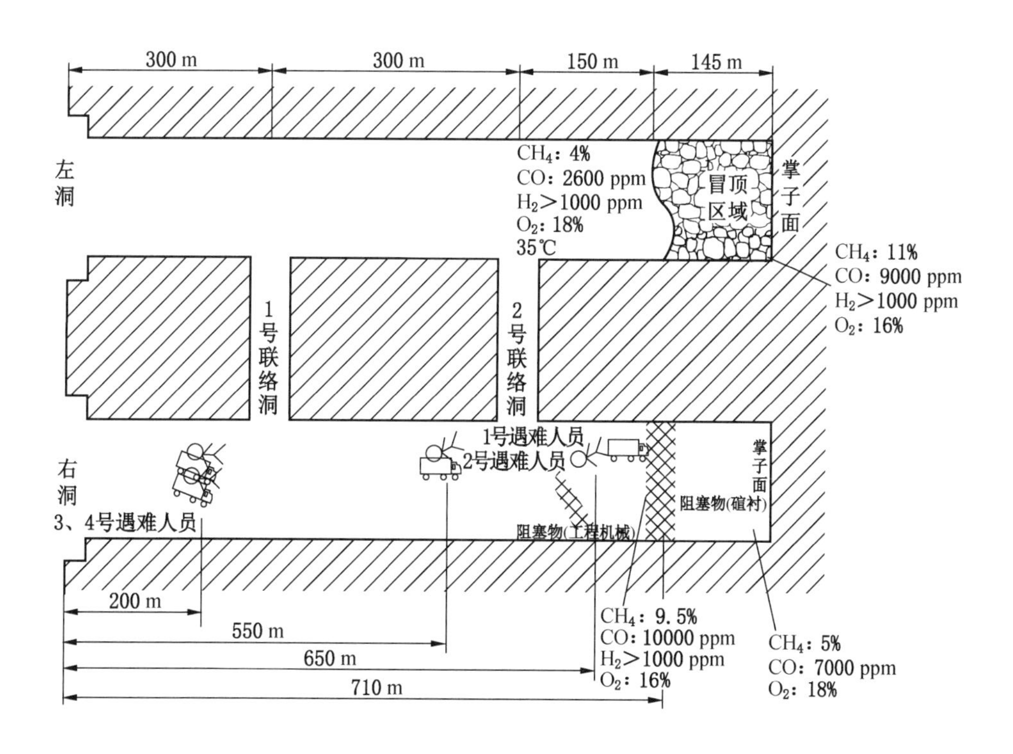

图 7 －3　龙泉驿区五洛路 1 号隧道“2 · 24”较大爆炸事故示意图

五、总结分析

这起事故的应急救援工作，在隧道内瓦斯浓度在爆炸范围内、CO 浓度较高、隧道内烟雾大、右洞里端垮塌严重的情况下，经过各方面共同努力，救援工作迅速、有序，搜救进展顺利，没有发生次生事故。救援工作主要有以下特点：

一是矿山救护队成为救援主力。事故后，迅速调集彭州、出江、眉山、内江 4 支矿山救护队共 55 名救护队员，负责进入隧道侦察、搜寻被困人员、消除残火、排放有害气体和恢复隧道通风工作，充分发挥了矿山救护队的专业素质、技术装备、救援经验和意志品质等优势，起到了非常重要的作用。成都消防中队主要是负责隧道外围的搜寻工作。

二是针对性制定了科学救援方案。国家安全生产监督管理总局工作组与现场专家组针对隧道内瓦斯和 CO 浓度高，隧道内温度高、能见度差的情况，制定方案时没有采用常规开启风机、逐段接风筒排放瓦斯的方法，而是一次性将风筒铺设至洞内最里端，所有人员撤至距隧道夹角 30°，最远 700 m 扇形区域以外，再远程启动风机排放隧道内瓦斯等有害气体的方法，既保证了救援人员的安全，又缩短了排放瓦斯的时间。

三是各级政府和有关部门反应迅速。洛带镇政府值班人员发现爆炸事故后立即向区委、区政府主要领导报告；区委书记和区长第一时间打车赶到事故现场并成立了抢险救援指挥部；成都市领导及有关部门负责人迅速赶到现场指导救援；国家安全生产监督管理总局工作组行动迅速，从接到出动命令到抵达事故现场仅用 6 h，及时指导应急救援工作。

四是四川省级救援指挥中心调度指挥救援队伍有力、有序。四川省级救援指挥中心平时管理队伍严格、规范，熟悉队伍情况，其负责人经验丰富，在现场靠前指挥，科学组织安排 4 支救护队实施侦察、排放气体和搜寻任务，迅速、安全、有效地完成了此次救援任务。

五是及时采取了警戒、疏散等措施。龙泉驿区立即安排警力对隧道周边道路实施警戒，严禁非救援人员进入；在排放隧道气体期间对周边住户的群众进行了疏散。

专家点评

◆施工企业必须严格把控瓦斯隧道通风管理、有毒有害气体监控量测，做好人员安全管理及教育培训。

◆本次事故再次使大家认识了瓦斯爆炸的威力和影响范围，隧道瓦斯爆炸时，瓦斯爆炸产生的高温焰面、冲击波和有害气体，都会危及人员的生命安全，而且如果处置不当，极易发生二次爆炸，所以施工单位不能盲目施救，隧道周边人员应及时疏散至安全区域，避免事故进一步扩大。

◆本次隧道瓦斯爆炸事故，作为主力的矿山救护队是具备处理瓦斯事故能力的专业救援队，配备的救援装备、器材、防护用品和检测仪器符合国家标准及行业标准，满足瓦斯事故救援工作的特殊需要。

◆隧道瓦斯爆炸事故发生后，不但要对瓦斯浓度进行监测，其他有毒有害气体也要加强监测，如本次救援前期 CO 浓度严重超标，需要制定安全有效的方案降低浓度。

◆本次救援方案制定合理，瓦斯排放充分考虑了现场瓦斯浓度、温度、环境、排放距离、爆炸影响范围等综合因素，避免瓦斯排放过程中再次发生爆炸造成人员伤害。

◆本次救援行动有多支救援队参与，现场指挥部调度指挥合理有序，保证事故迅速得到有效控制，未发生次生事故，是一次科学高效的救援。

隧道爆炸事故应急处置及救援工作要点

一、事故特点

瓦斯爆炸三要素：一定的瓦斯浓度（5% ~16%）、一定的引火温度（明火、电火花、机械摩擦等能量源）、足够的氧气（空气中 O_2 含量在12%以上）。

隧道爆炸事故主要是在隧道施工过程中瓦斯突出或者因为封闭、通风不到位导致瓦斯浓度达到爆炸极限，遇火后，引发爆炸，与其他矿井瓦斯爆炸类似，具有突发性，造成的破坏力大，影响面广。

二、应急处置和抢险救援要点

（一）主要方法

1. 前期侦察

救援队人员在进入隧道处理瓦斯爆炸事故时，首先要通过隧道内既有的监控、监测设备或其他侦测设备确定隧道内有无火源，监测瓦斯等有毒有害气体浓度，判断是否有再次发生爆炸的风险，然后再采取切实有效的安全防护措施，防止自身伤亡和事故扩大。

2. 加强通风和气体检测

隧道瓦斯爆炸降低瓦斯浓度时，谨慎使用隧道既有电源恢复通风，防止因爆炸导致的电路损坏引起二次爆炸。可以采取外用压入式通风设备进行通风，降低瓦斯浓度。当瓦斯浓度降低至爆炸临界值以下时，救援人员方可进入救援。

3. 人员搜救

对于被困人员的搜救，目前多为救援人员佩戴呼吸器等个人防护装备，进入隧道进行人工搜救。

4. 加强支护

隧道爆炸事故发生后，隧道支护结构发生破坏，应科学研判，对支护结构破坏点使用钢拱架进行加强支护，保证隧道支护结构的稳定性，防止发生坍塌等次生灾害。

（二）技术装备

隧道瓦斯爆炸主要应用的技术装备为消防灭火设备、气体检测设备、空气呼吸器、氧气呼吸器、破拆设备、压入式通风机等。

（三）处置要点

（1）设置警戒区域，防止二次爆炸导致事故进一步扩大。

（2）了解现场情况，调集救援资源。各级领导和救援队伍到达现场后，首先要了解掌握以下情况：爆炸地点及其波及范围、遇险人员数量及分布位置、隧道通风情况（风量大小、风流方向、通风设施的损坏情况等）、监测监控系统是否正常、隧道内气体情况（瓦斯、CO 等浓度和烟雾大小）、破坏程度、是否引发火灾及火灾范围、主要通风机的工作情况（是否正常运转、损坏、通风机房水柱计读数是否发生变化等），以及已经调集的救援队伍和救援装备等情况。根据需要，增调救援队伍、装备和专家等救援资源。

（3）组织灾区侦察。首先要进行灾区侦察，侦察时要探明隧道内火源、瓦斯和 O_2 浓度以及爆源点的情况，隧道支护结构、水管、风管、通信线路情况，电气设备、局部通风机、通风系统情况以及人员伤亡情况等。救援指挥部根据已掌握的情况、监控系统检测数据和隧道内侦察结果，分析和研究制定救援方案及安全保障措施。

（4）人员搜救。在确认现场情况安全的条件下组织救援队以最快速度到达被困人员最多的事故区域，发现遇险人员立即抢救。

（5）加强隧道支护，清理堵塞物。穿过隧道支护破坏区域时，应架设临时钢拱架支撑，保证救援队伍退路安全。通过支护不良地点时，应逐个顺序快速通过。

三、安全注意事项

（1）实施救援行动前必须侦察隧道内有无火源、瓦斯浓度，避免再次引发爆炸。

（2）加强对瓦斯、CO 等有毒有害气体监测。

（3）如瓦斯浓度较高，在无火源的情况下，可通过通风方式迅速降低隧道内瓦斯浓度及温度，提高能见度。

（4）在无瓦斯爆炸风险，但未探明其他有毒有害气体浓度情况下，救援队员进入隧道侦察搜救，必须佩戴呼吸器，隧道内佩戴自救器呼吸时会感到稍有烫嘴，这是正常现象，不得取下防护装具，以防中毒。

（5）救援队员佩戴呼吸器进入隧道要时刻检查氧气消耗量，保证有足够的氧气返回。

（6）救援人员进入隧道侦察搜救必须以小组方式进入，禁止单独进入隧道。

（7）隧道瓦斯爆炸后，对已停运的局部通风机，不得随意启动。

四、相关工作要求

（1）严禁盲目进入施救。救援过程中，如果发现具有爆炸危险性的灾区状态恶化，再次发生爆炸的可能性增加时，救援人员应立即撤离隧道。在已发生爆炸的隧道，无法排除发生二次爆炸的可能且无法判断其强度和影响范围时，严禁任何人进入隧道，安全保障措施到位后方可采取进一步行动。

（2）严禁冒险进入灾区施救。隧道内有毒有害气体浓度高，没有消除火源，隧道支护结构损坏严重，且确知隧道无人或遇险人员已没有生存可能的情况下，严禁冒险进入灾区探险、强行施救。应在恢复通风、加固好支护结构，将有毒有害气体浓度降到安全范围内后，方可进入搬运遇难人员。

（3）发生连续爆炸时，现有技术无法对爆炸间隔时间进行准确预判，人员进入隧道还可能对风流状态产生扰动，存在引发再次瓦斯爆炸的危险，威胁救援人员安全，严禁利用爆炸间隙进入隧道侦察或搜救。

（4）救援行动时要保持隧道外指挥部与进入隧道救援人员之间的通信联系。